广联达计量计价实训系列教程

安装工程计量与计价实训教程

王全杰　宋　芳　黄丽华　主　编
朱溢镕　李元希　杜兴亮　副主编
柴润照　主　审

化学工业出版社
·北京·

本书分为两篇，共9章。上篇计量部分主要由给排水、电气、采暖、消防、通风空调专业工程量计算组成；每个专业工程项目包括图纸及业务分析、手工计算工程量、软件计算工程量，分别介绍任务说明、任务分析、任务实施、任务总结、知识链接。下篇计价部分分为安装计价软件应用，招标控制价编制要求，给排水、采暖、电气、消防、通风工程专业计价，招标控制价打印。

本书是广联达安装算量大赛专用教材及认证部分指定培训教材，可作为高等院校工程造价及相关专业教材用书，也可作为岗位培训教材。

图书在版编目（CIP）数据

安装工程计量与计价实训教程/王全杰，宋芳，黄丽华主编. —北京：化学工业出版社，2014.1（2021.8重印）
广联达计量计价实训系列教程
ISBN 978-7-122-18980-6

Ⅰ.①安… Ⅱ.①王…②宋…③黄… Ⅲ.①建筑安装-工程造价-教材 Ⅳ.①TU723.3

中国版本图书馆CIP数据核字（2013）第270919号

责任编辑：吕佳丽　　装帧设计：韩　飞
责任校对：宋　夏

出版发行：化学工业出版社（北京市东城区青年湖南街13号　邮政编码100011）
印　　装：大厂聚鑫印刷有限责任公司
787mm×1092mm　1/16　印张25½　字数601千字　2021年8月北京第1版第14次印刷

购书咨询：010-64518888　　售后服务：010-64518899
网　　址：http://www.cip.com.cn
凡购买本书，如有缺损质量问题，本社销售中心负责调换。

定　　价：49.00元

编审委员会

编写人员名单

主　编	王全杰	广联达软件股份有限公司
	宋　芳	广西建设职业技术学院
	黄丽华	浙江广厦职业技术学院
副主编	朱溢镕	广联达软件股份有限公司
	李元希	广东建设职业技术学院
	杜兴亮	河南财政税务高等专科学校
主　审	柴润照	河南运照工程管理公司
参　编	刘师雨	广联达软件股份有限公司
	刘丽娜	河南运照工程管理公司
	张晓丽	宁夏建设职业技术学院
	崔淑艳	防灾科技学院
	韩红霞	河南运照工程管理公司
	吕春兰	广联达软件股份有限公司
	刘丽君	广州城建职业学院
	杨惠芬	苏州工业园区职业技术学院
	金剑青	浙江广厦职业技术学院
	石知康	浙江省建筑安装高级技术学校
	孙鹏翔	广联达软件股份有限公司
	陈联殊	河南建设职业技术学院
	何立斌	黑龙江东方学院
	边凌涛	重庆工业职业技术学院
	罗淑婧	广联达软件股份有限公司
	张玉生	陕西职业技术学院

《安装工程计量与计价实训教程》简介

随着造价行业软件操作的应用越来越广泛，在与工程造价专业的老师多次交流后，大家都希望能够有一套广联达造价系列软件的实训教材——帮助老师们切实提高教学效果，让学生真正掌握使用软件编制造价的技能，从而满足企业对工程造价人才的需求，达到“零适应期”的应用教学目标。

结合当前建筑市场岗位需求及高职教育指导委员会提出的培训大纲要求，我们分析总结出高职造价实训系列教程具有如下特点：

1. 工程造价专业计量计价实训是一门将工程识图、工程结构、计量计价等相关课程的知识、理论、方法与实际工作结合的应用性课程。

2. 工程造价技能需要实践。在工程造价实际业务的实践中，能够更深入地领会所学知识，全面透彻地理解知识体系，做到融会贯通，知行合一。

3. 工程造价需要团队协作。随着建筑工程规模的扩大，工程多样性、差异性、复杂性的提高，工期要求越来越紧，工程造价人员需要通过多人协作来完成项目，因此，造价课程的实践需要以团队合作方式进行，在过程中培养学生与人合作的团队精神。

工程计量与计价是造价人员的核心技能，计量计价实训课程是学生从学校走向工作岗位的练兵场，架起了学校与企业的桥梁。

一、课程开发

计量计价课程的开发团队需要企业业务专家、学校优秀教师、软件企业金牌讲师及学生四方的精诚协作，共同完成。业务专家以提供实际业务案例、优秀的业务实践流程、工作成果要求为重点；教师以教学方式、章节划分、课时安排为重点；软件讲师则以如何应用软件解决业务问题、软件应用流程、软件功能讲解为重点，学生主要是用来测试这套教程的使用效果。

依据计量计价课程本地化的要求，我们组建了由企业、学校、软件公司三方专家构成的地方专家编委员会，确定了课程编制原则：

1. 培养学生工作技能、方法、思路；
2. 采用实际工程案例；
3. 以工作任务为导向，任务驱动的方式；
4. 加强业务联系实际，包括工程识图、从定额与清单两个角度分析算什么、如何算；
5. 以团队协作的方式进行实践，加强讨论与分享环节；
6. 课程应以技能培训的实效作为检验的唯一标准；
7. 课程应方便教师教学，做到好教、易学。

二、开发成果

为了方便教师开展教学，切实提高教学质量，本教材编委会确定了以下两本系列教材，以及教学配套资源：

1.《办公大厦安装施工图》；
2.《安装工程计量与计价实训教程》；
3. 安装工程量计量计价实训教学指南；
4. 安装工程计量与计价实训授课 PPT；

5. 安装工程计量与计价实训教学参考视频；

6. 安装工程计量与计价实训各专业参考答案；

7. 广联达安装算量软件　GQI2013（软件版本序列号：GQI2013_5.3.0.1369）；

8. 广联达计价软件　GBQ4.0；

9. 广联达安装对量软件 GSA2015：可以将不同的工程文件进行数据对比分析；

10. 广联达安装算量评分软件　GQIPF2013：可以批量的对安装算量工程进行评分；

11. 2014 安装实训教程教学专用清单库，可以在集中套用做法中使用专用清单库对应的清单项进行算量评分；

12. 广联达计价评分软件　GBQPF2013：可以批量的对安装计价工程进行评分；

13. 广联达计价审核软件　GSH4.0：快速查找两组价文件之间的不同之处。

以上教材外的 3~6 项内容由广联达软件股份有限公司以课程的方式提供。

教程中业务分析由各地业务专家及教师编写，软件操作部分由广联达公司讲师编写，课程中各阶段工程由专家及教师编制完成（广联达公司审核），教学指南、教学 PPT、教学视频由广联达公司组织编写并录制，教学软件需求由企业专家、学校教师共同编制，教学相关软件由广联达软件公司开发。

本教程编制框架为安装计量及计价的内容，计量部分分为五大专业，每个专业项目三大任务引领，每个任务五个环节组成。

1. 该课程主要由以下五个专业工程项目组成：

项目一　给排水专业工程工程量计算；

项目二　电气专业工程工程量计算；

项目三　采暖专业工程工程量计算；

项目四　消防专业工程工程量计算；

项目五　通风空调专业工程工程量计算。

2. 每个专业工程项目又由以下三个任务组成：

任务一　图纸及业务分析；

任务二　手工计算工程量；

任务三　软件计算工程量。

3. 任务主要由以下五个部分组成：

（1）任务说明；

（2）任务分析；

（3）任务实施；

（4）任务总结；

（5）知识链接。

计价部分分为四个部分：

（1）安装计价软件应用；

（2）招标控制价编制要求；

（3）给排水、采暖、电气、消防、通风工程专业计价；

（4）招标控制价打印。

安装计量计价系列教程将以案例工程项目招标控制价的编制过程，细分为 82 个工作任务，以团队教学组织方式，从图纸分析、业务分析、手工计算、软件学习、软件实践、到结果对比分析，让大家完整学习安装工程手工计量计价到应用软件进行工程造价计量与计价的全过程；本套教程明确了学习主线、提供了详细的工作方法、并紧扣实际业务，让学生真正能够掌握高效的安装造价业务信息化技能。

三、本课程的授课建议流程——团建实训八步教学法(使用完备的课程配套资料包)

何为团建？ 团建也就是将班级学生按照成绩优劣等情况合理搭配，分成若干个小组，有效地形成若干个团队，形成共同学习、相互帮助的小团队。 同时，老师引导各个团队形成不同的班级管理职能小组（学习小组、纪律小组、服务小组、娱乐小组等）。 授课时老师组织引导各职能小组发挥作用，帮助老师有效管理课堂和自主组织学习。 本授课方法主要以组建团队为主导，以团建的形式培养学生自我组织学习、自我管理、形成团队意识，竞争意识的思路。 在实训过程中，所有学生以小组团队身份出现，老师按照八步教学法八个教学步骤，首先对整个实训工程案例进行切片式阶段任务设计，每个阶段任务利用八步教学法合理贯穿实施。 整个课程有效地利用教学资料包进行教学，备、教、练、考、评一体化课堂设计，老师主要扮演组织者引导者角色，学生作为实训学习的主体，发挥主要作用，实训效果在学生身上得到充分体现。 团建八步教学法框架图如下所示。

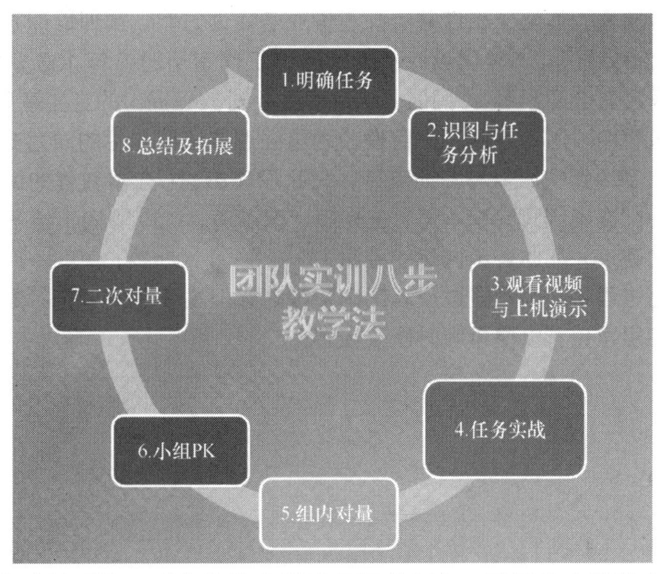

八步教学授课操作流程如下（拿整体案例进行切片任务，利用八步教学完成阶段任务）。

第一步：明确任务（给学生明确任务）。 1. 本堂课的任务是什么？ 2. 该任务是在什么情境下进行的？ 3. 该任务计算范围，哪些项目需要计算，哪些项目不需要计算。

第二步：该任务对应的案例工程图纸的识图及业务分析（结合案例图纸）。 以团队的方式进行图纸及业务分析，找出各任务中涉及构件的关键参数及图纸说明，以团队的方式从定额、清单两个角度进行业务分析，确定算什么，如何算。

第三步：老师可以采用播放完整的案例操作及业务讲解视频，也可以自行根据需要上机演示操作。 主要明确本阶段的软件应用的重要功能，操作上机的重点及难点部分。

第四步：任务实战。 讲师根据已布置的任务，规定完成任务的时间，团队学生自己动手操作，配合讲师辅导指引，在规定时间内完成阶段任务。 在完成整个任务 CAD 识别后，再进行集中套用做法，此环节强烈建议采用教材统一提供的教学清单库。 安装实训教程采用“2014 安装实训教程教学专用清单库”，此清单库为高校专业用清单库，采用 12 位清单编码，与广联达高校算量大赛对接，主要用于结果评测。 学生在规定时间内完成任务后，提交个人成果，讲师利用评分软件当堂对学生成果资料进行评测，得出个人分数。

第五步：组内对量。 评分完毕后，学生根据每个人的成绩，在小组内利用对量软件进行对量，讨论完成对量问题，如找问题，查错误，优劣搭配，自我提升。 讲师要求每个小组最终出具一份能代表小组实力的结果文件给讲师。

第六步：小组 PK。每个小组上交最终成功文件后，讲师再次使用评分软件进行评分，测出各个小组的成绩优劣，希望能通过此成绩刺激小组的团队意识以及学习动力。

第七步：二次对量。讲师下发标准答案，学生再次利用对量软件与标准答案进行结果对比，从而找出错误点加以改正，掌握本堂课所有，提升自己的能力。

第八步：学生小组及个人总结，老师针对本堂课的情况进行总结及知识拓展，最终共同完成本堂课的教学任务。

本教程由广联达软件股份有限公司王全杰、广西建设职业技术学院宋芳、浙江广厦职业技术学院黄丽华担任主编，由广联达软件股份有限公司朱溢镕、广东建设职业技术学院李元希、河南财政税务高等专科学校杜兴亮担任副主编。同时参与编制人员还有刘丽娜、张晓丽、韩红霞、崔淑艳、刘丽君、刘师雨、杨惠芬、金剑青、石知康、陈联殊、何立斌、边凌涛、罗淑婧、孙鹏翔、张玉生、吕春兰，他们参与了审核与工程数据的校核。

在课程方案设计阶段，借鉴了韩红霞老师造价业务实训方案、实训培训方法，从而保证了本系列教程的实用性、有效性。本教程汲取了天融造价工作室历时 5 年 100 多期次的实训教学经验，让教程内容更适合造价初学者。同时，感谢编委会对教程提出的宝贵意见。

在本教程编写过程中，河南运照工程管理公司总经理柴润照先生的鼎力支持，他参加审稿并为课程编制小组提供了周到的服务与专业支持，在此深表感谢！在本教程的编制过程中，得到了广联达工程教育事业部高杨经理、李永涛、王光思、李洪涛、沈默等同事给予的热情帮助，对课程方案提出了中肯的建议，在此表示诚挚的感谢。

本套教程在编写过程中，虽然经过反复斟酌和校对，但由于时间紧迫，难免存在不足之处，诚望广大读者提出宝贵意见，以便再版时修改完善。

编审委员会

2017 年 6 月

前言

《安装工程计量与计价实训教程》是广联达计量计价实训系列课程之一，需配合《办公大厦安装施工图》使用，本教程以工程实例为造价编制为主线，以任务为驱动，以培养学生手工及软件算量计价的应用技能。本教程采用行业应用最为普及的广联安装算量软件 GQI2013、广联达工程量清单计价软件 GBQ4.0 软件，以《通用安装工程工程量计算规范》（GB 50856—2013）、《建设工程工程量清单计价规范》（GB 50500—2013）、《河南 2013》为依据进行编制；

《安装工程计量与计价实训教程》结合企业对学生安装执业技能的要求，以及学校实训教学的需求，从工程识图—业务分析—手工实训—软件实训，让学生从手工实训中掌握安装算量与计价的思路与原理，通过软件算量组价，提升职业技能，提高工作效率。

本教程编写结构如下：

（1）本教程分成九个章节，每个章节独立完成一个专业，方便各院校进行选择授课；

（2）本教程的每个章节均由三大部分组成。第一个任务是图纸及业务分析，清楚图纸表达内容是什么？需要进行哪些施工工艺，针对的工作内容是什么？从清单的角度分析算什么？规则是什么？明白算什么？如何算的问题。第二个任务是手工计算工程量，通过手工计算相应专业的工程量，让学生掌握手工计算的思路与流程。第三个任务是应用安装算量软件计算工程量，通过学习广联达安装算量软件，应用软件进行安装工程计算，提升工程量的效率，与行业算量技能同步。每章通过三个任务的学习，不但让学生巩固了安装的业务知识，同时还掌握了手工、软件算量的两项技能。

（3）本教程中每项任务均包括任务说明、任务分析、任务实施、任务总结。让学生清楚任务内容，并对任务进行分析，分析人物所涉及的工作内容？学生可以通过学习任务分析，清晰地实施任务，从而达到通过做中学，练中学的实训教学目的。教程内容翔实，步骤清晰，让学生轻松中学习，教师轻松授课。

（4）本教程提供完整授课电子资料包，读者可以登录 www.cipedu.com.cn，输入本书名，查询范围选 “课件” 下载。

由于编者水平有限，书中难免会有错误和不妥的地方，敬请读者批评指正。为了大家能够更好地使用本系列教程，教材及软件的应用问题可随时反馈到 342167192@qq.com，同时欢迎大家加入实训教学公众号，以方便第一时间了解实训课程的进度，安装实训教师交流 QQ 群：322128718，学生 QQ 群：328164128，欢迎各位师生加入交流。

编者

2017 年 6 月

目　录

上篇　计　量

下篇 计 价

上篇 计量

1 给排水专业工程工程量计算实训

【能力目标】

1. 能够熟练识读给排水专业工程施工图。
2. 能够依据图纸手工计算给排水专业工程量。
3. 能够依据图纸使用软件计算给排水专业工程量。

【知识目标】

1. 了解给排水的系统原理。
2. 了解给排水工程常用的材料和工程项目组成。
3. 熟悉给排水系统中的相关图例。
4. 掌握比例尺应用原理。
5. 掌握给排水工程量清单的编制步骤、内容、计算规则及其格式。

1.1 任务一 给排水专业工程图纸及业务分析

1.1.1 任务说明

按照办公大厦给排水施工图，完成以下工作：

1. 识读给排水工程整体施工图，请核查图纸是否齐全。图纸包括设计说明（详见图纸水施-02、水施-03），材料表（详见图纸水施-03），平面图（详见图纸水施-07～水施-12），系统图（详见图纸水施-04、水施-05），详图（详见图纸水施-06）。

2. 查看给排水工程的分类及系统走向，确定室内外管道界限的划分，给排水工程管道材质的种类（详见图纸水施-02、水施-06）；弄清给水引入管和污水排出管的平面走向、位置（详见图纸水施-06）；分别查明给水干管、排水干管、立管、横管、支管的平面位置与走向，确定管道是否需要进行水压试验，消毒冲洗及管道刷油防腐（详见图纸水施-04、水施-05、水施-06）。

3. 查找给排水工程中管道支架布置方式及刷油防腐方式。

4. 确定给排水工程卫生器具、阀门及泵的种类，查明卫生器具、阀门和泵的类型、数量、安装位置（详见图纸水施-03、水施-04、水施-06）。

5. 按照现行工程量清单计价规范，结合给排水专业工程图纸对给排水管道、管道支架、阀门及卫生器具清单列项，并对清单项目编码、项目名称、项目特征、计量单位、计算规则、工作内容进行详细描述。

1.1.2 任务分析

1. 在图纸识读过程中，给排水管道、卫生器具、阀门及泵在材料表中的图例是如何表示的（详见图纸水施-03）？平面图（详见图纸水施-07～水施-12），系统图（详见图纸水施-04、水施-05），详图（详见图纸水施-06）是如何对应的？

2. 给排水工程是如何分类的（详见图纸水施-02）？室内外管道界限应如何划分（详见图纸水施-07）？给水排水管道穿越建筑物是否设置保护套管，何处设置，具体要求是怎样的（详见图纸水施-07）？给排水专业工程中管道采用什么敷设方式（详见图纸水施-02）？给排水管道分别采用什么材质、什么连接方式（详见图纸水施-02）？给排水管道安装高度如何确定（详见图纸水施-04）？管道采用哪种形式的压力试验及消毒冲洗方式（详见图纸水施-02、水施-03、水施-04）？管道刷油防腐有哪些方法？

3. 在给排水工程中，管道支架形式、设置要求、刷油防腐是如何规定的（详见图纸水施-02、水施-03）？

4. 给排水工程中卫生器具、阀门、泵有哪些种类（详见图纸水施-02、水施-03）？

5. 给排水工程中清单项目编码如何表示？管道清单、管道支架、套管、阀门、卫生器具分别包含什么工作内容，以什么为计量单位，项目特征如何描述，及其工程量是如何计算的？

1.1.3 任务实施

1. 识读给排水施工图，将平面图与系统图对照起来看，水平管道在平面图中体现，在平面图中立管用圆圈表示，相应立管信息在系统中可以看到，其标识包括标高、管径等，从干管引至各楼层横管与大样图相连接，大样图包括与卫生器具连接的水平管和立管。给排水管道、卫生器具、阀门及泵在材料表中的图例表示方法如图 1-1 所示。

2. 在给排水施工图的给水系统中，管道由室外引入，室内外界限以外墙皮 1.5m 为准，引入管采用 *DN*70 热镀锌衬塑复合管，埋设深度 *H*－5.2m。过外墙设 *DN*125 刚性防水套管，引入室内后，经埋地敷设的水平干管，分配水流至各给水立管 JL-1、JL-2、JL-3。JL-1～JL-3 立管分别引至一至四层各用水部位，各层给水横管于 *H*＋0.6m 处引出。给水管道进行压力试验及消毒冲洗。

排水系统排出管采用 *DN*100UPVC 塑料管，过外墙设 *DN*125 刚性防水套管，埋地敷设深度为 *H*－5.2m。WL-1、WL-2 均为 *De*110 螺旋塑料管，各层排水横管由标高为 *H*－0.55m 处引出。卫生间安装洗脸盆、蹲便器、坐便器、小便斗、拖布池等卫生器具。压力排水管 WL-3 采用 *DN*100 机制排水铸铁管，由室外埋深 *H*－5.2m 引出，过外墙设 *DN*125 刚性防水套管，引至潜污泵处。排水铸铁管、热镀锌钢管均刷沥青漆两道。

名　称	图　　例	名　称	图　　例
给水管	JL　JL　JL	淋浴间网框式地漏	地　H+0mm
地漏	地　H+0mm	蹲式大便器	蹲　脚踏式 H+500mm
污水管	W　W　W	立式小便斗	小　红外感应水龙头 H+500mm
透气管	T　T　T	洗脸盆	脸　红外感应水龙头 H+800mm
消防管	XH1　XH1　XH	坐式大便器	坐　6L低水箱 H+500mm
喷淋管	ZP　ZP　ZP	水喷头	
室内消火栓		压力表	
橡胶软接头		温度计	
止回阀		金属软接头	
截止阀		雨水斗	
潜水泵	H+0mm	伸缩节	
闸阀		Y型过滤器	

图 1-1　图例表

3. 管道支架除锈后刷防锈漆两道，管道支架间距如表 1-1 所示，质量暂按 1.5kg/个考虑。

表 1-1　衬塑钢管管道支架最大间距一览表　　　单位：m

规格	dn(公称直径/mm)	15	20	25	32	40	50	70	80	100		125	150	200
	dn(公称外径/mm)	20	25	32	40	50	63	75	90	110	125	140	160	200
衬塑钢管	冷水	1	1.5	1.8	2	2.2	2.5	3	3.5	3.5		4	4.5	5
	热水	1	1.5	1.8	2	2.2	2.5	3	3.5	3.5		4	4.5	5

4. 在给排水施工图中，卫生器具有洗脸盆、蹲便器、坐便器、小便斗、拖布池。洗脸盆安装高度为＋800mm，蹲便器、坐便器、小便斗、拖布池安装高度为＋500mm；阀门包括闸阀和截止阀。阀门均在管道上安装，规格即是管道规格。泵包括污水泵，其型号为 50QW（WQ)-10-7-0.75。

5. 根据《通用安装工程工程量计算规范》（GB 50856—2013)，结合广联达办公大厦给排水专业工程施工图纸，对该专业工程进行清单列项。详细内容见表 1-2。

表 1-2　广联达办公大厦给排水专业工程清单列项

项目编码	项目名称	项目特征描述	计量单位	工程量计算规则	工作内容
031001007001	复合管	1. 安装部位：室内 2. 介质：给水 3. 材质、规格：热镀锌(衬塑)复合管 DN70 4. 连接形式：丝接 5. 压力试验及吹、洗设计要求：管道消毒、冲洗	m	按设计图示管道中心线以长度计算	1. 管道安装 2. 管件安装 3. 塑料卡固定 4. 压力试验 5. 吹扫、冲洗 6. 警示带铺设

续表

项目编码	项目名称	项目特征描述	计量单位	工程量计算规则	工作内容
031001007002	复合管	1. 安装部位:室内 2. 介质:给水 3. 材质、规格:热镀锌(衬塑)复合管 DN50 4. 连接形式:丝接 5. 压力试验及吹、洗设计要求:管道消毒、冲洗	m	按设计图示管道中心线以长度计算	1. 管道安装 2. 管件安装 3. 塑料卡固定 4. 压力试验 5. 吹扫、冲洗 6. 警示带铺设
031001007003	复合管	1. 安装部位:室内 2. 介质:给水 3. 材质、规格:热镀锌(衬塑)复合管 DN40 4. 连接形式:丝接 5. 压力试验及吹、洗设计要求:管道消毒、冲洗	m		
031001007004	复合管	1. 安装部位:室内 2. 介质:给水 3. 材质、规格:热镀锌(衬塑)复合管 DN32 4. 连接形式:丝接 5. 压力试验及吹、洗设计要求:管道消毒、冲洗	m		
031001007005	复合管	1. 安装部位:室内 2. 介质:给水 3. 材质、规格:热镀锌(衬塑)复合管 DN25 4. 连接形式:丝接 5. 压力试验及吹、洗设计要求:管道消毒、冲洗	m		
031002003001	套管	1. 名称:刚性防水套管 2. 材质:钢材 3. 规格:DN125 4. 系统:给水系统	个	按设计图示数量计算	1. 制作 2. 安装 3. 除锈、刷油
031003001002	螺纹阀门	1. 类型:截止阀 2. 规格:DN50 3. 连接形式:螺纹连接	个	按设计图示数量计算	1. 安装 2. 电气接线 3. 调试
031003001003	螺纹阀门	1. 类型:截止阀 2. 规格:DN32 3. 连接形式:螺纹连接	个		
031003003001	焊接法兰阀门	1. 类型:闸阀 2. 规格:DN70 3. 连接形式:焊接	个		
031001006001	塑料管	1. 安装部位:室内 2. 介质:排水管道 3. 材质、规格:螺旋塑料管 De110 4. 连接形式:粘接	m	按设计图示管道中心线以长度计算	1. 管道安装 2. 管件安装 3. 塑料卡固定 4. 阻火圈安装 5. 压力试验 6. 吹扫、冲洗 7. 警示带铺设

续表

项目编码	项目名称	项目特征描述	计量单位	工程量计算规则	工作内容
031001006002	塑料管	1. 安装部位:室内 2. 介质:排水管道 3. 材质、规格:塑料管 UPVC-*De*110 4. 连接形式:粘接	m	按设计图示管道中心线以长度计算	1. 管道安装 2. 管件安装 3. 塑料卡固定 4. 阻火圈安装 5. 压力试验 6. 吹扫、冲洗 7. 警示带铺设
031001006003	塑料管	1. 安装部位:室内 2. 介质:排水管道 3. 材质、规格:塑料管 UPVC-*De*75 4. 连接形式:粘接	m		
031001006004	塑料管	1. 安装部位:室内 2. 介质:排水管道 3. 材质、规格:塑料管 UPVC-*De*50 4. 连接形式:粘接	m		
031002003002	套管	1. 名称:刚性防水套管 2. 材质:钢材 3. 规格:*DN*125 4. 系统:排水系统	个	按设计图示数量计算	1. 制作 2. 安装 3. 除锈、刷油
031004003001	洗脸盆	1. 材质:陶瓷 2. 规格、类型:洗脸盆 3. 附件名称:红外感应水龙头	组	按设计图示数量计算	1. 器具安装 2. 附件安装
031004004001	洗涤盆	1. 材质:陶瓷 2. 规格、类型:拖布池	组		
031004006001	大便器	1. 材质:陶瓷 2. 规格、类型:坐便器 3. 附件名称:6L 低水箱	组		
031004006002	大便器	1. 材质:陶瓷 2. 规格、类型:蹲便器 3. 附件名称:脚踏式	组		
031004007001	小便器	1. 材质:陶瓷 2. 规格、类型:小便斗 3. 附件名称:红外感应水龙头	组		
031004014001	给、排水附(配)件	1. 材质:塑料 2. 名称:地漏 3. 规格:*De*50	个		安装
030109011001	潜水泵	1. 名称:潜水排污泵 2. 型号:50QW(WQ)10-7-0.75 3. 检查接线	台	按设计图示数量计算	1. 本体安装 2. 检查接线
031001005001	铸铁管	1. 安装部位:室内 2. 介质:压力排水 3. 材质、规格:机制排水铸铁管 *DN*100 4. 连接形式:W 承插水泥接口	m	按设计图示管道中心线以长度计算	1. 管道安装 2. 管件安装 3. 压力试验 4. 吹扫、冲洗 5. 警示带铺设

续表

项目编码	项目名称	项目特征描述	计量单位	工程量计算规则	工作内容
031002003003	套管	1. 名称：刚性防水套管 2. 材质：钢材 3. 规格：*DN*125 4. 系统：压力排水系统	个	按设计图示数量计算	1. 制作 2. 安装 3. 除锈、刷油
031003001001	软接头（软管）	1. 类型：橡胶软接头 2. 规格：*DN*100 3. 连接形式：焊接	个	按设计图示数量计算	1. 安装 2. 电气接线 3. 调试
031003003002	焊接法兰阀门	1. 类型：止回阀 2. 规格：*DN*100 3. 连接形式：焊接	个		
031003003003	焊接法兰阀门	1. 类型：闸阀 2. 规格：*DN*100 3. 连接形式：焊接	个		

1.1.4 任务总结

1. 给排水工程按用途一般分为生产给水、生活给水，不同类别适用的章节是不一样的，生活给水适用于给排水采暖燃气工程一章，生产给水适用于工业管道工程一章，排水工程按用途一般分为污水、雨水、废水（参照现行工程量清单计价规范）。

2. 管道识图：室内给排水施工图主要有平面图和系统图（轴侧图），看懂管道在平面图和系统图上表示的含义，是识读管道施工图的基本标准；室内管道的系统图（轴侧图）主要反映管道在室内空间的走向和标高位置，一般左右方向用水平线表示，上下方向用竖线表示，前后方向用45°斜线表示。

管道的标高一般在管子的起点和终点，坡度符号可标在管子的上方和下方，其箭头所指一端是管子的低端，一般管径采用公称直径在该段管子的起始端标注。

3. 给排水平面图的识读应注意掌握以下内容：查明卫生器具及用水设施的类型、数量、安装方式、安装位置及接管方式；弄清给水引入管与排水排出管的平面走向、位置；分别查明给水干管、立管、横管、支管的平面走向、位置；查明水表、阀门等型号、安装方式。

4. 给排水系统图的识读应注意掌握以下内容：查明各部分给水管的空间走向、管径、标高及阀门设置位置；查明各部分排水管的空间走向、管路分支情况、管径尺寸及变化，查明横管坡度、管道各部分标高、存水弯形式、清通设施的设置情况。

5. 给排水详图的识读应注意：施工详图主要有水表节点、卫生器具等安装图。有的详图选用了标准图和通用图时，需查阅相应标准图集和通用图集。

6. 识读给排水施工图时应注意：识图时先看设计说明，明确设计要求；要把施工图按给水、排水分开阅读，把平面图和系统图对照起来看；给水系统图可以从给水引入管起，顺着管道水流方向看，排水系统图可以从卫生器具开始，也顺着水流方向阅读；卫生器具的安装形式及详细配管情况要参阅设计选用的相关标准图集。

7. 给水管道水压试验项目已综合在管道安装项目内，不得另外设置项目（全国统一安装工程预算定额）。

8. 穿楼板的钢套管及内墙用钢套管按本章室外钢管焊接连接定额相应项目计算；外墙钢套管按《C.6 工业管道工程》定额相应项目计算（参照现行安装工程预算定额）。

1.1.5 知识链接

1. 给排水制图标准参照《建筑给水排水制图标准》(GBT 50106—2010)。

2. 给排水施工验收规范参照《建筑给水排水及采暖工程施工质量验收规范》(GB 50268—2008)。

3. 给排水系统组成

(1) 建筑内部给水系统的分类及组成

1) 给水系统的分类

① 生活给水系统　供民用、公共建筑和工业企业建筑内的饮用、烹调、盥洗、洗涤、沐浴等生活上的用水。要求水质必须严格符合国家规定的饮用水质标准。

② 生产给水系统　因各种生产的工艺不同，生产给水系统种类繁多，主要用于生产设备的冷却、原料洗涤、锅炉用水等。生产用水对水质、水量、水压及安全方面的要求由于工艺不同，差异很大。

2) 给水系统的组成

① 引入管　对一幢单独建筑物而言，引入管是室外给水管网与室内管网之间的联络管段，也称进户管。对于一个工厂、一个建筑群体、一个学校区，引入管系指总进水管。

② 水表节点　水表节点是指引入管上装设的水表及其前后设置的闸门、泄水装置等总称。闸门用以关闭管网，以便修理和拆换水表；泄水装置为检修时放空管网、检测水表精度及测定进户点压力值。水表节点形式多样，选择时应按用户用水要求及所选择的水表型号等因素决定。分户水表设在分户支管上，可只在表前设阀，以便局部关断水流。

③ 管道系统　管道系统是指建筑内部给水水平或垂直干管、立管、支管等。

④ 给水附件　给水附件指管路上的闸阀等各式阀类及各式配水龙头、仪表等。

⑤ 升压和贮水设备　在室外给水管网压力不足或建筑内部对安全供水、水压稳定有要求时，需设置各种附属设备，如水箱、水泵、气压装置、水池等升压和贮水设备。

(2) 建筑内部排水系统的分类及组成

1) 建筑内部排水系统根据接纳污、废水的性质，可分为三类：

① 生活排水系统　其任务是将建筑内生活废水（即人们日常生活中排泄的污水等）和生活污水（主要指粪便污水）排至室外。我国目前建筑排污分流设计中是将生活污水单独排入化粪池，而生活废水则直接排入市政下水道。

② 工业废水排水系统　用来排除工业生产过程中的生产废水和生产污水。生产废水污染程度较轻，如循环冷却水等。生产污水的污染程度较重，一般需要经过处理后才能排放。

③ 建筑内部雨水管道　用来排除屋面的雨水，一般用于大屋面的厂房及一些高层建筑雨雪水的排除。

2) 建筑内部排水系统的组成

① 卫生器具或排水器具。

② 排水管系　由器具排水管连接卫生器具和横支管之间的一段短管、除坐式大便器外，其间含存水弯，有一定坡度的横支管、立管；埋设在地下的总干管和排出到室外的排水管等组成。

③ 清通设备　一般有检查口、清扫口、检查井及带有清通门的弯头或三通等设备，作为疏通排水管道之用。

④ 抽升设备　民用建筑中的地下室、人防建筑物、高层建筑的地下技术层、某些工业企业车间或半地下室、地下铁道等地下建筑物内的污、废水不能自流排至室外时必须设置污水抽升设备。如水泵、气压扬液器、喷射器将这些污废水抽升排放以保持室内良好的卫生环境。

4. 工程量清单项目设置情况：项目特征描述的内容，综合的工作内容，工程量计算规则（摘录清单计价规范部分内容）。

(1) 工程概况

① 2013 版《建设工程工程量清单计价规范》C.8（给水、排水、采暖、燃气）适用于采用工程量清单计价的新建、扩建的生活用给排水、采暖、燃气工程。其内容包括给排水等管道及管道附件安装，管道支架制作安装，卫生洁具安装等。

② 编制清单项目时，如涉及管道除锈、油漆、支架的除锈、油漆，管道绝热、防腐等工作内容时，可参照《安装工程预算定额》第十一册《刷油、防腐、绝热工程的工料机耗用量》进行计价。

(2) 清单列项

① 给排水管道安装，按照安装部位、输送介质、管径、管道材质、连接方式、接口材料及除锈标准刷油、防腐、绝热保护层等不同特征设置清单项。

② 管道工程量不扣除阀门、管件（包括减压器、疏水器、水表、伸缩器等组成安装）及附属构筑物所占长度。

③ 压力试验按设计要求描述试验方法，如水压试验、气压试验、泄露性试验、闭水试验、通球试验、真空试验等。

④ 吹、洗按设计要求描述吹扫、冲洗方法，如水冲洗、消毒冲洗、空气吹扫等。

⑤ 单件支架质量 100kg 以上的管道支吊架执行设备支吊架制作安装。

⑥ 成品支吊架安装执行相应管道支吊架或设备支吊架项目，不再计取制作费，支吊架本身价值含在综合单价中。

⑦ 套管制作安装，适用于穿基础、墙、楼板等部位的防水套管、一般套管、人防密闭套管及防火套管等，应按类别分别列项。

⑧ 法兰阀门包括安装法兰连接，不得另计。阀门安装如仅为一侧法兰连接时，应在项目特征中描述。

⑨ 成品卫生器具项目中的附件安装，主要指给水附件包括水嘴、阀门、喷头等，排水配件包括存水弯、排水栓、下水口等，以及配备的连接管。

⑩ 洗脸盆适用于洗脸盆、洗发盆、洗手盆安装。

⑪ 器具安装中若采用混凝土或砖基础，应按《房屋建筑与装饰工程计量规范》相关项目编码列项。

⑫ 给排水附（配）件是指独立安装的水嘴、地漏、地面扫出口等。

5. 工程材料种类及适用范围、安装连接方式

(1) 管材

① 塑料管　塑料管（如图 1-2 所示）一般是以塑料树脂为原料，加入稳定剂、润滑剂等，以“塑”的方法在制管机内经挤压加工而成。分为用于室内外输送冷、热水和低温地板辐射采暖管道的聚乙烯（PE）管、聚丙烯（PP-R）管、聚丁烯（PB）管等。适用于输送生活污水和生产污水的有聚氯乙烯（PVC-U）管。PVC-U 承插排水管规格见表 1-3 所示。

表 1-3 PVC-U 承插排水管规格 单位：mm

公称外径 De	公称直径 DN	壁厚	公称外径 De	公称直径 DN	壁厚
50	50	2	110	100	3.2
75	75	2.3	150	150	4.0

② 钢塑复合管 钢塑复合管（如图1-3所示），产品以无缝钢管、焊接钢管为基管，内壁涂装高附着力、防腐、食品级卫生型的聚乙烯粉末涂或环氧树脂涂料。一般分为衬塑管和涂塑管，适用于室内外给水的冷热水管道和消防管道。

图 1-2 各式塑料管

(2) 管件 螺纹连接管件比较常用的有管箍、活接头、弯头、三通、四通、异径管、丝堵等。

(3) 管道连接方式

① 螺纹连接 也称为丝扣连接。是通过管端加工的外螺纹和管件内螺纹将管子与管子、管子与管件、管子与阀门紧密连接。其适用于 $DN \leqslant 100$mm 的镀锌钢管，管径较小、压力较低的焊接钢管，硬聚氯乙烯管和带螺纹的阀门与管道的连接等。

② 承插粘接 承插粘接适用于 PVC-U 管，采用黏合剂将承口和插口黏合在一起的连接方式。

6. 设备及设施种类、功能，安装要求（水泵、阀门、水表、卫生器具、水箱）

(1) 附件

1) 阀门 用以启闭管路，调节水量和水压的控制附件。阀门分类有闸阀、截止阀、蝶阀、止回阀等。

① 闸阀（如图 1-4 所示） 闸阀只能作全开和全关，不能作调节和节流。闸板有两个密封面，最常用的模式闸板阀的两个密封面形成楔形、楔形角随阀门参数而异。闸阀驱动方式分类：手动闸阀、气动闸阀、电动闸阀。

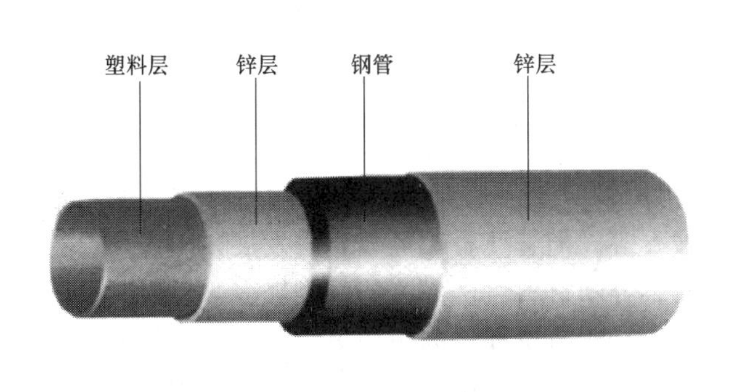

图 1-3 钢塑复合管

图 1-4 闸阀

② 截止阀（如图 1-5 所示） 截止阀具有非常可靠的切断功能，或者作为调节及节流用。按连接方式分为三种：法兰连接、丝扣连接、焊接连接。

③ 蝶阀（如图 1-6 所示） 蝶阀又叫翻板阀，是一种结构简单的调节阀，同时也可用于低压管道介质的开关控制。蝶阀是指关闭件（阀瓣或蝶板）为圆盘，围绕阀轴旋转来达到开启与关闭的一种阀，在管道上主要起切断和节流作用。

图 1-5 截止阀

图 1-6 蝶阀

④ 止回阀（如图 1-7 所示） 止回阀又称止逆阀、单向阀或逆止阀，其作用是防止管路中的介质定向流动而不致倒流的功能。止回阀按结构划分，可分为升降式止回阀、旋启式止回阀和蝶式止回阀三种。

2）水表（如图 1-8 所示） 采用活动壁容积测量室的直接机械运动过程或水流流速对翼轮的作用以计算流经自来水管道的水流体积的流量计。一般分为容积式水表和速度式水表两类。

图 1-7 止回阀

图 1-8 水表

（2）卫生器具

1）洗脸盆 洗脸盆是人们日常生活中不可缺少的卫生洁具。洗脸盆的材质，使用最多的是陶瓷、搪瓷生铁、搪瓷钢板，还有水磨石等。随着建材工业技术的发展，国内外已相继推出玻璃钢、人造大理石、人造玛瑙、不锈钢等新材料。洗面盆的种类繁多，但对其共同的要求是表面光滑、不透水、耐腐蚀、耐冷热，易于清洗和经久耐用等。

洗脸盆的种类较多，一般有以下几个常用品种：角型洗脸盆、普通型洗脸盆、立式洗脸盆，有沿台式和无沿台式洗脸盆。根据洗脸盆上所开进水孔的多少，洗脸盆又有无孔、单孔和三孔之分。立柱式洗脸盆安装示意图如图 1-9 所示。

2）蹲便器 由便盆、延时冲洗阀、管道等组成，还有一些采用手压阀及水箱等进行冲洗。大便器冲洗水经存水弯通过管道排入室内排水主立管中。安装示意图如图 1-10 所示。

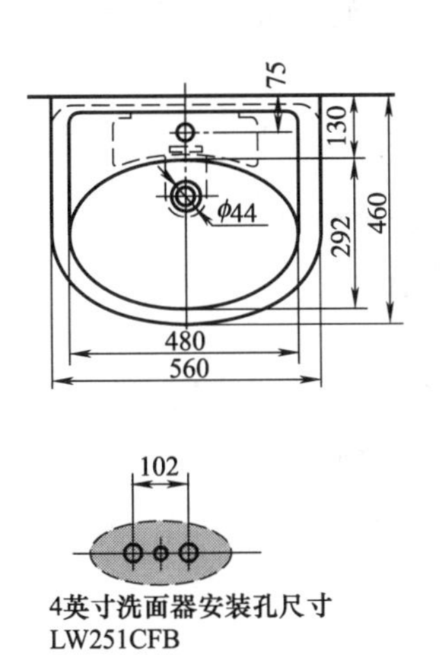

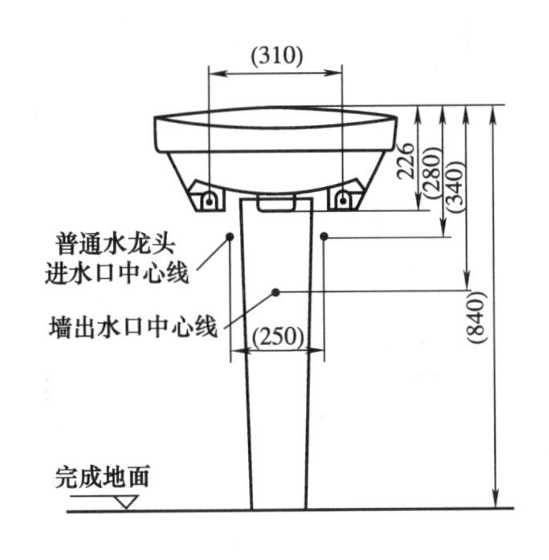

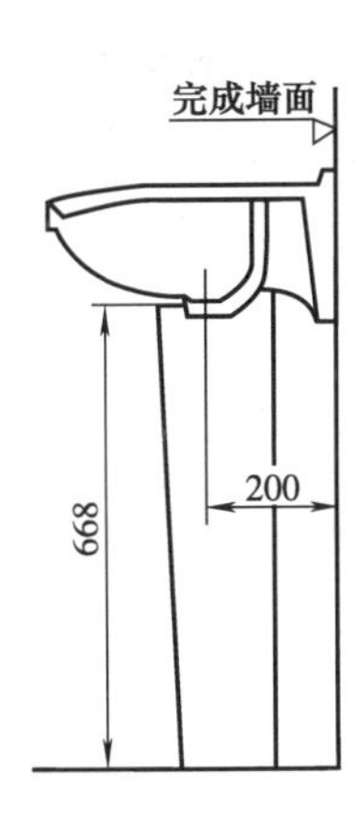

图 1-9 立柱式洗脸盆安装示意图

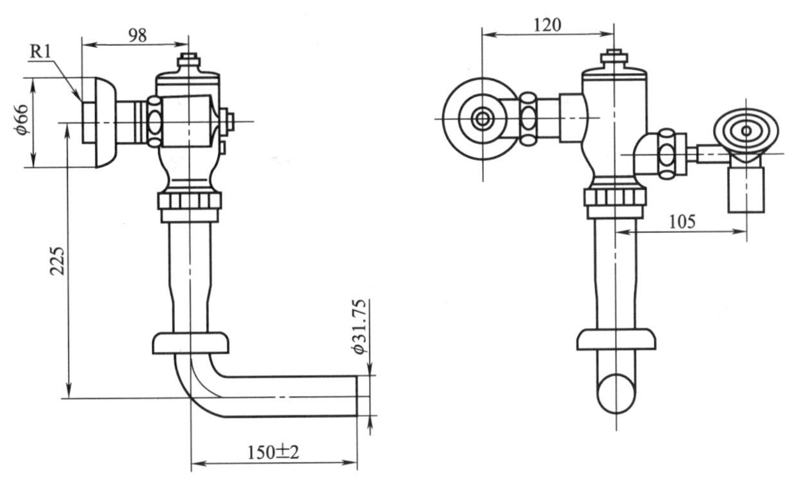

图 1-10 脚踏式蹲便器用冲洗阀

3）坐便器 坐便器按结构形式分为连体水箱坐便器、分体式坐便器。按排水位置分为前出水和后出水两种。低水箱坐便器安装示意图如图 1-11 所示。

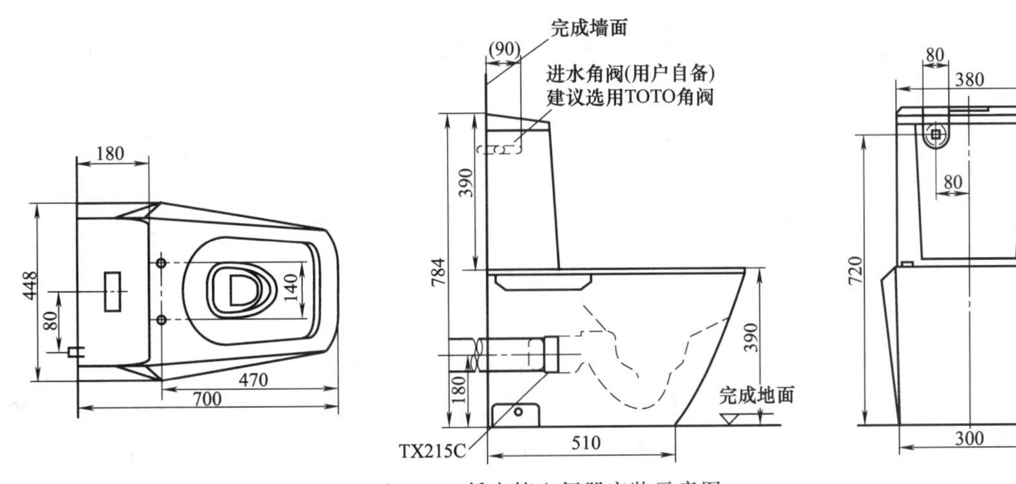

图 1-11 低水箱坐便器安装示意图

4）小便器　小便器按安装方式和形状分为立式小便器、挂式小便器等。小便器安装示意图如图 1-12 所示。

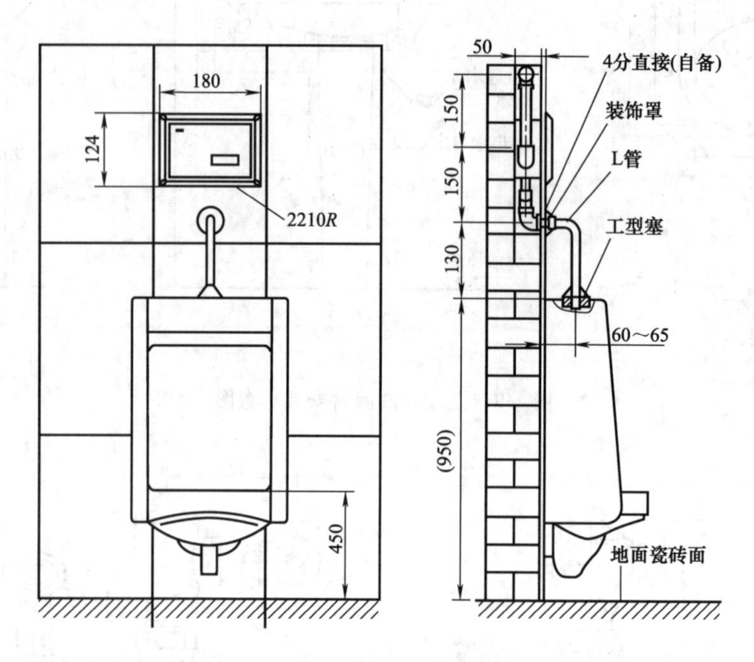

图 1-12　小便器安装示意图

5）拖布池　拖布池大部分采用不锈钢和陶瓷制作。拖布池安装示意图如图 1-13 所示。

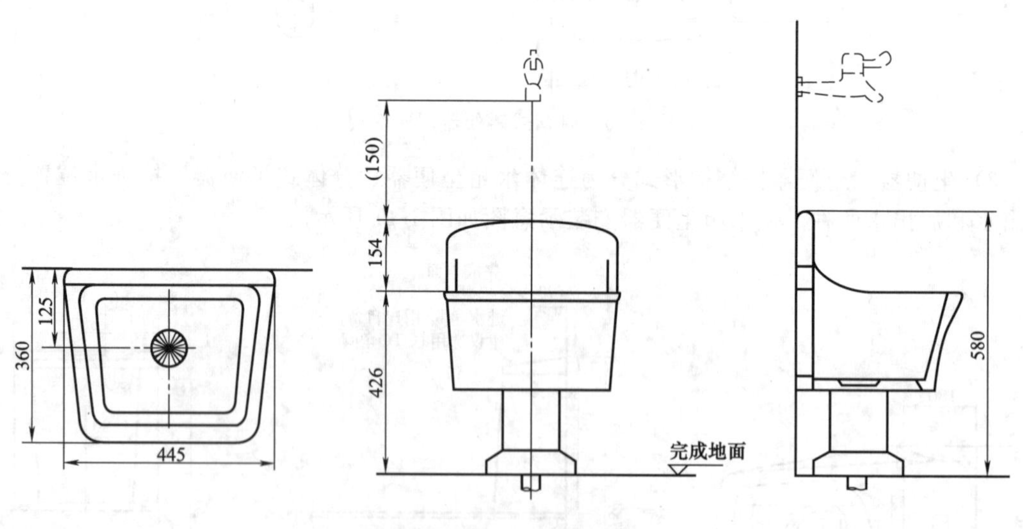

图 1-13　拖布池安装示意图

6）地漏　地漏设在厨房、厕所、盥洗室、浴室、洗衣房内，以及其他需要从地面上排除污水的房间内。地漏在排水处盖有箅子，用以阻止杂物落入管道内，自带水封，可以直接与下水管道相连接。按照材质可以分为铜质地漏、不锈钢地漏、塑料地漏。地漏安装示意图如图 1-14 所示。

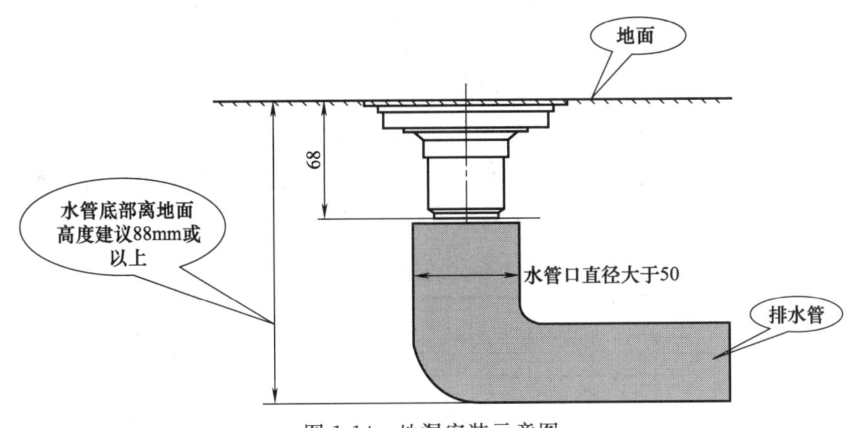

图 1-14 地漏安装示意图

1.2 任务二 给排水专业工程手工计算工程量

1.2.1 任务说明

按照办公大厦给排水施工图，完成以下工作：

1. 根据现行《通用安装工程工程量清单计算规范》（GB 50856—2013），结合给排水专业施工图纸，顺着水流，找出给排水系统管道走向，并且找出管道支架计算公式；计算给水管道 JL-1～JL-3、排水管道 WL-1～WL-3、卫生间给排水支管、管道支架的工程量；

2. 根据现行《通用安装工程工程量清单计算规范》（GB 50856—2013），结合给排水专业施工图纸，计算穿墙套管 *DN*125、截止阀、闸阀、止回阀、橡胶软接头、洗脸盆、蹲便器、坐便器、小便斗、拖布池、地漏、潜污泵的工程量；

3. 结合本案例工程的图纸信息，根据现行《通用安装工程工程量清单计算规范》（GB 50856—2013），描述工程量清单项目特征，编制完整的给排水专业工程工程量清单。

1.2.2 任务分析

1. 给排水专业图纸中，给水管道、排水管道是如何标注的？管道及管道支架的计量单位是什么？管道支架的计算公式是如何表示的？

2. 现行《通用安装工程工程量清单计算规范》（GB 50856—2013）中，套管、阀门、卫生器具、泵的计量单位及计算规则是如何规定的？

3. 给排水专业工程量清单编制过程中，衬塑复合钢管、机制铸铁管、塑料排水管、套管、阀门、卫生器具、潜污泵的清单项目特征如何描述？清单项目编码、项目名称如何表示？

1.2.3 任务实施

1. 给排水专业施工图中，给水管道由室外埋深－5.2m 处引入至给水水平干管，分配水流至各给水立管 JL-1～JL-3。各层给水横管于 *H*＋0.6m 处引出至各层卫生间，卫生间内给水支管引至卫生器具。排水系统由排出管引至室外，排出管埋深－5.2m，与排水立管 WL-1～WL-2 连接，各层排水横管由标高 *H*－0.55m 处引至各层卫生间内卫生器具。管道支架计算公式：管道支架工程量 *N*（kg）＝管道长度（*m*）/管道支架间距（*m*）×单个支架质量（暂按 1.5kg/个考虑）。

2. 给排水专业工程量计算时，套管、阀门、卫生器具、泵均按照设计图示数量，以“个”计算。

3. 根据现行《通用安装工程工程量清单计算规范》(GB 50856—2013)，结合给排水专业施工图，项目编码为12位数，在计算规范原有的9位清单编码的基础上，补充后3位自行编码；清单项目名称及项目单位、计算规则均应与计算规范中的规定保持一致。

4. 给排水专业工程工程量计算表见表1-4所示。

表1-4 工程量计算表

序号	项目名称	计算式	工程量	单位	备注
一	给水管道				
1	给水干管				
	J/1给水干管热镀锌(衬塑)复合管DN70	1.5{外墙皮1.5m}+4.95+0.28+1.2{竖直}+2.8	10.73	m	给水管室内外界限以外墙皮1.5m
	JL-1给水竖直干管热镀锌(衬塑)复合管DN50	4−2.8+3.8+0.6	5.6	m	JL-1给水立管
	JL-1给水竖直干管热镀锌(衬塑)复合管DN40	3.8{竖直}	3.8	m	JL-1给水立管
	JL-1给水竖直干管热镀锌(衬塑)复合管DN32	3.8{竖直}	3.8	m	JL-1给水立管
	JL-2/3给水竖直干管热镀锌(衬塑)复合管DN50	(4−2.8+11.4+0.6)×2	26.4	m	JL-2/3给水立管
2	卫生间内给水支管[4个卫生间]				
	JL-1给水支管：热镀锌(衬塑)复合管DN32	0.76×4个卫生间	3.04	m	JL-1给水支管
	JL-1给水支管：热镀锌(衬塑)复合管DN25	(1.6+0.13×3)×4个卫生间	7.96	m	JL-1给水支管
	JL-2给水支管：热镀锌(衬塑)复合管DN50	(4.44+0.27×3)×4个卫生间	21	m	JL-2给水支管
	JL-2给水支管：热镀锌(衬塑)复合管DN32	(0.81+0.08)×4个卫生间	3.56	m	JL-2给水支管
	JL-2给水支管：热镀锌(衬塑)复合管DN25	(0.9+0.08×2+0.58)×4个卫生间	6.56	m	JL-2给水支管
	JL-3给水支管：热镀锌(衬塑)复合管DN50	(4.30+0.28×3)×4个卫生间	20.56	m	JL-3给水支管
	JL-3给水支管：热镀锌(衬塑)复合管DN32	(0.95+0.19)×4个卫生间	4.56	m	JL-3给水支管
	JL-3给水支管：热镀锌(衬塑)复合管DN25	(1.06+0.58)×4个卫生间	6.56	m	JL-3给水支管
二	生活排水管道				
1	排出管				
	W/1排出管：机制排水铸铁管暗埋DN100	1.5{墙皮外}+0.7{水平}	2.2	m	W/1排出管水平管道及墙皮外1.5m
	W/2排出管：机制排水铸铁管暗埋DN100	1.5{墙皮外}+0.7{水平}	2.2	m	W/2排出管水平管道及墙皮外1.5m

续表

序号	项 目 名 称	计 算 式	工程量	单位	备 注
2	立管				
	W/1 竖直管:螺旋塑料管 *De*110	1.2+19.2+0.7	21.1	m	W/1 竖直干管长度
	W/2 竖直管:螺旋塑料管 *De*110	1.2+19.2+0.7	21.1	m	W/2 竖直干管长度
3	卫生间内排水支管[4 个卫生间]				
	WL-1 排水支管:塑料管 UPVC-*De*110	(3.04+3.92+0.34+0.4+0.4+0.55×4)×4 个卫生间	41.2	m	WL-1 排水支管
	WL-1 排水支管:塑料管 UPVC-*De*75	1.04×4 个卫生间	4.16	m	WL-1 排水支管
	WL-1 排水支管:塑料管 UPVC-*De*50	(1.37+0.19×2+2.3+0.62×3+0.55×3+0.55×4+0.8)×4 个卫生间	42.24	m	WL-1 排水支管
	WL-2 排水支管:塑料管 UPVC-*De*110	(2.68+3.92+0.34+0.4×2+0.55×4)×4 个卫生间	39.76	m	WL-2 排水支管
	WL-2 排水支管:塑料管 UPVC-*De*75	0.85×4 个卫生间	3.4	m	WL-2 排水支管
	WL-2 排水支管:塑料管 UPVC-*De*50	(1.56+0.44+0.44+0.81+0.55×4)×4 个卫生间	21.8	m	WL-2 排水支管
三	压力排水管道				
1	W/3 排出水平管:机制排水铸铁管暗埋 *DN*100	1.5+0.31	1.81	m	压力排水管道 W/3 排出水平管
2	W/3 立管:机制排水铸铁管暗埋 *DN*100	4−1.2	2.8	m	压力排水管道 W/3 立管
3	潜水排污泵 50QW(WQ) 10-7-0.75	1	1	个	
4	闸阀 *DN*100	1	1	个	压力排水管道连接潜污泵所用管道附件
5	止回阀 *DN*100	1	1	个	压力排水管道连接潜污泵所用管道附件
6	橡胶软接头 *DN*100	1	1	个	压力排水管道连接潜污泵所用管道附件
四	管道附件				
	给水管道附件				
	闸阀 *DN*70	1	1	个	引入管部位
	截止阀 *DN*50	2×4 个卫生间	8	个	卫生间内给水支管部位
	截止阀 *DN*32	1×4 个卫生间	4	个	卫生间内给水支管部位

续表

序号	项目名称	计算式	工程量	单位	备注
五	卫生洁具				
	洗脸盆	4×4个卫生间	16	套	
	坐便器	2×4个卫生间	8	套	
	蹲便器	6×4个卫生间	24	套	
	小便器	3×4个卫生间	12	套	
	拖布池	2×4个卫生间	8	套	
	地漏 *De*50	2×4个卫生间	8	套	
六	其他材料				
	给水管道穿外墙套管制作安装 *DN*125	1	1	个	穿外墙使用刚性防水套管(给水用)
	排水管道穿外墙套管制作安装 *DN*125	3	3	个	穿外墙使用刚性防水套管(排水用)

1.2.4 任务总结

1. 手工计算工程量时，了解比例尺的使用方法，注意比例尺的比例与图纸比例相对应，如果不对应，请注意换算比例。如：图纸比例 1∶50，用比例尺 1∶100 测量出的工程量必须除以 2。

2. 管道以延长米计算，不扣除阀门、管件所占长度，卫生间内给水支管引至卫生器具管道仅计算水平部分，竖直管道包括在定额材料中，不需要计算。

3. 管道穿墙、楼板时，应埋设钢制套管，安装在楼板内的套管其顶部应高出地面 20mm，底部与楼板面齐平。安装在墙内的套管应与饰面相平。

4. 广联达办公大厦给排水专业工程量手工算量清单表如表 1-5 所示。

表 1-5 广联达办公大厦给排水专业工程手工算量清单表

序号	项目编码	项目名称	项目特征描述	计量单位	工程量
1	031001007001	复合管	1. 安装部位:室内 2. 介质:给水 3. 材质、规格:热镀锌(衬塑)复合管 *DN*70 4. 连接形式:丝接 5. 压力试验及吹、洗设计要求:管道消毒、冲洗	m	10.73
2	031001007002	复合管	1. 安装部位:室内 2. 介质:给水 3. 材质、规格:热镀锌(衬塑)复合管 *DN*50 4. 连接形式:丝接 5. 压力试验及吹、洗设计要求:管道消毒、冲洗	m	73.56
3	031001007003	复合管	1. 安装部位:室内 2. 介质:给水 3. 材质、规格:热镀锌(衬塑)复合管 *DN*40 4. 连接形式:丝接 5. 压力试验及吹、洗设计要求:管道消毒、冲洗	m	3.8
4	031001007004	复合管	1. 安装部位:室内 2. 介质:给水 3. 材质、规格:热镀锌(衬塑)复合管 *DN*32 4. 连接形式:丝接 5. 压力试验及吹、洗设计要求:管道消毒、冲洗	m	15.16

续表

序号	项目编码	项目名称	项目特征描述	计量单位	工程量
5	031001007005	复合管	1. 安装部位:室内 2. 介质:给水 3. 材质、规格:热镀锌(衬塑)复合管 *DN*25 4. 连接形式:丝接 5. 压力试验及吹、洗设计要求:管道消毒、冲洗	m	21.08
6	031002003001	套管	1. 名称:刚性防水套管 2. 材质:钢材 3. 规格:*DN*125 4. 系统:给水系统	个	1
7	031003001002	螺纹阀门	1. 类型:截止阀 2. 规格:*DN*50 3. 连接形式:螺纹连接	个	8
8	031003001003	螺纹阀门	1. 类型:截止阀 2. 规格:*DN*32 3. 连接形式:螺纹连接	个	4
9	031003003001	焊接法兰阀门	1. 类型:闸阀 2. 规格:*DN*70 3. 连接形式:焊接	个	1
10	031001006001	塑料管	1. 安装部位:室内 2. 介质:排水管道 3. 材质、规格:螺旋塑料管 *De*110 4. 连接形式:粘接	m	42.2
11	031001006002	塑料管	1. 安装部位:室内 2. 介质:排水管道 3. 材质、规格:塑料管 UPVC-*De*110 4. 连接形式:粘接	m	80.96
12	031001006003	塑料管	1. 安装部位:室内 2. 介质:排水管道 3. 材质、规格:塑料管 UPVC-*De*75 4. 连接形式:粘接	m	7.56
13	031001006004	塑料管	1. 安装部位:室内 2. 介质:排水管道 3. 材质、规格:塑料管 UPVC-*De*50 4. 连接形式:粘接	m	64.04
14	031002003002	套管	1. 名称:刚性防水套管 2. 材质:钢材 3. 规格:*DN*125 4. 系统:排水系统	个	2
15	031004003001	洗脸盆	1. 材质:陶瓷 2. 规格、类型:洗脸盆 3. 附件名称:红外感应水龙头	组	16
16	031004004001	洗涤盆	1. 材质:陶瓷 2. 规格、类型:拖布池	组	8
17	031004006001	大便器	1. 材质:陶瓷 2. 规格、类型:坐便器 3. 附件名称:6L 低水箱	组	8
18	031004006002	大便器	1. 材质:陶瓷 2. 规格、类型:蹲便器 3. 附件名称:脚踏式	组	24
19	031004007001	小便器	1. 材质:陶瓷 2. 规格、类型:小便斗 3. 附件名称:红外感应水龙头	组	12

续表

序号	项目编码	项目名称	项目特征描述	计量单位	工程量
20	031004014001	给、排水附（配）件	1. 材质：塑料 2. 名称：地漏 3. 规格：*De*50	个	8
21	030109011001	潜水泵	1. 名称：潜水排污泵 2. 型号：50QW（WQ）10-7-0.75 3. 检查接线	台	1
22	031001005001	铸铁管	1. 安装部位：室内 2. 介质：压力排水 3. 材质、规格：机制排水铸铁管 *DN*100 4. 连接形式：W 承插水泥接口	m	4.61
23	031002003003	套管	1. 名称：刚性防水套管 2. 材质：钢材 3. 规格：*DN*125 4. 系统：压力排水系统	个	1
24	031003001001	软接头（软管）	1. 类型：橡胶软接头 2. 规格：*DN*100 3. 连接形式：焊接	个	1
25	031003003002	焊接法兰阀门	1. 类型：止回阀 2. 规格：*DN*100 3. 连接形式：焊接	个	1
26	031003003003	焊接法兰阀门	1. 类型：闸阀 2. 规格：*DN*100 3. 连接形式：焊接	个	1
27	031201001001	管道刷油	排水铸铁管除锈后刷沥青两道	m^2	1.45

1.3 任务三 给排水专业工程软件计算工程量

1.3.1 任务说明

按照办公大厦给排水施工图，采用广联达软件，完成以下工作：

1. 对照给排水专业工程图纸与电子版 CAD 图纸，查看 CAD 电子图纸是否完整；分解并命名各楼层 CAD 图。

2. 根据现行《通用安装工程工程量清单计算规范》（GB 50856—2013）中的计算规则，结合给排水专业施工图纸，新建给排水专业工程中给水管道、排水管道、阀门、卫生器具、潜污泵的构件信息，识别 CAD 图纸中包括的管道、套管、阀门、卫生器具、潜污泵等构件。

3. 汇总计算给排水专业工程量，结合给排水专业工程 CAD 图纸信息，对汇总后的工程量进行集中套用做法，并添加清单项目特征描述，最终形成完整的给排水专业工程工程量清单表，并导出给排水专业 Excel 工程量清单表格。

1.3.2 任务分析

1. 如何查看 CAD 图纸？如何导入 CAD 图纸至安装算量软件 GQI2013 中？如何在安装算量软件中分解各楼层 CAD 图纸并保存命名？

2. 如何结合 CAD 图纸及计算规范，在软件中设置其计算规则？如何对给排水专业工程中的给水管道、排水管道、阀门、卫生器具、潜污泵这些构件进行新建，并结合图纸，对其属性进行修改、添加？如何识别 CAD 图纸中包括的管道、套管、阀门、卫生器具、潜污泵等构件？

3. 如何汇总计算整个给排水专业及各楼层构件工程量？如何对汇总后的工程量进行集中套用做法并添加清单项目特征描述？如何预览报表并导出给排水专业 Excel 工程量清单表格？

1.3.3 任务实施

1. **新建工程**：左键单击“广联达-安装算量软件 GQI2013”(或者可以直接双击桌面“广联达安装算量 GQI2013”图标)→单击“新建向导”进入“新建工程”(见图 1-15)，完成案例工程的工程信息及编制信息。

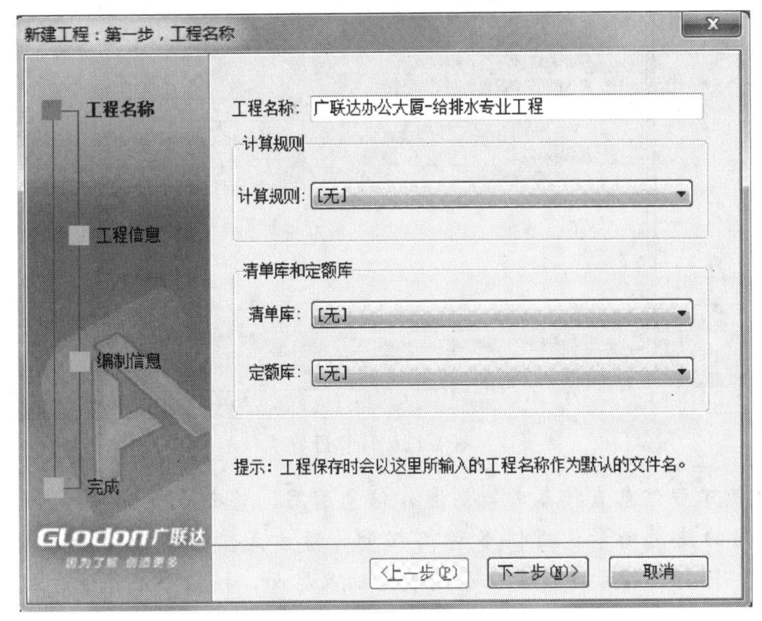

图 1-15 新建工程

【备注】 *在新建工程中，只需要对工程名称及计算规则进行明确即可，清单库及定额库前期不明确可以在后期匹配。*

2. **工程设置**：点击“模块导航栏”工程设置，根据案例工程图纸中“设计说明 (一)”和“结构设计说明”的图纸信息，完成案例工程中给排水工程有需要设置的参数项：工程信息→楼层设置→设计说明信息→计算设置→其他设置的参数信息填写。本案例如图 1-16、图 1-17 所示。

模块导航栏
工程设置
工程信息
楼层设置
设计说明信息
工程量定义
量表定义
计算设置
其它设置

插入楼层 删除楼层 上移 下移

	编码	楼层名称	层高(m)	首层	底标高(m)	相同层数	板厚(mm)
1	5	屋顶层	3.8	☐	15.2	1	120
2	4	第4层	3.8	☐	11.4	1	120
3	3	第3层	3.8	☐	7.6	1	120
4	2	第2层	3.8	☐	3.8	1	120
5	1	首层	3.8	☑	0	1	120
6	-1	第-1层	4	☐	-4	1	120
7	0	基础层	3	☐	-7	1	500

图 1-16 楼层标高设置

【备注】 *每次设置完成一个单项后记得点击保存，后续操作都一样。*

为避免工程数据丢失，还可以利用“工具”菜单栏中的“选项”，将文件“自动提示保存”的时间间隔根据自己的需要由 15min 调小。

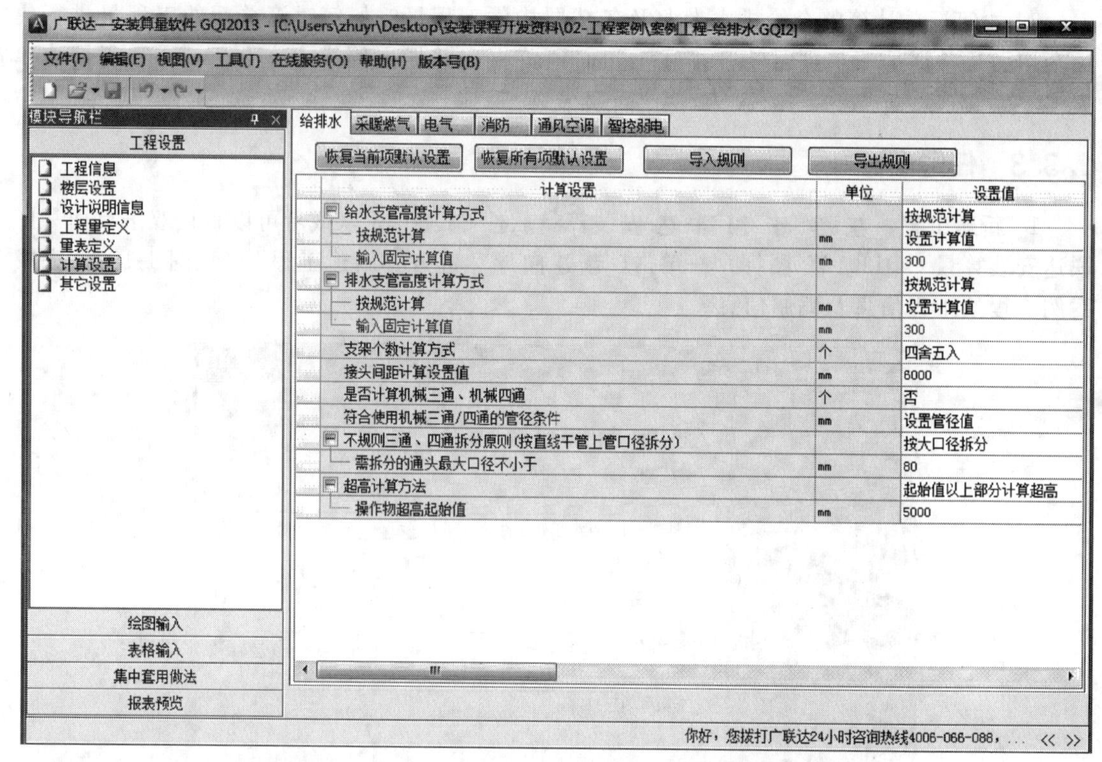

图 1-17　计算设置

【备注】案例工程信息直接参考案例图片信息填写，整个章节都一样。软件按照工程量计算过程中不同的使用场景，提供多种工程量计量方式。利用绘图输入界面，通过导入 CAD 图纸识别，进行工程量的计量；利用表格输入界面，模拟手工算量过程，快速计量。

首先，让我们共同进入绘图输入界面的学习。

3. **绘图输入**：点击“模块导航栏”中的“绘图输入”界面。在该界面中，按照操作整体流程进行设计。对于给排水专业，整体操作流程是：**定义轴网→导入 CAD 图纸→点式构件识别→线式构件识别→合法性检查→汇总计算→集中套用做法界面做法套取→报表预览。**

【备注】整个操作流程，亦即按照左侧模块导航栏的构件类型顺序完成识别（点式构件识别→线式构件识别→依附构件识别→零星构件识别）。依据图纸，先识别包括卫生器具、设备在内的点式构件，再识别管道线式构件。其优点在于，先识别出点式构件，再识别线式构件时，软件会按照点式构件与线式构件的标高差，自动生成连接两者间的立向管道。管道识别完毕，进行阀门法兰、管道附件这两种依附于管道上的构件的识别。最后，按照图纸说明，补足套管零星构件的计量。

明确整体操作流程后，开始我们的给排水专业算量之旅。

1）定义轴网：点击绘图界面，单击轴网→点击定义→新建轴网→自定义轴网，自行设置轴网参数值，完成一个简洁的轴网，以便 CAD 导图时各楼层的电子图纸的定位（见图 1-18）。

2）导入 CAD 电子图：点击绘图输入界面，单击 CAD 图管理→CAD 草图→点击导入 CAD 图，导入对应楼层的给排水工程的 CAD 电子图纸，利用“定位 CAD 图”定位到相应的轴网位置（如图 1-19 所示）。

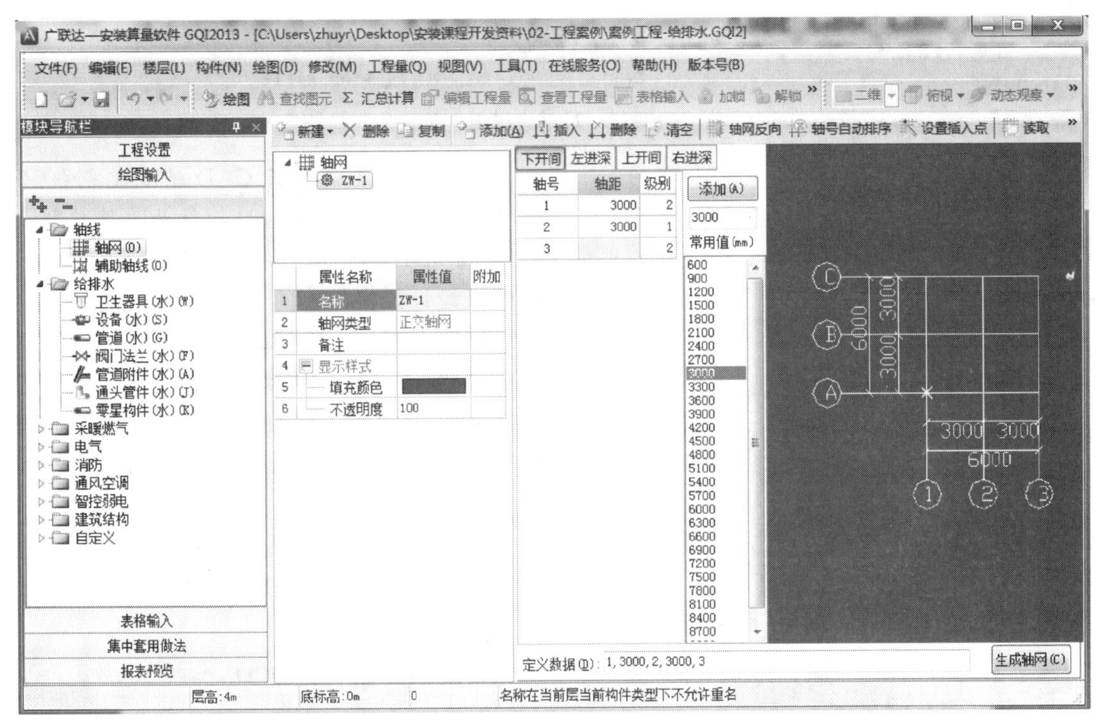

图 1-18 建立轴网

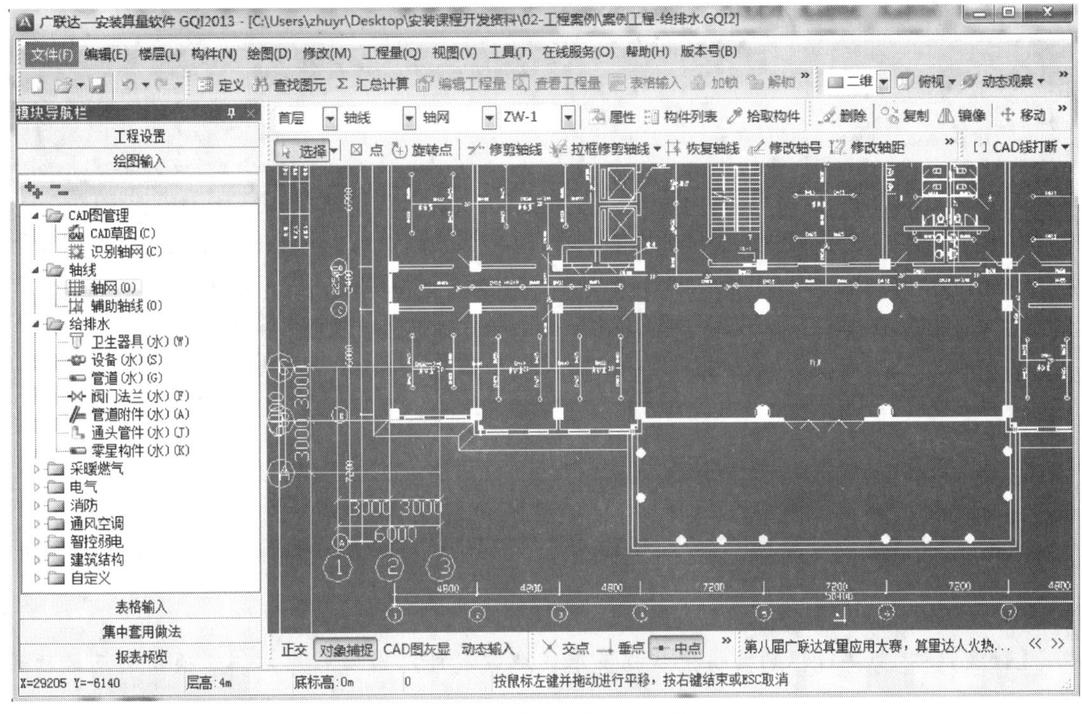

图 1-19 成功定位 CAD 图

如要同时导入多张图纸，可以利用“插入 CAD 图”。

【温馨小贴士】对于初学者，可以利用软件提供的以下路径，快速掌握功能的使用。利用状态栏提示信息，例如：点击“定位 CAD 图”后，按软件下方给出的提示“指定 CAD

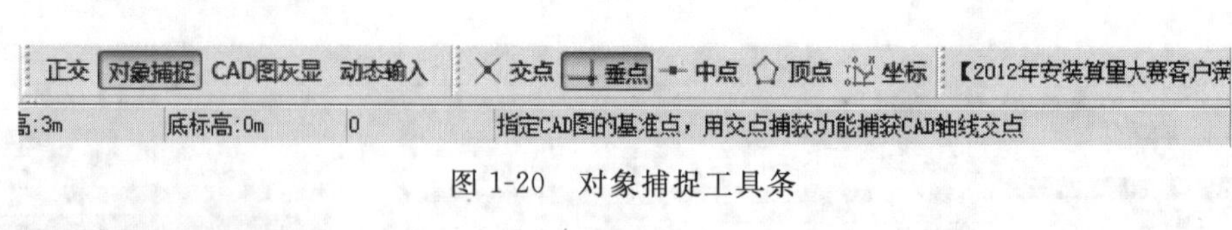

图 1-20　对象捕捉工具条

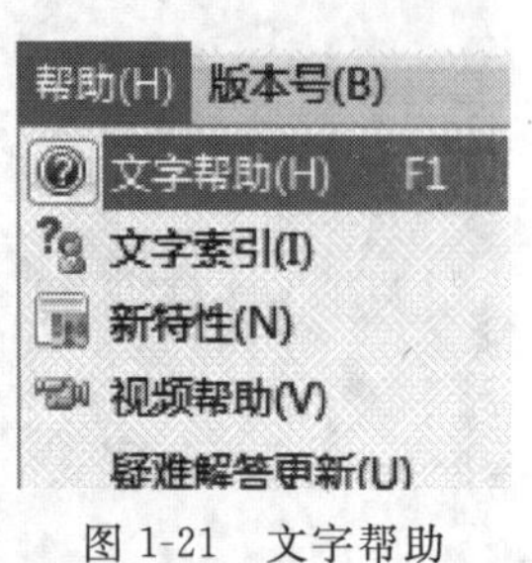

图 1-21　文字帮助

图的基准点，用交点捕捉功能捕获 CAD 轴线交点”（如图 1-20 所示）进行操作；还可以利用“帮助”菜单栏中的“文字帮助”，查看功能使用方法（如图 1-21 所示）。

由于实际图纸设计风格的不同，以及实际业务需要，例如：管线敷设因存在三维上下层级关系而断开的情况，软件提供“CAD 识别选项”/“连续 CAD 线之间的误差值（mm）”设置项，方便大家更快地提取工程量。具体识别选项的设置，是在工程计量过程中，按照图纸设计、业务需求进行设置的。

3）CAD 识别选项：点击“绘图输入”界面，单击“给排水”专业各构件类型（通头管件、零星构件除外）→点击菜单栏“CAD 操作设置”→“CAD 识别”选项，根据图纸设计要求修改相应的误差值，如图 1-22 所示。

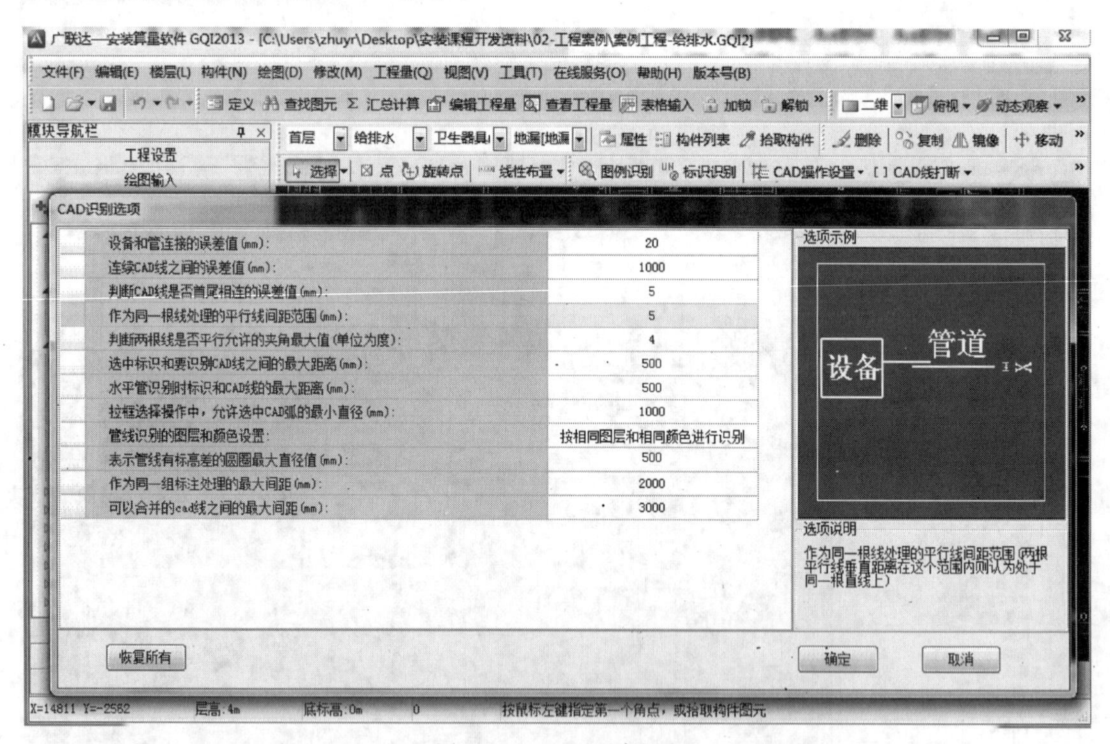

图 1-22　CAD 识别选项

【备注】 对于 CAD 识别选项中拿捏不准的地方，可以借助相应右侧选项示例及选项说明进行设置。

以上在其他专业中有同样的介绍，可以说是软件中各个不同专业共有部分的介绍。从操作整体流程的连贯性考虑，再次带领大家共同回顾一下。下面具体介绍软件中是如何通过智能识别完成给排水专业工程量的计取的，首先明确一下详细的计取过程：**卫生器具→设备→管道→阀门法兰→管道附件→通头管件→套管（零星构件中）。**

当然，也可以通过手动布置图元完成计量（点式图元使用“点”、“旋转点”布置，线式图元使用“直线”、“三点画弧”系列功能布置）。

4）卫生器具识别：点击“绘图输入”界面，单击给排水专业中“卫生器具”构件类型，新建“卫生器具”，在其属性值中选择对应的器具并修改相应的器具名称，如图 1-23所示。

图 1-23　建立卫生器具

根据图纸设计要求，新建案例工程中存在的卫生器具，在属性编辑器中输入相应的属性值。注意修改卫生器具的类型、距地高度属性，软件中内置有不同类型卫生器具下，常用的距地高度。在修改类型属性时，距地高度会联动显示一个常见值，如果与工程中的实际情况不符，还可以进行手动修改。本案例如图 1-24 所示。

点击“图例识别”或“标识识别”选项对整个工程中的同类卫生器具分楼层进行自动识别，案例工程中，建议采用“图例识别”更为便捷。本案例识别完毕如图 1-25所示。

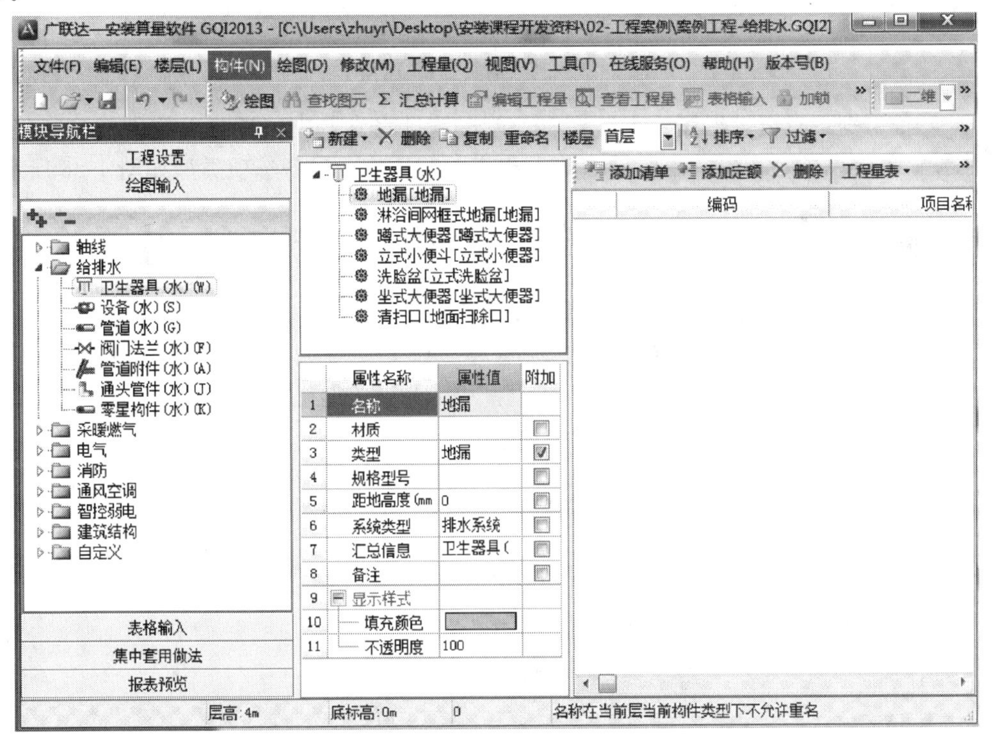

图 1-24　卫生器具的属性

任务要求：完成对整个给排水工程分楼层卫生器具的识别，并统计各类卫生器具的工程量。

【备注】 ① 图例识别：选择一个图例，可以把相同的图元一次性地全部识别出来。

② 标识识别：选择一个图例和一个标识，可以一次性把具有该标识的相同图例、图元全部识别出来。在这里，我们推荐采用图例识别较为快捷。

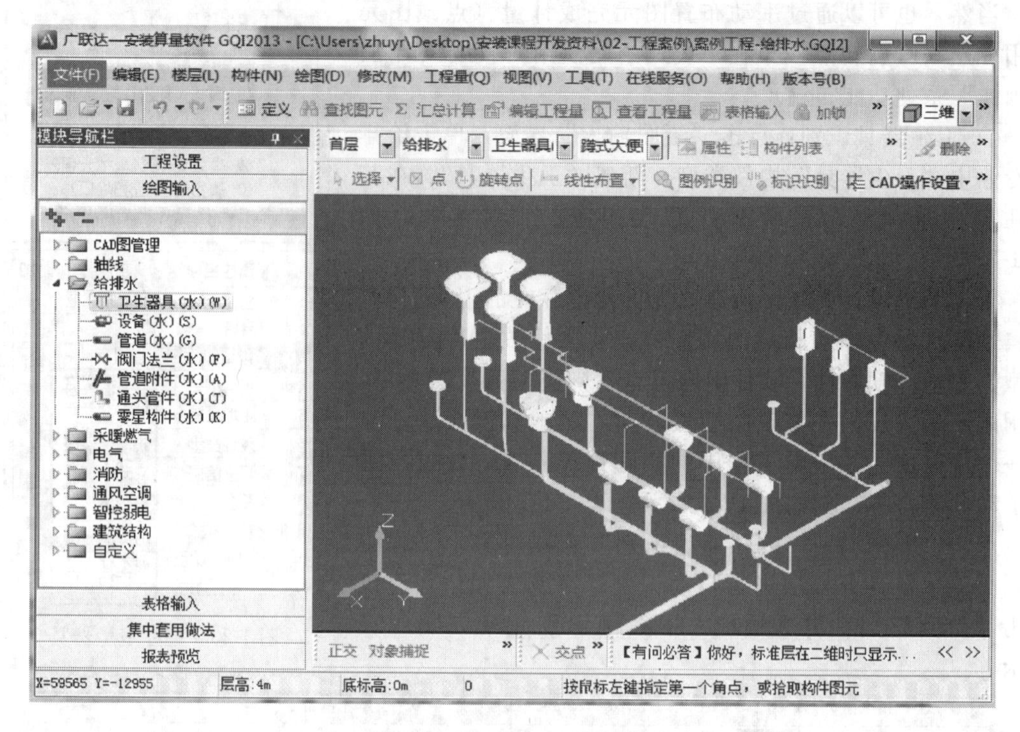

图 1-25　卫生器具三维立体图

5）设备识别：点击“绘图输入”界面，单击给排水专业中“设备”构件类型，根据图纸设计要求新建设备，在属性编辑器中输入相应的属性值，设备选项类型如图 1-26 所示。

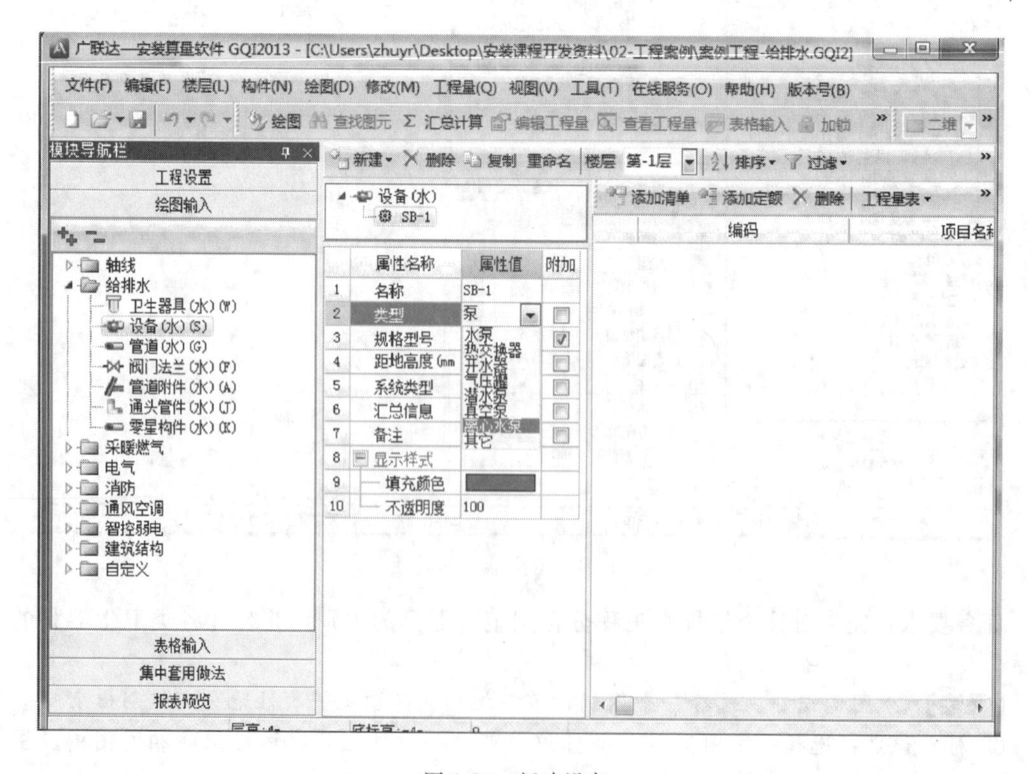

图 1-26　新建设备

【备注】 采用点式识别法练习给排水专业工程中的设备识别，掌握其功能即可，本案例工程中该项识别不做任务要求。

6）管道识别：点击“绘图输入”界面，单击给排水专业中“管道”构件类型。

① 识别水平管，软件提供有“选择识别”、“自动识别”两种方式识别给排水管。在本案例工程中，建议大家采用“自动识别”方式进行管道的识别较为便捷。尤其在没有手动建立管道构件前，通过选择任意一段表示管线的CAD线及对应的管径标识，软件会在管道属性栏自动创建不同管径的管道构件，一次性识别该楼层内所有符合识别条件的给排水水平管。管道的属性如图1-27所示。

图1-27　管道的属性

任务要求：完成对整个给排水专业工程分楼层的管道识别，并统计管道长度工程量。

【备注】 ① 选择识别：选择一根或多根CAD线进行识别。

② 自动识别：选择一根代表管道的CAD线和它的对应管径标注（没有也可以不选），可以一次性地把该楼层内整个水路的管线识别完毕。管道的三维立体图如图1-28所示。

修改标注：对于通过如“自动识别”等功能识别后的管道，当存在管道的管径、标高等设计变更或是其他情况时，可以利用“修改标注”完成对管道图元的管径、标高属性值的修改，无需删除已有图元二次识别。

② 识别布置立管，识别方式有“选择识别立管”和“识别立管信息”，并且在工具栏“管道编辑”中设置有“布置立管”等选项进行立管手动编辑布置。在案例工程中，首先点

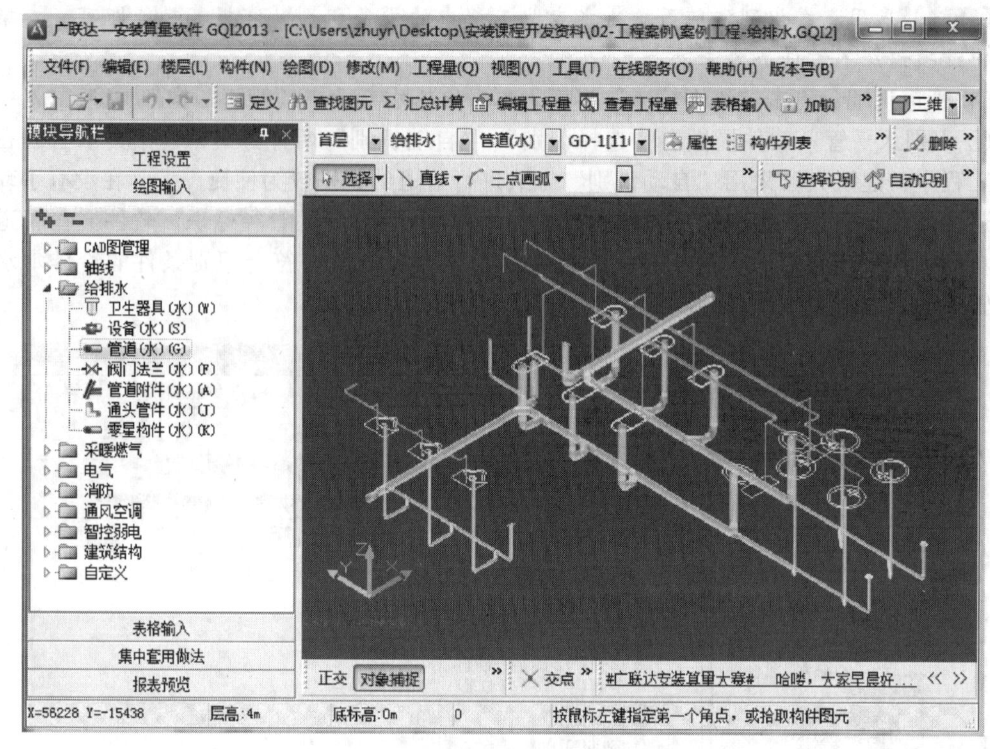

图 1-28　管道的三维立体图

击工具栏中“识别立管信息”选项，对立管系统图进行拉框选择立管属性识别，然后再手动布置相关立管信息。案例工程如图 1-29 所示。

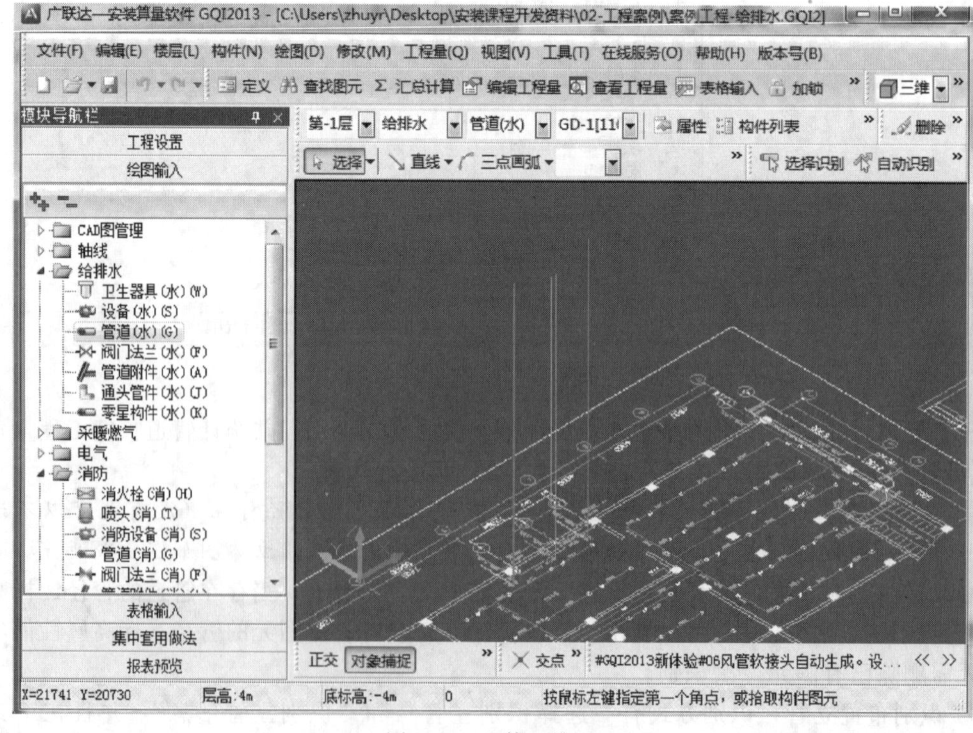

图 1-29　立管三维图

【备注】 ① 在“管道编辑”选项中，有“布置立管”、“扣立管”、“自动生成立管”、“延伸水平管”、“选择管”、“批量选择立管”、“批量生成单立管”、“批量生成多立管”选项。其中，“布置立管”用来解决竖向干管或竖向支管工程量的计取；“扣立管”处理实际工程管道敷设遇到梁、柱等建筑构件需要绕开的业务场景；“自动生成立管”解决两个有标高差的水平管间需要一个立管进行相连的情况；“延伸水平管”处理因图纸上所绘制的立管只是示意而与实际管径相差较大，如此导致与其相连水平管没有延伸到立管中心的问题；“选择管”和“批量选择立管”则可以通过快速选择管道，从而便于批量修改图元属性；“批量生成单立管”和“批量生成多立管”可以快速生成连接设备与水平管间的立向管道。在实际工程中，可以根据具体需要选择相应的功能选项进行操作。

②“设备连线”和“设备连管”，前者是解决两两设备通过管线进行相连的情况，两个设备可以是相同楼层的，也可以是不同楼层的；后者是解决多个设备与一个管道进行连接的问题。

③“生成通头”，针对大小管径不一的时候，可以采用自动生成通头的方式进行节点通头生成；或首次通头生成错误后的二次生成通头操作。

7）阀门法兰识别：采用点式识别方式。点击“绘图输入”界面，单击给排水专业中“阀门法兰”构件类型，根据图纸设计要求新建对应的阀门法兰，在属性编辑器中输入相应的属性值，案例工程如图 1-30 所示。

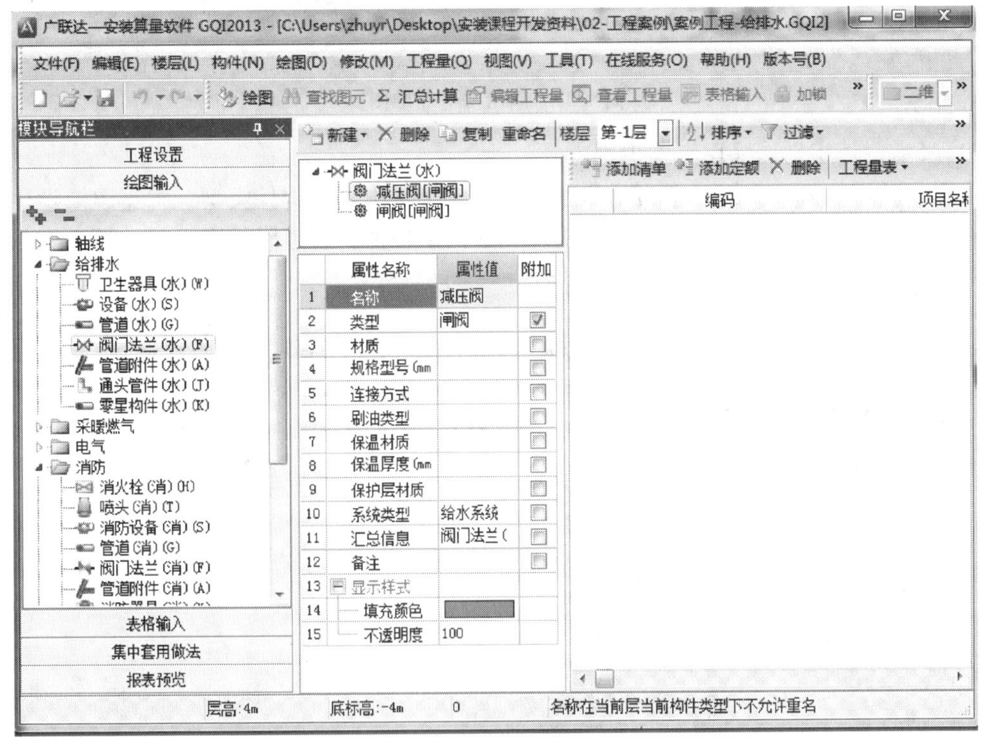

图 1-30 阀门法兰的属性

点击“图例识别”或“标识识别”选项，对整个给排水工程中的阀门法兰分楼层进行自动识别，本案例工程建议采用图例识别较为便捷。案例工程如图 1-31 所示。

任务要求：完成对整个给排水工程分楼层的阀门法兰识别，并统计阀门法兰的工程量。

【备注】 对于阀门法兰、管道附件这类依附于管道的图元，需要在识别完所依附的管道图元后再进行识别。通过“图例识别”、“标识识别”识别出的阀门法兰，软件会自动匹配出它的规格型号等属性值。

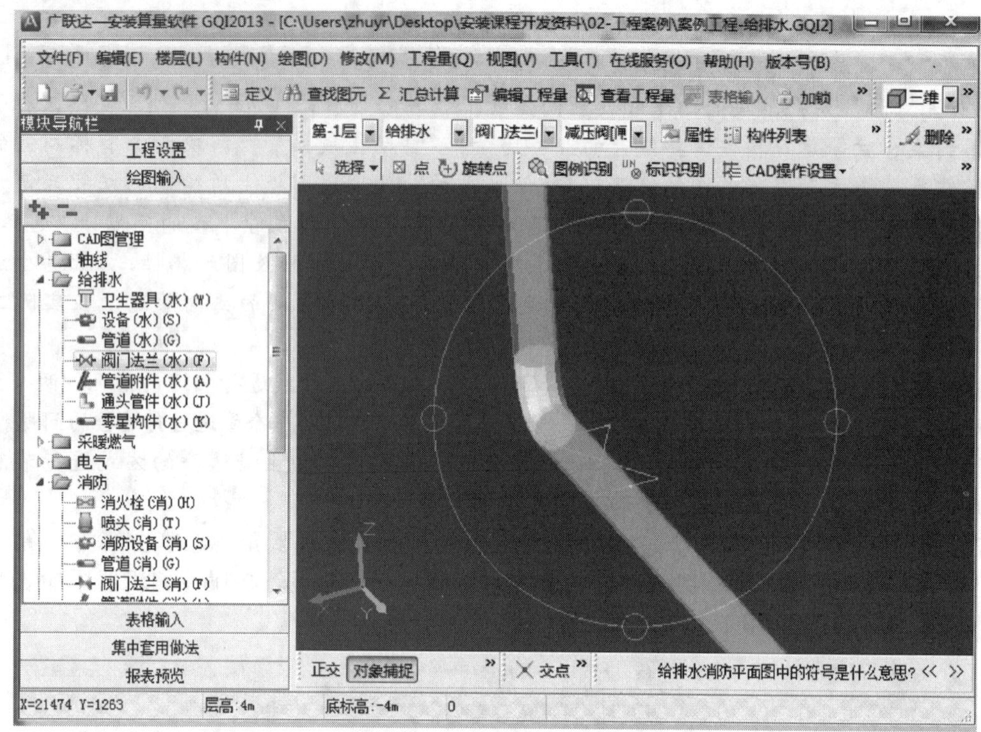

图 1-31　阀门法兰三维图

8）管道附件识别：采用点式识别方式。

点击“绘图输入”界面，单击给排水专业中“管道附件”构件类型，根据图纸设计要求新建相应的管道附件，在属性编辑器中输入相应的属性值，管道附件有水表、压力表、水流指示器等。案例工程给排水附件如图 1-32 所示。

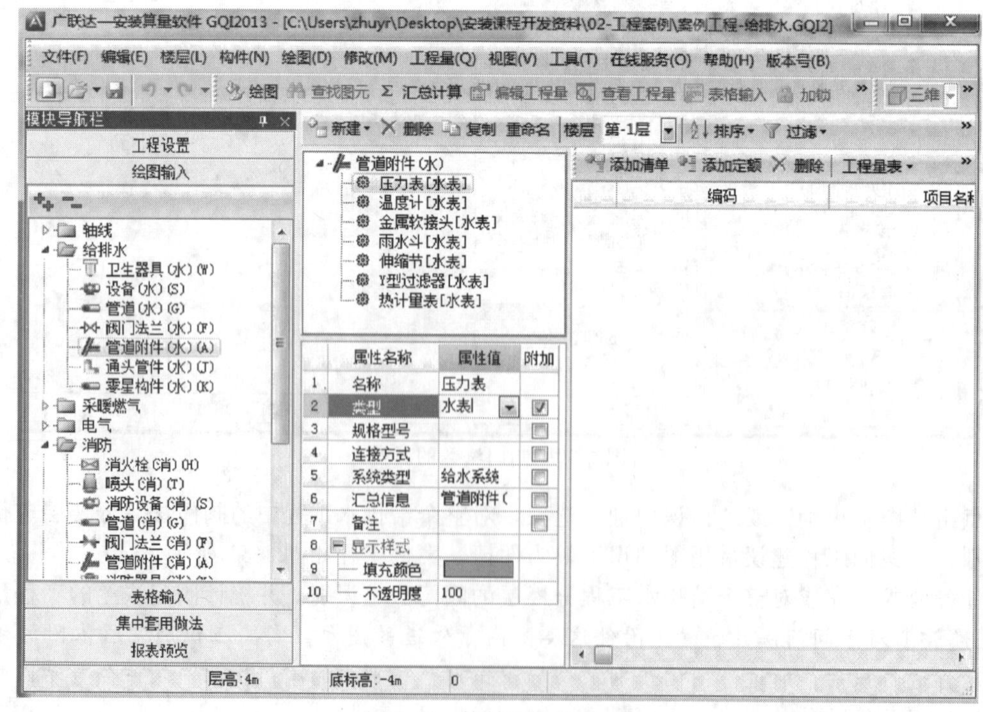

图 1-32　管道附件的属性

点击“图例识别”或“标识识别”选项对整个给排水专业工程中的管道附件分楼层进行自动识别，本案例工程建议采用图例识别较为便捷。本案例如图 1-33 所示。

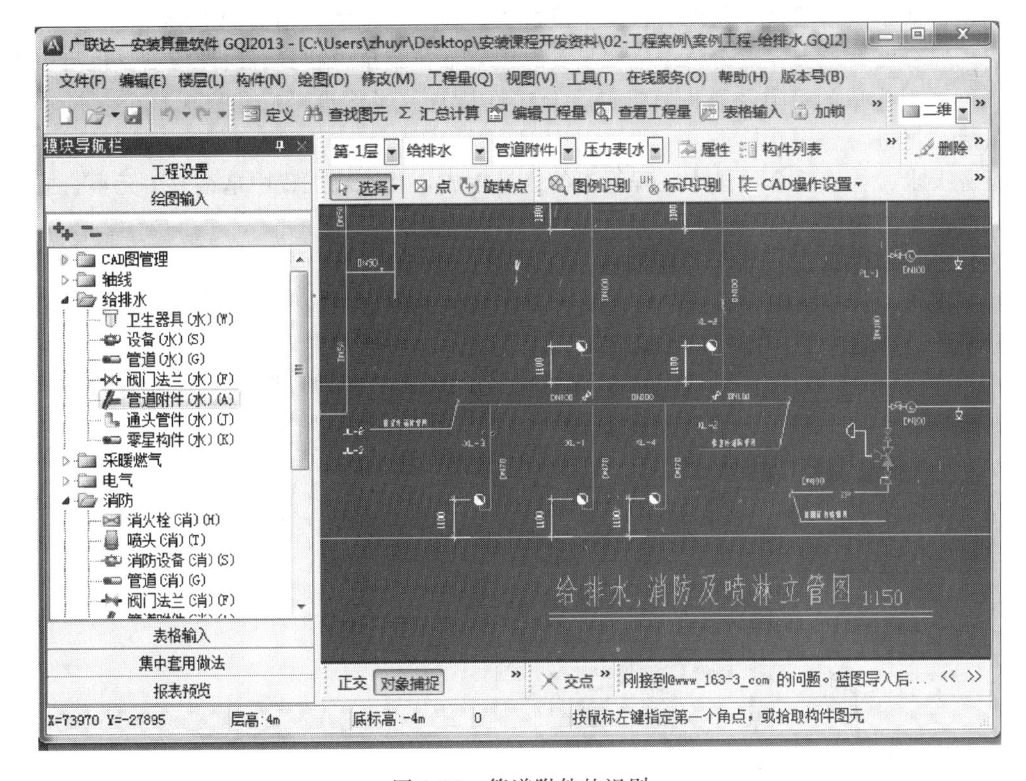

图 1-33 管道附件的识别

任务要求：完成对整个给排水专业工程分楼层的管道附件识别，并统计阀门的工程量。

9）通头管件识别：点击“绘图输入”界面，单击给排水专业中“通头管件”构件类型，因为通头多数是在识别管道后自动生成的，所以，基本不需要自己建立此构件。如果没有生

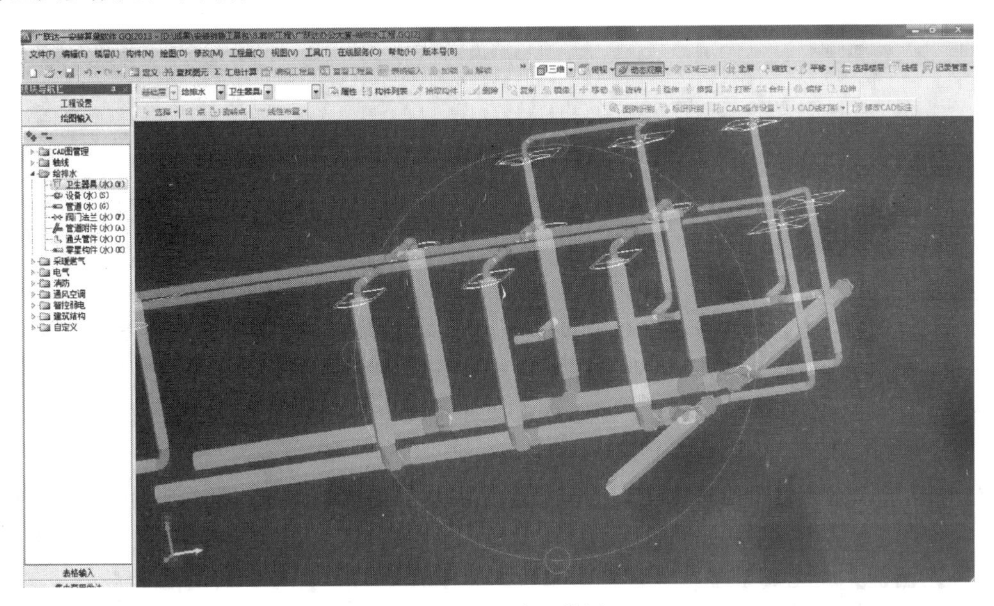

图 1-34 通头三维图

成通头或者生成通头错误并执行删除命令后，可以点击工具栏“生成通头”，拉框选择要生成通头的管道图元，单击右键，在弹出的“生成新通头将会删除原有位置的通头，是否继续”确认窗体中点击“是”软件会自动生成通头。通头三维图如图 1-34 所示。

引入：合法性检查，点击菜单栏“工具”项，下拉菜单中找到合法性检查（也可以直接按 F5 键），对生成的管道及通头信息进行合法性检查。当然也可以在完成整个给排水工程的计量后，再进行合法性检查。

任务要求：检查整个给排水工程管道的通头生成，并查看工程中是否有图元重合或者其他绘制有问题的情况。

10）零星构件识别：点击“绘图输入”界面，单击给排水专业中“零星构件”构件类型，根据图纸设计要求新建相应的零星构件，在属性编辑器中输入相应的属性值，零星构件有一般套管、普通套管、刚性防水套管等。零星构件的属性如图 1-35 所示。

图 1-35　零星构件的属性

点击工具栏“自动生成套管”，拉框选择已经识别出的需要有套管进行保护的管道后，单击右键自动生成套管。

【备注】“自动生成套管”主要用于给排水管道穿墙或穿楼板套管的生成，软件会自动按照比对应管道的管径大两个号的规则生成套管。对于有按照管道的管径取套管规格的情况，可以利用“自适应构件属性”，选中要修改规格型号的套管图元，点击右键，选择“自适应构件属性”，在弹出窗体中，勾选上自适应属性对应表中的“规格型号”即可，本案例工程如图 1-36 所示。

任务要求：完成整个给排水工程的分楼层穿墙套管的自动识别，并统计相关零星构件工程量。

【补充秘籍】在完成了整个给排水工程的工程量计取后，是否想对自己的劳动成果有个更加直观的感受呢？软件提供了三维查看的功能——“动态观察”，方便大家对工程进一步

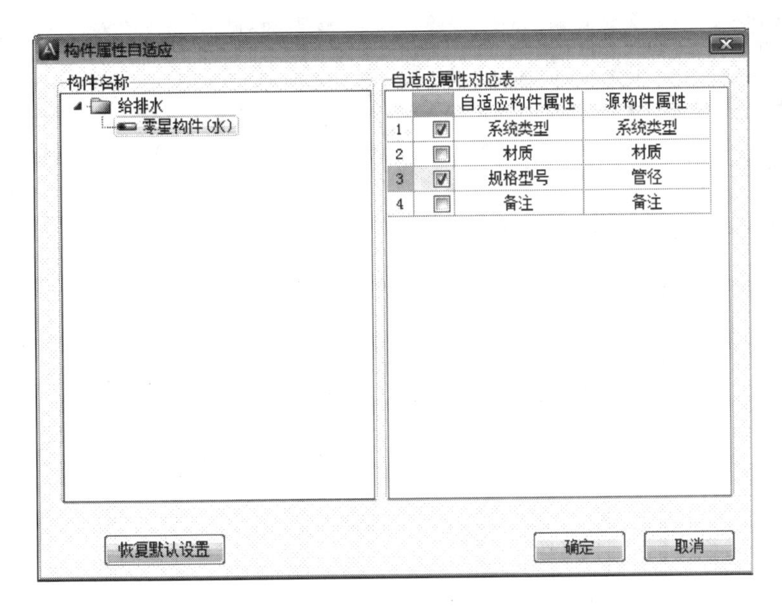

图 1-36　零星构件的构建属性自适应

进行检查。同时，结合“选择楼层”，可以查看整个工程所有楼层的三维显示效果，而非仅仅是当前楼层了，如图 1-37 所示。

二维 俯视 动态观察 区域三维 全屏 缩放 平移 选择楼层

图 1-37　动态观察的工具栏

学习完绘图输入界面的整体操作流程，明确图纸中的工程量是如何在软件中实现计量后，下面再来看一下表格输入界面的操作流程。

4. **表格输入法**：表格输入是安装算量的另一种方式，您根据拟建工程的实际进行手动编辑、新建构件、编辑工程量表，最后计算出工程量，如图 1-38 所示。

对于不同的数据输出需求，可以利用工具栏上的“页面设置”进行个性化设置；同时，软件提供“单元格设置”，方便在实际使用中进行标记，例如：哪些是需要进一步洽商的，可以特殊标记出来。

【备注】表格输入法主要是针对 CAD 图纸上不能通过识别功能计算的构件，进行手动输入计算；或者在无 CAD 图纸的情况下，进行手工算量。

工程量已经在绘图输入及表格输入界面完成计量，那么，做法的套用又该如何完成呢？集中套用做法界面为我们提供了一个便利的平台。

5. **集中套用做法**：点击“模块导航栏”→“集中套用做法”，可对整个项目的所有构件进行做法的统一套用，如手动套用“选择清单”、“选择定额”，也可以“自动套用清单”，完成整个项目工程的做法套用，从而快速得出工程量做法表，如图 1-39 所示。

重点：

本课程不建议在绘图界面套用做法，也不建议自动套用做法，为满足课后后续评分需要，本课程提供“2014 安装实训教程教学专用清单库”，学生 CAD 识别完毕，在集中套用做法环节，从“2014 安装实训教程教学专用清单库”中套用对应项目的 12 位编码清单项。

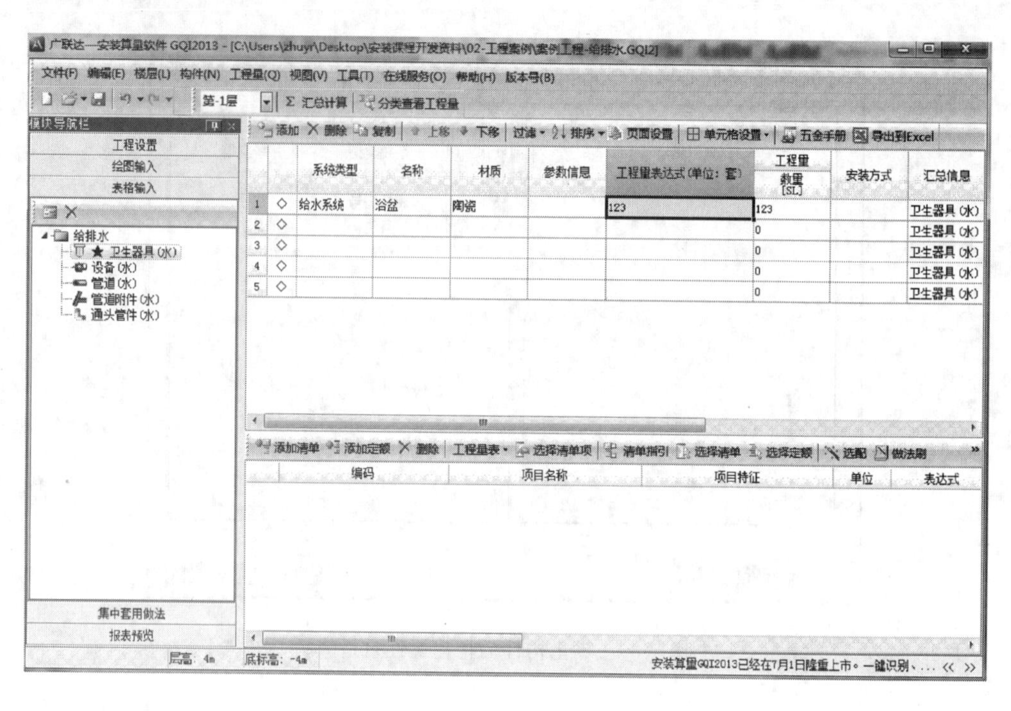

图 1-38 表格输入界面

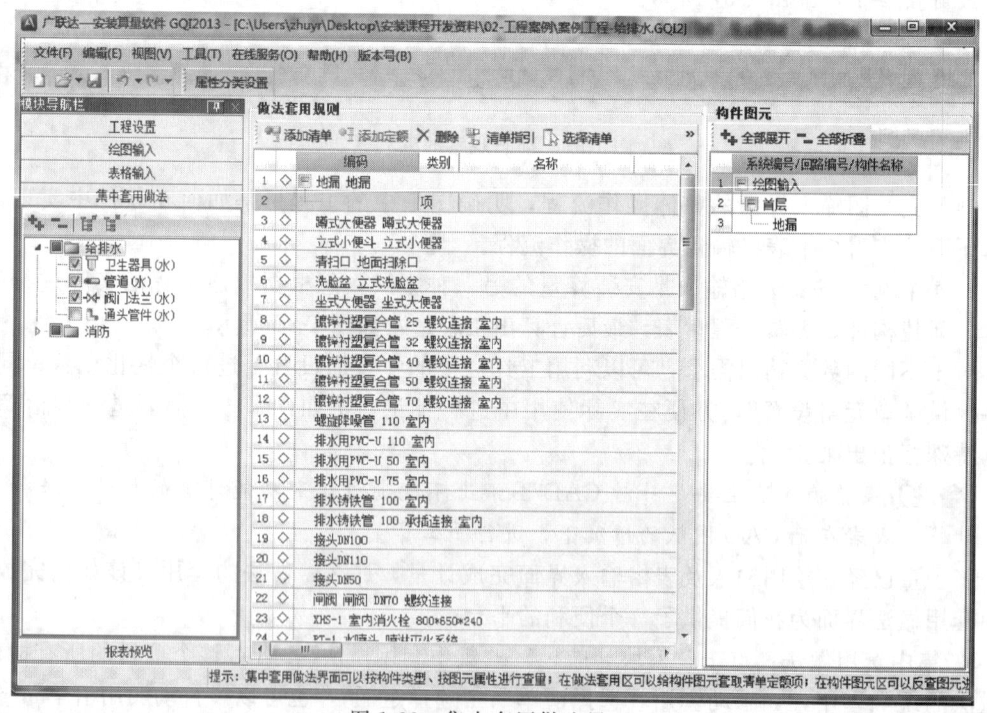

图 1-39 集中套用做法界面

只有这里使用此套用清单方法才能实现后续评分要求。“2014 安装实训教程教学专用清单库”同 CAD 电子图纸及课程资料包一同提供（如图 1-40 所示）。

一个工程中涉及的构件较多，查看起来不方便，可以利用位于导航栏区的构件树进行勾选查看；而对于中间的做法套用规则区域，如数据的分组不能满足您的需求，可以利用“属

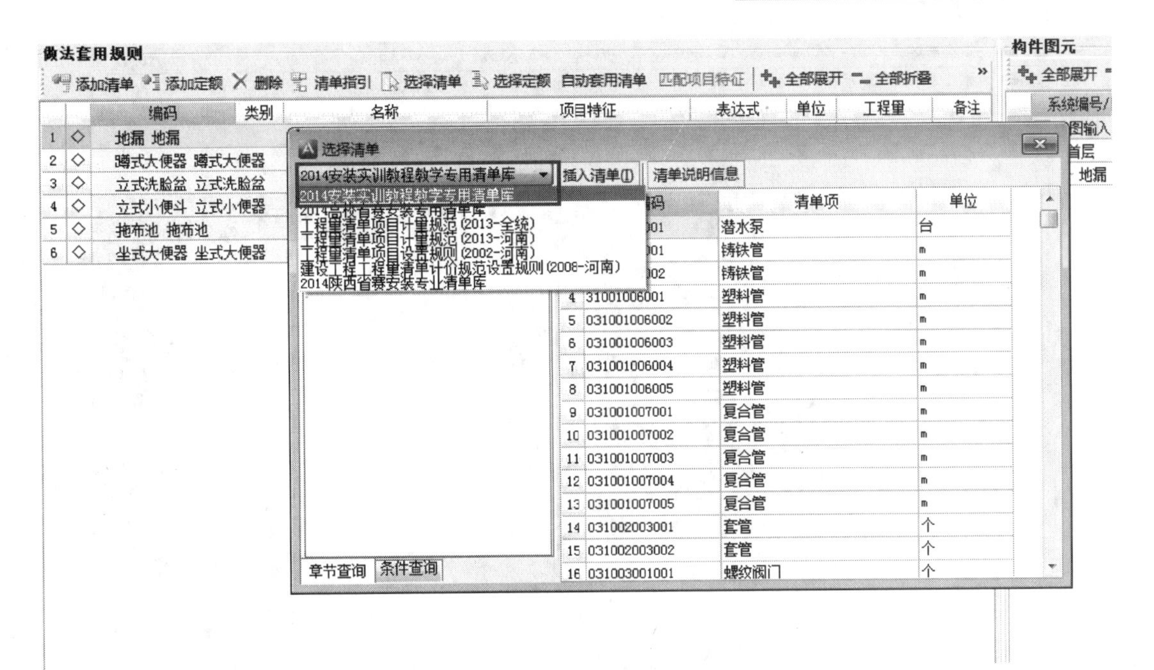

图 1-40 清单库选择

性分类设置”重新进行选择（如图 1-41 所示）。此操作建议在套用做法前完成。位于界面右侧的“构件图元”区，则提供大家对量的途径，双击工程量对应的单元格，软件会反查到相应的界面图元，一个楼层、一个楼层完成对量过程。

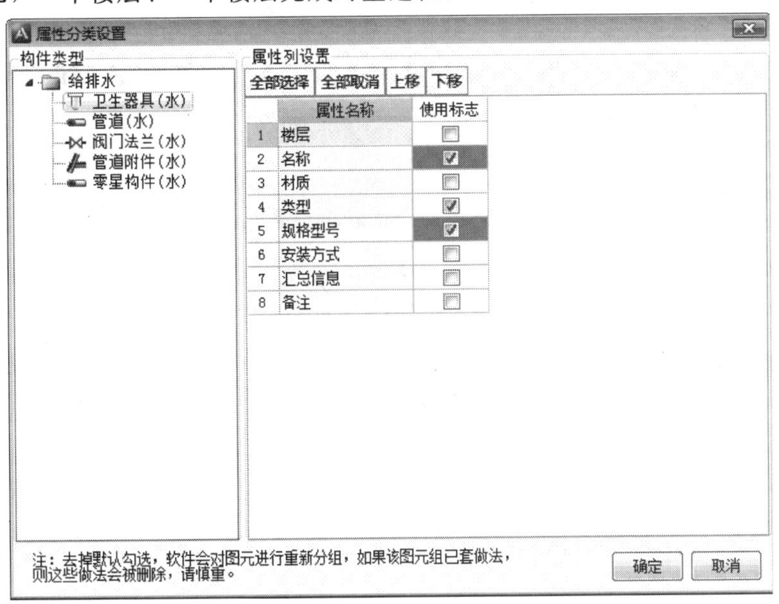

图 1-41 属性分类设置界面

工程量计取完成，做法也完成套取，整体的成果便在报表预览界面展示了。

6. **汇总计算，报表预览，导出数据**。整个工程量计取完毕，并套取了做法，该导出相应的工程量数据了。

点击“模块导航栏”→“报表预览”，注意先行对整个专业工程进行汇总计算。如图 1-42 所示。

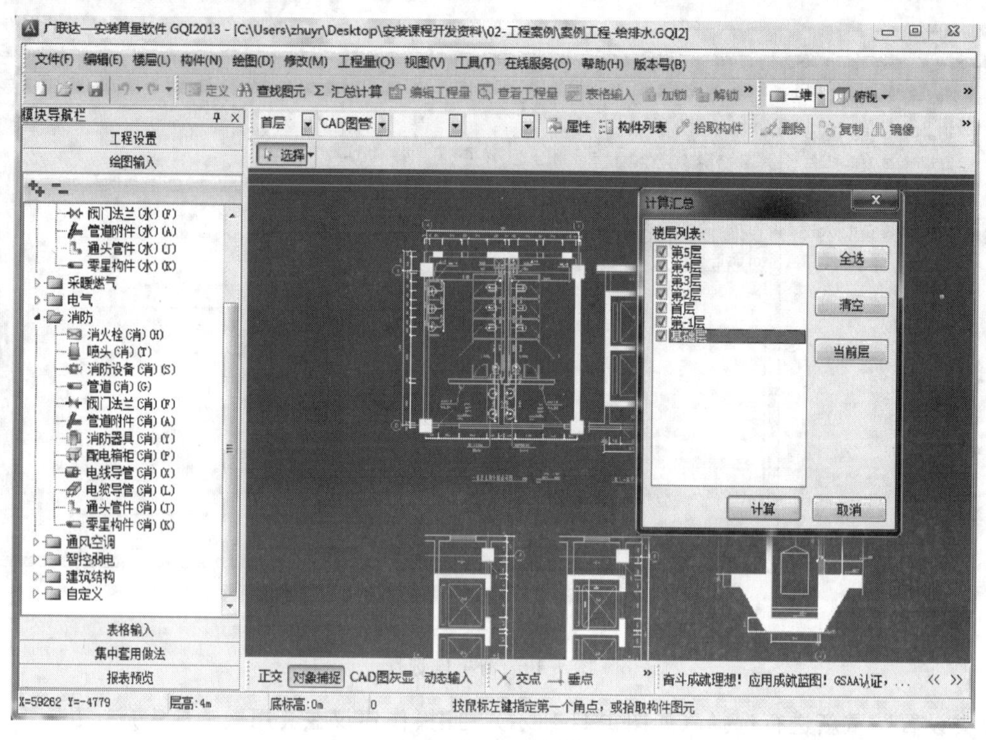

图 1-42　计算汇总

计算完成后，点击“报表预览”即可以查看给排水专业工程的工程量报表，也可以导出 Excel 文件，如图 1-43 所示。

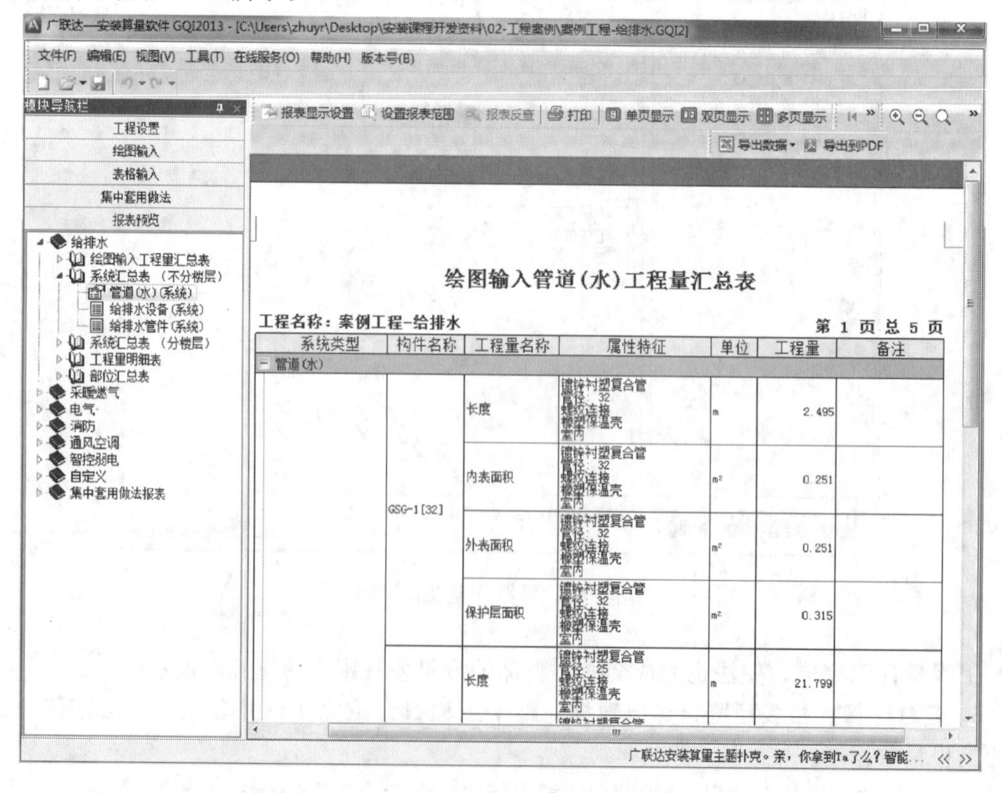

图 1-43　导出数据界面

【备注】 报表预览可以选择查看所完成的专业工程的工程量，同时也可以导出 Excel 文件的形式提交阶段任务作业。同样，像表格输入界面，类似的可以利用“报表显示设置”对表格中需要显示或需要隐藏的工程量进行个性设置；而利用“报表反查”（如图 1-44 所示），则可以反查图元数据到相应的绘图界面的各个楼层中。

报表显示设置 设置报表范围 报表反查 打印

图 1-44 报表反查工具条

1.3.4 任务总结

1. 安装算量软件中工程量计算规则必须与图纸及通用安装工程工程量计算规范中规则保持一致。

2. 结合给排水专业案例工程，学会手算与电算结果的汇总对比分析，针对其中比较典型的部分，可以进一步加强对安装专业理论知识的理解和对软件操作应用的熟悉。

3. 安装算量软件汇总计算后报表有五类：分别是绘图输入工程量汇总表、系统汇总表（分楼层）、系统汇总表（不分楼层）、工程量明细表、部位汇总表。查看工程量时，注意区分所需要的工程量对应报表。

4. 给排水案例工程，安装算量软件导出工程量清单表如表 1-6 所示。

表 1-6 广联达办公大厦给排水专业工程工程量清单表

工程名称：案例工程——给排水　　　　专业：给排水

序号	项目编码	项目名称	项目特征描述	计量单位	工程量
1	031001007001	复合管	1. 安装部位:室内 2. 介质:给水 3. 材质、规格:热镀锌(衬塑)复合管 DN70 4. 连接形式:丝接 5. 压力试验及吹、洗设计要求:管道消毒、冲洗	m	10.73
2	031001007002	复合管	1. 安装部位:室内 2. 介质:给水 3. 材质、规格:热镀锌(衬塑)复合管 DN50 4. 连接形式:丝接 5. 压力试验及吹、洗设计要求:管道消毒、冲洗	m	73.56
3	031001007003	复合管	1. 安装部位:室内 2. 介质:给水 3. 材质、规格:热镀锌(衬塑)复合管 DN40 4. 连接形式:丝接 5. 压力试验及吹、洗设计要求:管道消毒、冲洗	m	3.8
4	031001007004	复合管	1. 安装部位:室内 2. 介质:给水 3. 材质、规格:热镀锌(衬塑)复合管 DN32 4. 连接形式:丝接 5. 压力试验及吹、洗设计要求:管道消毒、冲洗	m	15.16
5	031001007005	复合管	1. 安装部位:室内 2. 介质:给水 3. 材质、规格:热镀锌(衬塑)复合管 DN25 4. 连接形式:丝接 5. 压力试验及吹、洗设计要求:管道消毒、冲洗	m	21.08

续表

序号	项目编码	项目名称	项目特征描述	计量单位	工程量
6	031002003001	套管	1. 名称:刚性防水套管 2. 材质:钢材 3. 规格:DN125 4. 系统:给水系统	个	1
7	031003001002	螺纹阀门	1. 类型:截止阀 2. 规格:DN50 3. 连接形式:螺纹连接	个	8
8	031003001003	螺纹阀门	1. 类型:截止阀 2. 规格:DN32 3. 连接形式:螺纹连接	个	4
9	031003003001	焊接法兰阀门	1. 类型:闸阀 2. 规格:DN70 3. 连接形式:焊接	个	1
10	031001006001	塑料管	1. 安装部位:室内 2. 介质:排水管道 3. 材质、规格:螺旋塑料管 De110 4. 连接形式:粘接	m	42.2
11	031001006002	塑料管	1. 安装部位:室内 2. 介质:排水管道 3. 材质、规格:塑料管 UPVC-De110 4. 连接形式:粘接	m	80.96
12	031001006003	塑料管	1. 安装部位:室内 2. 介质:排水管道 3. 材质、规格:塑料管 UPVC-De75 4. 连接形式:粘接	m	7.56
13	031001006004	塑料管	1. 安装部位:室内 2. 介质:排水管道 3. 材质、规格:塑料管 UPVC-De50 4. 连接形式:粘接	m	64.04
14	031002003002	套管	1. 名称:刚性防水套管 2. 材质:钢材 3. 规格:DN125 4. 系统:排水系统	个	2
15	031004003001	洗脸盆	1. 材质:陶瓷 2. 规格、类型:洗脸盆 3. 附件名称:红外感应水龙头	组	16
16	031004004001	洗涤盆	1. 材质:陶瓷 2. 规格、类型:拖布池	组	8
17	031004006001	大便器	1. 材质:陶瓷 2. 规格、类型:坐便器 3. 附件名称:6L 低水箱	组	8
18	031004006002	大便器	1. 材质:陶瓷 2. 规格、类型:蹲便器 3. 附件名称:脚踏式	组	24
19	031004007001	小便器	1. 材质:陶瓷 2. 规格、类型:小便斗 3. 附件名称:红外感应水龙头	组	12

续表

序号	项目编码	项目名称	项目特征描述	计量单位	工程量
20	031004014001	给、排水附(配)件	1. 材质:塑料 2. 名称:地漏 3. 规格:*De*50	个	8
21	030109011001	潜水泵	1. 名称:潜水排污泵 2. 型号:50QW(WQ)10-7-0.75 3. 检查接线	台	1
22	031001005001	铸铁管	1. 安装部位:室内 2. 介质:压力排水 3. 材质、规格:机制排水铸铁管 *DN*100 4. 连接形式:W 承插水泥接口	m	4.61
23	031002003003	套管	1. 名称:刚性防水套管 2. 材质:钢材 3. 规格:*DN*125 4. 系统:压力排水系统	个	1
24	031003001001	软接头(软管)	1. 类型:橡胶软接头 2. 规格:*DN*100 3. 连接形式:焊接	个	1
25	031003003002	焊接法兰阀门	1. 类型:止回阀 2. 规格:*DN*100 3. 连接形式:焊接	个	1
26	031003003003	焊接法兰阀门	1. 类型:闸阀 2. 规格:*DN*100 3. 连接形式:焊接	个	1
27	031201001001	管道刷油	排水铸铁管除锈后刷沥青两道	m^2	1.45

2 电气专业工程工程量计算实训

【能力目标】

1. 能够熟练识读电气工程施工图。
2. 能够依据图纸手工计算电气工程量。
3. 能够依据图纸使用软件计算电气工程量。

【知识目标】

1. 了解电气工程系统的组成。
2. 了解电气工程常用材料与设备的种类及电气施工方法。
3. 熟悉电气工程系统中的图例。
4. 了解比例尺应用原理。
5. 掌握电气工程工程量清单的编制步骤、内容、计算规则及其格式。

2.1 任务一 电气专业工程图纸及业务分析

2.1.1 任务说明

按照办公大厦电气施工图，完成以下工作：

1. 识读电气专业工程整体施工图，请核查图纸是否齐全，其中图纸包括有设计说明（详见图纸电施-03～电施-05），材料表（详见图纸电施-01、电施-02），平面图（详见图纸电施-19～电施-34、电施-40、电施-41），系统图（详见图纸电施-06～电施-18）及配电干线图（详见图纸电施-05）。

2. 查找配电箱 AA1、AA2、ALD1、AL1～AL4、WD-DT、AP-RD、QSB-AC、AC-PY-BF1、AC-SF-BF1 的型号、规格（详见图纸电施-06～电施-18）。

3. 查看电气系统供电走向，确定室内外管线界限（详见图纸电施-19），确定电气专业工程电缆、桥架、配管、配线的敷设方式、材质、规格、型号（详见图纸电施-06～电施-18）。

4. 确定电气专业工程灯具、开关、插座的种类，查明灯具、开关、插座型号、数量、安装方式（详见图纸电施-01、电施-02）。

5. 查明电气专业工程防雷接地类型，以及避雷带、引下线、接地母线、断接卡子的敷设方式（详见图纸电施-40）。

6. 查看电气调试方式，以及接地网调试（详见图纸电施-41）。

7. 按照现行工程量清单计价规范，结合电气专业工程图纸对配电箱、电缆、桥架、配管、配线、灯具、开关、插座、防雷接地、电气调试等清单列项并对清单项目编码、项目名称、项目特征、计量单位、计算规则、工作内容进行详细描述。

2.1.2 任务分析

1. 在电气专业工程，图纸识读过程中，配电箱、电缆、桥架、配管、配线、灯具、开关、插座、防雷接地、电气调试是如何表示的（详见图纸电施-01、电施-02）？平面图（详见图纸电施-19～电施-34、电施-40、电施-41），系统图（详见图纸电施-06～电施-18），详图（详见图纸电施-19～电施-34、电施-40、电施-41）是如何对应的？

2. 电气专业工程是如何分类的（详见图纸电施-03～电施-05）？配电箱在何处设置，具体安装要求是怎样的（详见图纸电施-03～电施-05）？

3. 室内外配管界限应如何划分（详见图纸电施-19）？电气专业工程中电缆、桥架、配管、配线采用什么敷设方式（详见图纸电施-06～电施-18）？电气专业工程中电缆、桥架、配管、配线分别采用什么材质、什么连接方式（详见图纸电施-06～电施-18）？

4. 电气专业工程中灯具、开关、插座有哪些种类（详见图纸电施-01、电施-02）？

5. 电气专业工程中防雷接地包括什么内容（详见图纸电施-40、电施-41）？

6. 电气专业工程中需要什么调试？

7. 电气专业工程中，清单项目编码如何表示？配电箱、电缆、桥架、配管、配线、灯具、开关、插座、防雷接地、电气调试分别包含什么工作内容，以什么为计量单位，项目特征如何描述，及其工程量是如何计算的？

2.1.3 任务实施

1. 识读电气施工图，将平面图与系统图对照起来看，系统图体现配电方式及回路和各回路装置间的关系，各回路在平面图中表现电气设备灯具、开关、插座的水平位置、线路敷设部位、敷设方法及所用的配管、导线的型号、规格、数量。配电箱、电缆、桥架、配管、配线、灯具、开关、插座在材料表中图例表示方法如图 2-1 所示。

2. 在电气专业施工图纸中，电源由室外引至配电箱 AA1、AA2。电源引入配电箱后，配电箱 AA1 引出至各个楼层照明 ALD1、AL1、AL2、AL3、AL4 及配电室和弱电室照明、配电室插座、强弱电井照明。配电箱 AA2 引出至动力控制箱 WD-DT、QSB-AC、AP-RD、AC-PY-BF1、AC-SF-BF1。ALD1 为地下室照明配电箱，WLZ1 为应急照明电源，WLZ2 为疏散指示照明电源，WLZ3～WLZ9 为普通照明电源；AL1 是一层照明配电箱，WLZ1 为应急照明电源，WLZ2 为疏散指示照明电源，WLZ3～WLZ9 为普通照明电源，WLC1～WLC6 为普通插座电源，WLK1～WLK7 为空调插座电源，WL1 为会议室预留配电箱 AL1-1 电源；AL2、AL3、AL4 同 AL1 配电箱。WD-DT 为电梯控制箱、屋顶及井道电源。QSB-AC 为水泵控制箱电源。AC-PY-BF1、AC-SF-BF1 为风机控制箱电源。

3. 在电气专业施工图纸中，电源从室外埋深－0.8m 处引入，室内外界限以外墙皮 1.5m 为界，进线做 RC100 预埋管，经过钢制水平桥架 300×100、100×50 分别引至配电箱

图例	名 称	型号,规格	安装方式及高度	备 注
	单管荧光灯	1×36W,cosφ≥0.9	链吊,底距地2.6m	
	双管荧光灯	2×36W,cosφ≥0.9	链吊,底距地2.6m	
	壁灯	1×18W,cosφ≥0.9	明装，底距地2.5m	自带蓄电池 t≥90min
	防水防尘灯	1×13W,cosφ≥0.9	吸顶安装	
	疏散指示灯(集中蓄电池)	1×8W,LED	一般,暗装,底距地0.5m 部分,管吊,底距地2.5m	自带蓄电池 t≥90min
E	安全出口指示灯(集中蓄电池)	1×8W,LED	明装,底距地2.2m	自带蓄电池 t≥90min
	墙上座灯	1×13W,cosφ≥0.9	明装,底距地2.2m	
	吸顶灯(灯头)	1×13W,cosφ≥0.9	吸顶安装	
	换气扇接线盒	86盒	吸顶安装	
	单控单联跷板开关	250V, 10A	暗装,底距地1.3m	
	单控双联跷板开关	250V, 10A	暗装,底距地1.3m	
	单控三联跷板开关	250V, 10A	暗装,底距地1.3m	
	单二、三极插座	250V, 10A	暗装,底距地0.3m	
K	单相三极插座	250V, 16A	暗装,底距地2.5m	挂机空调
K1	单相三极插座	250V, 20A	暗装,底距地0.3m	柜机空调
	单相二、三极防水插座(加防水面板)	250V, 10A	暗装,底距地0.3m	
	电话组线箱	参考尺寸见系统图	明装,底距地0.5m	暗明装见系统图
	照明配电箱	参考尺寸见系统图	户内,暗装, 底距地1.8m 其他, 底距地1.3m	暗明装见系统图
	动力配电箱	参考尺寸见系统图	底距地1.3m	暗明装见系统图
	应急照明配电箱	参考尺寸见系统图	明装,底距地1.3m	暗明装见系统图
	控制箱	参考尺寸见系统图	明装,底距地1.3m	暗明装见系统图
	双电源箱	参考尺寸见系统图	明装,底距地1.3m	暗明装见系统图
RDX-	户弱电箱	参考尺寸见系统图	暗装,底距地0.5m	
MEB	总等电位联结箱	600(W)×400(H)×140(D)	暗装,底距地0.5m	
LEB	局部等电位联结箱	146盒	暗装,底距地0.3m	

图 2-1 图例表

AA1、AA2。一层至四层水平桥架为200×100、100×50，竖井内桥架为钢制梯式桥架，配电箱AA1引出至各个楼层照明ALD1、AL1、AL2、AL3、AL4，配管配线规格为YJV-4×25+1×16-SC50-SR/WC和YJV-4×35+1×16-SC70-SR/WC。配电箱至WD-DT管线型号为YJV-4×25+1×16-SC50-SR/WC。配电箱至QSB-AC管线型号为YJV-5×6-SC25-SR/WC。配电箱至AP-RD管线型号为YJV-5×16-SC40-SR/WC。配电箱至AC-PY-BF1管线型号为YJV-5×16-SC40-SR/WC。配电箱至AC-SF-BF1管线型号为YJV-5×4-SC20-SR/WC。ALD1、AL1、AL2、AL3、AL4照明配电箱引出至应急、疏散照明管线型号为NHBV-3×2.5-SC20-CC。ALD1、AL1、AL2、AL3、AL4照明配电箱引出至普通照明管线型号为BV-3×2.5-PC20-CC。ALD1、AL1、AL2、AL3、AL4照明配电箱引出至插座管线型号为

BV-3×4-PC25-FC。AL1照明配电箱引出至AL1-1管线型号为BV-5×10-PC32-FC。AL2照明配电箱引出至AL2-1管线型号BV-5×10-PC32-FC。AL3照明配电箱引出至AL3-1、AL3-2管线型号为BV-5×16-PC40-FC。AL4照明配电箱引出至AL4-1、AL4-2管线型号为BV-5×10-PC32-FC，AL4照明配电箱引出至AL4-3管线型号为BV-5×16-PC40-FC。电梯控制箱、风机控制箱及潜污泵控制箱仅计算至控制箱，所连接管线随设备自带。

4. 在电气专业工程图纸中，灯具包括单管荧光灯、双管荧光灯、防水防尘灯、吸顶灯、壁灯、单向疏散指示灯、双向疏散指示灯、安全出口灯、井道壁灯。单管荧光灯及双管荧光灯链吊距地2.6m安装，壁灯距地2.5m安装。防水防尘灯、吸顶灯吸顶安装。单向疏散指示灯、双向疏散指示灯一般底距地0.5m安装，部分链吊2.5m安装，安全出口灯门楣上100m安装，井道壁灯在井道内安装。开关包括单联开关、双联开关、三联开关、单联双控开关，开关均是底距地1.3m安装。插座分为普通插座及挂机空调插座、柜机空调插座、防水插座。除了挂机空调插座安装高度为2.5m，其余插座均距地0.3m安装。防水插座加防水面板。

5. 在电气专业工程图纸中，防雷接地包括避雷带、引下线、接地母线、卡子检测点。用ϕ10镀锌圆钢做避雷带，引下线为柱子内主筋焊接，引下线上端于避雷带焊接，下端于筏板基础上下层钢筋焊接。每处引下线于室外地面上0.5m处做暗装检测点。接地装置利用基础钢筋焊接。

6. 在电气专业工程图纸中，调试包括送配电装置调试以及接地网调试。每栋楼至少计一个调试费。

7. 根据《通用安装工程工程量计算规范》(GB 50856—2013)，结合广联达办公大厦电气专业工程施工图纸，对该专业工程进行清单列项。详细内容见表2-1所示。

表2-1　广联达办公大厦电气专业工程清单列项

项目编码	项目名称	项目特征	计量单位	工程量计算规则	工作内容
030404017001	配电箱	1. 名称:配电箱AA1 2. 规格:800(*W*)×2200(*H*)×800(*D*) 3. 安装方式:(落地安装)	台	按设计图示数量计算	1. 本体安装 2. 基础型钢制作、安装 3. 焊、压接线端子
030404017002	配电箱	1. 名称:配电箱AA2 2. 规格:800(*W*)×2200(*H*)×800(*D*) 3. 安装方式:(落地安装)	台		
030404017003	配电箱	1. 名称:照明配电箱ALD1 2. 规格:800(*W*)×1000(*H*)×200(*D*) 3. 端子板外部接线材质、规格:27个BV2.5mm^2 4. 安装方式:距地1.3m明装	台		
030404017004	配电箱	1. 名称:照明配电箱AL1 2. 规格:800(*W*)×1000(*H*)×200(*D*) 3. 端子板外部接线材质、规格:27个BV2.5mm^2，39个BV4mm^2，5个BV10mm^2 4. 安装方式:距地1m明装	台		
030404017005	配电箱	1. 名称:照明配电箱AL2 2. 规格:800(*W*)×1000(*H*)×200(*D*) 3. 端子板外部接线材质、规格:33个BV2.5mm^2，36个BV4mm^2，5个BV10mm^2 4. 安装方式:距地1m明装	台		

续表

项目编码	项目名称	项目特征	计量单位	工程量计算规则	工作内容
030404017006	配电箱	1. 名称:照明配电箱 AL3 2. 规格:800(*W*)×1000(*H*)×200(*D*) 3. 端子板外部接线材质、规格:27 个 BV2.5mm^2,36 个 BV4mm^2,10 个 BV16mm^2 4. 安装方式:距地 1.3m 明装	台	按设计图示数量计算	1. 本体安装 2. 基础型钢制作、安装 3. 焊、压接线端子
030404017007	配电箱	1. 名称:照明配电箱 AL4 2. 规格:800(*W*)×1000(*H*)×200(*D*) 3. 端子板外部接线材质、规格:21 个 BV2.5mm^2,27 个 BV4mm^2,10 个 BV10mm^2,5 个 BV16mm^2 4. 安装方式:距地 1.3m 明装	台		
030404017008	配电箱	1. 名称:照明配电箱 AL1-1 2. 型号:10kW 3. 规格:400(*W*)×600(*H*)×140(*D*) 4. 端子板外部接线材质、规格:3 个 BV2.5mm^2,9 个 BV4mm^2 5. 安装方式:距地 1.2m 明装	台		
030404017009	配电箱	1. 名称:照明配电箱 AL2-1 2. 型号:10kW 3. 规格:400(*W*)×600(*H*)×140(*D*) 4. 端子板外部接线材质、规格:3 个 BV2.5mm^2,9 个 BV4mm^2 5. 安装方式:距地 1.2m 明装	台		
030404017010	配电箱	1. 名称:照明配电箱 AL3-1 2. 型号:20kW 3. 规格:400(*W*)×600(*H*)×140(*D*) 4. 端子板外部接线材质、规格:6 个 BV2.5mm^2,12 个 BV4mm^2 5. 安装方式:距地 1.2m 明装	台		
030404017011	配电箱	1. 名称:照明配电箱 AL3-2 2. 型号:15kW 3. 规格:400(*W*)×600(*H*)×140(*D*) 4. 端子板外部接线材质、规格:3 个 BV2.5mm^2,9 个 BV4mm^2 5. 安装方式:距地 1.2m 明装	台		
030404017012	配电箱	1. 名称:照明配电箱 AL4-1 2. 型号:10kW 3. 规格:400(*W*)×600(*H*)×140(*D*) 4. 端子板外部接线材质、规格:3 个 BV2.5mm^2,9 个 BV4mm^2 5. 安装方式:距地 1.2m 明装	台		
030404017013	配电箱	1. 名称:照明配电箱 AL4-2 2. 型号:10kW 3. 规格:400(*W*)×600(*H*)×140(*D*) 4. 端子板外部接线材质、规格:3 个 BV2.5mm^2,9 个 BV4mm^2 5. 安装方式:距地 1.2m 明装	台		
030404017014	配电箱	1. 名称:照明配电箱 AL4-3 2. 型号:20kW 3. 规格:400(*W*)×600(*H*)×140(*D*) 4. 端子板外部接线材质、规格:6 个 BV2.5mm^2,12 个 BV4mm^2 5. 安装方式:距地 1.2m 暗装	台		

续表

项目编码	项目名称	项目特征	计量单位	工程量计算规则	工作内容
030404017015	配电箱	1. 名称:电梯配电柜 WD-DT 2. 型号:21kW 3. 规格:600(*W*)×1800(*H*)×300(*D*) 4. 端子板外部接线材质、规格:16 个 BV2.5mm^2,3 个 BV4mm^2 5. 安装方式:落地安装	台	按设计图示数量计算	1. 本体安装 2. 基础型钢制作、安装 3. 焊、压接线端子
030404017016	配电箱	1. 名称:弱电室配电箱 AP-RD 2. 规格:400(*W*)×600(*H*)×140(*D*) 3. 安装方式:距地 1.5m	台		
030404017017	配电箱	1. 名称:潜水泵控制箱 QSB-AC 2. 型号:2×4.0kW 3. 规格:600(*W*)×850(*H*)×300(*D*) 4. 安装方式:距地 2.0m(明装)	台		
030404017018	配电箱	1. 名称:排烟风机控制箱 AC-PY-BF1 2. 型号:15kW 3. 规格:600(*W*)×800(*H*)×200(*D*) 4. 安装方式:(明装)距地 2.0m	台		
030404017019	配电箱	1. 名称:送风机控制箱 AC-SF-BF1 2. 型号:0.55kW 3. 规格:600(*W*)×800(*H*)×200(*D*) 4. 安装方式:(明装)距地 2.0m	台		
030404034001	照明开关	1. 名称:单控单联跷板开关 2. 规格:250V,10A 3. 安装方式:暗装,底距地 1.3m	个		1. 本体安装 2. 接线
030404034002	照明开关	1. 名称:单控双联跷板开关 2. 规格:250V,10A 3. 安装方式:暗装,底距地 1.3m	个		
030404034003	照明开关	1. 名称:单控三联跷板开关 2. 规格:250V,10A 3. 安装方式:暗装,底距地 1.3m	个		
030404035001	插座	1. 名称:单相二、三极插座 2. 规格:250V,10A 3. 安装方式:暗装,底距地 0.3m	个		
030404035002	插座	1. 名称:单相二、三极防水插座(加防水面板) 2. 规格:250V,10A 3. 安装方式:暗装,底距地 0.3m	个		
030404035003	插座	1. 名称:单相三极插座(柜机空调) 2. 规格:250V,20A 3. 安装方式:暗装,底距地 0.3m	个		
030404035004	插座	1. 名称:单相三极插座(挂机空调) 2. 规格:250V,16A 3. 安装方式:暗装,底距地 2.5m	个		

续表

项目编码	项目名称	项目特征	计量单位	工程量计算规则	工作内容
030408001001	电力电缆	1. 名称:电力电缆 2. 型号:YJV 3. 规格:4×35+1×16 4. 材质:铜芯电缆 5. 敷设方式、部位:穿管或桥架敷设 6. 电压等级(kV):1kV 以下	m	按设计图示尺寸以长度计算(含预留长度及附加长度)	1. 电缆敷设 2. 揭(盖)盖板
030408001002	电力电缆	1. 名称:电力电缆 2. 型号:YJV 3. 规格:4×25+1×16 4. 材质:铜芯电缆 5. 敷设方式、部位:穿管或桥架敷设 6. 电压等级(kV):1kV 以下	m		
030408001003	电力电缆	1. 名称:电力电缆 2. 型号:YJV 3. 规格:5×16 4. 材质:铜芯电缆 5. 敷设方式、部位:穿管或桥架敷设 6. 电压等级(kV):1kV 以下	m		
030408001004	电力电缆	1. 名称:电力电缆 2. 型号:YJV 3. 规格:5×6 4. 材质:铜芯电缆 5. 敷设方式、部位:穿管或桥架敷设 6. 电压等级(kV):1kV 以下	m		
030408001005	电力电缆	1. 名称:电力电缆 2. 型号:YJV 3. 规格:5×4 4. 材质:铜芯电缆 5. 敷设方式、部位:穿管或桥架敷设 6. 电压等级(kV):1kV 以下	m		
030408001006	电力电缆	1. 名称:电力电缆 2. 型号:NHYJV 3. 规格:4×25+1×16 4. 材质:铜芯电缆 5. 敷设方式、部位:穿管或桥架敷设 6. 电压等级(kV):1kV 以下	m		
030408006001	电力电缆头	1. 名称:电力电缆头 2. 型号:YJV 3. 规格:4×35+1×16 4. 材质、类型:铜芯电缆,干包式 5. 安装部位:配电箱 6. 电压等级(kV):1kV 以下	个	按设计图示数量计算	1. 电力电缆头制作 2. 电力电缆头安装 3. 接地
030408006002	电力电缆头	1. 名称:电力电缆头 2. 型号:YJV 3. 规格:4×25+1×16 4. 材质、类型:铜芯电缆,干包式 5. 安装部位:配电箱 6. 电压等级(kV):1kV 以下	个		
030408006003	电力电缆头	1. 名称:电力电缆头 2. 型号:YJV 3. 规格:5×16 4. 材质、类型:铜芯电缆,干包式 5. 安装部位:配电箱 6. 电压等级(kV):1kV 以下	个		

续表

项目编码	项目名称	项目特征	计量单位	工程量计算规则	工作内容
030408006004	电力电缆头	1. 名称:电力电缆头 2. 型号:YJV 3. 规格:5×6 4. 材质、类型:铜芯电缆,干包式 5. 安装部位:配电箱 6. 电压等级(kV):1kV 以下	个	按设计图示数量计算	1. 电力电缆头制作 2. 电力电缆头安装 3. 接地
030408006005	电力电缆头	1. 名称:电力电缆头 2. 型号:YJV 3. 规格:5×4 4. 材质、类型:铜芯电缆,干包式 5. 安装部位:配电箱 6. 电压等级(kV):1kV 以下	个		
030408006006	电力电缆头	1. 名称:电力电缆头 2. 型号:NHYJV 3. 规格:4×25+1×16 4. 材质、类型:铜芯电缆,干包式 5. 安装部位:配电箱 6. 电压等级(kV):1kV 以下	个		
030409002001	接地母线	1. 名称:接地母线 2. 材质:镀锌扁钢 3. 规格:40×4 4. 安装部位:埋地安装	m	按设计图示尺寸以长度计算(含附加长度)	1. 接地母线制作、安装 2. 补刷(喷)油漆
030409002002	接地母线	1. 名称:接地母线 2. 材质:基础钢筋 3. 安装部位:沿墙	m		
030409003001	避雷引下线	1. 名称:避雷引下线 2. 规格:2 根 ϕ16 主筋 3. 安装形式:利用柱内主筋做引下线 4. 断接卡子、箱材质、规格:卡子测试点 4 个,焊接点 16 处	m		1. 避雷引下线制作安装 2. 断接卡子、箱制作安装 3. 利用主钢筋焊接 4. 补刷(喷)油漆
030409005001	避雷网	1. 名称:避雷带 2. 材质:镀锌圆钢 3. 规格:ϕ10 4. 安装形式:沿女儿墙敷设	m		1. 避雷网制作安装 2. 跨接 3. 混凝土块制作 4. 补刷(喷)油漆
030409008001	等电位端子箱、测试板	名称:MEB 总等电位箱	台	按设计图示数量计算	本体安装
030409008002	等电位端子箱、测试板	名称:LEB 总等电位箱	台		
030411001001	配管	1. 名称:电气配管 2. 材质:水煤气钢管 3. 规格:RC100 4. 配置形式:暗配	m	按设计图示尺寸以长度计算	1. 电线管路敷设 2. 钢索架设 3. 预留沟槽 4. 接地

续表

项目编码	项目名称	项目特征	计量单位	工程量计算规则	工作内容
030411001002	配管	1. 名称:钢管 2. 材质:焊接钢管 3. 规格:SC70 4. 配置形式:暗配	m	按设计图示尺寸以长度计算	1. 电线管路敷设 2. 钢索架设 3. 预留沟槽 4. 接地
030411001003	配管	1. 名称:钢管 2. 材质:焊接钢管 3. 规格:SC50 4. 配置形式:暗配	m		
030411001004	配管	1. 名称:钢管 2. 材质:焊接钢管 3. 规格:SC40 4. 配置形式:暗配	m		
030411001005	配管	1. 名称:钢管 2. 材质:焊接钢管 3. 规格:SC25 4. 配置形式:暗配	m		
030411001006	配管	1. 名称:钢管 2. 材质:焊接钢管 3. 规格:SC20 4. 配置形式:暗配	m		
030411001007	配管	1. 名称:钢管 2. 材质:紧定式钢管 3. 规格:JDG20 4. 配置形式:暗配	m		
030411001008	配管	1. 名称:钢管 2. 材质:紧定式钢管 3. 规格:JDG16 4. 配置形式:暗配	m		
030411001009	配管	1. 名称:刚性阻燃管 2. 材质:PVC 3. 规格:PC40 4. 配置形式:暗配	m		
030411001010	配管	1. 名称:刚性阻燃管 2. 材质:PVC 3. 规格:PC32 4. 配置形式:暗配	m		
030411001011	配管	1. 名称:刚性阻燃管 2. 材质:PVC 3. 规格:PC25 4. 配置形式:暗配	m		
030411001012	配管	1. 名称:刚性阻燃管 2. 材质:PVC 3. 规格:PC20 4. 配置形式:暗配	m		

续表

项目编码	项目名称	项目特征	计量单位	工程量计算规则	工作内容
030411003001	桥架	1. 名称:桥架安装 2. 规格:300×100 3. 材质:钢制 4. 类型:梯式	m	按设计图示尺寸以长度计算	1. 本体安装 2. 接地
030411003002	桥架	1. 名称:桥架安装 2. 规格:300×100 3. 材质:钢制 4. 类型:槽式	m		
030411003003	桥架	1. 名称:桥架安装 2. 规格:200×100 3. 材质:钢制 4. 类型:槽式	m		
030411003004	桥架	1. 名称:桥架安装 2. 规格:100×50 3. 材质:钢制 4. 类型:槽式	m		
030411004001	配线	1. 名称:管内穿线 2. 配线形式:照明线路 3. 型号:BV 4. 规格:2.5 5. 材质:铜芯线	m	按设计图示尺寸以长度计算(含预留长度)	1. 配线 2. 钢索架设
030411004002	配线	1. 名称:管内穿线 2. 配线形式:照明线路 3. 型号:BV 4. 规格:4 5. 材质:铜芯线	m		
030411004003	配线	1. 名称:管内穿线 2. 配线形式:照明线路 3. 型号:BV 4. 规格:10 5. 材质:铜芯线	m		
030411004004	配线	1. 名称:管内穿线 2. 配线形式:照明线路 3. 型号:BV 4. 规格:16 5. 材质:铜芯线	m		
030411004005	配线	1. 名称:管内穿线 2. 配线形式:照明线路 3. 型号:NHBV 4. 规格:2.5 5. 材质:铜芯线	m		
030411004006	配线	1. 名称:管内穿线 2. 配线形式:照明线路 3. 型号:NHBV 4. 规格:4 5. 材质:铜芯线	m		
030411004007	配线	1. 名称:管内穿线 2. 配线形式:照明线路 3. 型号:ZRBV 4. 规格:2.5 5. 材质:铜芯线	m		

续表

项目编码	项目名称	项目特征	计量单位	工程量计算规则	工作内容
030411006001	接线盒	1. 名称:灯头盒 2. 材质:塑料 3. 规格:86H 4. 安装形式:暗装	个	按设计图示数量计算	本体安装
030411006002	接线盒	1. 名称:开关盒、插座盒 2. 材质:塑料 3. 规格:86H 4. 安装形式:暗装	个		
030411006003	接线盒	1. 名称:排气扇接线盒 2. 材质:塑料 3. 规格:86H 4. 安装形式:暗装	个		
030412001001	普通灯具	1. 名称:吸顶灯(灯头) 2. 规格:1×13W,cosφ≥0.9 3. 类型:吸顶安装	套	按设计图示数量计算	本体安装
030412001002	普通灯具	1. 名称:墙上座灯 2. 规格:1×13W,cosφ≥0.9 3. 类型:明装,门楣上 100	套		
030412001003	普通灯具	1. 名称:壁灯 2. 型号:自带蓄电池 t≥90min 3. 规格:1×13W,cosφ≥0.9 4. 类型:明装,底距地 2.5m	套		
030412002001	工厂灯	1. 名称:防水防尘灯 2. 规格:1×13W,cosφ≥0.9 3. 安装形式:吸顶安装	套		
030412004001	装饰灯	1. 名称:安全出口指示灯 2. 型号:自带蓄电池 t≥90min 3. 规格:1×8W,LED 4. 安装形式:明装,门楣上 100	套		
030412004002	装饰灯	1. 名称:单向疏散指示灯 2. 型号:自带蓄电池 t≥90min 3. 规格:1×8W,LED 4. 安装形式:一般暗装底距地 0.5m 部分管吊底距地 2.5m	套		
030412004003	装饰灯	1. 名称:双向疏散指示灯 2. 型号:自带蓄电池 t≥90min 3. 规格:1×8W,LED 4. 安装形式:一般暗装底距地 0.5m 部分管吊底距地 2.5m	套		
030412005001	荧光灯	1. 名称:单管荧光灯 2. 规格:1×36W,cosφ≥0.9 3. 安装形式:链吊,底距地 2.6m	套		
030412005002	荧光灯	1. 名称:双管荧光灯 2. 规格:2×36W,cosφ≥0.9 3. 安装形式:链吊,底距地 2.6m	套		

续表

项目编码	项目名称	项目特征	计量单位	工程量计算规则	工作内容
030414002001	送配电装置系统	1. 名称：低压系统调试 2. 电压等级（kV）：1kV 以下 3. 类型：综合	系统	按设计图示数量计算	1. 调试
030414011001	接地装置	1. 名称：系统调试 2. 类别：接地网	系统	按设计图示数量计算	1. 调试
030413001001	铁构件	1. 名称：桥架支架 2. 材质：钢制	kg	按设计图示尺寸以质量计算	1. 制作 2. 安装

2.1.4 任务总结

1. 电气配管线路敷设方式有暗敷、明敷两种，常用的即是顶板敷设、地面敷设、吊顶敷设等，WC 为沿墙敷设，FC 为地面敷设，CC 为顶板敷设。

2. 室内照明常用的导线通常是绝缘导线。本工程 BV 表示铜芯绝缘塑料导线；ZRBV，则是铜芯阻燃导线；NHBV，则是铜芯耐火导线。

3. 识读图纸。要沿着电源、引入线、配电箱、引出线、用电器具这样沿“线”来读。进线→总配电箱→干线→支线→分配电箱→用电设备，一般可按这样的顺序阅读。

4. 电气专业图纸，看设计说明应了解工程总体概况、设计依据、要求、使用的材料规格、施工安装要求等。

5. 电气专业图纸，看系统图要对整个电气工程有个总体的认识，了解配电方式和回路之间的关系，了解系统基本组成。

6. 电气专业图纸，看平面图应了解电气设备安装的水平位置，线路敷设部位，敷设方法及所用配管，导线的型号、规格、数量等。在阅读过程中，应弄清每条线路的根数、导线截面、敷设方式、各电气设备的安装位置。从电气平面图，可以了解电气工程的全貌和局部细节。

7. 在电气专业图纸中，设备材料表反映了该工程所使用的设备、材料的型号和规格。

8. 埋地电缆需要考虑挖填土方，按照 $1m^3$ 计算工程量（参照安装工程预算定额第二册电气工程电缆沟挖填）。

2.1.5 知识链接

1. 电气工程制图标准参照《建筑电气制图标准》（GBT 50786—2012）。

2. 电气施工验收规范参照《建筑电气工程施工质量验收规范》（GB 50303—2011）。

3. 电气系统理论知识包括系统分类、系统组成、系统基本图式、系统工作原理等。建筑电气工程按照用途可分为高低压变配电系统、动力配电系统、照明系统、防雷接地系统。

建筑电气照明系统一般是由变配电设施，通过线路连接各用电器具组成一个完整的照明供电系统，主要内容由进户装置、室内配电箱（盘）、电缆及管线敷设、灯具、小电器（开关、插座、风扇等）、防雷接地等项目组成。

4. 工程量清单项目设置情况（项目特征描述的内容、综合的工作内容、工程量计算规则，摘录 2013 清单计价规范部分内容）

（1）工程概况　2013 版《建设工程工程量清单计价规范》D4 电气设备安装工程适用于

采用工程量清单计价的新建、扩建的电气工程。其内容包括变压器安装、配电装置安装、母线安装、控制设备及低压电器安装、蓄电池安装、电机检查接线及调试、滑触线装置安装、电缆安装、防雷及接地装置、10kV以下架空配电线路、配管配线、照明灯具安装、附属工程、电气调整试验等。

(2) 清单列项。

① 小电器包括按钮、电笛、电铃、水位电气信号装置、测量表计、继电器、电磁锁、屏上辅助设备、辅助电压互感器、小型安全变压器等。

② 其他电器安装是指：本节未列出的电器项目。

③ 其他电器必须根据电器实际名称确定项目名称，明确描述工作内容、项目特征、计量单位、计算规则。

④ 利用柱筋做引下线的，需描述柱筋焊接根数。

⑤ 配管、线槽安装不扣除管路中间的接线箱（盒）、灯头盒、开关盒所占长度。

⑥ 配管名称是指：电线管、钢管、防爆管、塑料管、软管、波纹管等。

⑦ 配管配置形式是指：明、暗配、吊顶内、钢结构支架、钢索配管、埋地敷设、水下敷设、砌筑沟内敷设等。

⑧ 配线名称是指：管内穿线、瓷夹板配线、塑料夹板配线、绝缘子配线、槽板配线、塑料护套配线、线槽配线、车间带形母线等。

⑨ 配线形式是指：照明线路，动力线路，木结构，顶棚内砖，混凝土结构，沿支架，钢索，屋架，梁，柱，墙，跨屋架，梁，柱。

⑩ 普通灯具包括圆球吸顶灯、半圆球吸顶灯、方形吸顶灯、软线吊灯、座灯头、吊链灯、防水吊灯、壁灯等。

⑪ 工厂灯包括工厂罩灯、防水灯、防尘灯、碘钨灯、投光灯、泛光灯、混光灯、密闭灯等。

⑫ 装饰灯包括吊式艺术装饰灯、吸顶式艺术装饰灯、荧光艺术装饰灯、几何型组合艺术装饰灯、标志灯、诱导装饰灯、水下（上）艺术装饰灯、点光源艺术灯、歌舞厅灯具、草坪灯具等。

5. 工程材料种类及适用范围、安装连接方式

① 电气电缆敷设方式有埋地敷设及穿管敷设、桥架敷设等。电缆型号详见表2-2所示。

表 2-2　电缆型号

类别	导体	绝缘	内护套	特征
电力电缆(省略不表示) K:控制电缆 P:信号电缆 YT:电梯电缆 U:矿用电缆 Y:移动式软缆 H:市内电话缆 UZ:电钻电缆 DC:电气化车辆用电缆	T:铜线(可省) L:铝线	Z:油浸纸 X:天然橡胶 VV:聚氯乙烯 YJ:交联聚乙烯 E:乙丙胶	Q:铅套 L:铝套 H:橡套 HF:氯丁胶 V: 聚氯乙烯护套 Y: 聚乙烯护套 VF:复合物 HD:耐寒橡胶	D:不滴油 F:分相 CY:充油 P:屏蔽 C:滤尘用或重型 G:高压

② 电气配线中无绝缘层的导线称为裸导线，裸导线主要由铝、铜、钢等制成。它可以分为圆线、绞线、软接线、型线等系列产品。配线型号详见表2-3所示。

表 2-3 配线型号

型 号	名 称	用 途
BX(BLX) BXF(BLXF) BXR	铜(铝)芯橡皮绝缘线 铜(铝)芯氯丁橡皮绝缘线 铜芯橡皮绝缘软线	适用交流 500V 及以下或直流 1000V 及以下的电气设备及照明装置之用
BV(BLV) BVV(BLVV) BVVB(BLVVB) BVR BV-105	铜(铝)芯聚氯乙烯绝缘线 铜(铝)芯聚氯乙烯绝缘氯乙烯护套圆形电线 铜(铝)芯聚氯乙烯绝缘氯乙烯护套平形电线 铜(铝)芯聚氯乙烯绝缘软线 铜芯耐热 105℃聚氯乙烯绝缘软线	适用于各种交流、直流电器装置，电工仪表、仪器，电讯设备，动力及照明线路固定敷设之用
RV RVB RVS RV-105 RXS RX	铜芯聚氯乙烯绝缘软线 铜芯聚氯乙烯绝缘平行软线 铜芯聚氯乙烯绝缘绞型软线 铜芯耐热 105℃聚氯乙烯绝缘连接软电线 铜芯橡皮绝缘棉纱编织绞型软电线 铜芯橡皮绝缘棉纱编织圆形软电线	适用于各种交流、直流电器、电工仪表、家用电器、小型电动工具、动力及照明装置的连接
BBX BBLX	铜芯橡皮绝缘玻璃丝编织电线 铝芯橡皮绝缘玻璃丝编织电线	适用电压分别有 500V 及 250V 两种，用于室内外明装固定敷设或穿管敷设

注：B(B)—第一个字母表示布线，第二个字母表示玻璃丝编制。
V(V)—第一个字母表示聚乙烯(塑料)绝缘，第二个字母表示聚乙烯护套。
L(L)—铝，无 L 则表示铜。
F(F)—复合型。
R—软线。
S—双绞。
X—绝缘橡胶。

③ 电气配管按照敷设方式分为明敷和暗敷。配管材料有焊接钢管（SC)、紧定式钢导管(JDG)、硬质聚氯乙烯阻燃塑料管（PC）等。配管敷设方式见表 2-4 所示。

表 2-4 配管敷设

SR:沿钢线槽敷设	BE:沿屋架或跨屋架敷设
CLE:沿柱或跨柱敷设	WE:沿墙面敷设
CE:沿天棚面或顶棚面敷设	ACE:在能进入人的吊顶内敷设
BC:暗敷设在梁内	CLC:暗敷设在柱内
WC:暗敷设在墙内	CC:暗敷设在顶棚内
FC:暗敷设在地面内	ACC:暗敷设在不能进入的顶棚内
SCE:吊顶内敷设，要穿金属管	

6. 设备及设施种类、功能、安装要求（配电箱、灯具、开关、插座等)。

(1) 低压配电柜、动力配电箱、照明配电箱及控制箱

① 低压配电柜常连接引入电源。

② 动力配电箱及照明配电箱，进户线进户后，经总配电箱至分配电箱。

③ 控制箱为泵控制箱、电梯控制箱、风机控制箱等。

(2) 常用灯具、开关、插座及其他用电设备

① 常用灯具：单管荧光灯、双管荧光灯、防水防尘灯、吸顶灯、壁灯、单向疏散指示灯、双向疏散指示灯、安全出口灯、井道壁灯等。灯具安装标注方法：Ch-链吊、P-管吊、W-墙壁安装、R-嵌入、S-吸顶、CL-柱上 、CP-线吊、CR-顶棚内安装。

② 开关有拉线开关、扳把开关、按钮开关等，安装方式有明装和暗装两种。常用开关有（a）单联开关、（b）双联开关、（c）三联开关、（d）四联开关、（e）门铃开关、（f）防爆开关等。常用开关类型如图 2-2 所示。

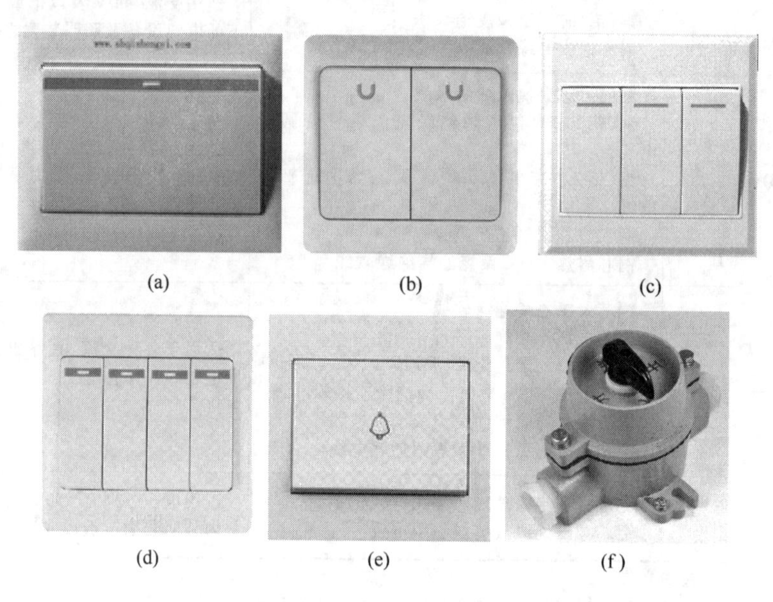

图 2-2 常用开关类型

③ 插座按相数分单相插座、三相插座；按安装方式分为明装和暗装；按防护方式分普通式、防水防尘式、防爆式等。常用类型如图 2-3 所示：依次为（a）单相三孔插座，（b）单相三孔带开关插座，（c）三相四极插座，（d）单相二、三极插座，（e）防水插座、（f）防爆插座。

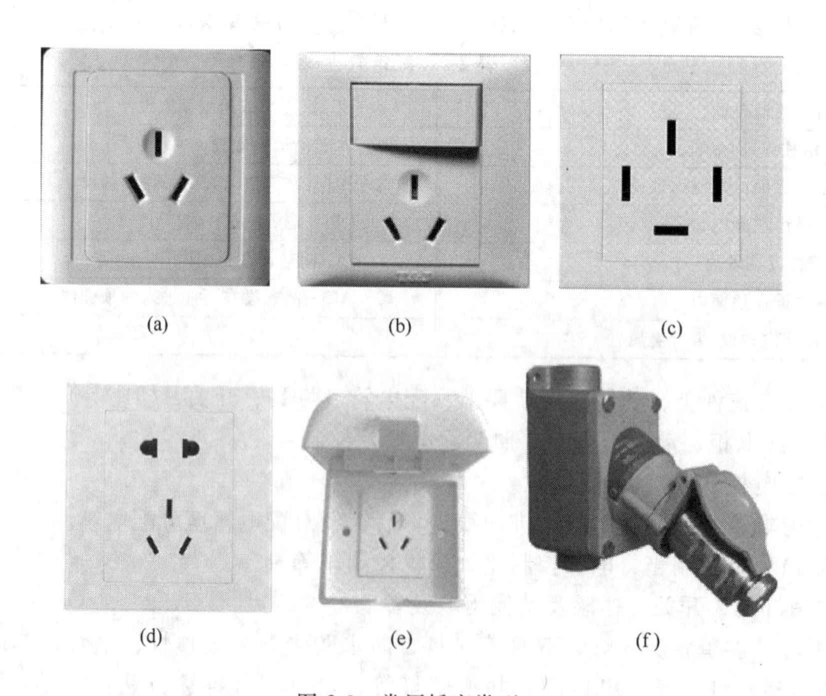

图 2-3 常用插座类型

2.2 任务二　电气专业工程手工计算工程量

2.2.1 任务说明

按照办公大厦电气施工图，完成以下工作：

1. 根据现行《通用安装工程工程量清单计算规范》(GB 50856—2013)，结合电气专业施工图纸，计算钢制水平桥架 300×100、200×100、100×50 工程量及竖直梯式桥架 300×100 工程量，计算预埋管 RC100 管道工程量，计算配管 SC70、SC50、SC25、SC20、PC32、PC25、PC20、JDG20、JDG16 工程量，计算电缆 YJV-4×35+1×16、YJV-4×25+1×16、YJV-5×16、YJV-5×6、YJV-5×4 工程量，计算配线 NHBV4、NHBV2.5、BV2.5、BV4、BV10、ZRBV2.5 工程量。

2. 根据现行《通用安装工程工程量清单计算规范》(GB 50856—2013)，结合电气专业施工图纸，计算配电箱 AA1、AA2、ALD1、AL1～AL4、WD-DT、AP-RD、QSB-AC、AC-PY-BF1、AC-SF-BF1、单管荧光灯、双管荧光灯、防水防尘灯、吸顶灯、壁灯、单向疏散指示灯、双向疏散指示灯、安全出口灯、井道壁灯、单联开关、双联开关、三联开关、单联双控开关、普通插座、挂机空调插座、柜机空调插座、防水插座的工程量。

3. 根据现行《通用安装工程工程量清单计算规范》(GB 50856—2013)，结合电气专业施工图纸，计算避雷带、引下线、接地线、卡子检测点、焊接点的工程量。

4. 根据现行《通用安装工程工程量清单计算规范》(GB 50856—2013)，结合电气专业工程图纸，计算送配电装置调试及接地网调试工程量。

5. 结合本案例工程的图纸信息，根据现行《通用安装工程工程量清单计算规范》(GB 50856—2013)，描述工程量清单项目特征，编制完整的电气专业工程工程量清单。

2.2.2 任务分析

1. 在电气专业图纸中，钢制水平桥架 300×100、200×100、100×50 工程量及竖直梯式桥架 300×100，配管 SC70、SC50、SC25、SC20、PC32、PC25、PC20、JDG20、JDG16，电缆 YJV-4×35+1×16、YJV-4×25+1×16、YJV-5×16、YJV-5×6、YJV-5×4，配线 NHBV4、NHBV2.5、BV2.5、BV4、BV10、ZRBV2.5 分别是如何标注的？桥架及桥架支撑架的计量单位是什么？桥架支撑架的计算公式是如何表示的？

2. 现行《通用安装工程工程量清单计算规范》(GB 50856—2013) 中，配电箱 AA1、AA2、ALD1、AL1～AL4、WD-DT、AP-RD、QSB-AC、AC-PY-BF1、AC-SF-BF1、单管荧光灯、双管荧光灯、防水防尘灯、吸顶灯、壁灯、单向疏散指示灯、双向疏散指示灯、安全出口灯、井道壁灯、单联开关、双联开关、三联开关、单联双控开关、普通插座、挂机空调插座、柜机空调插座、防水插座的计量单位及计算规则是如何规定的？接线盒、开关盒是如何计算的？

3. 在电气专业施工图纸中，避雷带、引下线、接地线、卡子检测点、焊接点的计量单位是什么？工程量是如何计算的？

4. 在电气专业工程中，送配电装置调试及接地网调试工程量是如何计算的？

5. 在电气专业工程量清单编制过程中，钢制桥架、电缆、配管、配线、配电箱 AA1、AA2、ALD1、AL1～AL4、WD-DT、AP-RD、QSB-AC、AC-PY-BF1、AC-SF-BF1、单管荧光灯、双管荧光灯、防水防尘灯、吸顶灯、壁灯、单向疏散指示灯、双向疏散指示灯、安全出口灯、井道壁灯、单联开关、双联开关、三联开关、单联双控开关、普通插座、挂机空调插座、柜机空调插座、防水插座的清单项目特征如何描述？清单项目编码、项目名称如何表示？

2.2.3 任务实施

1. 在电气专业施工图中，电源由室外引至配电箱AA1、AA2。电源引入配电箱后，配电箱AA1引出至各个楼层照明ALD1、AL1、AL2、AL3、AL4以及配电室和弱电室照明、配电室插座、强弱电井照明。配电箱AA2引出至动力控制箱WD-DT、QSB-AC、AP-RD、AC-PY-BF1、AC-SF-BF1。ALD1为地下室照明配电箱，WLZ1为应急照明电源，WLZ2为疏散指示照明电源，WLZ3～WLZ9为普通照明电源；AL1是一层照明配电箱，WLZ1为应急照明电源，WLZ2为疏散指示照明电源，WLZ3～WLZ9为普通照明电源，WLC1～WLC6为普通插座电源，WLK1～WLK7为空调插座电源，WL1为会议室预留配电箱AL1-1电源；AL2、AL3、AL4同AL1配电箱。WD-DT为电梯控制箱、屋顶及井道电源。QSB-AC为水泵控制箱电源。AC-PY-BF1、AC-SF-BF1为风机控制箱电源。桥架支撑架计算公式：桥架支撑架工程量N_1(kg)＝桥架长度（m）/桥架支撑架间距（m）×单个支撑架重量（暂按2.0kg/个考虑）。

2. 电气专业工程量计算时，配电箱AA1、AA2、ALD1、AL1～AL4、WD-DT、AP-RD、QSB-AC、AC-PY-BF1、AC-SF-BF1、单管荧光灯、双管荧光灯、防水防尘灯、吸顶灯、壁灯、单向疏散指示灯、双向疏散指示灯、安全出口灯、井道壁灯、单联开关、双联开关、三联开关、单联双控开关、普通插座、挂机空调插座、柜机空调插座、防水插座均按照设计图示数量，以“个”计算。

3. 电气专业工程量计算时，避雷带、引下线、接地线均以“m”为计量单位，卡子检测点以“个”为计量单位，焊接点以“处”为计量单位，避雷带、引下线、接地线计算工程量时乘以39%附加长度。

4. 在电气专业工程中，送配电装置调试以及接地网调试至少每栋楼计算一个系统调试。

5. 根据现行《通用安装工程工程量清单计算规范》（GB 50856—2013），结合电气专业施工图，项目编码为12位数，在计算规范原有的9位清单编码的基础上，补充后3位自行编码；清单项目名称及项目单位、计算规则均应与计算规范中的规定保持一致。

6. 电气专业工程工程量计算表见表2-5。

表2-5 电气专业工程工程量计算表

序号	项目名称	计算式	工程量	单位	备注
一	室外引入预埋管				室外埋深0.8m
	引入至AA1、AA2：RC100	(2.46＋1.5＋0.8)×4	19.04	m	引入电缆由供电局负责，仅计预埋管，外墙皮1.5m
二	各层桥架工程量				
1	水平桥架				
	300×100	12.65	12.65	m	负一层
	100×50	39.82＋1.84＋6.0	47.66	m	负一层
	200×100	48.96＋1.49	50.45	m	一层

续表

序号	项目名称	计算式	工程量	单位	备注
	100×50	0.92	0.92	m	一层
	200×100	48.97+1.49	50.46	m	二层
	100×50	0.94	0.94	m	二层
	200×100	39.77	39.77	m	三层
	100×50	2.15+2.16	4.31	m	三层
	200×100	49.02+1.49	50.51	m	四层
	100×50	0.94+2.15+0.94	4.03	m	四层
2	竖直桥架				
	竖直 300×100	4+15.2	19.20	m	竖直电井内
3	水平桥架支架				
	300×100	12.65/1.5×(0.65+0.65)	10.96	kg	
	200×100	(50.45+50.46+39.77+50.51)/1.5×(0.53+0.45)	91.91	kg	
	100×50	(47.66+0.92+0.94+4.31+4.03)/1.5×(0.36+0.45)	31.24	kg	
	垂直桥架支架				
	300×100	19.2/2×(0.65+0.65)	12.48	kg	
三	AA1 箱引出回路:800×2200×800				AA1 箱落地安装
1	AA1-BF1 配电箱 ALD1:1WLM1				配电箱 ALD1 距地 1.5m 安装
	SC50	4−0.7	3.30	m	AA1 至水平桥架竖直部分穿管敷设
	YJV-4×25+1×16	(11.54+2.0+4−0.7+2.0×2+1.5×2)×1.025	24.44	m	(穿桥架电缆+穿管电缆+预留电缆)×附加长度 1.025
2	AA1-1F 照明配电箱 AL1:1WLM2				
	SC70	4−0.7	3.30	m	AA1 至水平桥架竖直部分穿管敷设
	YJV-4×35+1×16	(11.54+0.7+1.0+4−0.7+2.0×2+1.5×2)×1.025	24.13	m	(穿桥架电缆+穿管电缆+预留电缆)×附加长度 1.025
3	AA1-2F 照明配电箱 AL2:1WLM3				
	SC70	4−0.7	3.30	m	AA1 至水平桥架竖直部分穿管敷设
	YJV-4×35+1×16	(11.54+0.7+3.8+1.0+4−0.7+2.0×2+1.5×2)×1.025	28.02	m	(穿桥架电缆+穿管电缆+预留电缆)×附加长度 1.025
4	AA1-3F 照明配电箱 AL3:1WLM4				
	SC70	4−0.7	3.30	m	AA1 至水平桥架竖直部分穿管敷设

续表

序号	项目名称	计算式	工程量	单位	备注
	YJV-4×35+1×16	(11.54+0.7+7.6+1.0+4−0.7+2.0×2+1.5×2)×1.025	31.92	m	(穿桥架电缆+穿管电缆+预留电缆)×附加长度1.025
5	AA1-4F照明配电箱AL4:1WLM5				
	SC70	4−0.7	3.30	m	AA1至水平桥架竖直部分穿管敷设
	YJV-4×35+1×16	(11.54+0.7+11.4+1.3+4−0.7+2.0×2+1.5×2)×1.025	36.12	m	(穿桥架电缆+穿管电缆+预留电缆)×附加长度1.025
6	AA1-配电室、弱电室照明:1WLM9				
	SC20	4−0.7+0.7+9.87+3.86+(4−2.6)×6	26.13	m	穿3根线配管
	SC25	1.25×2+(4−1.3)×2	7.90	m	穿4根线配管
	NHBV2.5	(2.68+26.13+3.0)×3+7.9×4	127.03	m	(桥架配线+管内配线+预留)×芯数
7	AA1-配电室插座:1WLM10				
	SC25	5.73+0.3×3	6.63	m	负一层
	NHBV4	(6.63+3.0)×3	25.89	m	(桥架配线+管内配线+预留)×芯数
8	AA1-强弱电井照明:1WLM11				
	SC20	(3.3−1.3)×2+1.44×4+(0.7+15.2)×2+(3.8−2.2)×2×4	54.36	m	穿2根线配管
	SC20	(4−0.7)+3.61+(3.3−2.2)×2	9.11	m	穿3根线配管
	NHBV2.5	(10.85+9.11+3.0)×3+54.36×2	177.60	m	(桥架配线+管内配线+预留)×芯数
四	AA2箱引出回路:800×2200×800				AA2箱落地安装
1	AA2-电梯控制箱WDDT:2WLM1				WD-DT(电梯控制箱)落地安装
	SC50	4−0.7+8.26	11.56	m	AA2至水平桥架竖直部分穿管敷设
	YJV-4×25+1×16	(12.42+0.7+15.2+4−0.7+8.26+2.0×2+1.5×2)×1.025	48.05	m	(穿桥架电缆+穿管电缆+预留电缆)×附加长度1.025
2	AA2-潜污泵控制箱QSB-AC:2WLM3				潜污泵控制箱QSB-AC距地2.0m安装
	SC25	4−0.7+3.3−2.0	4.60	m	AA2至水平桥架竖直部分穿管敷设
	YJV-5×6	(50.85+4−0.7+3.3−2.0+2.0×2+1.5×2)×1.025	64.01	m	(穿桥架电缆+穿管电缆+预留电缆)×附加长度1.025
3	AA2-弱电室配电箱APRD:2WLM4				弱电室配电箱AP-RD距地1.5m安装
	SC40	4−0.7+3.3−1.5	5.10	m	AA2至水平桥架竖直部分穿管敷设

续表

序号	项目名称	计算式	工程量	单位	备注
	YJV-5×16	(14.04+4−0.7+3.3−1.5+2.0×2+1.5×2)×1.025	26.79	m	(穿桥架电缆+穿管电缆+预留电缆)×附加长度1.025
4	AA2-风机控制箱ACPY-BF1:2WLM5				风机控制箱AC-PY-BF1距地2.0m安装
	SC40	4−0.7+3.3−2.0	4.60	m	AA2至水平桥架竖直部分穿管敷设
	YJV-5×16	(11.9+4−0.7+3.3−2.0+2.0×2+1.5×2)×1.025	24.09	m	(穿桥架电缆+穿管电缆+预留电缆)×附加长度1.025
5	AA2-风机控制箱AC-SF-BF1:2WLM6				风机控制箱AC-SF-BF1距地2.0m安装
	SC20	4−0.7+3.3−2.0	4.60	m	AA2至水平桥架竖直部分穿管敷设
	YJV-5×4	(11.9+4−0.7+3.3−2.0+2.0×2+1.5×2)×1.025	24.09	m	(穿桥架电缆+穿管电缆+预留电缆)×附加长度1.025
五	ALD1引出回路:800×1000×200				负一层照明,ALD1箱距地1.5m安装
1	WLZ1:应急照明				
	SC20	51.06+4−1.3+(4−2.5)×6	62.76	m	负一层
	NHBV2.5	(4.37+62.76+1.8)×3	206.79	m	(桥架配线+管内配线+预留配电箱半周长)×芯数
2	WLZ2:疏散照明				
	SC20	7.9+51.31+4−1.3+(4−2.2)×2+(4−0.5)+(4−2.5)×3	73.51	m	负一层
	NHBV2.5	(5.13+73.51+1.8)×3	241.32	m	(桥架配线+管内配线+预留配电箱半周长)×芯数
3	WLZ3:照明				
	PC20	25.83+4.96+4−1.3+(4−2.6)×6	41.89	m	负一层
	BV2.5	(4.61+41.89+1.8)×3	144.9	m	(桥架配线+管内配线+预留配电箱半周长)×芯数
4	WLZ4:照明				
	PC20	2.76+(4−1.3)×1	5.46	m	穿2根线配管
	PC20	5.87+4−1.3	8.57	m	穿3根线配管
	BV2.5	(7.76+8.57+1.8)×3+5.46×2	65.31	m	(桥架配线+管内配线+预留配电箱半周长)×芯数
5	WLZ5:照明				
	PC20	13.75+7.10+4−1.3+(4−2.6)×4+(4−1.3)×1	31.67	m	负一层
	BV2.5	(23.42+31.67+1.8)×3	171.57	m	(桥架配线+管内配线+预留配电箱半周长)×芯数
6	WLZ6:照明				

续表

序号	项目名称	计算式	工程量	单位	备注
	PC20	14.31＋14.02＋4－1.3＋(4－2.6)×6	39.43	m	穿3根线配管
	PC25	9.53＋4－1.3	12.23	m	穿4根线配管
	BV2.5	(7.21＋39.43＋1.8)×3＋12.23×4	194.24	m	(桥架配线＋管内配线＋预留配电箱半周长)×芯数
7	WLZ7:照明				
	PC20	9.39＋23.3＋4－1.3＋(4－2.6)×8	46.59	m	负一层
	BV2.5	(29.57＋46.59＋1.8)×3	233.88	m	(桥架配线＋管内配线＋预留配电箱半周长)×芯数
8	WLZ8:照明				
	PC20	5.89＋11.54＋4.26＋6.62＋4－1.3＋(4－2.6)×6＋(4－1.3)×2	44.81	m	负一层
	BV2.5	(3.02＋44.81＋1.8)×3	148.89	m	(桥架配线＋管内配线＋预留配电箱半周长)×芯数
9	WLZ9:楼梯间照明				
	PC20	0.88＋4－1.3＋7.83＋3.8＋(1.55＋1.07)×4＋10.2＋17.8＋25.4	79.09	m	穿2根线配管
	PC20	1.72＋4－1.3	4.42	m	穿3根线配管
	BV2.5	(11.28＋4.42＋1.8)×3＋79.09×2	210.68	m	(桥架配线＋管内配线＋预留配电箱半周长)×芯数
六	AL1 引出回路:800×1000×200				一层照明、动力,AL1箱距地1.0m安装
1	WLZ1:应急照明				
	SC20	38.41＋9.26＋3.8－1＋(3.8－2.5)×5	56.97	m	一层
	NHBV2.5	(4.88＋56.97＋1.8)×3	190.95	m	(桥架配线＋管内配线＋预留配电箱半周长)×芯数
2	WLZ2:疏散照明				
	SC20	56.91＋3.8－1＋(3.8－2.2)×1＋(3.8－0.5)×2	67.91	m	一层
	NHBV2.5	(5.83＋67.91＋1.8)×3	226.62	m	(桥架配线＋管内配线＋预留配电箱半周长)×芯数
3	WLZ3:照明				
	PC20	1.08＋3＋2.74＋1.07＋(3.8－1.3)×4	17.89	m	穿2根线配管
	PC20	45.32＋6.44＋0.62＋3.8－1.0	55.18	m	穿3根线配管

续表

序号	项目名称	计算式	工程量	单位	备注
	BV2.5	(2.13＋55.18＋1.8)×3＋17.89×2	213.11	m	(桥架配线＋管内配线＋预留配电箱半周长)×芯数
4	WLZ4:照明				
	PC20	6.57＋2.26＋8.13＋3.8－1＋(3.8－2.6)×8	29.36	m	穿3根线配管
	PC25	3.85＋3.66＋(3.8－1.3)×2	12.51	m	穿4根线配管
	BV2.5	(5.4＋29.36＋1.8)×3＋12.51×4	159.72	m	(桥架配线＋管内配线＋预留配电箱半周长)×芯数
5	WLZ5:照明				
	PC20	15.59＋2.22×2＋3.8－1＋(3.8－2.6)×8	32.43	m	穿3根线配管
	PC25	3.68＋3.63＋1.55＋(3.8－1.3)×3	16.36	m	穿4根线配管
	BV2.5	(2.56＋32.42＋1.8)×3＋16.36×4	175.78	m	(桥架配线＋管内配线＋预留配电箱半周长)×芯数
6	WLZ6:照明				
	PC20	5.65＋9.55＋3.8－1＋(3.8－2.6)×6	25.20	m	穿3根线配管
	PC25	3.77＋(3.8－1.3)×1	6.27	m	穿4根线配管
	BV2.5	(13.97＋25.2＋1.8)×3＋6.27×4	147.99	m	(桥架配线＋管内配线＋预留配电箱半周长)×芯数
7	WLZ7:照明				
	PC20	0.89×2＋(3.8－1.3)×2	6.78	m	穿2根线配管
	PC20	5.19＋0.96×2＋3.8－1	9.91	m	穿3根线配管
	PC25	(5.14＋1.45)×2＋(3.8－1.3)×2	18.18	m	穿4根线配管
	BV2.5	(21.21＋9.91＋1.8)×3＋6.78×2＋18.18×4	185.04	m	(桥架配线＋管内配线＋预留配电箱半周长)×芯数
8	WLZ8:照明				
	PC20	14.3＋2.82＋2.24＋2.21＋3.8－1＋(3.8－2.6)×6＋3.8－1.3	34.07	m	穿3根线配管
	PC25	3.68＋3.65＋(3.8－1.3)×2	12.33	m	穿4根线配管
	BV2.5	(28.85＋34.07＋1.8)×3＋12.33×4	243.48	m	(桥架配线＋管内配线＋预留配电箱半周长)×芯数
9	WLZ9:照明				
	PC20	1.0＋(3.8－1.3)×1	3.50	m	穿2根线配管
	PC20	1.73＋3.8－1.0	4.53	m	穿3根线配管

续表

序号	项目名称	计算式	工程量	单位	备注
	BV2.5	(39.53+4.53+1.8)×3+3.5×2	144.58	m	(桥架配线+管内配线+预留配电箱半周长)×芯数
10	WLC1:卫生间插座				
	PC25	4.22+3.8−1.0+3.8−0.3+0.3×2	11.12	m	穿3根线配管
	BV4	(21.93+11.12+1.8)×3	104.55	m	(桥架配线+管内配线+预留配电箱半周长)×芯数
11	WLC2:普通插座				
	PC25	8.56+3.8−1.0+3.8−0.3+0.3×4	16.06	m	穿3根线配管
	BV4	(10.56+16.06+1.8)×3	85.26	m	(桥架配线+管内配线+预留配电箱半周长)×芯数
12	WLC3:普通插座				
	PC25	4.57+11.49+3.8−1.0+3.8−0.3+0.3×6	24.16	m	穿3根线配管
	BV4	(5.52+24.16+1.8)×3	94.44	m	(桥架配线+管内配线+预留配电箱半周长)×芯数
13	WLC4:普通插座				
	PC25	18.76+3.8−1.0+3.8−0.3+0.3×6	26.86	m	穿3根线配管
	BV4	(4.59+26.86+1.8)×3	99.75	m	(桥架配线+管内配线+预留配电箱半周长)×芯数
14	WLC5:普通插座				
	PC25	6.14+9.09+3.8−1.0+3.8−0.3+0.3×6	23.33	m	穿3根线配管
	BV4	(16.6+23.33+1.8)×3	125.19	m	(桥架配线+管内配线+预留配电箱半周长)×芯数
15	WLC6:普通插座				
	PC25	18.79+3.8−1.0+3.8−0.3+0.3×6	26.89	m	穿3根线配管
	BV4	(26.84+26.89+1.8)×3	166.59	m	(桥架配线+管内配线+预留配电箱半周长)×芯数
16	WLK1:空调插座				
	PC25	7.73+3.8−1.0+3.8−2.5	11.83	m	穿3根线配管
	BV4	(9.65+11.83+1.8)×3	69.84	m	(桥架配线+管内配线+预留配电箱半周长)×芯数
17	WLK2:空调插座				
	PC25	6.53+3.8−1.0+3.8−2.5	10.63	m	穿3根线配管
	BV4	(6.76+10.63+1.8)×3	57.57	m	(桥架配线+管内配线+预留配电箱半周长)×芯数
18	WLK3:空调插座				

续表

序号	项目名称	计算式	工程量	单位	备注
	PC25	7.69＋3.8－1.0＋3.8－2.5	11.79	m	穿3根线配管
	BV4	(6.76＋11.79＋1.8)×3	61.05	m	(桥架配线＋管内配线＋预留配电箱半周长)×芯数
19	WLK4:空调插座				
	PC25	7.36＋3.8－1.0＋3.8－2.5	11.46	m	穿3根线配管
	BV4	(1.49＋11.46＋1.8)×3	44.25	m	(桥架配线＋管内配线＋预留配电箱半周长)×芯数
20	WLK5:空调插座				
	PC25	6.86＋3.8－1.0＋3.8－2.5	10.96	m	穿3根线配管
	BV4	(13.17＋10.96＋1.8)×3	77.79	m	(桥架配线＋管内配线＋预留配电箱半周长)×芯数
21	WLK6:空调插座				
	PC25	7.44＋3.8－1.0＋3.8－2.5	11.54	m	穿3根线配管
	BV4	(29.88＋11.54＋1.8)×3	129.66	m	(桥架配线＋管内配线＋预留配电箱半周长)×芯数
22	WLK7:空调插座				
	PC25	7.71＋3.8－1.0＋3.8－2.5	11.81	m	穿3根线配管
	BV4	(35.22＋11.81＋1.8)×3	146.49	m	(桥架配线＋管内配线＋预留配电箱半周长)×芯数
23	WL1:配电箱AL1-1				配电箱AL1-1距地1.2m安装
	PC32	3.8－1.0＋3.8－1.2	5.40	m	穿3根线配管
	BV10	(30.52＋5.4＋1.8)×5	188.60	m	(桥架配线＋管内配线＋预留配电箱半周长)×芯数
七	AL1-1引出回路:400×600×140				一层会议室照明、动力，AL1-1箱距地1.2m安装
1	WL1-1:照明				
	PC20	9.62＋19.06＋3.8－1.2＋(3.8－2.6)×9	42.08	m	穿3根线配管
	PC25	3.6＋(3.8－1.3)×1	6.10	m	穿4根线配管
	BV2.5	(42.08＋1.8)×3＋6.1×4	156.04	m	(管内配线＋预留配电箱半周长)×芯数
2	WL1-2:普通插座				
	PC25	10.15＋1.2＋0.3×5	12.85	m	穿3根线配管
	BV4	(12.85＋1.8)×3	43.95	m	(管内配线＋预留配电箱半周长)×芯数
3	WL1-3:普通插座				
	PC25	14.84＋1.2＋0.3×5	17.54	m	穿3根线配管
	BV4	(17.54＋1.8)×3	58.02	m	(管内配线＋预留配电箱半周长)×芯数

续表

序号	项目名称	计算式	工程量	单位	备注
4	WL1-4:空调插座				
	PC25	7.25+1.2+0.3	8.75	m	穿3根线配管
	BV4	(8.75+1.8)×3	31.65	m	(管内配线+预留配电箱半周长)×芯数
八	二层照明 AL2(与一层AL1类同)略				
九	三层照明 AL3(与一层AL1类同)略				
十	四层照明 AL4(与一层AL1类同)略				
十一	WD-DT 引出回路:600×1800×300				WD-DT箱落地安装
1	WD-DT-电梯控制箱:WPE1				
	SC40	8.78+2.0	10.78	m	屋顶
	NHYJV-4×25+1×16	(8.78+2.0+2.0×2+1.5×2)×1.025	18.22	m	(穿管电缆+预留电缆)×附加长度1.025
2	WPE2:照明				
	SC20	3.2+7.25+2.6×2+1.3	16.95	m	穿3根线配管
	NHBV2.5	(16.95+2.4)×3	58.05	m	(管内配线+预留配电箱半周长)×芯数
3	WPE5:井道照明				
	JDG16	8.1+(19+4−0.5)	30.60	m	穿3根线配管
	ZRBV2.5	(30.6+2.4)×2	66.00	m	(管内配线+预留配电箱半周长)×芯数
4	WPE6:井道照明				
	JDG16	5.91+(19+4−0.5)	28.41	m	穿3根线配管
	ZRBV2.5	(28.41+2.4)×2	61.62	m	(管内配线+预留配电箱半周长)×芯数
5	WPE7:井道插座				
	JDG20	8.05+(19+4−1)	30.05	m	穿3根线配管
	BV2.5	(30.05+2.4)×3	97.35	m	(管内配线+预留配电箱半周长)×芯数
6	WPE8:井道插座				
	JDG20	6.59+(19+4−1)	28.59	m	穿3根线配管
	BV2.5	(28.59+2.4)×3	92.97	m	(管内配线+预留配电箱半周长)×芯数
7	WPE9:机房插座				
	JDG20	2.26+0.3	2.56	m	穿3根线配管

续表

序号	项目名称	计算式	工程量	单位	备注
	BV2.5	(2.56+2.4)×3	14.88	m	(管内配线+预留配电箱半周长)×芯数
8	WPE10:机房空调插座				
	JDG20	5.2+2.5	7.70	m	穿3根线配管
	BV4	(7.7+2.4)×3	30.30	m	(管内配线+预留配电箱半周长)×芯数
十二	防雷接地(1.039为相关系数)				
1	避雷带 $\phi10$ 镀锌圆钢	(137.34+16.76+18.25+17.09+8.35+13.87)×1.039	219.91	m	屋顶避雷带
2	接地母线(利用基础钢筋)	147.09×1.039	152.83	m	利用基础钢筋接地母线
3	接地母线(40×4镀锌扁钢)	6.64+0.3+0.5	7.44	m	总等电位竖直接地母线
4	MEB总等电位箱	1	1.00	个	总等电位连接
5	LEB局部等电位箱	1+8+10	19.00	个	局部等电位连接
6	引下线	[7×(16.4+4+1.2)+1×(19.6+4+1.2)]×1.039	182.86	m	防雷接地引下线
7	检测点	4	4.00	套	断接卡子检测点
8	焊接点	8×2	16.00	处	引下线上与避雷带焊接,下与接地母线焊接
9	防雷接地调试	1	1	项	
十三	灯具、开关、插座				以"个"计算
1	灯具				
	双管荧光灯	2+6	8.00	个	负一层
	单管荧光灯	6+4+6+8+4	28.00	个	负一层
	壁灯	6	6.00	个	负一层
	安全出口灯	2	2.00	个	负一层
	单向疏散指示灯	4	4.00	个	负一层
	吸顶灯	5	5.00	个	负一层
	墙上座灯	2	2.00	个	负一层
	双管荧光灯	8+8+6+8+6	36.00	个	一层
	单管荧光灯	3	3.00	个	一层
	壁灯	5	5.00	个	一层
	安全出口灯	2	2.00	个	一层
	单向疏散指示灯	2	2.00	个	一层
	吸顶灯	16	16.00	个	一层
	换气扇接线盒86型	2	2.00	个	一层
	防水防尘灯	6	6.00	个	一层
	墙上座灯	2	2.00	个	一层
	双管荧光灯	8+8+9+6+9+8+6	54.00	个	二层

续表

序号	项目名称	计算式	工程量	单位	备注
	单管荧光灯	3	3.00	个	二层
	壁灯	4	4.00	个	二层
	安全出口灯	2	2.00	个	二层
	单向疏散指示灯	2	2.00	个	二层
	双向疏散指示灯	1	1.00	个	二层
	吸顶灯	13+6	19.00	个	二层
	换气扇接线盒 86 型	2	2.00	个	二层
	防水防尘灯	6	6.00	个	二层
	墙上座灯	2	2.00	个	二层
	双管荧光灯	7+8+6+7+6+10+8+8	60.00	个	三层
	单管荧光灯	3	3.00	个	三层
	壁灯	4	4.00	个	三层
	安全出口灯	3	3.00	个	三层
	单向疏散指示灯	1	1.00	个	三层
	双向疏散指示灯	1	1.00	个	三层
	吸顶灯	15	15.00	个	三层
	换气扇接线盒 86 型	2	2.00	个	三层
	防水防尘灯	6	6.00	个	三层
	墙上座灯	2	2.00	个	三层
	双管荧光灯	8+6+8+8+6+10+10	56.00	个	四层
	单管荧光灯	3	3.00	个	四层
	壁灯	4	4.00	个	四层
	安全出口灯	2	2.00	个	四层
	单向疏散指示灯	2	2.00	个	四层
	双向疏散指示灯	1	1.00	个	四层
	吸顶灯	17	17.00	个	四层
	换气扇接线盒 86 型	2	2.00	个	四层
	防水防尘灯	6	6.00	个	四层
	墙上座灯	2	2.00	个	四层
	单管荧光灯	2	2.00	个	机房照明
	壁灯	2+6	8.00	个	机房照明及井道照明
2	开关				
	单联开关	1+2+1	4.00	个	负一层
	双联开关	1+2	3.00	个	负一层
	三联开关	3	3.00	个	负一层
	单联开关	4+2+1+4	11.00	个	一层
	双联开关	2	2.00	个	一层

续表

序号	项目名称	计算式	工程量	单位	备注
	三联开关	2+3+1+2+2+1+1	12.00	个	一层
	单联开关	4+2+6	12.00	个	二层
	双联开关	1+1	2.00	个	二层
	三联开关	1+2+1+1+1+2+1	9.00	个	二层
	单联开关	5+2+2+4	13.00	个	三层
	双联开关	2+2	4.00	个	三层
	三联开关	1+1+2+1+1+1+1	8.00	个	三层
	单联开关	4+2+4+2	12.00	个	四层
	双联开关	1+1	2.00	个	四层
	三联开关	2+1+2+2+1+1+1+1	11.00	个	四层
	单联开关	2	2.00	个	井道内开关
	双联开关	1	1.00	个	机房内开关
3	插座				
	普通插座	2	2.00	个	负一层
	普通插座	3+4+6+4+6+3+3	29.00	个	一层
	空调插座(距地 0.3m)	1	1.00	个	一层
	空调插座(距地 2.5m)	1+2+3+2+1	9.00	个	一层
	防水插座	2	2.00	个	一层
	普通插座	3+4+6+4+6+3+2	28.00	个	二层
	空调插座(距地 0.3m)	2	2.00	个	二层
	空调插座(距地 2.5m)	1+3+2+1	7.00	个	二层
	防水插座	2	2.00	个	二层
	普通插座	12++4+3+3+9+8	39.00	个	三层
	空调插座(距地 0.3m)	2+2	4.00	个	三层
	空调插座(距地 2.5m)	2+2	4.00	个	三层
	防水插座	2	2.00	个	三层
	普通插座	6+4+6+6+6+11	39.00	个	四层
	空调插座(距地 0.3m)	2+2	4.00	个	四层
	空调插座(距地 2.5m)	2+2+3	7.00	个	四层
	防水插座	2	2.00	个	四层
	普通插座	2+2+1	5.00	个	井道插座及机房插座
	空调插座	1	1.00	个	机房空调插座
十四	配电箱				
	AA1	1	1.00	台	800(*W*)×2200(*H*)×800(*D*) 落地安装，负一层进线

续表

序号	项目名称	计算式	工程量	单位	备注
	AA2	1	1.00	台	800(*W*)×2200(*H*)×800(*D*) 落地安装,负一层进线
	ALD1	1	1.00	台	800(*W*)×1000(*H*)×200(*D*) 距地 1.3m 安装,负一层照明
	AL1	1	1.00	台	800(*W*)×1000(*H*)×200(*D*) 距地 1.0m 安装,一层照明
	AL2	1	1.00	台	800(*W*)×1000(*H*)×200(*D*) 距地 1.0m 安装,二层照明
	AL3	1	1.00	台	800(*W*)×1000(*H*)×200(*D*) 距地 1.3m 安装,三层照明
	AL4	1	1.00	台	800(*W*)×1000(*H*)×200(*D*) 距地 1.3m 安装,四层照明
	AL1-1	1	1.00	台	400(*W*)×600(*H*)×140(*D*) 距地 1.2m 安装,一层会议室照明
	AL2-1	1	1.00	台	400(*W*)×600(*H*)×140(*D*) 距地 1.2m 安装,二层会议室照明
	AL3－1	1	1.00	台	400(*W*)×600(*H*)×140(*D*) 距地 1.2m 安装,三层软件开发中心
	AL3-2	1	1.00	台	400(*W*)×600(*H*)×140(*D*) 距地 1.2m 安装,三层软件测试中心
	AL4-1	1	1.00	台	400(*W*)×600(*H*)×140(*D*) 距地 1.2m 安装,四层软件培训中心
	AL4-2	1	1.00	台	400(*W*)×600(*H*)×140(*D*) 距地 1.2m 安装,四层软件培训中心
	AL4-3	1	1.00	台	400(*W*)×600(*H*)×140(*D*) 距地 1.2m 安装,四层董事会会议室

续表

序号	项目名称	计算式	工程量	单位	备注
	WD-DT	1	1.00	台	600(*W*)×1800(*H*)×300(*D*)(落地)屋顶安装，电梯控制柜
	AP-RD	1	1.00	台	400(*W*)×600(*H*)×140(*D*)距地1.5m，负一层弱电室配电箱
	QSB-AC	1	1.00	台	600×850×300明装距地2.0m，负一层潜水泵控制箱
	AC-PY-BF1	1	1.00	台	600×800×200明装距地2.0m，负一层排风机控制箱
	AC-SF-BF1	1	1.00	台	600×800×200明装距地2.0m，负一层送风机控制箱
	送配电装置系统调试1kV以下	1	1.00	项	

注：此为电气工程首层工程量计算式，电气工程整体计算式详见附带电子光盘。

2.2.4 任务总结

1. 手工计算工程量时了解比例尺的使用方法，注意比例尺的比例与图纸比例相对应。如果不对应，请注意换算比例，如：图纸比例1∶50，用比例尺1∶100测量出的工程量必须除以2。

2. 电气案例工程全部手工工程量清单表见表2-6。

表2-6 广联达办公大厦电气专业工程手工算量清单表

序号	项目编码	项目名称	项目特征描述	计量单位	工程量
1	030404017001	配电箱	1. 名称:配电箱AA1 2. 规格:800(*W*)×2200(*H*)×800(*D*) 3. 安装方式:落地安装	台	1
2	030404017002	配电箱	1. 名称:配电箱AA2 2. 规格:800(*W*)×2200(*H*)×800(*D*) 3. 安装方式:落地安装	台	1
3	030404017003	配电箱	1. 名称:照明配电箱ALD1 2. 规格:800(*W*)×1000(*H*)×200(*D*) 3. 端子板外部接线材质、规格:27个BV2.5mm^2 4. 安装方式:距地1.3m明装	台	1
4	030404017004	配电箱	1. 名称:照明配电箱AL1 2. 规格:800(*W*)×1000(*H*)×200(*D*) 3. 端子板外部接线材质、规格:27个BV2.5mm^2,39个BV4mm^2,5个BV10mm^2 4. 安装方式:距地1m明装	台	1
5	030404017005	配电箱	1. 名称:照明配电箱AL2 2. 规格:800(*W*)×1000(*H*)×200(*D*) 3. 端子板外部接线材质、规格:33个BV2.5mm^2,36个BV4mm^2,5个BV10mm^2 4. 安装方式:距地1m明装	台	1
6	030404017006	配电箱	1. 名称:照明配电箱AL3 2. 规格:800(*W*)×1000(*H*)×200(*D*) 3. 端子板外部接线材质、规格:27个BV2.5mm^2,36个BV4mm^2,10个BV16mm^2 4. 安装方式:距地1.3m明装	台	1

续表

序号	项目编码	项目名称	项目特征描述	计量单位	工程量
7	030404017007	配电箱	1. 名称:照明配电箱 AL4 2. 规格:800(W)×1000(H)×200(D) 3. 端子板外部接线材质、规格:21 个 BV2.5mm², 27 个 BV4mm², 10 个 BV10mm², 5 个 BV16mm² 4. 安装方式:距地 1.3m 明装	台	1
8	030404017008	配电箱	1. 名称:照明配电箱 AL1-1 2. 型号:10kW 3. 规格:400(W)×600(H)×140(D) 4. 端子板外部接线材质、规格:3 个 BV2.5mm², 9 个 BV4mm² 5. 安装方式:距地 1.2m 明装	台	1
9	030404017009	配电箱	1. 名称:照明配电箱 AL2-1 2. 型号:10kW 3. 规格:400(W)×600(H)×140(D) 4. 端子板外部接线材质、规格:3 个 BV2.5mm², 9 个 BV4mm² 5. 安装方式:距地 1.2m 明装	台	1
10	030404017010	配电箱	1. 名称:照明配电箱 AL3-1 2. 型号:20kW 3. 规格:400(W)×600(H)×140(D) 4. 端子板外部接线材质、规格:6 个 BV2.5mm², 12 个 BV4mm² 5. 安装方式:距地 1.2m 明装	台	1
11	030404017011	配电箱	1. 名称:照明配电箱 AL3-2 2. 型号:15kW 3. 规格:400(W)×600(H)×140(D) 4. 端子板外部接线材质、规格:3 个 BV2.5mm², 9 个 BV4mm² 5. 安装方式:距地 1.2m 明装	台	1
12	030404017012	配电箱	1. 名称:照明配电箱 AL4-1 2. 型号:10kW 3. 规格:400(W)×600(H)×140(D) 4. 端子板外部接线材质、规格:3 个 BV2.5mm², 9 个 BV4mm² 5. 安装方式:距地 1.2m 明装	台	1
13	030404017013	配电箱	1. 名称:照明配电箱 AL4-2 2. 型号:10kW 3. 规格:400(W)×600(H)×140(D) 4. 端子板外部接线材质、规格:3 个 BV2.5mm², 9 个 BV4mm² 5. 安装方式:距地 1.2m 明装	台	1
14	030404017014	配电箱	1. 名称:照明配电箱 AL4-3 2. 型号:20kW 3. 规格:400(W)×600(H)×140(D) 4. 端子板外部接线材质、规格:6 个 BV2.5mm², 12 个 BV4mm² 5. 安装方式:距地 1.2m 暗装	台	1

续表

序号	项目编码	项目名称	项目特征描述	计量单位	工程量
15	030404017015	配电箱	1. 名称:电梯配电柜 WD-DT 2. 型号:21kW 3. 规格:600(*W*)×1800(*H*)×300(*D*) 4. 端子板外部接线材质、规格:16 个 BV2.5mm^2,3 个 BV4mm^2 5. 安装方式:落地安装	台	1
16	030404017016	配电箱	1. 名称:弱电室配电箱 AP-RD 2. 规格:400(*W*)×600(*H*)×140(*D*) 3. 安装方式:距地 1.5m	台	1
17	030404017017	配电箱	1. 名称:潜水泵控制箱 QSB-AC 2. 型号:2×4.0kW 3. 规格:600(*W*)×850(*H*)×300(*D*) 4. 安装方式:距地 2.0m(明装)	台	1
18	030404017018	配电箱	1. 名称:排烟风机控制箱 AC-PY-BF1 2. 型号:15kW 3. 规格:600(*W*)×800(*H*)×200(*D*) 4. 安装方式:(明装)距地 2.0m	台	1
19	030404017019	配电箱	1. 名称:送风机控制箱 AC-SF-BF1 2. 型号:0.55kW 3. 规格:600(*W*)×800(*H*)×200(*D*) 4. 安装方式:(明装)距地 2.0m	台	1
20	030404034001	照明开关	1. 名称:单控单联跷板开关 2. 规格:250V,10A 3. 安装方式:暗装,底距地 1.3m	个	54
21	030404034002	照明开关	1. 名称:单控双联跷板开关 2. 规格:250V,10A 3. 安装方式:暗装,底距地 1.3m	个	14
22	030404034003	照明开关	1. 名称:单控三联跷板开关 2. 规格:250V,10A 3. 安装方式:暗装,底距地 1.3m	个	43
23	030404035001	插座	1. 名称:单相二、三极插座 2. 规格:250V,10A 3. 安装方式:暗装,底距地 0.3m	个	142
24	030404035002	插座	1. 名称:单相二、三极防水插座(加防水面板) 2. 规格:250V,10A 3. 安装方式:暗装,底距地 0.3m	个	8
25	030404035003	插座	1. 名称:单相三极插座(柜机空调) 2. 规格:250V,20A 3. 安装方式:暗装,底距地 0.3m	个	11
26	030404035004	插座	1. 名称:单相三极插座(挂机空调) 2. 规格:250V,16A 3. 安装方式:暗装,底距地 2.5m	个	28
27	030408001001	电力电缆	1. 名称:电力电缆 2. 型号:YJV 3. 规格:4×35+1×16 4. 材质:铜芯电缆 5. 敷设方式、部位:穿管或桥架敷设 6. 电压等级(kV):1kV 以下	m	120.19

续表

序号	项目编码	项目名称	项目特征描述	计量单位	工程量
28	030408001002	电力电缆	1. 名称:电力电缆 2. 型号:YJV 3. 规格:4×25+1×16 4. 材质:铜芯电缆 5. 敷设方式、部位:穿管或桥架敷设 6. 电压等级(kV):1kV以下	m	72.49
29	030408001003	电力电缆	1. 名称:电力电缆 2. 型号:YJV 3. 规格:5×16 4. 材质:铜芯电缆 5. 敷设方式、部位:穿管或桥架敷设 6. 电压等级(kV):1kV以下	m	50.88
30	030408001004	电力电缆	1. 名称:电力电缆 2. 型号:YJV 3. 规格:5×6 4. 材质:铜芯电缆 5. 敷设方式、部位:穿管或桥架敷设 6. 电压等级(kV):1kV以下	m	64.01
31	030408001005	电力电缆	1. 名称:电力电缆 2. 型号:YJV 3. 规格:5×4 4. 材质:铜芯电缆 5. 敷设方式、部位:穿管或桥架敷设 6. 电压等级(kV):1kV以下	m	24.09
32	030408001006	电力电缆	1. 名称:电力电缆 2. 型号:NHYJV 3. 规格:4×25+1×16 4. 材质:铜芯电缆 5. 敷设方式、部位:穿管或桥架敷设 6. 电压等级(kV):1kV以下	m	18.22
33	030408006001	电力电缆头	1. 名称:电力电缆头 2. 型号:YJV 3. 规格:4×35+1×16 4. 材质、类型:铜芯电缆,干包式 5. 安装部位:配电箱 6. 电压等级(kV):1kV以下	个	8
34	030408006002	电力电缆头	1. 名称:电力电缆头 2. 型号:YJV 3. 规格:4×25+1×16 4. 材质、类型:铜芯电缆,干包式 5. 安装部位:配电箱 6. 电压等级(kV):1kV以下	个	6
35	030408006003	电力电缆头	1. 名称:电力电缆头 2. 型号:YJV 3. 规格:5×16 4. 材质、类型:铜芯电缆,干包式 5. 安装部位:配电箱 6. 电压等级(kV):1kV以下	个	4
36	030408006004	电力电缆头	1. 名称:电力电缆头 2. 型号:YJV 3. 规格:5×6 4. 材质、类型:铜芯电缆,干包式 5. 安装部位:配电箱 6. 电压等级(kV):1kV以下	个	2

续表

序号	项目编码	项目名称	项目特征描述	计量单位	工程量
37	030408006005	电力电缆头	1. 名称:电力电缆头 2. 型号:YJV 3. 规格:5×4 4. 材质、类型:铜芯电缆 干包式 5. 安装部位:配电箱 6. 电压等级(kV):1kV 以下	个	2
38	030408006006	电力电缆头	1. 名称:电力电缆头 2. 型号:NHYJV 3. 规格:4×25+1×16 4. 材质、类型:铜芯电缆 干包式 5. 安装部位:配电箱 6. 电压等级(kV):1kV 以下	个	2
39	030409002001	接地母线	1. 名称:接地母线 2. 材质:镀锌扁钢 3. 规格:40×4 4. 安装部位:埋地安装	m	7.44
40	030409002002	接地母线	1. 名称:接地母线 2. 材质:基础钢筋 3. 安装部位:沿墙	m	152.83
41	030409003001	避雷引下线	1. 名称:避雷引下线 2. 规格:2 根 Φ16 主筋 3. 安装形式:利用柱内主筋做引下线 4. 断接卡子、箱材质、规格:卡子测试点 4 个,焊接点 16 处	m	182.86
42	030409005001	避雷网	1. 名称:避雷带 2. 材质:镀锌圆钢 3. 规格:Φ10 4. 安装形式:沿女儿墙敷设	m	219.91
43	030409008001	等电位端子箱、测试板	名称:MEB 总等电位箱	台	1
44	030409008002	等电位端子箱、测试板	名称:LEB 总等电位箱	台	19
45	030411001001	配管	1. 名称:电气配管 2. 材质:水煤气钢管 3. 规格:RC100 4. 配置形式:暗配	m	19.04
46	030411001002	配管	1. 名称:钢管 2. 材质:焊接钢管 3. 规格:SC70 4. 配置形式:暗配	m	13.2
47	030411001003	配管	1. 名称:钢管 2. 材质:焊接钢管 3. 规格:SC50 4. 配置形式:暗配	m	14.86
48	030411001004	配管	1. 名称:钢管 2. 材质:焊接钢管 3. 规格:SC40 4. 配置形式:暗配	m	20.48

续表

序号	项目编码	项目名称	项目特征描述	计量单位	工程量
49	030411001005	配管	1. 名称:钢管 2. 材质:焊接钢管 3. 规格:SC25 4. 配置形式:暗配	m	11.23
50	030411001006	配管	1. 名称:钢管 2. 材质:焊接钢管 3. 规格:SC20 4. 配置形式:暗配	m	745.47
51	030411001007	配管	1. 名称:钢管 2. 材质:紧定式钢管 3. 规格:JDG20 4. 配置形式:暗配	m	68.9
52	030411001008	配管	1. 名称:钢管 2. 材质:紧定式钢管 3. 规格:JDG16 4. 配置形式:暗配	m	59.01
53	030411001009	配管	1. 名称:刚性阻燃管 2. 材质:PVC 3. 规格:PC40 4. 配置形式:暗配	m	15.3
54	030411001010	配管	1. 名称:刚性阻燃管 2. 材质:PVC 3. 规格:PC32 4. 配置形式:暗配	m	21
55	030411001011	配管	1. 名称:刚性阻燃管 2. 材质:PVC 3. 规格:PC25 4. 配置形式:暗配	m	1009.79
56	030411001012	配管	1. 名称:刚性阻燃管 2. 材质:PVC 3. 规格:PC20 4. 配置形式:暗配	m	1358.47
57	030411003001	桥架	1. 名称:桥架安装 2. 规格:300×100 3. 材质:钢制 4. 类型:梯式	m	19.2
58	030411003002	桥架	1. 名称:桥架安装 2. 规格:300×100 3. 材质:钢制 4. 类型:槽式	m	12.65
59	030411003003	桥架	1. 名称:桥架安装 2. 规格:200×100 3. 材质:钢制 4. 类型:槽式	m	191.19
60	030411003004	桥架	1. 名称:桥架安装 2. 规格:100×50 3. 材质:钢制 4. 类型:槽式	m	57.86

续表

序号	项目编码	项目名称	项目特征描述	计量单位	工程量
61	030411004001	配线	1. 名称:管内穿线 2. 配线形式:照明线路 3. 型号:BV 4. 规格:2.5 5. 材质:铜芯线	m	6907.18
62	030411004002	配线	1. 名称:管内穿线 2. 配线形式:照明线路 3. 型号:BV 4. 规格:4 5. 材质:铜芯线	m	4892.86
63	030411004003	配线	1. 名称:管内穿线 2. 配线形式:照明线路 3. 型号:BV 4. 规格:10 5. 材质:铜芯线	m	805.9
64	030411004004	配线	1. 名称:管内穿线 2. 配线形式:照明线路 3. 型号:BV 4. 规格:16 5. 材质:铜芯线	m	248.6
65	030411004005	配线	1. 名称:管内穿线 2. 配线形式:照明线路 3. 型号:NHBV 4. 规格:2.5 5. 材质:铜芯线	m	2433.58
66	030411004006	配线	1. 名称:管内穿线 2. 配线形式:照明线路 3. 型号:NHBV 4. 规格:4 5. 材质:铜芯线	m	25.89
67	030411004007	配线	1. 名称:管内穿线 2. 配线形式:照明线路 3. 型号:ZRBV 4. 规格:2.5 5. 材质:铜芯线	m	127.62
68	030411006001	接线盒	1. 名称:接线盒 2. 材质:塑料 3. 规格:86*H* 4. 安装形式:暗装	个	423
69	030411006002	接线盒	1. 名称:开关盒、插座盒 2. 材质:塑料 3. 规格:86*H* 4. 安装形式:暗装	个	304
70	030411006003	接线盒	1. 名称:排气扇接线盒 2. 材质:塑料 3. 规格:86*H* 4. 安装形式:暗装	个	8

续表

序号	项目编码	项目名称	项目特征描述	计量单位	工程量
71	030412001001	普通灯具	1. 名称:吸顶灯(灯头) 2. 规格:1×13W cosφ≥0.9 3. 类型:吸顶安装	套	72
72	030412001002	普通灯具	1. 名称:墙上座灯 2. 规格:1×13W cosφ≥0.9 3. 类型:明装,门楣上 100	套	10
73	030412001003	普通灯具	1. 名称:壁灯 2. 型号:自带蓄电池 t≥90min 3. 规格:1×13W cosφ≥0.9 4. 类型:明装,底距地 2.5m	套	31
74	030412002001	工厂灯	1. 名称:防水防尘灯 2. 规格:1×13W cosφ≥0.9 3. 安装形式:吸顶安装	套	24
75	030412004001	装饰灯	1. 名称:安全出口指示灯 2. 型号:自带蓄电池 t≥90min 3. 规格:1×8W LED 4. 安装形式:明装,门楣上 100	套	12
76	030412004002	装饰灯	1. 名称:单向疏散指示灯 2. 型号:自带蓄电池 t≥90min 3. 规格:1×8W LED 4. 安装形式:一般暗装底距地 0.5m 部分管吊底距地 2.5m	套	11
77	030412004003	装饰灯	1. 名称:双向疏散指示灯 2. 型号:自带蓄电池 t≥90min 3. 规格:1×8W LED 4. 安装形式:一般暗装底距地 0.5m 部分管吊底距地 2.5m	套	3
78	030412005001	荧光灯	1. 名称:单管荧光灯 2. 规格:1×36W cosφ≥0.9 3. 安装形式:链吊，底距地 2.6m	套	42
79	030412005002	荧光灯	1. 名称:双管荧光灯 2. 规格:2×36W cosφ≥0.9 3. 安装形式:链吊，底距地 2.6m	套	214
80	030413001001	铁构件	1. 名称:桥架支撑架 2. 材质:型钢	kg	146.59
81	030414002001	送配电装置系统	1. 名称:低压系统调试 2. 电压等级(kV):1kV 以下 3. 类型:综合	系统	1
82	030414011001	接地装置	1. 名称:系统调试 2. 类别:接地网	系统	1

注：此工程量清单表为地下一层至顶层全部工程量。

2.3 任务三　电气专业工程软件计算工程量

2.3.1 任务说明

按照办公大厦电气施工图，采用广联达软件，完成以下工作：

1. 对照电气专业工程图纸与电子版 CAD 图纸，查看 CAD 电子图纸是否完整；分解并命名各楼层 CAD 图。

2. 根据现行《通用安装工程工程量清单计算规范》(GB 50856-2013) 中计算规则，结合电气专业施工图纸，新建电气专业工程中钢制水平桥架 300×100、200×100、100×50 工程量以及竖直梯式桥架 300×100，配管 SC70、SC50、SC25、SC20、PC32、PC25、PC20、JDG20、JDG16，电缆 YJV-4×35+1×16、YJV-4×25+1×16、YJV-5×16、YJV-5×6、YJV-5×4，配线 NHBV4、NHBV2.5、BV2.5、BV4、BV10、ZRBV2.5，配电箱 AA1、AA2、ALD1、AL1～AL4、WD-DT、AP-RD、QSB-AC、AC-PY-BF1、AC-SF-BF1，单管荧光灯、双管荧光灯、防水防尘灯、吸顶灯、壁灯、单向疏散指示灯、双向疏散指示灯、安全出口灯、井道壁灯，单联开关、双联开关、三联开关、单联双控开关，普通插座、挂机空调插座、柜机空调插座、防水插座的构件信息，识别 CAD 图纸中包括的桥架，配管，电缆，配线，配电箱，单管荧光灯、双管荧光灯、防水防尘灯、吸顶灯、壁灯、单向疏散指示灯、双向疏散指示灯、安全出口灯、井道壁灯，单联开关、双联开关、三联开关、单联双控开关，普通插座、挂机空调插座、柜机空调插座、防水插座等构件。

3. 汇总计算电气专业工程量，结合电气专业工程 CAD 图纸信息，对汇总后的工程量进行集中套用做法，并添加清单项目特征描述，最终形成完整的电气专业工程工程量清单表，并导出电气专业 Excel 工程量清单表格。

2.3.2 任务分析

1. 如何查看 CAD 图纸？如何导入 CAD 图纸至安装算量软件 GQI2013 中？如何在安装算量软件中分解各楼层 CAD 图纸并保存命名？

2. 如何结合 CAD 图纸及计算规范，在软件中设置其计算规则？如何对电气专业工程中的桥架，配管，电缆，配线灯、吸顶灯、壁灯、单向疏散指示灯、双向疏散指示灯、安全出口灯、井道壁灯，单联开关、双联开关、三联开关、单联双控开关，普通插座、挂机空调插座、柜机空调插座、防水插座这些构件进行新建，并结合图纸，对其属性进行修改、添加？如何识别 CAD 图纸中包括的桥架，配管，电缆，配线，配电箱，单管荧光灯、双管荧光灯、防水防尘灯、吸顶灯、壁灯、单向疏散指示灯、双向疏散指示灯、安全出口灯、井道壁灯，单联开关、双联开关、三联开关、单联双控开关，普通插座、挂机空调插座、柜机空调插座、防水插座等构件？

3. 如何汇总计算整个电气专业及各楼层构件工程量？如何对汇总后的工程量进行集中套用做法并添加清单项目特征描述？如何预览报表并导出电气专业 Excel 工程量清单表格？

2.3.3 任务实施

先来看一下任务实施阶段操作步骤的全过程，如图 2-4 所示。

2.3.3.1 新建工程

(1) 双击桌面快捷图标，弹出“欢迎使用界面”对话框。如错误，书签自引用无效。如图 2-5 所示。

(2) 鼠标左键单击“新建向导”，弹出新建工程第一步，如图 2-6 所示。

(3) 在工程名称处输入“广联达案例工程-电气”，选择计算规则，然后点击下一步，进入第二步-工程信息的输入，在此输入相关信息，再次点击下一步，进入第三步-编制信息，

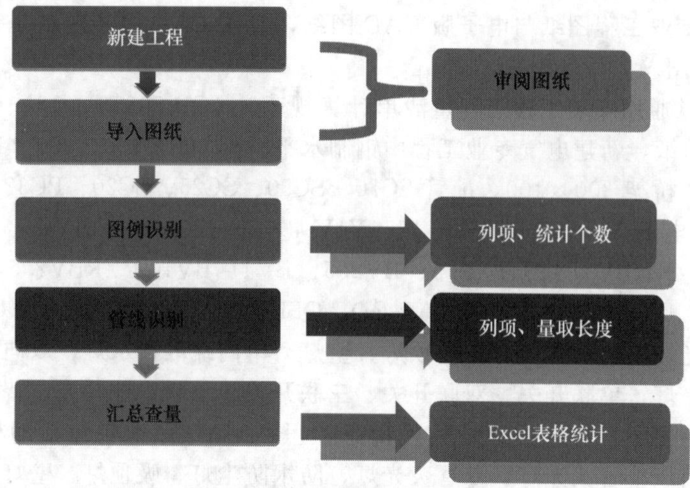

图 2-4　操作全过程

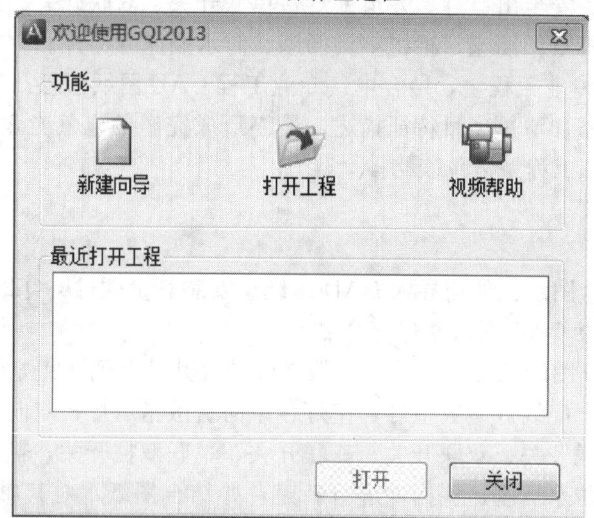

图 2-5　欢迎使用界面

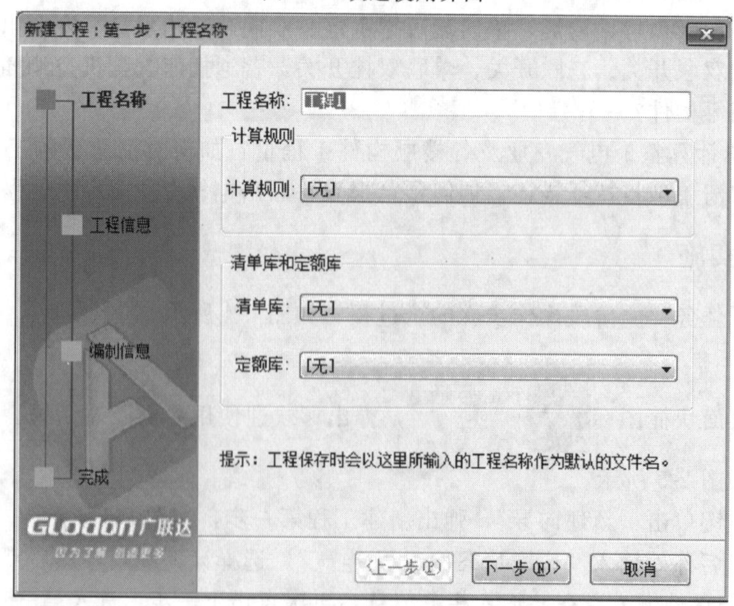

图 2-6　新建工程

输入相关信息，点击下一步进入第四步-完成，在此界面进行相关信息的检查，确认无误后，点击完成，进入工程设置界面，如图 2-7 所示。

图 2-7　工程设置界面

提示：

1. 新建工程这四步，影响工程量计算的只有“计算规则”，其它信息只起标识作用，所以新建工程时，计算规则一定要选择正确，其它信息可以在模块导航栏-工程设置-工程信息，这个界面下进行二次修改。

2. 新建工程结束后，一定要点击“保存”按钮，保存工程。

2.3.3.2　工程设置

1. 楼层设置

(1) 点击模块导航栏“工程设置—楼层设置”，如图 2-8 所示，然后在右侧进行楼层设置。

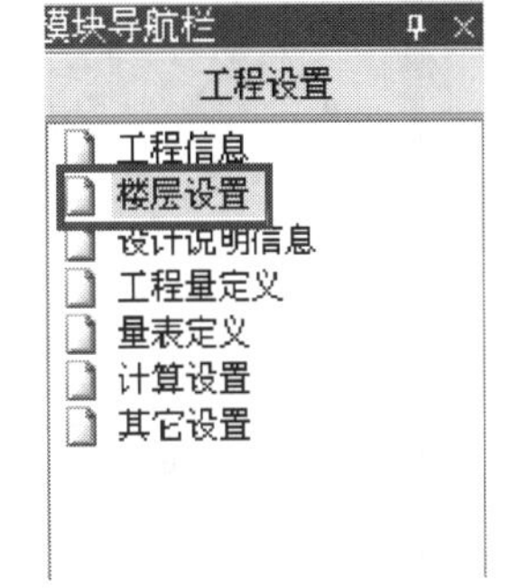

图 2-8　楼层设置

(2) 点击“插入楼层”按钮，进行添加楼层，输入层高信息；如图 2-9 所示。

	编码	楼层名称	层高(m)	首层	底标高(m)	相同层数	板厚(mm)
1	5	屋顶层	3.8	☐	15.2	1	120
2	4	第4层	3.8	☐	11.4	1	120
3	3	第3层	3.8	☐	7.6	1	120
4	2	第2层	3.8	☐	3.8	1	120
5	1	首层	3.8	☑	0	1	120
6	-1	第-1层	4	☐	-4	1	120
7	0	基础层	3	☐	-7	1	500

图 2-9　添加层高信息

按钮说明：

① 插入楼层：添加一个新的楼层到楼层列表。

② 删除楼层：删除当前选择的楼层。

③ 上移：可调整楼层顺序，将光标选中的楼层向上移一层，楼层的名称和层高等信息同时上移。

④ 下移：将光标选中的楼层向下移一层。

其他说明：

① 首层和基础层是软件自动建立的，是无法删除的。

② 当建筑物有地下室时，基础层指的是最底层地下室以下的部分，当建筑物没有地下室时，可以把首层以下的部分定义为基础层。

③ 建立地下室层时，将光标放在基础层时，再点击“插入楼层”，这时就可插入第−1层。

2. 设计说明信息

点击模块导航栏“工程设置—设计说明信息”，在此界面设置图纸中设计说明信息中的管线信息，如图 2-10 所示。

图 2-10　设计说明信息

2.3.3.3　绘图输入

（1）导入图纸

1）点击模块导航栏“绘图输入”，进入绘图输入界面，如图 2-11 所示。

2）鼠标左键点击工具栏“导入 CAD 图”功能，弹出如图 2-12 所示。

3）左键点选“设计说明及材料表”，在右侧预览框显示 CAD 缩略图，点击右下角“打开”按钮，弹出“请输入原图比例”对话框，默认 1∶1，在此我们不用调整，直接点击“确定”按钮，此时，CAD 图导入到软件中。如图 2-13 所示。

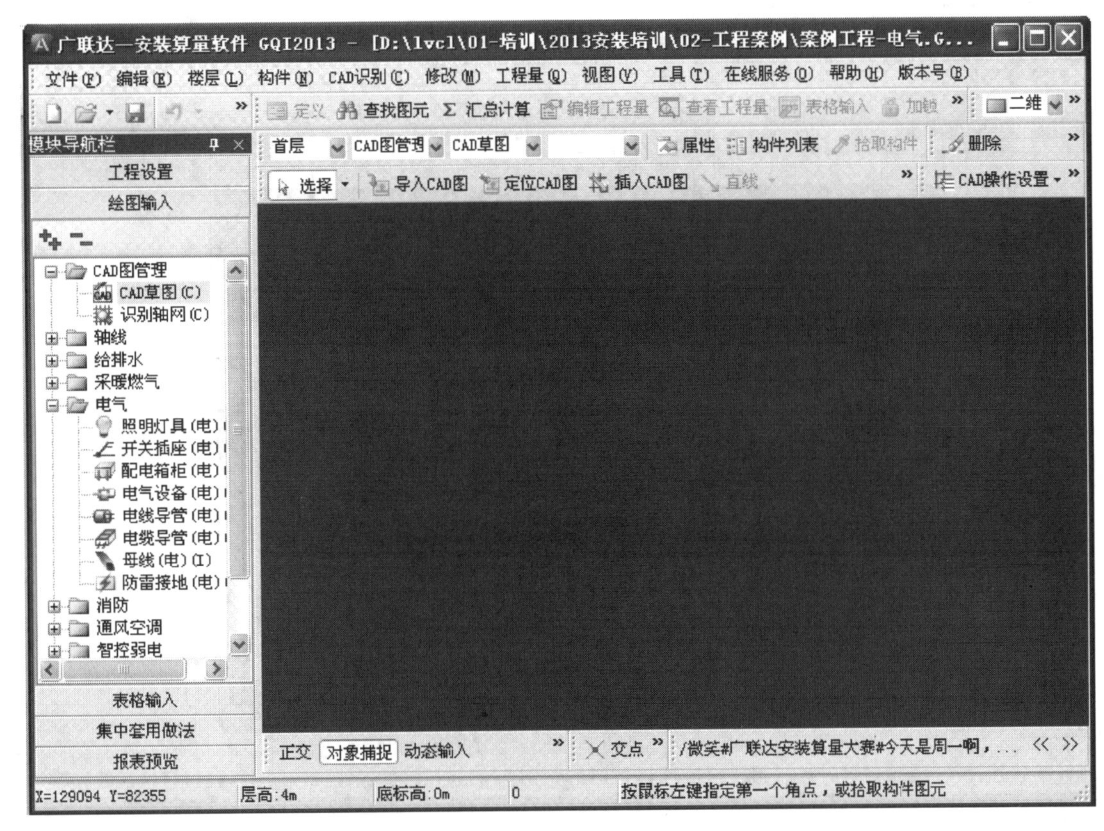

图 2-11 绘图输入界面

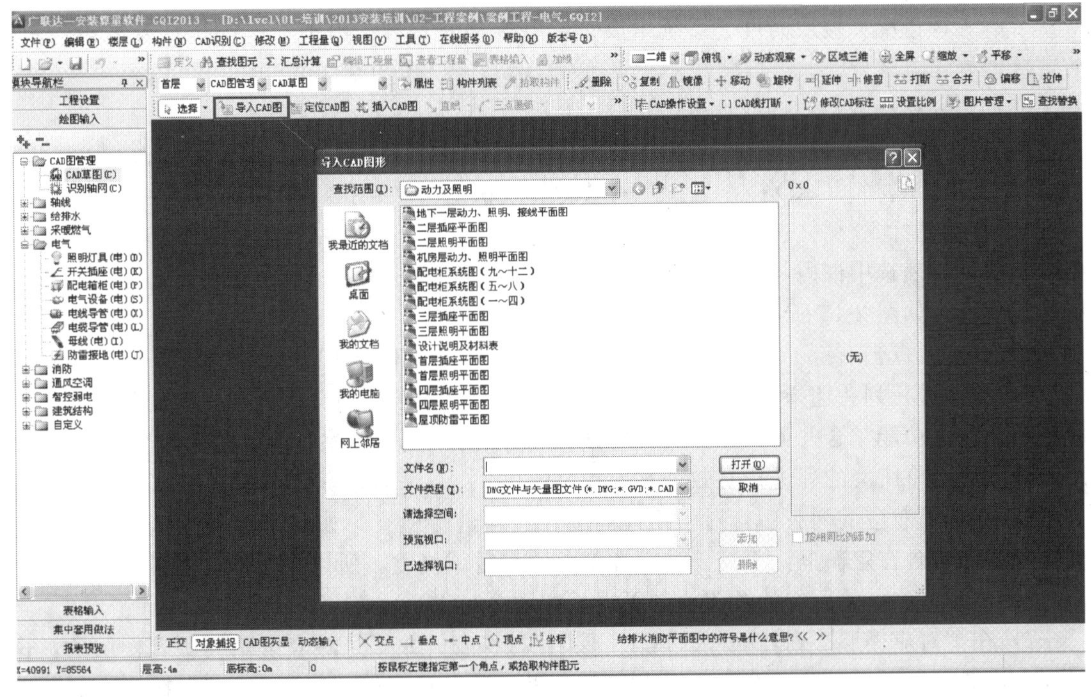

图 2-12 导入 CAD 图

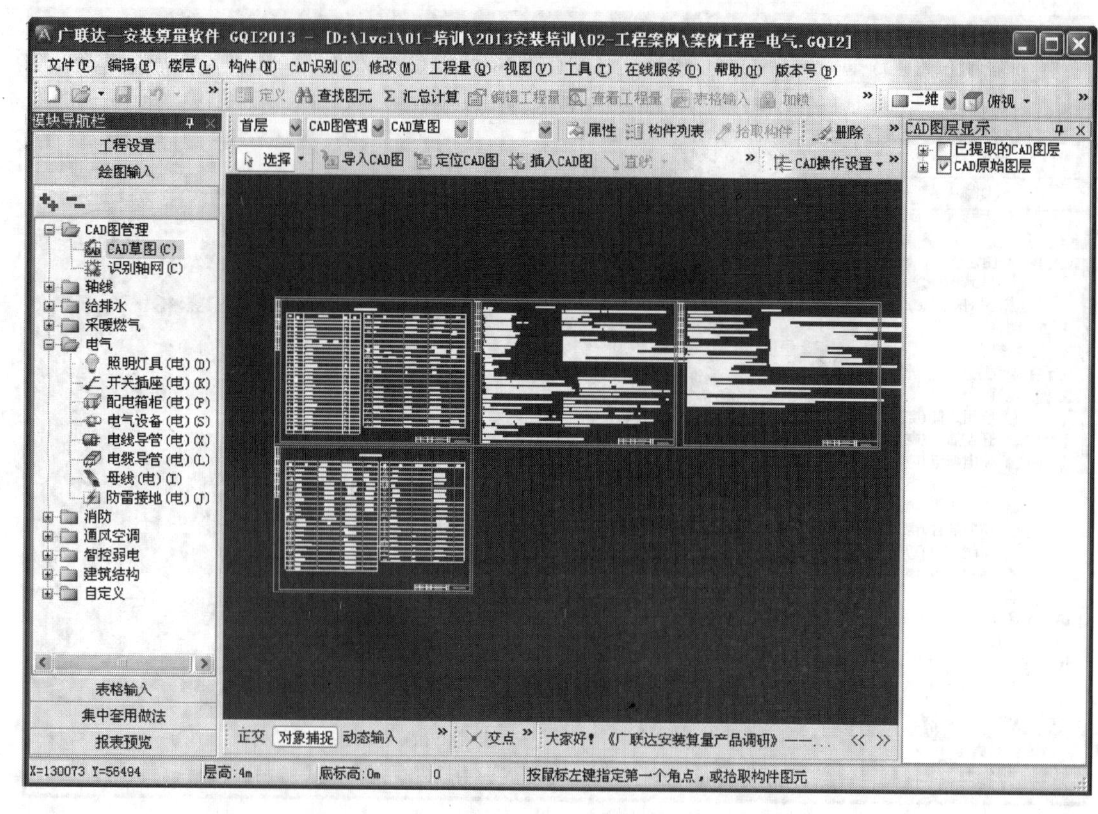

图 2-13 “设计说明及材料表”导入软件

(2) 阅读设计说明信息及了解材料表相关内容

了解工程概况如楼层高度、系统组成、设备选型及安装、电缆、电线选择及敷设方式、防雷接地施工方式等。

(3) 识别材料表

1) 点击模块导航栏“电气-照明灯具”，将光标停在“照明灯具”构件类型。

2) 点击工具栏“CAD 操作设置”—“材料表识别”，如图 2-14 所示。

3) 移动光标到材料表处，鼠标左键点击不放，从左上角到右下角拉一个矩形框，将需要识别的材料表选中框内，这时放开鼠标左键，此时被选在区域呈蓝色选中状态，并且外围有一黄色框，如图 2-15 所示。

4) 此时，点击右键，弹出“识别材料表”对话框，如图 2-16 所示。

5) 下面进行列头选择，名称列选择“设备名称”，如名称被分成两列，这时将光标停在后一列，点击功能“合并列”在弹出的对话框中，选择“是”，此时前后两列内容进行合并，用此种方法，将所有的列进行有效合并。

6) 在选择对应的列头后，对“距地高度”一列进行检查，如北京定额里链吊灯距地高度的导线已包含在定额里，不需要计算此部分立管管线高度，所以将距地高度值调整为“层高”，用此种方法，将所有的数值检查无误；如图 2-17 所示。

7) 在“对应楼层”列，软件默认“1 层”，材料表的数据是对应该工程所有楼层的，这时双击该单元格，出现三点按钮，点击三点按钮，弹出对话框“对应楼层”，在此界面可以选择楼层，如图 2-18 所示。

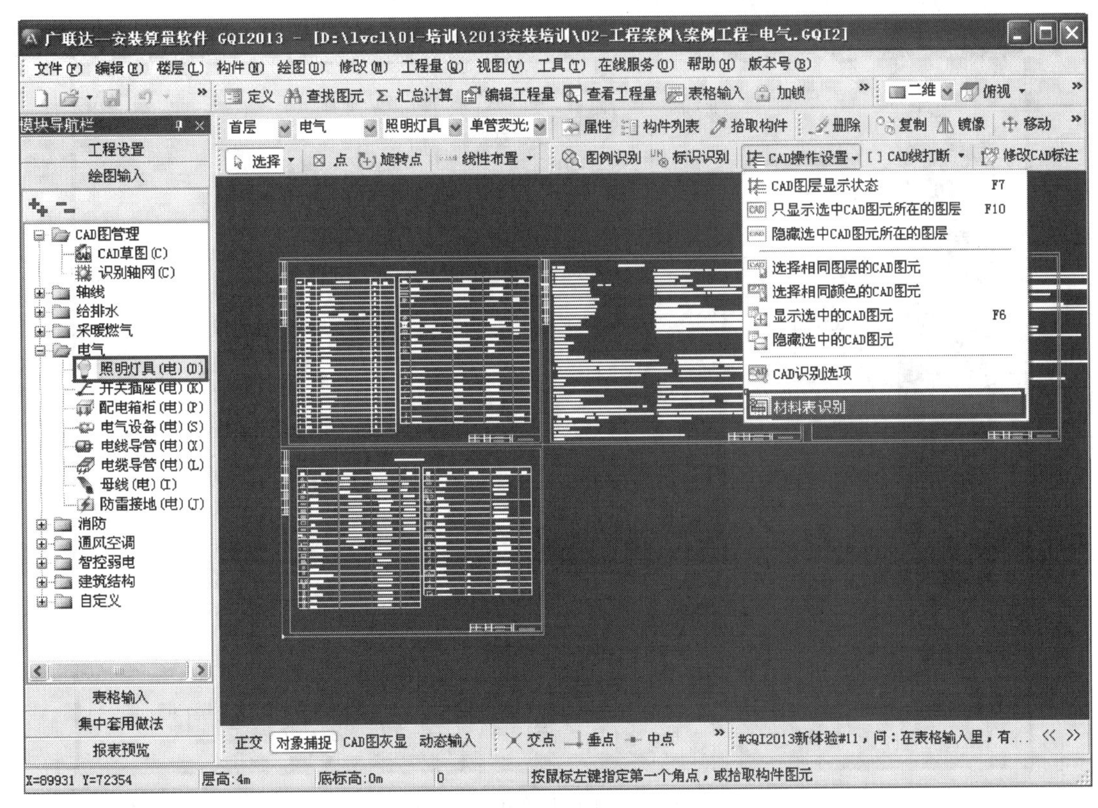

图 2-14　材料表识别工具栏

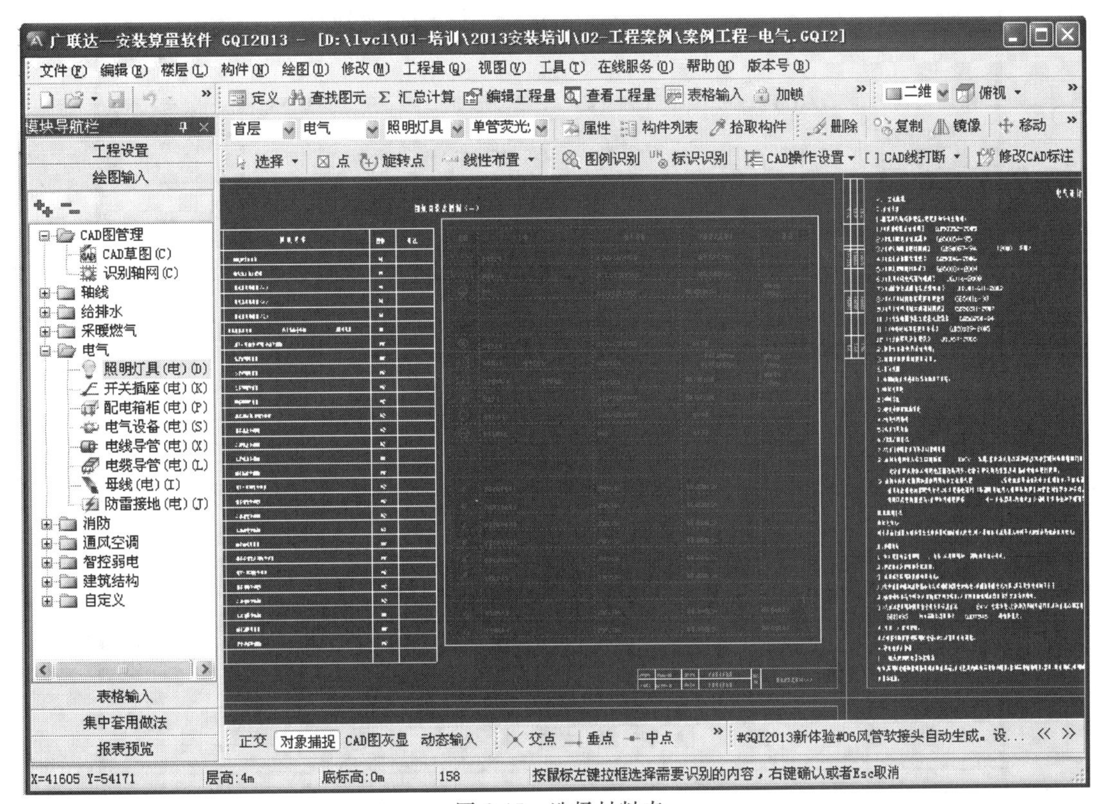

图 2-15　选择材料表

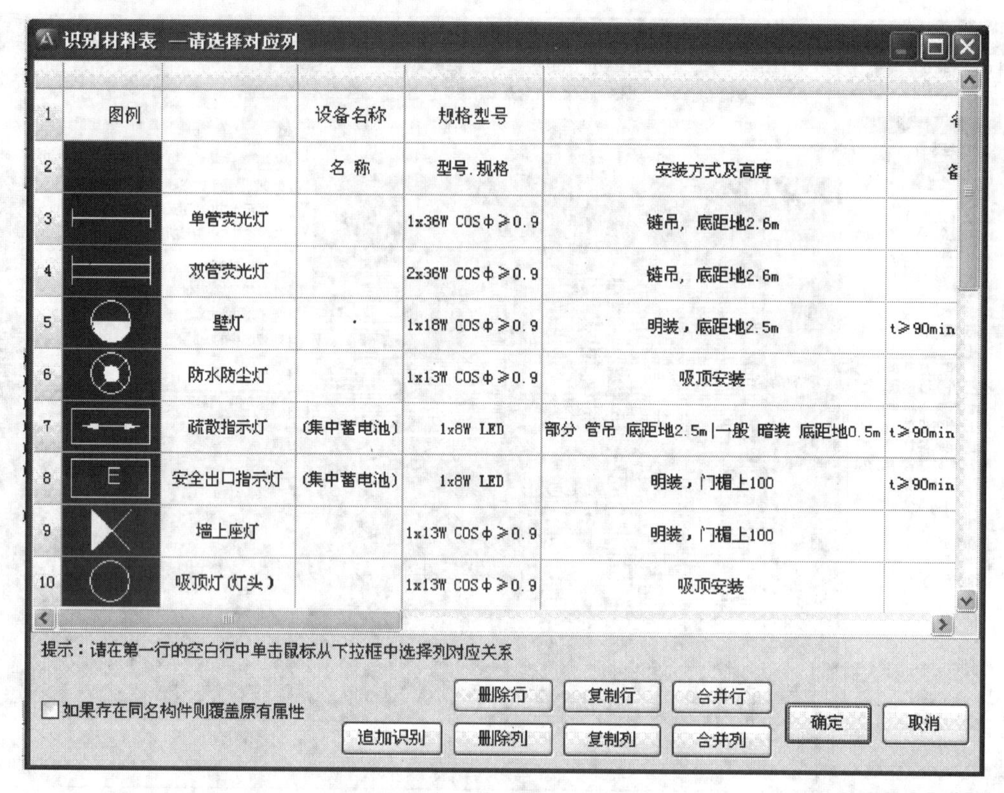

识别材料表 —请选择对应列

1	图例		设备名称	规格型号		备
2			名 称	型号.规格	安装方式及高度	备
3		单管荧光灯		1x36W COSφ≥0.9	链吊，底距地2.6m	
4		双管荧光灯		2x36W COSφ≥0.9	链吊，底距地2.6m	
5		壁灯	·	1x18W COSφ≥0.9	明装，底距地2.5m	t≥90min
6		防水防尘灯		1x13W COSφ≥0.9	吸顶安装	
7		疏散指示灯	(集中蓄电池)	1x8W LED	部分 管吊 底距地2.5m|一般 暗装 底距地0.5m	t≥90min
8		安全出口指示灯	(集中蓄电池)	1x8W LED	明装，门楣上100	t≥90min
9		墙上座灯		1x13W COSφ≥0.9	明装，门楣上100	
10		吸顶灯(灯头)		1x13W COSφ≥0.9	吸顶安装	

提示：请在第一行的空白行中单击鼠标从下拉框中选择列对应关系

☐如果存在同名构件则覆盖原有属性 删除行 复制行 合并行 追加识别 删除列 复制列 合并列 确定 取消

图 2-16 “识别材料表”对话框

识别材料表 —请选择对应列

1	图例	设备名称	规格型号	备注	距地高度(mm)	对应构件	对应楼层
2		单管荧光灯	1x36W COSφ≥0.9	链吊，底距地2.6m	层高	灯具	1
3		双管荧光灯	2x36W COSφ≥0.9	链吊，底距地2.6m	层高	灯具	1
4		壁灯	1x18W COSφ≥0.9	明装，底距地2.5mt≥90min|自带蓄电池	2500	灯具	1
5		防水防尘灯	1x13W COSφ≥0.9	吸顶安装	层高	灯具	1
6		疏散指示灯(集中蓄电池)	1x8W LED	部分 管吊 底距地2.5m|一般 暗装 底距地0	2500	灯具	1
7		安全出口指示灯(集中蓄电池)	1x8W LED	明装，门楣上100t≥90min|自带蓄电池	2200	灯具	1
8		墙上座灯	1x13W COSφ≥0.9	明装，门楣上100	2200	灯具	1
9		吸顶灯(灯头)	1x13W COSφ≥0.9	吸顶安装	层高	灯具	1
10		换气扇接线盒	86盒	吸顶安装	层高	灯具	1
11		单控单联防水开关	250V 10A	暗装，底距地1.3m	1300	开关	1

提示：请在第一行的空白行中单击鼠标从下拉框中选择列对应关系

☐如果存在同名构件则覆盖原有属性 删除行 复制行 合并行 追加识别 删除列 复制列 合并列 确定 取消

图 2-17 检查“距地高度”

图 2-18　选择对应楼层

选择之后，点击“确定”按钮，这时该单元格楼层信息对应完成，其它单元格也需要同类设置，这时将光标停在该单元格右下方位置，光标变为“+”字形状，将光标拖拽到下几行，这时其他行也同以上单元格设置。如图 2-19 所示。

识别材料表 —请选择对应列

	图例	设备名称	规格型号	备注	距地高度(mm	对应构件	对应楼层
2		单管荧光灯	1x36W COSΦ≥0.9	链吊，底距地2.6m	层高	灯具	5,4,3,2,1,-1,0
3		双管荧光灯	2x36W COSΦ≥0.9	链吊，底距地2.6m	层高	灯具	5,4,3,2,1,-1,0
4		壁灯	1x18W COSΦ≥0.9	明装，底距地2.5mt≥90min|自带蓄电池	2500	灯具	5,4,3,2,1,-1,0
5		防水防尘灯	1x13W COSΦ≥0.9	吸顶安装	层高	灯具	5,4,3,2,1,-1,0
6		疏散指示灯(集中蓄电池)	1x8W LED	部分 管吊 底距地2.5m|一般 暗装 底距地0	2500	灯具	5,4,3,2,1,-1,0
7	E	安全出口指示灯(集中蓄电池)	1x8W LED	明装，门楣上100t≥90min|自带蓄电池	2200	灯具	5,4,3,2,1,-1,0
8		墙上座灯	1x13W COSΦ≥0.9	明装，门楣上100	2200	灯具	5,4,3,2,1,-1,0
9		吸顶灯(灯头)	1x13W COSΦ≥0.9	吸顶安装	层高	灯具	5,4,3,2,1,-1,0
10		换气扇接线盒	86盒	吸顶安装	层高	灯具	5,4,3,2,1,-1,0
11		单控单联防水开关	250V 10A	暗装，底距地1.3m	1300	开关	5,4,3,2,1,-1,0
12		单控双联防水开关	250V 10A	暗装，底距地1.3m	1300	开关	5,4,3,2,1,-1,0

提示：请在第一行的空白行中单击鼠标从下拉框中选择列对应关系

如果存在同名构件则覆盖原有属性　删除行　复制行　合并行　追加识别　删除列　复制列　合并列　确定　取消

图 2-19　对应楼层修改完成

80 将所有列与行的单元格检查无误后，点击右下角“确定”按钮。此时材料表所有构件生成。

(4) 切换楼层

点击工具栏首层到-1 层，如图 2-20 所示。

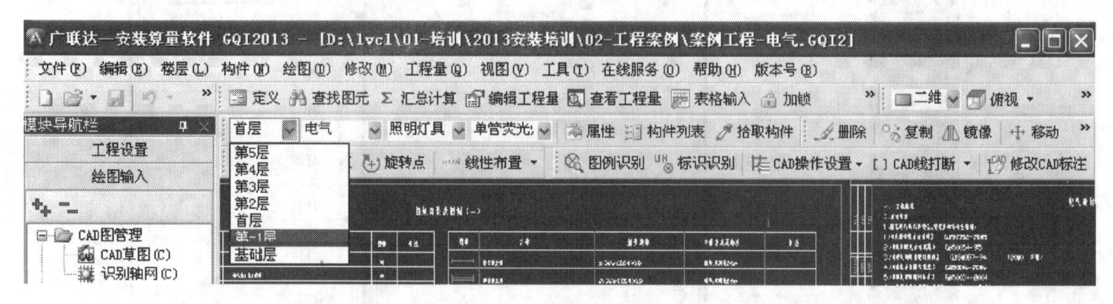

图 2-20 切换楼层

(5) 定位 CAD 图

1) 点击工具栏“导入 CAD 图”，将“地下一层动力、照明、接线平面图”导入到绘图区。

2) 鼠标点击“菜单栏—工具—设置原点”功能，移动光标到平面图左下角柱子角点处，将柱子左下角作为原点 (0，0)，鼠标左键点击，原点设置完成。

说明：设置原点的目的是为了楼层之间跨层图元上下对应。

(6) 图例识别

1) 点击模块导航栏“电气-照明灯具”，将光标停在“照明灯具”构件类型。

2) 左键点击工具栏——图例识别功能，如图 2-21 所示。

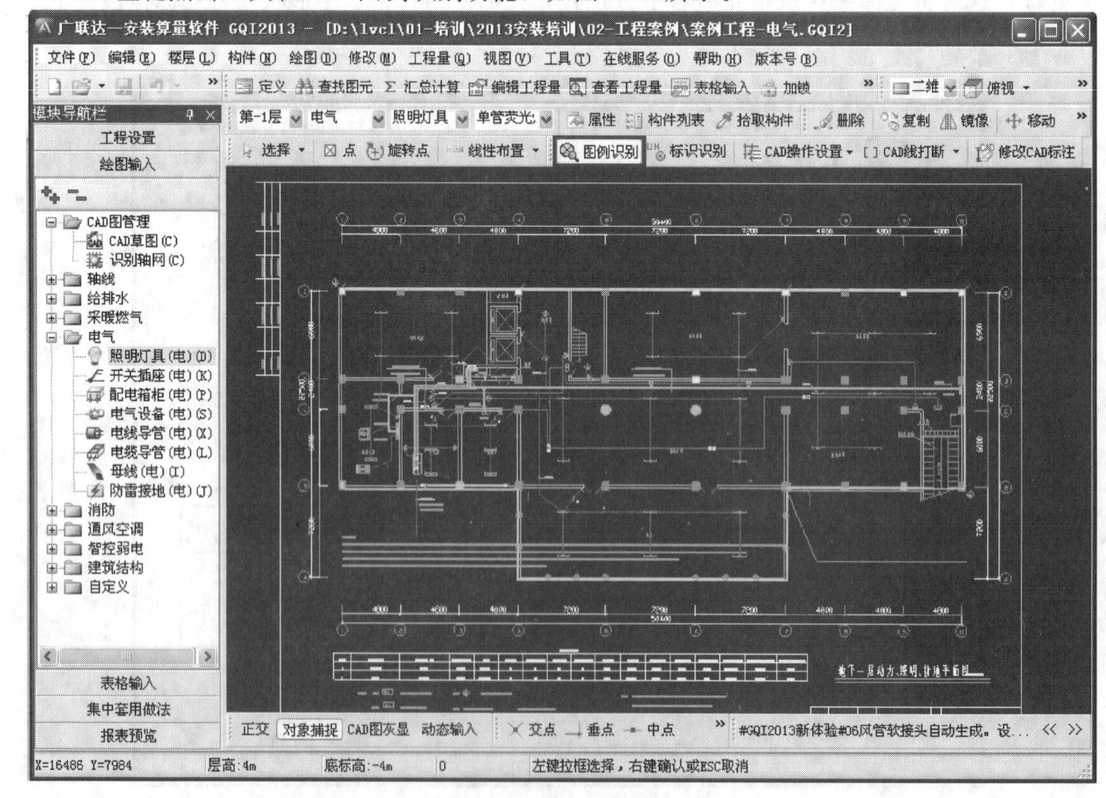

图 2-21 图例识别功能

3）在绘图区移动光标到需要识别的CAD图元上，光标变为回字形，点击鼠标左键或拉框选择该CAD图元，此时，该图元呈蓝色选中状态，如图2-22所示。

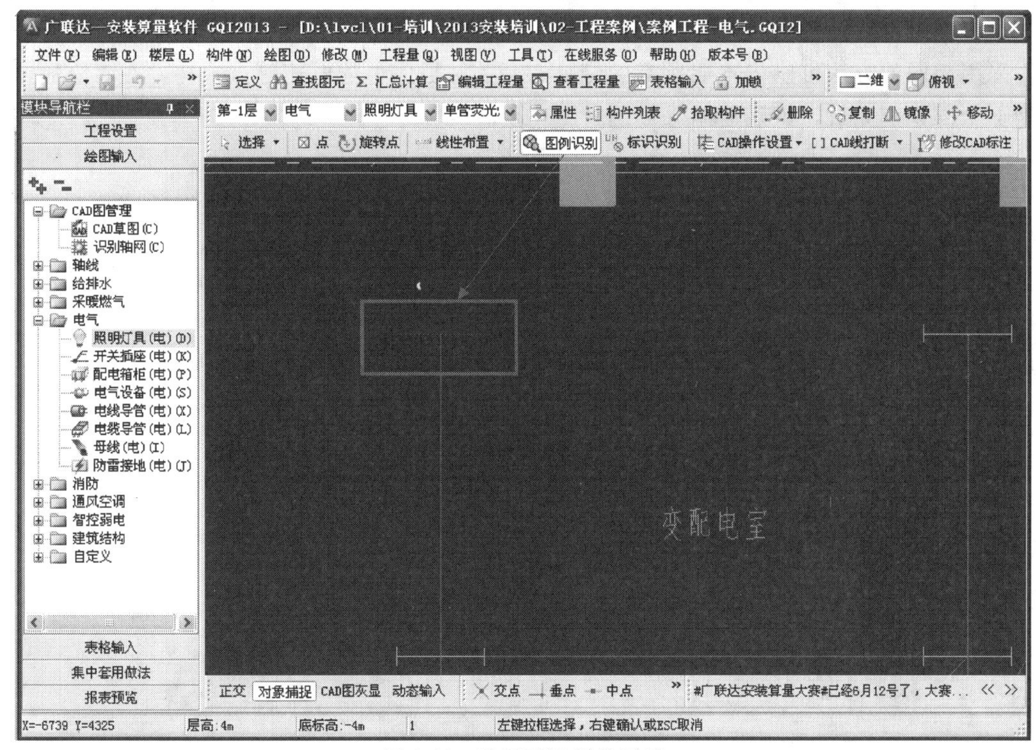

图2-22 选择要识别的图元

4）点击右键，弹出“选择要识别成的构件”对话框，如图2-23所示。

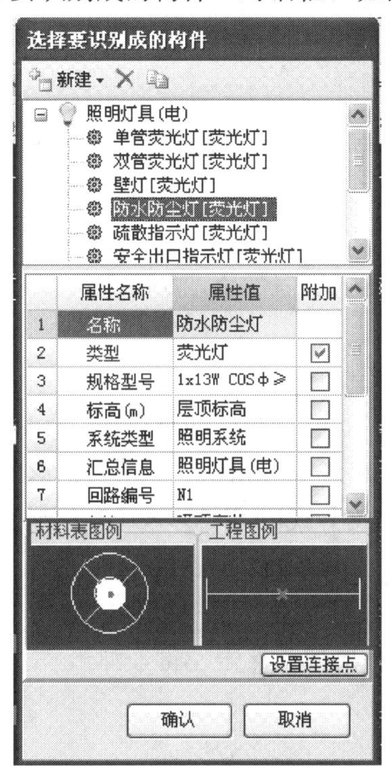

图2-23 选择要识别成的构件

5）在弹出的对话框内选择对应的构件，可以将工程图例与材料表图例进行对应，快速选择需要的构件，确定无误后，点击“确定”按钮。

6）此时会提示识别的数量，点击“确定”该图识别完毕。

采用相同的方法可以将本层所有的灯具、开关、插座、配电箱等点式构件在对应的构件类型下全部识别完成，识别后结果如图 2-24 所示。

		编码	类别	名称	项目特征	表达式	单位	工程量	备注
1	◆	+ 第-1层 安全出口指示灯 荧光灯 1x8W LED					个	2.000	
3	◇	第-1层 壁灯 荧光灯 1x18W COSφ≥0.9					个	6.000	
4	◇	第-1层 单管荧光灯 荧光灯 1x36W COSφ≥0.9					个	28.000	
5	◇	第-1层 墙上座灯 荧光灯 1x13W COSφ≥0.9					个	2.000	
6	◇	第-1层 疏散指示灯 荧光灯 1x8W LED					个	4.000	
7	◇	第-1层 双管荧光灯 荧光灯 2x36W COSφ≥0.9					个	8.000	
8	◇	第-1层 吸顶灯（灯头） 荧光灯 1x13W COSφ≥0.9					个	5.000	
9	◇	第-1层 单控单联跷板开关 250V 10A					个	4.000	
10	◇	第-1层 单控三联跷板开关 250V 10A					个	3.000	
11	◇	第-1层 单控双联跷板开关 250V 10A					个	3.000	
12	◇	第-1层 单相二.三极插座 250V 10A					个	2.000	
13	◇	第-1层 AC-PY-BF1 600*500*300 暗敷					个	1.000	
14	◇	第-1层 AC-SF-BF1 600*500*300 暗敷					个	1.000	
15	◇	第-1层 AP-RD 400*600*140 暗敷					个	1.000	
16	◇	第-1层 QSB-AC 600*500*300 暗敷					个	1.000	
17	◇	第-1层 动力配电箱-AA1 800*2200*800 明敷					个	1.000	
18	◇	第-1层 动力配电箱-AA2 800*2200*800 明敷					个	1.000	
19	◇	第-1层 照明配电箱ALD1 800*1000*200 明敷					个	1.000	
20	◇	第-1层 DQSB-1 电动机					个	1.000	
21	◇	第-1层 DQSB-2 电动机					个	1.000	
22	◇	第-1层 JXH-1 接线盒					个	67.000	

图 2-24　查看所有点式构件工程量

本层所有点式构件识别后，下面来识别管线。

（7）计算桥架

1）点击模块导航栏“电气-电缆导管”，将光标停在“电缆导管”构件类型处。

2）点击工具栏定义，进入定义界面（也可以点击 F2 快捷键），如图 2-25 所示。

3）点击“新建-新建桥架”，如图 2-26 所示。

4）在属性处，按图纸要求输入各属性值，如图 2-27 所示，采用相同的方法，按图纸要求新建若干桥架。

5）点击工具栏绘图，回到绘图区。

6）点击工具栏“直线”按钮，移动光标到绘图区，此时光标显示为“田”字形，光标在表示桥架的 CAD 图元处，左键点击，如图 2-28 所示，拖动光标，直到另一点找到相交为一黄色框显示，确认后，点击左键，此时 SR300×100 绘制完毕。然后点击右键，该段桥架绘制完毕。

7）左键点击工具栏“管道编辑-布置立管”功能，如图 2-29 所示。

8）移动光标到 CAD 竖向桥架处，点击左键，弹出“立管标高设置”对话框，在此界面输入标高信息，如图 2-30 所示。

9）点击“确定”按钮，该桥架立管布置完成。

采用相同的方法可将其他的桥架全部绘制，绘制后如图 2-31 所示。

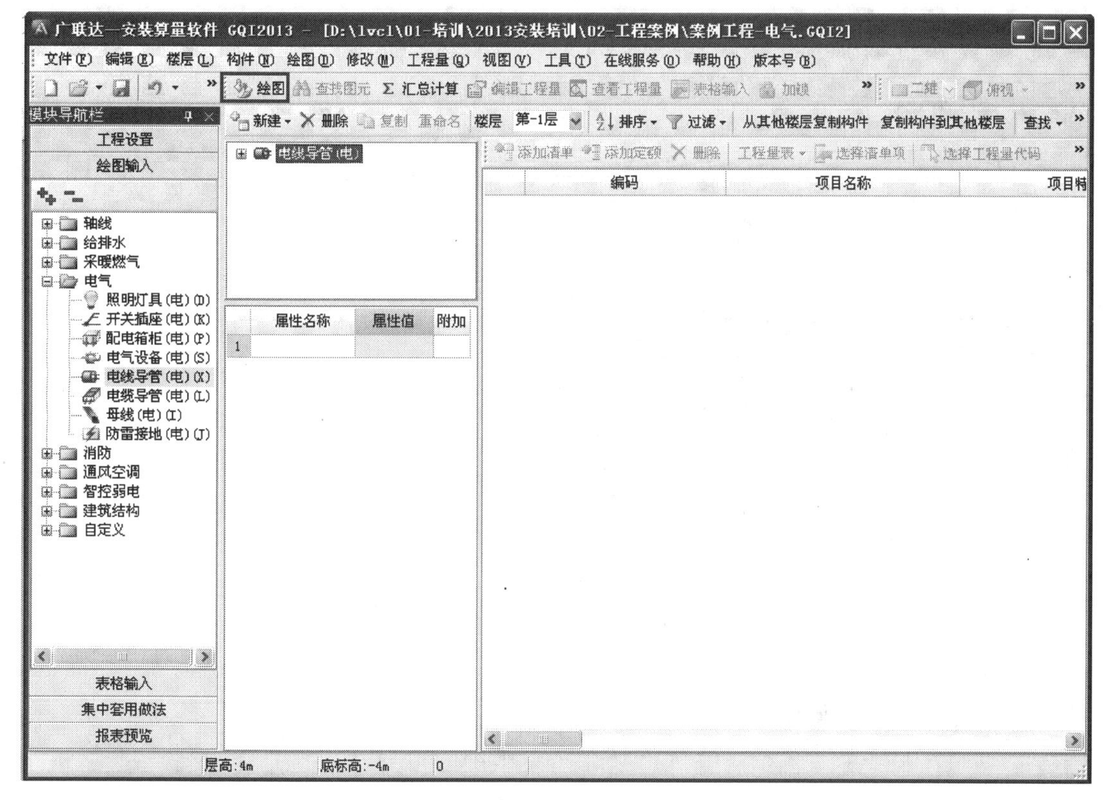

图 2-25 定义界面

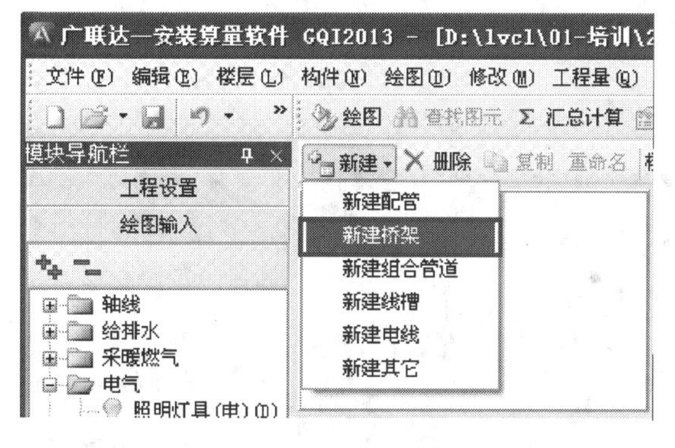

图 2-26 新建桥架

根据系统图所示，本工程的电源配线柜是 AA1 与 AA2，其它的配电箱，如 ALD、AL1 等都是通过桥架与 AA1、AA2 相连，从而引出配线，而－1 层所有照明回路的导线都是从 ALD 配电箱引出，下面我们就将 AA1 与 AA2、ALD 设为计算起点。

(8) 设置起点

1) 移动光标在工具栏左键点击“设置起点”功能按钮。

2) 移动光标到连接 ALD 的桥架端点处，此时光标形状变为“手”状，如图 2-32 所示。

3) 点击左键，弹出“设置起点位置”对话框，在此选择需要设置起点的端点处，点击“确定”按钮，此时在该端点处会有黄色的 X 显示，表示设置成功；如图 2-33 所示。

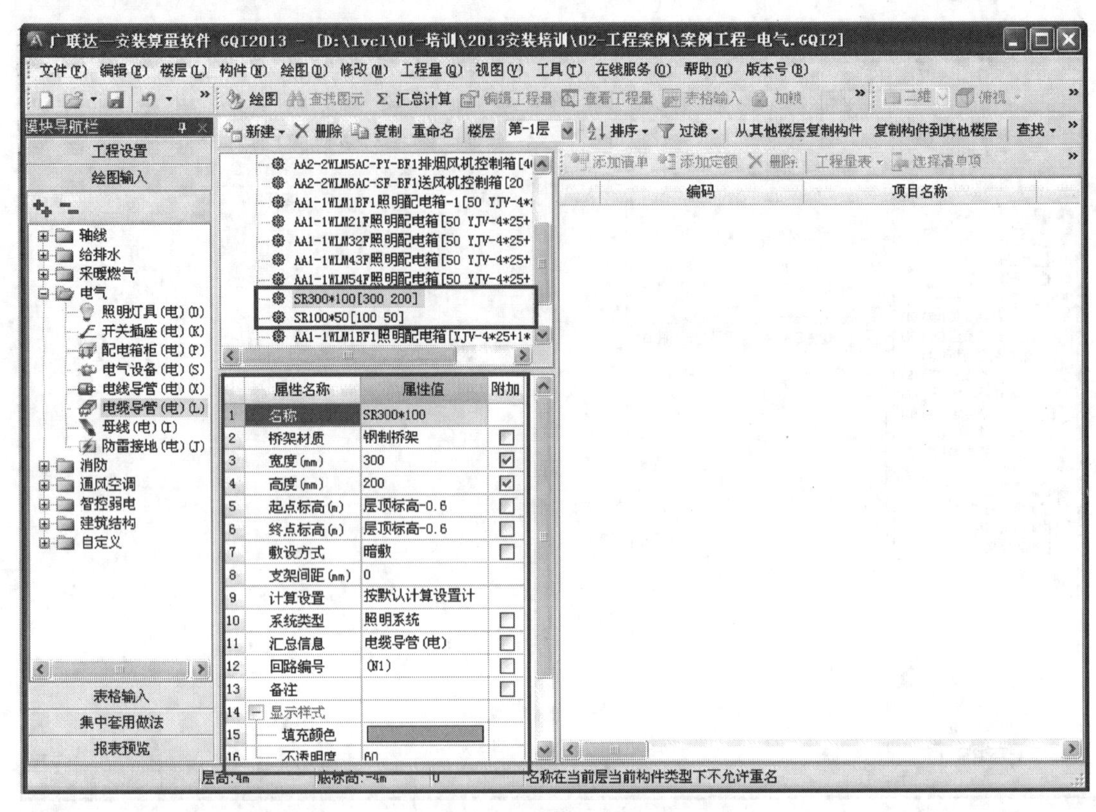

图 2-27　桥架的属性界面

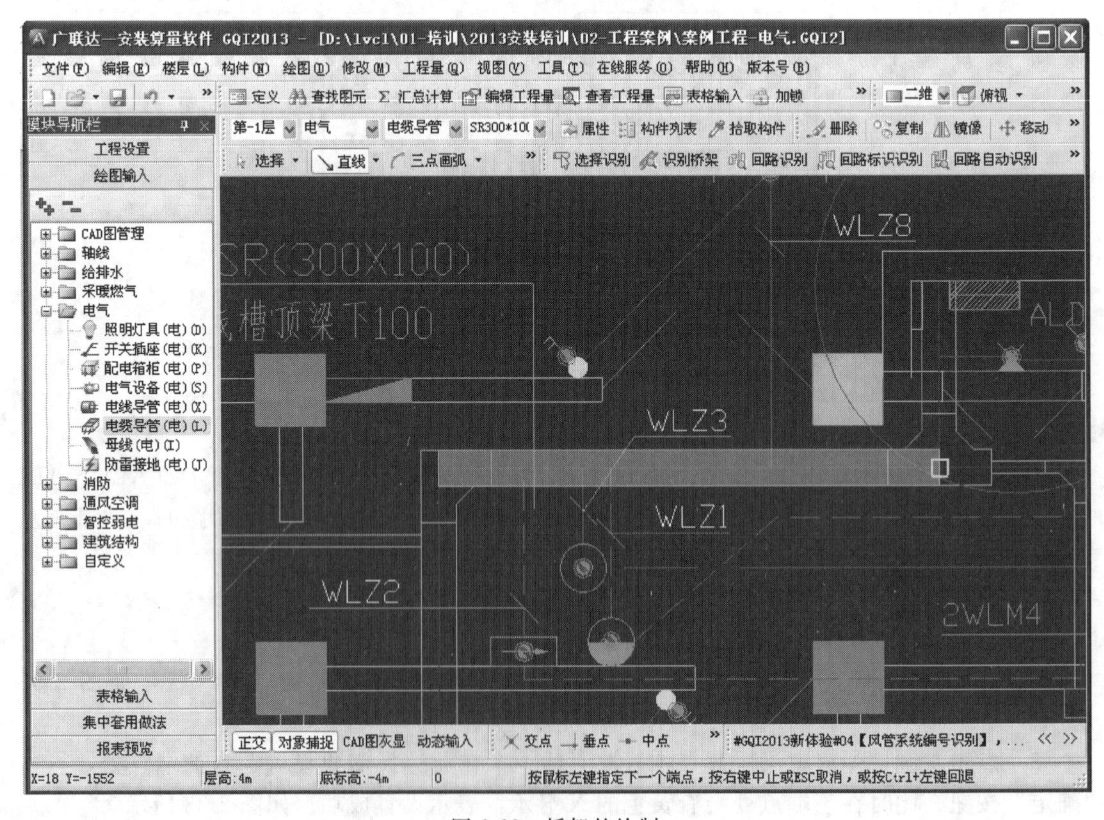

图 2-28　桥架的绘制

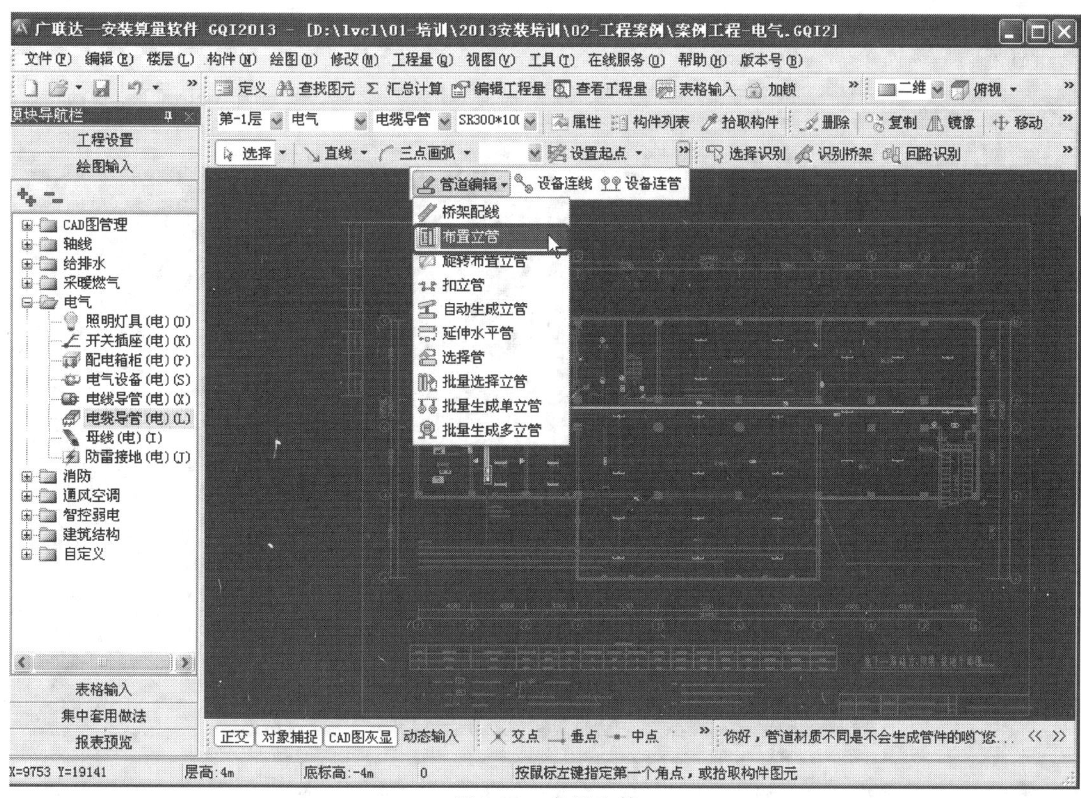

图 2-29 布置立管

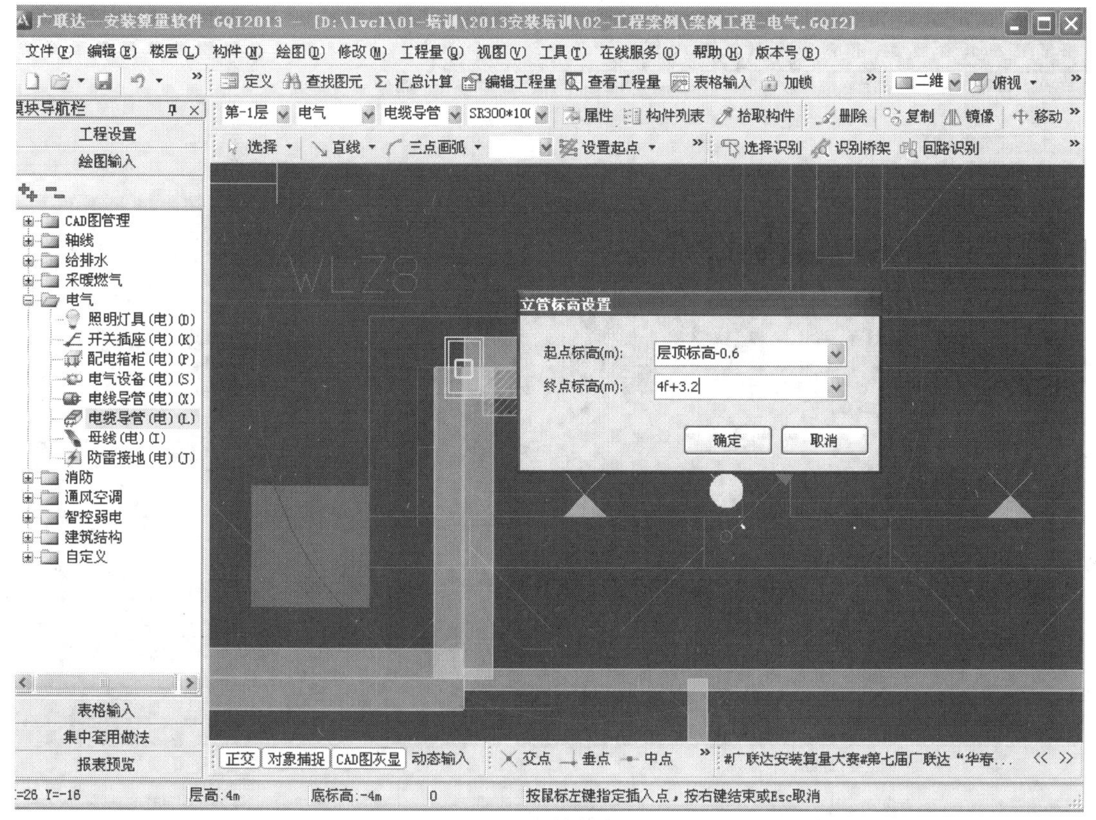

图 2-30 立管标高设置

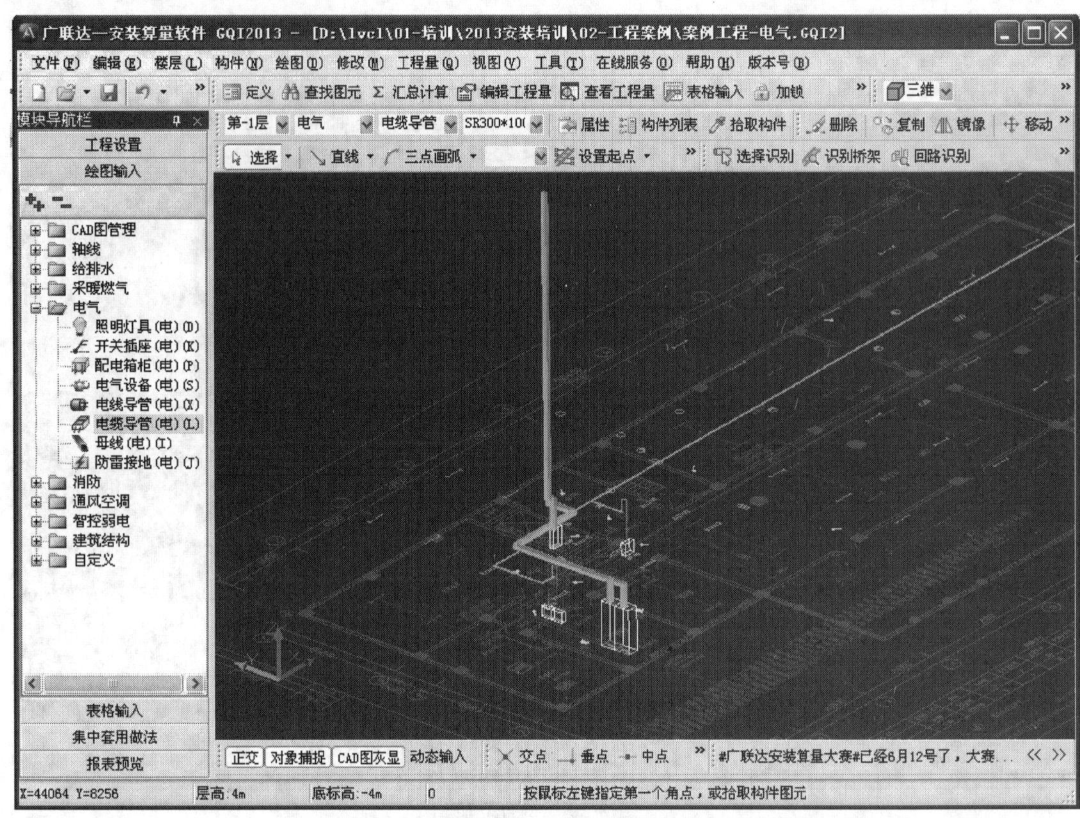

图 2-31　立管三维图

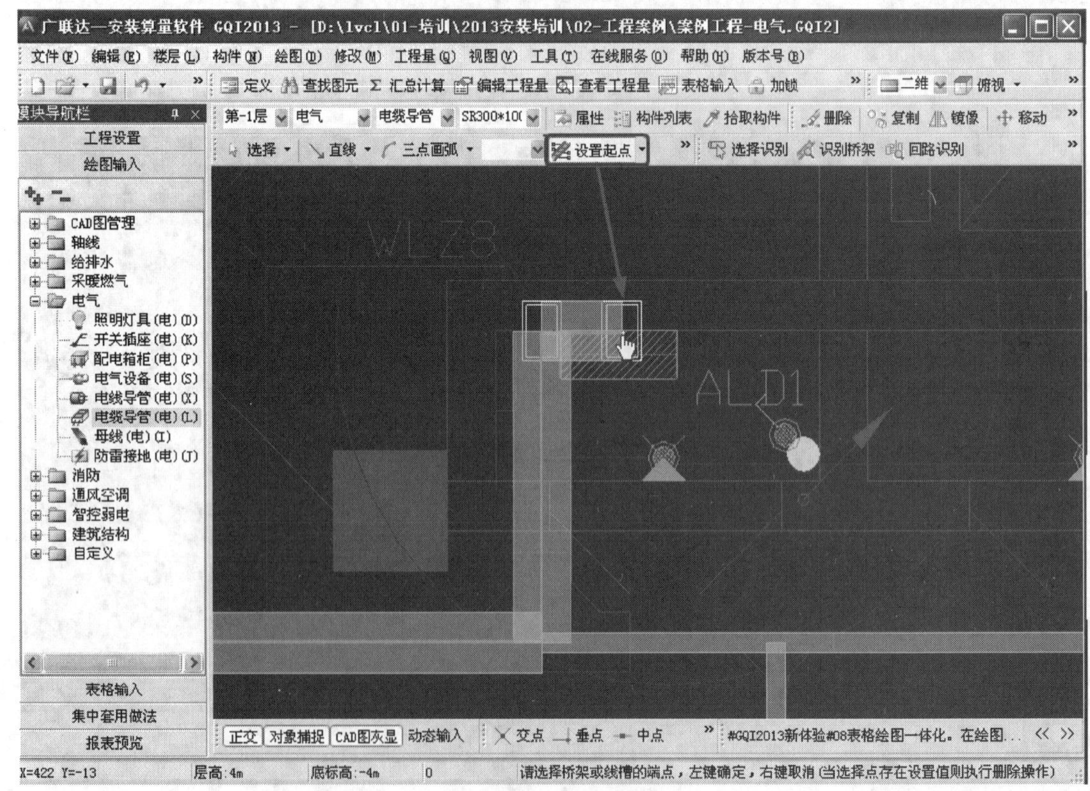

图 2-32　设置起点

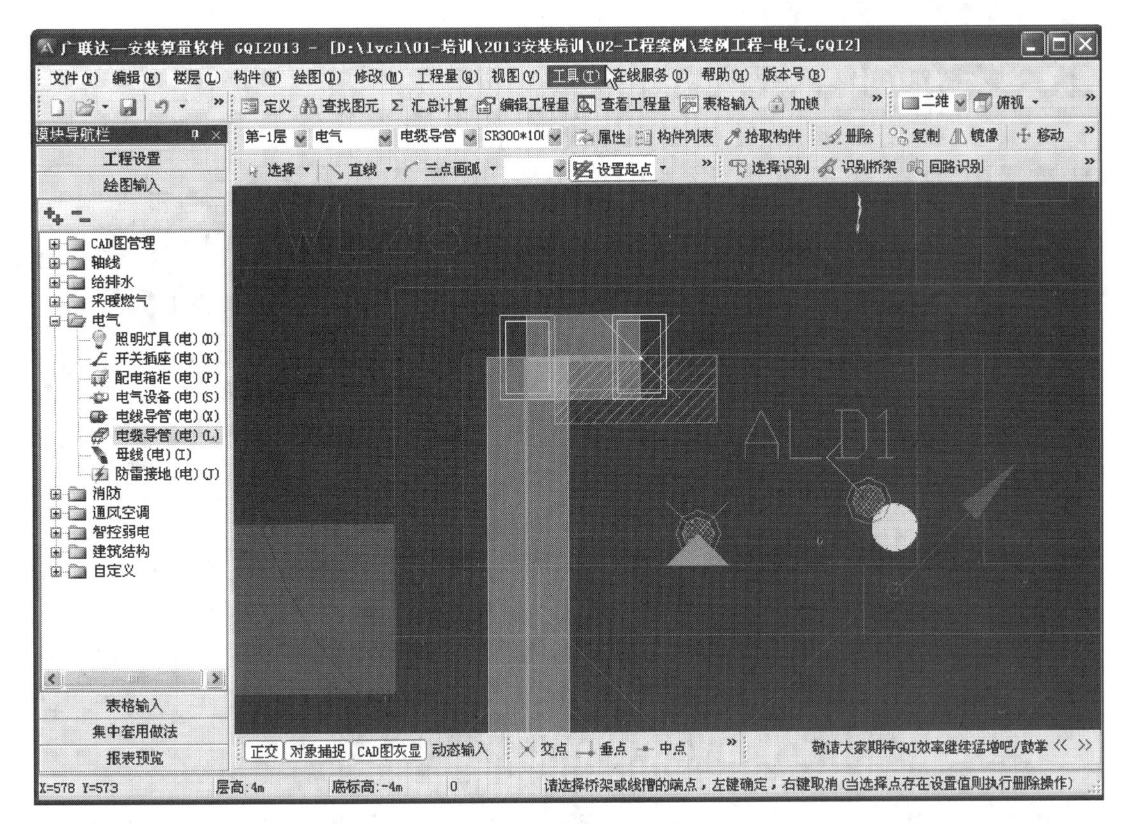

图 2-33　设置起点成功

利用此方法，可以在 AA1 与 AA2 处设置起点。

提示：一段桥架只能设置一个起点，当再点击另一端时，一端的起点撤销。

(9) 回路自动识别

1) 左键选择模块导航栏“电气-电线导管”构件类型，然后移动光标到工具栏“回路自动识别”功能，左键点击选择，再移动光标在绘图区点选 WLZ8 回路中任意一段 CAD 线条及 WLZ8 回路标识，此时选中的回路为蓝色表示，如图 2-34 所示。

如果软件的回路选择与用户要求不同，此时再左键点击回路，进行补选或取消回路，当确认无误后，点击右键，然后再左键选择下一回路的线段与标识。

2) 当所有的回路都选择完成后，再次点击鼠标右键，此时弹出“回路信息”界面，如图 2-35 所示。

3) 在“回路信息”界面右侧，双击“构件名称列”对应的单元格，弹出“选择要识别成的构件”，如图 2-36 所示。

4) 点击“新建”新建配管，生成软件默认构件，我们按系统图要求新建 AL1-WLZ3～WLZ9-照明回路的管线信息，如图 2-37 所示。

5) 确认无误后，点击“确定”按钮，AL1-WLZ3～WLZ9-照明回路识别完成。

6) 同样采用“回路自动识别”的方法，将 AL1-WLZ1～WLZ2-应急照明/疏散指示、AL1-WLC1～WLC6 插座/WLK1～WLK7 等回路识别完成。

(10) 选择起点

“选择起点”功能一般与“设置起点”功能配合使用，只有桥架或线缆设置了起点之后，“选择起点”功能才可使用。

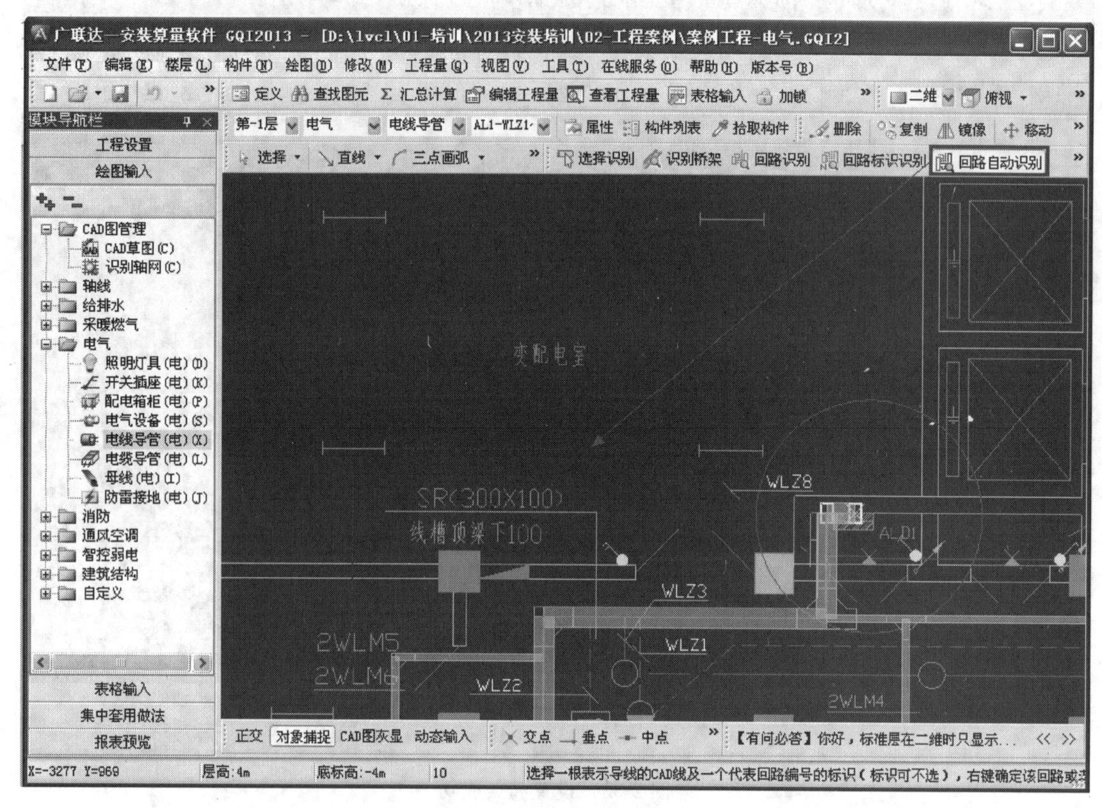

图 2-34 回路自动识别

回路信息

	汇总信息(配电箱)	回路编号	备注
1	AL1	WLZ8	
2	AL1	WLZ4	
3	AL1	WLZ3	
4	AL1	WLZ7	
5	AL1	WLZ5	
6	AL1	WLZ6	

	标识/开关导线根数	构件名称	管径(mm)	规格型号
1	默认			
2	2			
3	3			
4	4			
5	WLZ1			
6	WLZ8			
7	AC-SF-BF1			

删除　确定　取消

图 2-35 回路信息界面

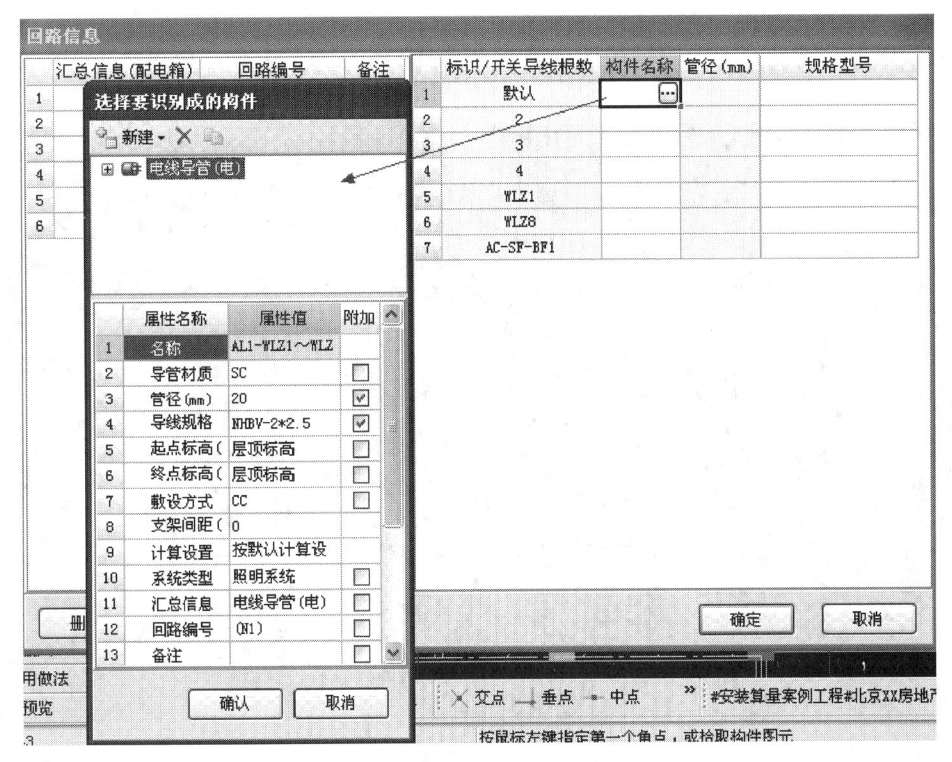

图 2-36　构件名称的选择

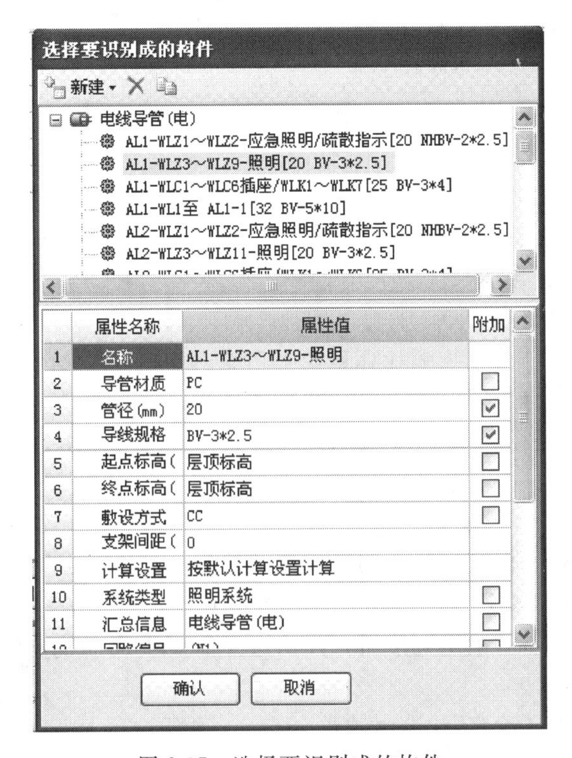

图 2-37　选择要识别成的构件

1）在进行“设置起点”功能之后，左键点击绘图区工具栏中“管道编辑”-“选择起点”功能。

2）按鼠标左键选择管，右键确认，弹出“选择起点”对话窗口，如图2-38所示。

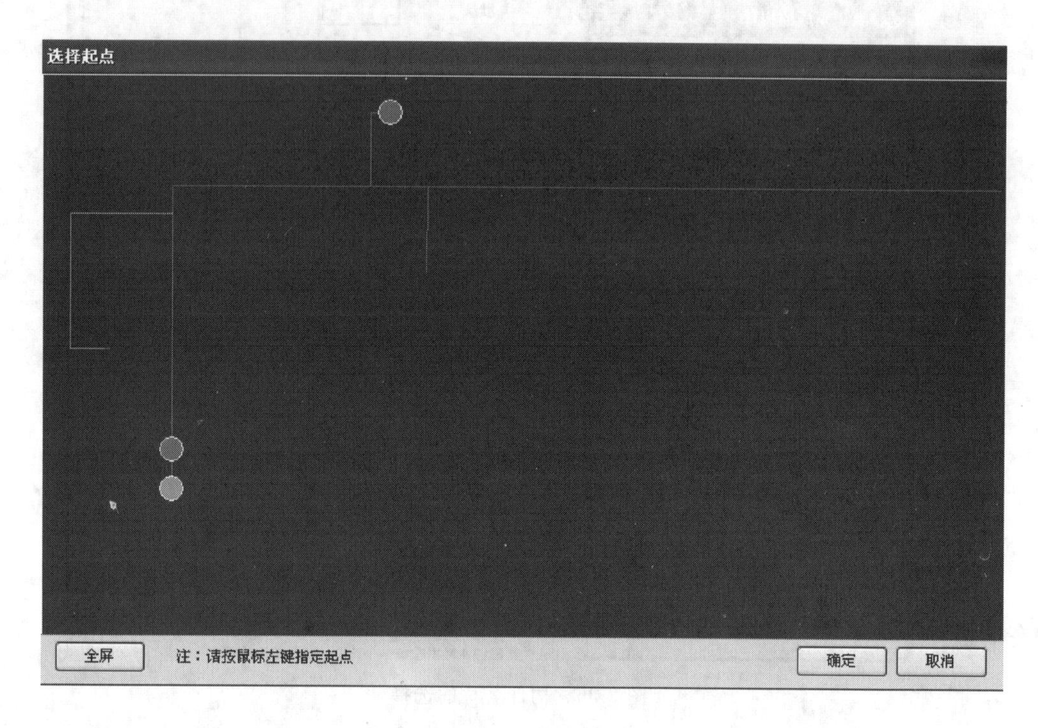

图2-38　选择起点界面

3）在对话框中左键选择起点后，起点变为绿色，同时计算路径变为绿色，确认无误后，点击“确定”。这时经过“选择起点”后的管道呈黄色，以示与其他管道区分，方便检查。

提示：

使用“选择起点”功能，主要是对于一根管线在该段桥架系统中，起点处有若干个配电箱柜，这样该段导管就会有若干个起点，利用此功能可以在软件分析出的桥架系统中，选择起点，然后根据路径计算导线长度。

（11）检查线缆计算路径

1）左键点击工具栏“检查线缆计算路径”功能，如图2-39所示。

2）在绘图区移动光标到需要查看路径的管线图上，当光标变为“回字形”时，点击左键，此时该线缆的计算路径如图2-40所示，呈绿色通路显示，并且界面下方有工程量结果显示。

（12）生成接线盒

1）鼠标点击导航栏“电气设备”构件类型，然后点击绘图工具栏“生成接线盒”功能，弹出定义构件属性窗口，如图2-41所示，新建接线盒构件属性。

2）定义构件后，点击“确定”按钮，弹出选择需要生成接线盒的构件窗口，如图2-42所示。

3）选择好后，点击“确定”，这时软件会自动根据开关、插座、灯具及管线长度生成接线盒个数。

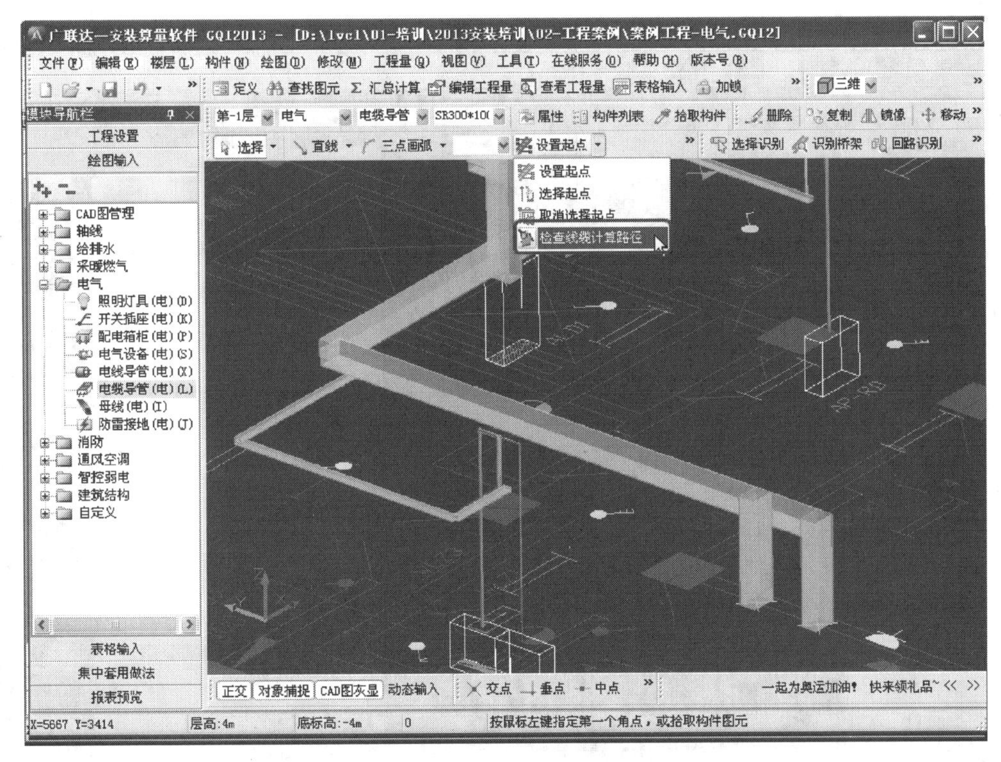

图 2-39 检查线缆计算路径

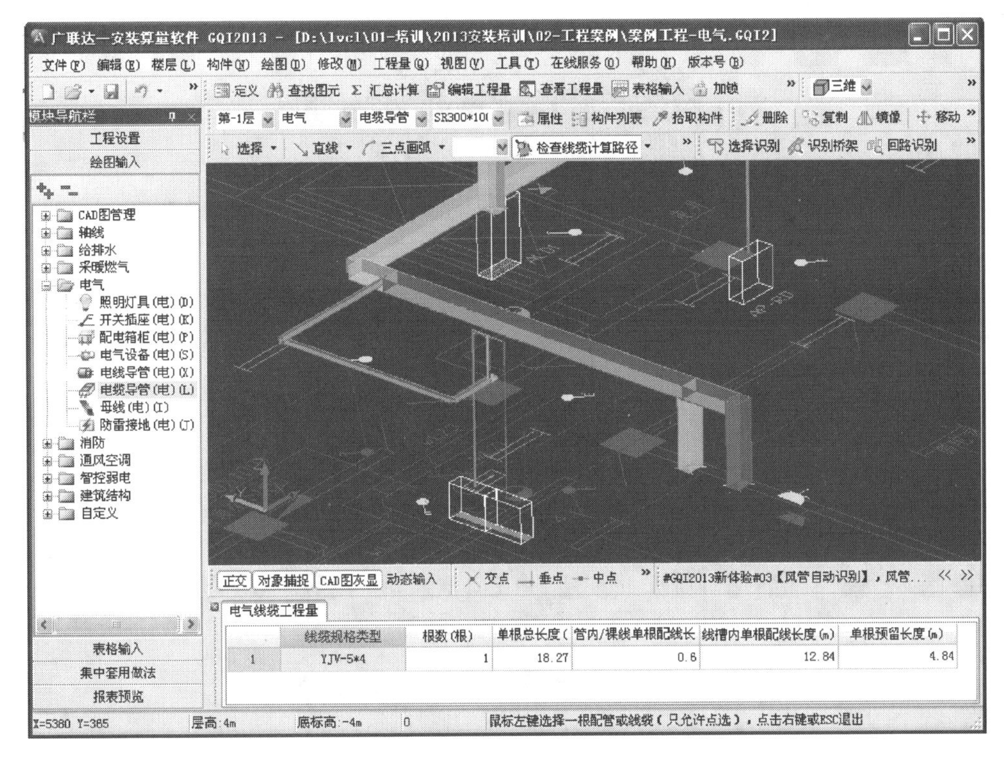

	线缆规格类型	根数(根)	单根总长度(	管内/裸线单根配线长	线槽内单根配线长度(m)	单根预留长度(m)
1	YJV-5*4	1	18.27	0.6	12.84	4.84

图 2-40 计算路径的凸显

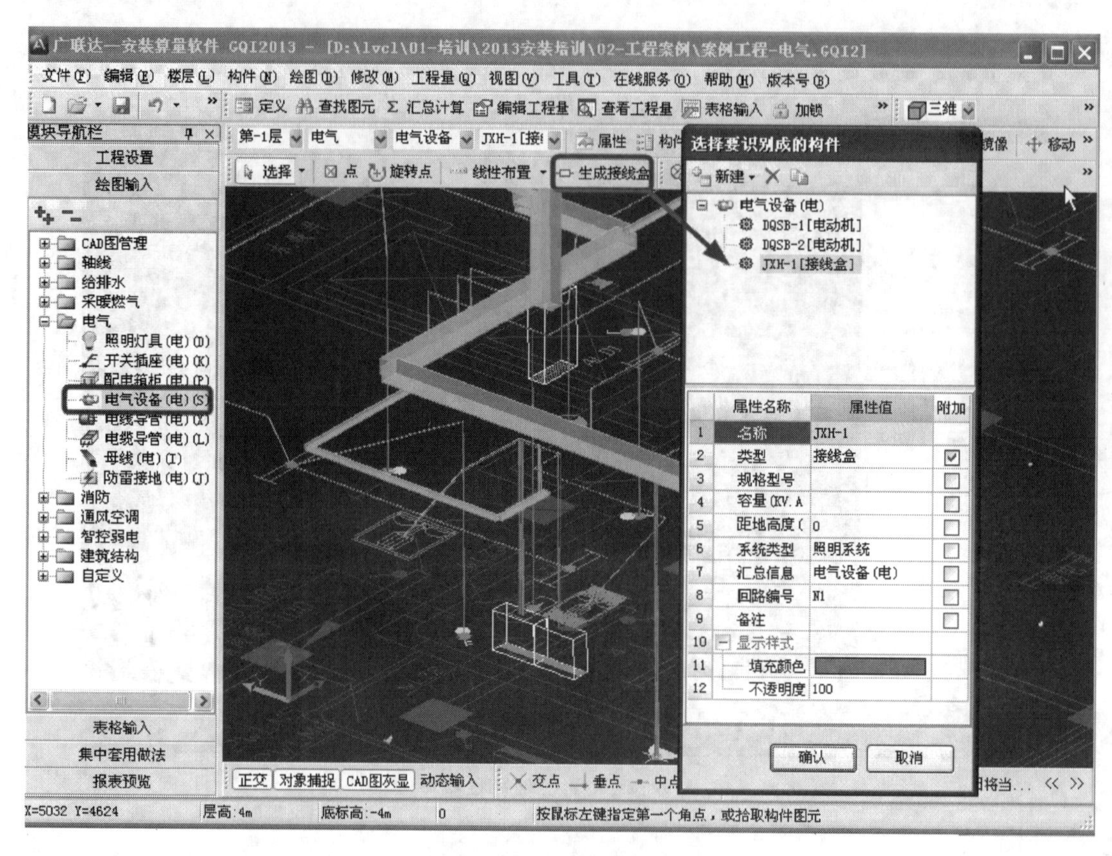

图 2-41　生成接线盒

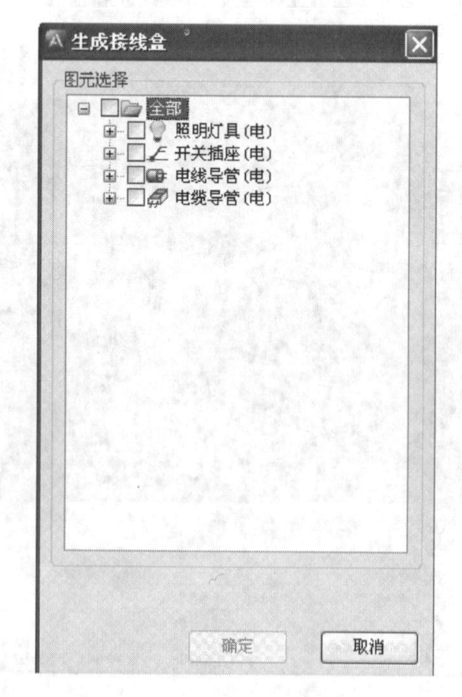

图 2-42　生成接线盒的构件窗口

2.3.3.4 汇总查量

（1）汇总计算

1）在主菜单中点击【工程量】→【汇总计算】，或按键盘上的快捷键 F9，弹出汇总计算窗口，如图 2-43 所示。

2）选择需要汇总的楼层，点击“计算”按钮即可。

3）汇总结束后弹出“汇总完成”的提示窗口。

相关操作如下：

a. 在楼层列表中可以选择所要汇总计算的层。

b. 全选：可以选中当前工程中的所有楼层。

c. 清空：清空选中的楼层。

d. 当前层：只汇总当前所在的层。

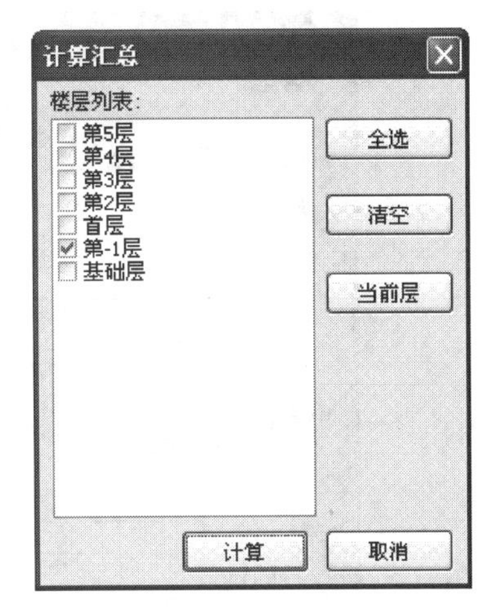

图 2-43　计算汇总界面

（2）查看工程量

1）汇总计算结束后，左键选择需要查看工程量的构件，此时该图呈蓝色选中状态，点击“查看工程量”，弹出对应图元工程量界面，界面如图 2-44 所示。

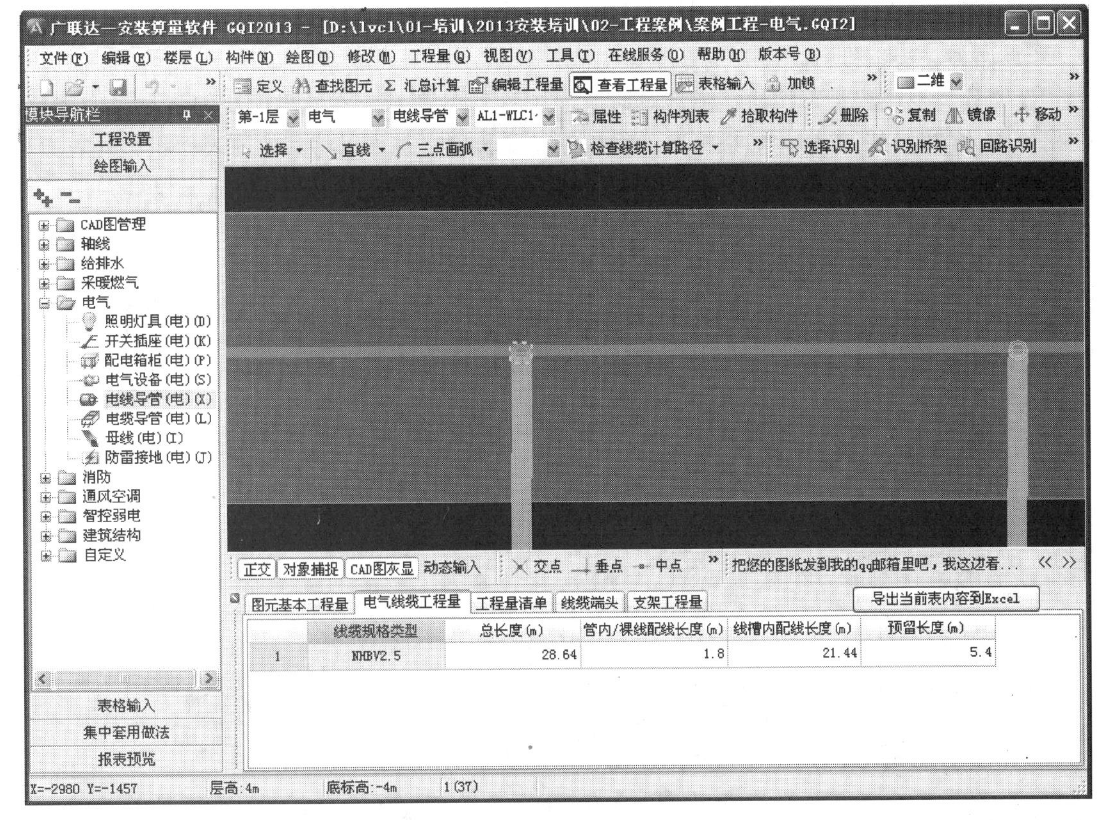

图 2-44　查看工程量工具框

2）在该界面切换不同的页签，会显示相应的工程量信息。

（3）分类查看工程量

1）汇总计算后，点击菜单栏“工程量-分类查看工程量”，弹出如图 2-45 所示界面，此时显示的是导管在每层的工程量。

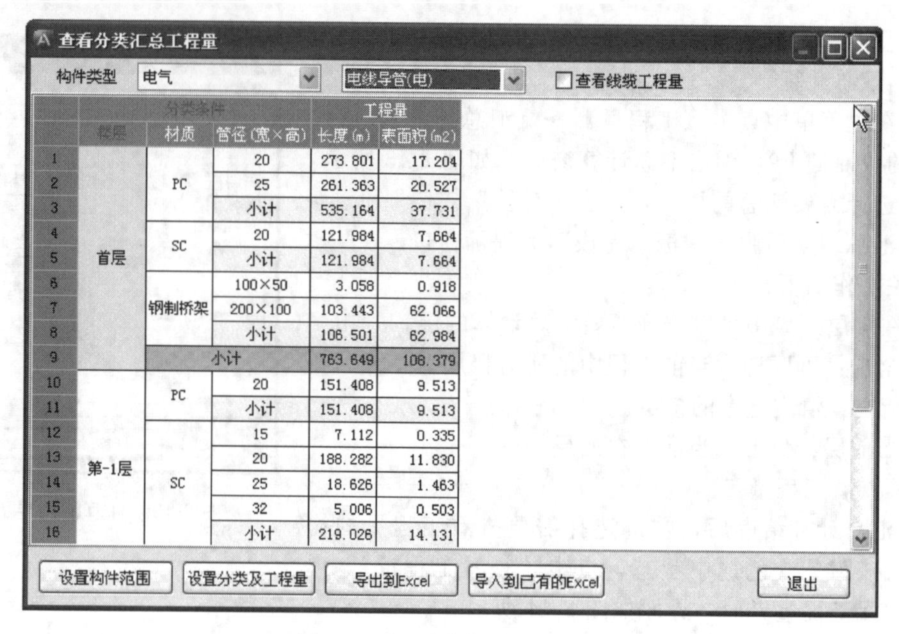

	分类条件			工程量	
	楼层	材质	管径(宽×高)	长度(m)	表面积(m2)
1	首层	PC	20	273.801	17.204
2			25	261.363	20.527
3			小计	535.164	37.731
4		SC	20	121.984	7.664
5			小计	121.984	7.664
6		钢制桥架	100×50	3.058	0.918
7			200×100	103.443	62.066
8			小计	106.501	62.984
9		小计		763.649	108.379
10	第-1层	PC	20	151.408	9.513
11			小计	151.408	9.513
12		SC	15	7.112	0.335
13			20	188.282	11.830
14			25	18.626	1.463
15			32	5.006	0.503
16			小计	219.026	14.131

图 2-45　查看分类汇总工程量

2）如现在为招投标阶段，只提取导管的工程量，不考虑楼层信息，这时在此界面内点击“设置分类及工程量”按钮，弹出对话框，如图 2-46 所示，在此界面我们将对应“楼层”使用标志的“对勾”去掉，如果提取工程量只需要长度，也可以将其他内表面积、外表面积等工程量的使用标志“对勾”去掉，这时再点击“确定”按钮，这时汇总工程量界面如图 2-47 所示。

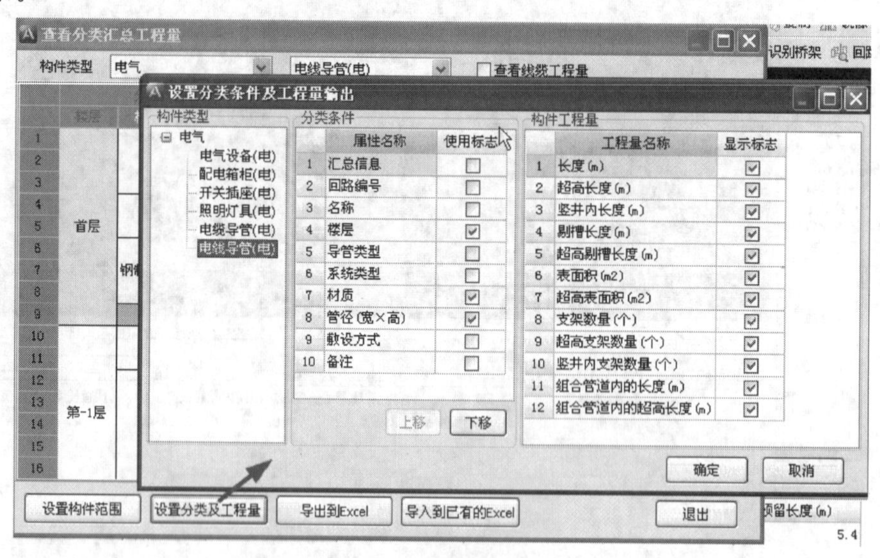

图 2-46　设置分类条件及工程量输出

3）如果目前阶段是施工对量阶段，需要按楼层、按系统类型、按管径提量，这时仍然点击“设置分类及工程量”按钮，将所需要的条件使用标志“对勾”加上，然后将这些属性进行上移或下移排序，排在第一行的属性为第一汇总条件，第二行的为第二汇总条件，以此类推，然后点击“确定”按钮，这时软件就会按照我们设定的条件与排列的顺序分别显示其工程量了，如图 2-48 所示。

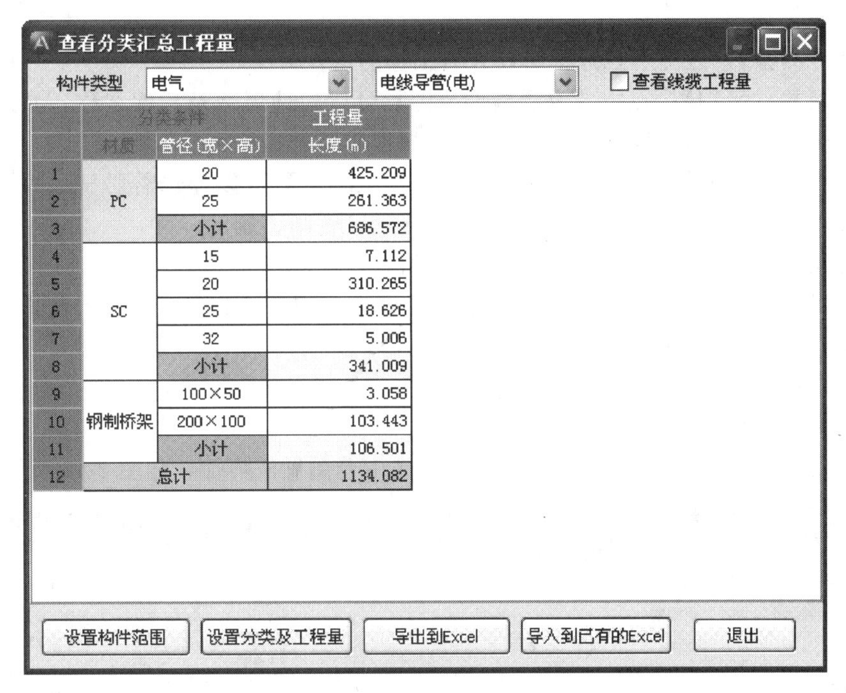

查看分类汇总工程量

构件类型 电气 电线导管(电) □查看线缆工程量

	分类条件		工程量
	材质	管径(宽×高)	长度(m)
1	PC	20	425.209
2		25	261.363
3		小计	686.572
4	SC	15	7.112
5		20	310.265
6		25	18.626
7		32	5.006
8		小计	341.009
9	钢制桥架	100×50	3.058
10		200×100	103.443
11		小计	106.501
12	总计		1134.082

设置构件范围 设置分类及工程量 导出到Excel 导入到已有的Excel 退出

图 2-47　不分楼层汇总工程量

查看分类汇总工程量

构件类型 电气 电线导管(电) ☑查看线缆工程量

	分类条件			工程量						
	汇总信息	回路编号	导线规格型号	水平管内/裸线	垂直管内/裸线的	管内线/缆小计(m)	桥架中线的长度(m)	线预留长度(m)	线/缆合计(m)	线缆端头个数(个)
36			小计	103.051	28.800	131.851	29.383	5.400	166.635	3.000
37		WLZ5	BV2.5	155.531	39.600	195.131	76.316	5.400	276.847	3.000
38			小计	155.531	39.600	195.131	76.316	5.400	276.847	3.000
39		WLZ6	BV2.5	182.323	23.400	205.723	27.688	5.400	238.811	3.000
40			小计	182.323	23.400	205.723	27.688	5.400	238.811	3.000
41		WLZ7	BV2.5	171.050	34.200	205.250	94.805	5.400	305.454	3.000
42			小计	171.050	34.200	205.250	94.805	5.400	305.454	3.000
43		WLZ8	BV2.5	93.107	29.700	122.807	0.000	0.000	122.807	0.000
44			小计	93.107	29.700	122.807	0.000	0.000	122.807	0.000
45		WLZ9	BV2.5	6.908	5.400	12.308	0.000	0.000	12.308	0.000
46			小计	6.908	5.400	12.308	0.000	0.000	12.308	0.000
47		小计		1767.718	378.900	2146.618	259.403	36.000	2442.020	18.000
48	AL1-1	N1	BV4	49.563	9.000	58.563	0.000	3.000	61.563	3.000
49			小计	49.563	9.000	58.563	0.000	3.000	61.563	3.000
50		N2	BV4	21.828	4.500	26.328	0.000	3.000	29.328	3.000
51			小计	21.828	4.500	26.328	0.000	3.000	29.328	3.000
52		N3	BV4	23.479	2.700	26.179	0.000	0.000	26.179	0.000
53			小计	23.479	2.700	26.179	0.000	0.000	26.179	0.000
54		N4	BV4	5.890	5.400	11.290	0.000	3.000	14.290	3.000
55			小计	5.890	5.400	11.290	0.000	3.000	14.290	3.000
56		小计		100.760	21.600	122.360	0.000	9.000	131.360	9.000
57	AL1-1会议室预留配电箱	WL1-1	BV2.5	99.332	17.400	116.732	0.000	3.000	119.732	3.000
58			小计	99.332	17.400	116.732	0.000	3.000	119.732	3.000
59		小计		99.332	17.400	116.732	0.000	3.000	119.732	3.000
60	ALD1	WLZ1	NHBV2.5	153.017	28.800	181.817	19.155	5.400	206.372	3.000
61			小计	153.017	28.800	181.817	19.155	5.400	206.372	3.000
62		WLZ2	NHBV2.5	177.201	36.600	213.801	21.441	5.400	240.642	3.000
63			小计	177.201	36.600	213.801	21.441	5.400	240.642	3.000

设置构件范围 设置分类及工程量 导出到Excel 导入到已有的Excel 退出

图 2-48　查看线缆工程量

说明如下：

a.【构件类型】：通过下拉选择需要查看工程的构件。

b.【设置构件范围】：点击【设置构件范围】可以勾选层数及构件名称，如果勾选掉了那么在查看分类汇总工程量界面就不显示了。根据需要选择即可。

c.【设置分类及工程量】：点击【设置分类及工程量】可以勾选需要显示的构件属性信息及相应需要显示的工程量。勾选了界面就会显示，否则不显示。

d.【导出到 excel】：将界面显示内容导出到 excel 表中。

e.【导出到已有的 excel】：点击此功能，界面中的内容会以新建 sheet 表的形式导出到已有的 excel 中。

2.3.3.5 集中套用做法

自动套做法如下：

(1) 点击模块导航栏-集中套用做法，进入集中套用做法界面，如图 2-49 所示。

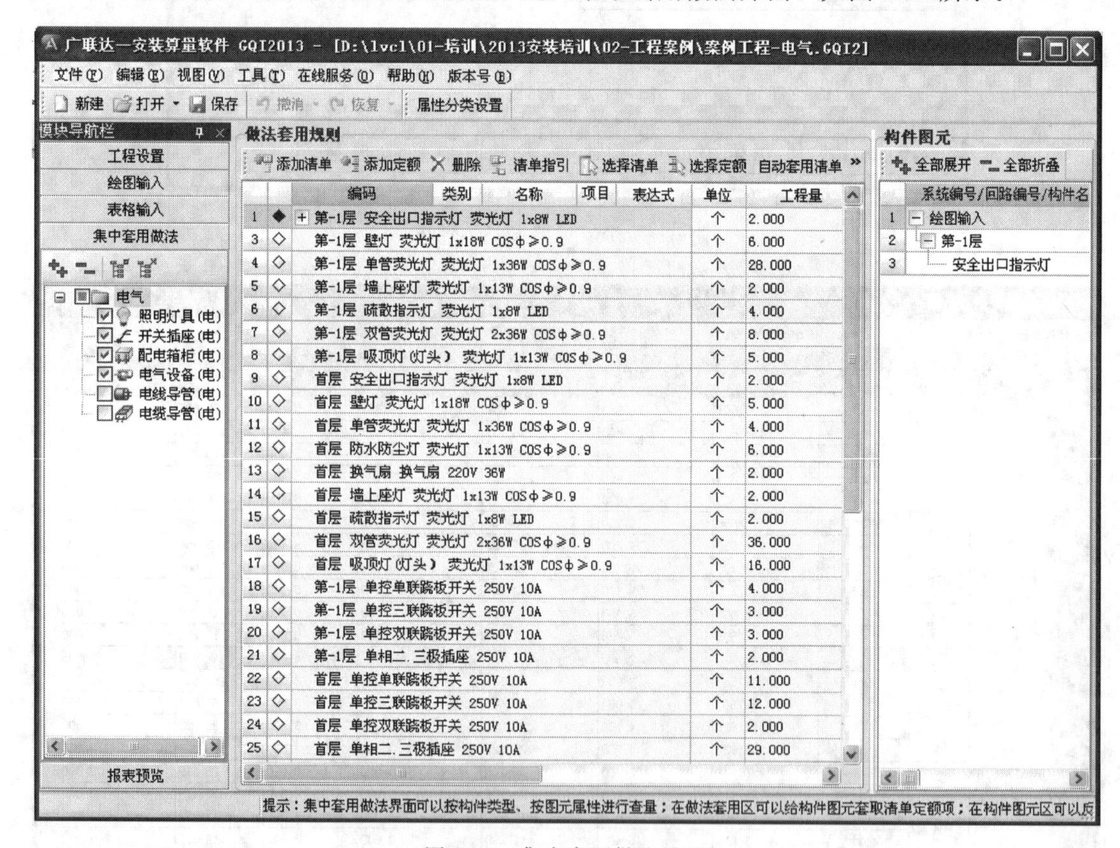

图 2-49 集中套用做法界面

(2) 鼠标左键点击工具栏-“自动套用清单”功能，弹出自动套用完成界面，此时该界面内所有工程量汇总项的清单自动套取完毕。

(3) 有部分需要手工套取清单的工程量，先将光标停在该工程量处，这时鼠标左键点击工具栏“选择清单”按钮，这时弹出“选择清单”对话框，如图 2-50 所示。

(4) 选择需要套取的清单项，双击选择，此时该清单项就套取在该工程量下。

重点：

本课程不建议在绘图界面套用做法，也不建议自动套用做法，为满足课后后续评分需

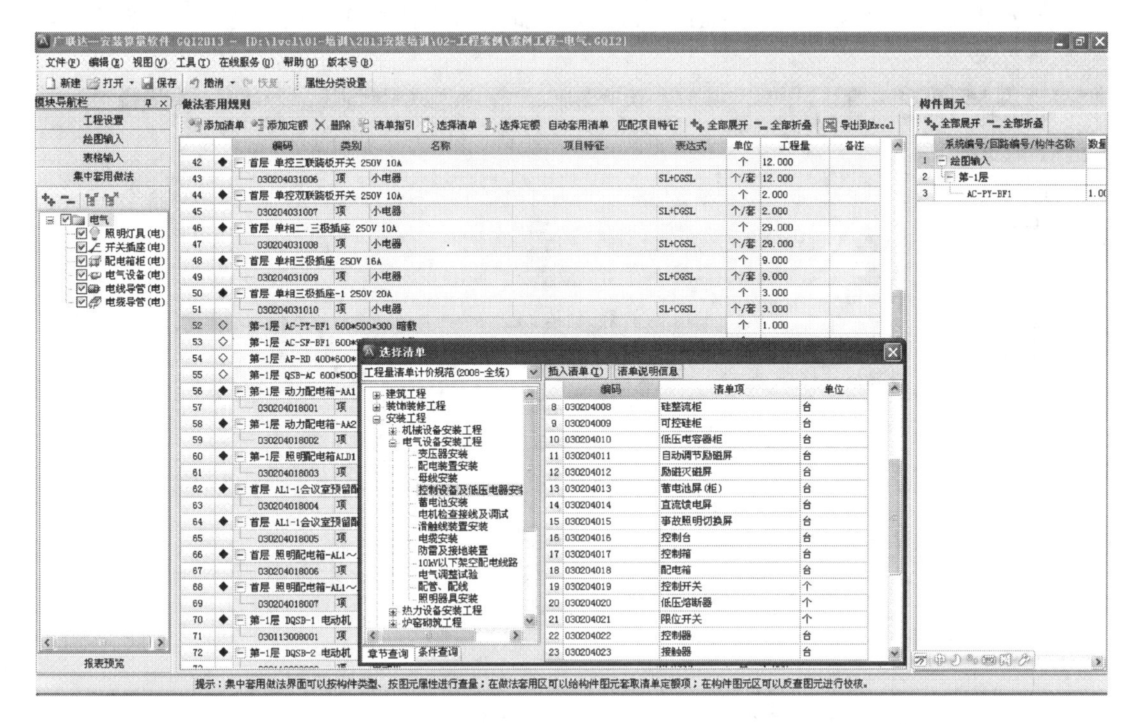

图 2-50 选择清单

要，本课程提供“2014 安装实训教程教学专用清单库”，学生 CAD 识别完毕，在集中套用做法环节，从“2014 安装实训教程教学专用清单库”中套用对应项目的 12 位编码清单项。只有这里使用此套用清单方法才能实现后续评分要求。“2014 安装实训教程教学专用清单库”同 CAD 电子图纸及课程资料包一同提供（如图 2-51 所示）。

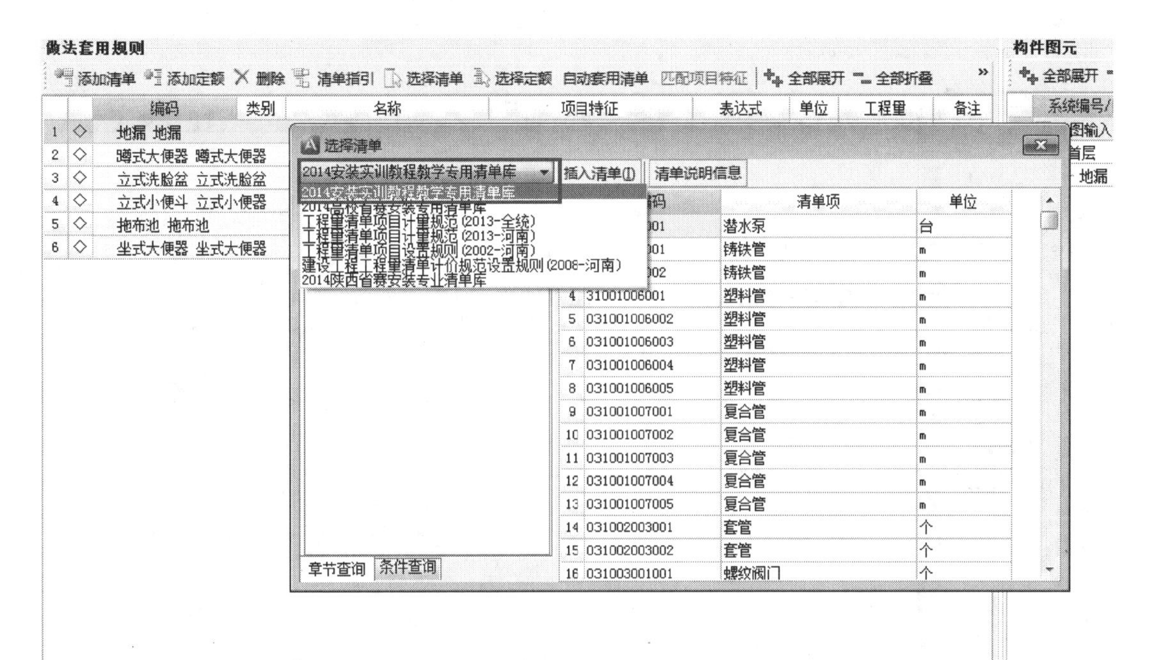

图 2-51 清单库选择

5）点击工具栏“匹配项目特征”功能按钮，此时所有清单项的项目特征匹配完毕，如图 2-52 所示。

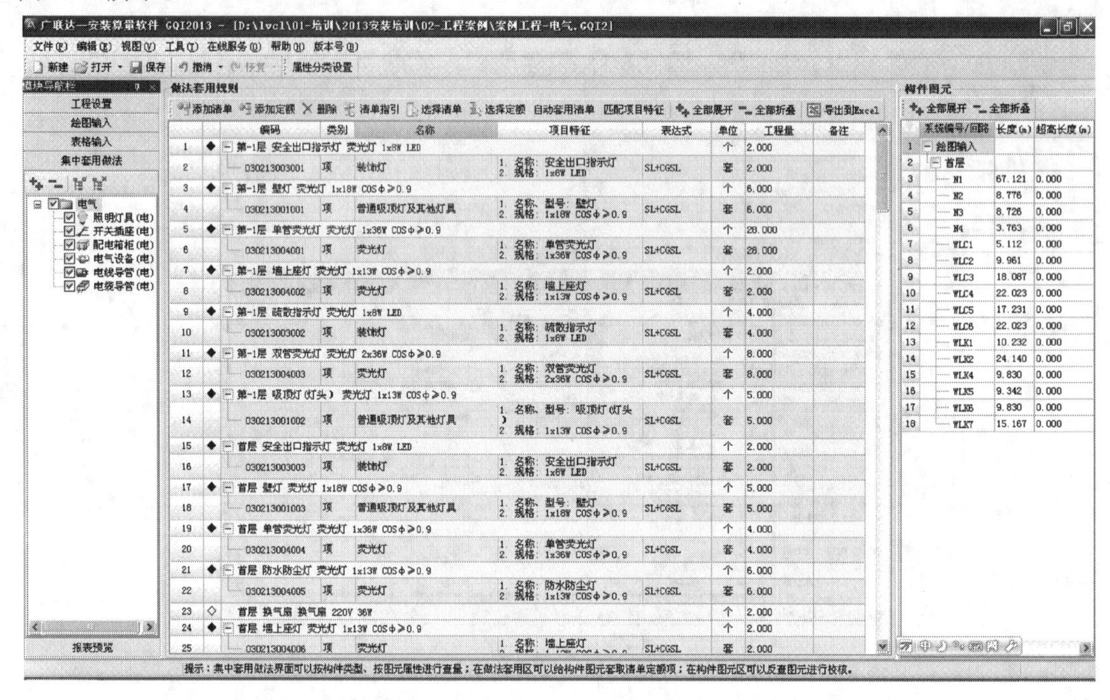

图 2-52　项目特征全部匹配完成

2.3.3.6　打印报表

将所有的工程量全部识别并且套取做法后，汇总计算，然后点击模块导航栏-报表预览，进入报表预览界面，如图 2-53 所示，在此界面选择需要输入的报表进行打印即可。

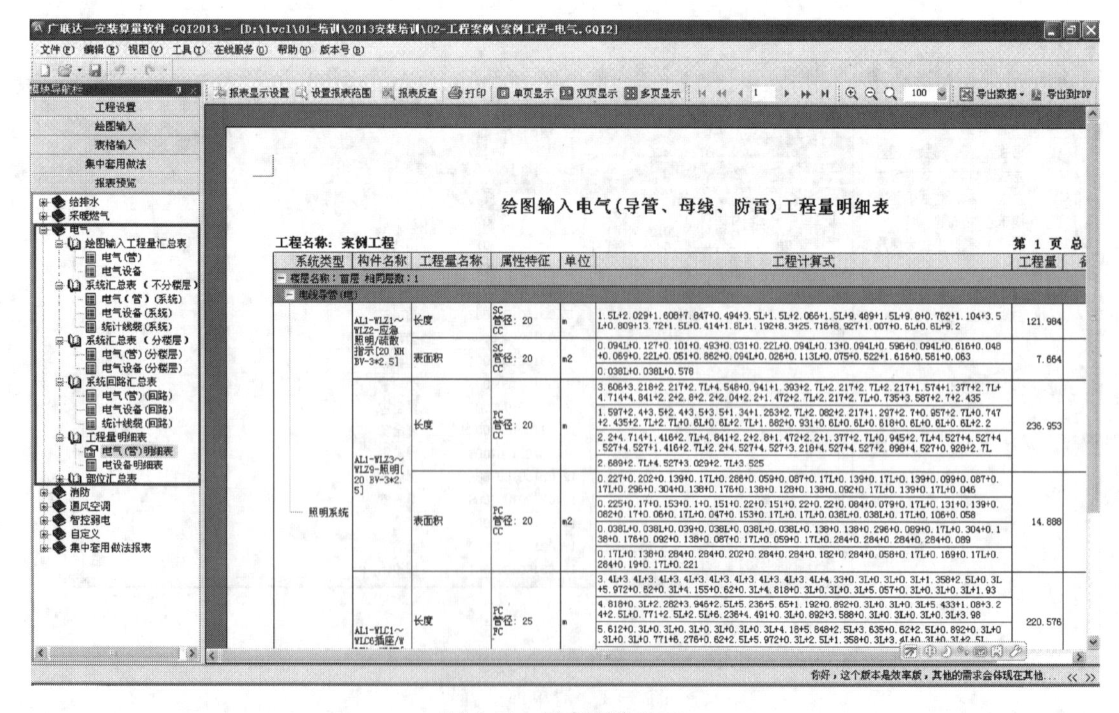

图 2-53　报表预览界面

2.3.4 任务总结

1. 安装算量软件中工程量计算规则必须与图纸及通用安装工程工程量计算规范中规则保持一致。

2. 结合电气专业案例工程，学会手算与电算结果的汇总对比分析，针对其中比较典型的部分，可以进一步加强对安装专业理论知识的理解和对软件操作应用的熟悉；

3. 安装算量软件汇总计算后报表有五类：分别是绘图输入工程量汇总表，系统汇总表（分楼层）、系统汇总表（不分楼层）、工程量明细表、部位汇总表。查看工程量时，注意区分所需要的工程量对应报表，汇总出最终的案例工程——电气专业工程的工程量统计报表，形成 EXCEL 文件以作业形式提交。

4. 电气案例工程，安装算量软件导出工程量清单表如表 2-7 所示。

表 2-7 广联达办公大厦电气专业工程工程量清单表

序号	项目编码	项目名称	项目特征描述	计量单位	工程量
1	030404017001	配电箱	1. 名称:配电箱 AA1 2. 规格:800(*W*)×2200(*H*)×800(*D*) 3. 安装方式:(落地安装)	台	1
2	030404017002	配电箱	1. 名称:配电箱 AA2 2. 规格:800(*W*)×2200(*H*)×800(*D*) 3. 安装方式:(落地安装)	台	1
3	030404017003	配电箱	1. 名称:照明配电箱 ALD1 2. 规格:800(*W*)×1000(*H*)×200(*D*) 3. 端子板外部接线材质、规格:27 个 BV2.5mm^2 4. 安装方式:距地 1.3m 明装	台	1
4	030404017004	配电箱	1. 名称:照明配电箱 AL1 2. 规格:800(*W*)×1000(*H*)×200(*D*) 3. 端子板外部接线材质、规格:27 个 BV2.5mm^2,39 个 BV4mm^2,5 个 BV10mm^2 4. 安装方式:距地 1m 明装	台	1
5	030404017005	配电箱	1. 名称:照明配电箱 AL2 2. 规格:800(*W*)×1000(*H*)×200(*D*) 3. 端子板外部接线材质、规格:33 个 BV2.5mm^2,36 个 BV4mm^2,5 个 BV10mm^2 4. 安装方式:距地 1m 明装	台	1
6	030404017006	配电箱	1. 名称:照明配电箱 AL3 2. 规格:800(*W*)×1000(*H*)×200(*D*) 3. 端子板外部接线材质、规格:27 个 BV2.5mm^2,36 个 BV4mm^2,10 个 BV16mm^2 4. 安装方式:距地 1.3m 明装	台	1
7	030404017007	配电箱	1. 名称:照明配电箱 AL4 2. 规格:800(*W*)×1000(*H*)×200(*D*) 3. 端子板外部接线材质、规格:21 个 BV2.5mm^2,27 个 BV4mm^2,10 个 BV10mm^2,5 个 BV16mm^2 4. 安装方式:距地 1.3m 明装	台	1
8	030404017008	配电箱	1. 名称:照明配电箱 AL1-1 2. 型号:10kW 3. 规格:400(*W*)×600(*H*)×140(*D*) 4. 端子板外部接线材质、规格:3 个 BV2.5mm^2,9 个 BV4mm^2 5. 安装方式:距地 1.2m 明装	台	1

续表

序号	项目编码	项目名称	项目特征描述	计量单位	工程量
9	030404017009	配电箱	1. 名称:照明配电箱 AL2-1 2. 型号:10kW 3. 规格:400(W)×600(H)×140(D) 4. 端子板外部接线材质、规格:3 个 BV2.5mm^2,9 个 BV4mm^2 5. 安装方式:距地 1.2m 明装	台	1
10	030404017010	配电箱	1. 名称:照明配电箱 AL3-1 2. 型号:20kW 3. 规格:400(W)×600(H)×140(D) 4. 端子板外部接线材质、规格:6 个 BV2.5mm^2,12 个 BV4mm^2 5. 安装方式:距地 1.2m 明装	台	1
11	030404017011	配电箱	1. 名称:照明配电箱 AL3-2 2. 型号:15kW 3. 规格:400(W)×600(H)×140(D) 4. 端子板外部接线材质、规格:3 个 BV2.5mm^2,9 个 BV4mm^2 5. 安装方式:距地 1.2m 明装	台	1
12	030404017012	配电箱	1. 名称:照明配电箱 AL4-1 2. 型号:10kW 3. 规格:400(W)×600(H)×140(D) 4. 端子板外部接线材质、规格:3 个 BV2.5mm^2,9 个 BV4mm^2 5. 安装方式:距地 1.2m 明装	台	1
13	030404017013	配电箱	1. 名称:照明配电箱 AL4-2 2. 型号:10kW 3. 规格:400(W)×600(H)×140(D) 4. 端子板外部接线材质、规格:3 个 BV2.5mm^2,9 个 BV4mm^2 5. 安装方式:距地 1.2m 明装	台	1
14	030404017014	配电箱	1. 名称:照明配电箱 AL4-3 2. 型号:20kW 3. 规格:400(W)×600(H)×140(D) 4. 端子板外部接线材质、规格:6 个 BV2.5mm^2,12 个 BV4mm^2 5. 安装方式:距地 1.2m 暗装	台	1
15	030404017015	配电箱	1. 名称:电梯配电柜 WD-DT 2. 型号:21kW 3. 规格:宽×高×厚=600×1800×300 4. 端子板外部接线材质、规格:16 个 BV2.5mm^2,3 个 BV4mm^2 5. 安装方式:落地安装	台	1
16	030404017016	配电箱	1. 名称:弱电室配电箱 AP-RD 2. 规格:400(W)×600(H)×140(D) 3. 安装方式:距地 1.5m	台	1
17	030404017017	配电箱	1. 名称:潜水泵控制箱 QSB-AC 2. 型号:2×4.0kW 3. 规格:宽×高×厚=600×850×300 4. 安装方式:距地 2.0m(明装)	台	1
18	030404017018	配电箱	1. 名称:排烟风机控制箱 AC-PY-BF1 2. 型号:15kW 3. 规格:宽×高×厚=600×800×200 4. 安装方式:(明装)距地 2.0m	台	1

续表

序号	项目编码	项目名称	项目特征描述	计量单位	工程量
19	030404017019	配电箱	1. 名称:送风机控制箱 AC-SF-BF1 2. 型号:0.55kW 3. 规格:宽×高×厚=600×800×200 4. 安装方式:(明装)距地 2.0m	台	1
20	030404034001	照明开关	1. 名称:单控单联跷板开关 2. 规格:250V 10A 3. 安装方式:暗装,底距地 1.3m	个	54
21	030404034002	照明开关	1. 名称:单控双联跷板开关 2. 规格:250V 10A 3. 安装方式:暗装,底距地 1.3m	个	14
22	030404034003	照明开关	1. 名称:单控三联跷板开关 2. 规格:250V 10A 3. 安装方式:暗装,底距地 1.3m	个	43
23	030404035001	插座	1. 名称:单相二、三极插座 2. 规格:250V 10A 3. 安装方式:暗装,底距地 0.3m	个	142
24	030404035002	插座	1. 名称:单相二、三极防水插座(加防水面板) 2. 规格:250V 10A 3. 安装方式:暗装,底距地 0.3m	个	8
25	030404035003	插座	1. 名称:单相三极插座(柜机空调) 2. 规格:250V 20A 3. 安装方式:暗装,底距地 0.3m	个	11
26	030404035004	插座	1. 名称:单相三极插座(挂机空调) 2. 规格:250V 16A 3. 安装方式:暗装,底距地 2.5m	个	28
27	030408001001	电力电缆	1. 名称:电力电缆 2. 型号:YJV 3. 规格:4×35+1×16 4. 材质:铜芯电缆 5. 敷设方式、部位:穿管或桥架敷设 6. 电压等级(kV):1kV 以下	m	120.19
28	030408001002	电力电缆	1. 名称:电力电缆 2. 型号:YJV 3. 规格:4×25+1×16 4. 材质:铜芯电缆 5. 敷设方式、部位:穿管或桥架敷设 6. 电压等级(kV):1kV 以下	m	72.49
29	030408001003	电力电缆	1. 名称:电力电缆 2. 型号:YJV 3. 规格:5×16 4. 材质:铜芯电缆 5. 敷设方式、部位:穿管或桥架敷设 6. 电压等级(kV):1kV 以下	m	50.88
30	030408001004	电力电缆	1. 名称:电力电缆 2. 型号:YJV 3. 规格:5×6 4. 材质:铜芯电缆 5. 敷设方式、部位:穿管或桥架敷设 6. 电压等级(kV):1kV 以下	m	64.01

续表

序号	项目编码	项目名称	项目特征描述	计量单位	工程量
31	030408001005	电力电缆	1. 名称:电力电缆 2. 型号:YJV 3. 规格:5×4 4. 材质:铜芯电缆 5. 敷设方式、部位:穿管或桥架敷设 6. 电压等级(kV):1kV 以下	m	24.09
32	030408001006	电力电缆	1. 名称:电力电缆 2. 型号:NHYJV 3. 规格:4×25+1×16 4. 材质:铜芯电缆 5. 敷设方式、部位:穿管或桥架敷设 6. 电压等级(kV):1kV 以下	m	18.22
33	030408006001	电力电缆头	1. 名称:电力电缆头 2. 型号:YJV 3. 规格:4×35+1×16 4. 材质、类型:铜芯电缆 干包式 5. 安装部位:配电箱 6. 电压等级(kV):1kV 以下	个	8
34	030408006002	电力电缆头	1. 名称:电力电缆头 2. 型号:YJV 3. 规格:4×25+1×16 4. 材质、类型:铜芯电缆 干包式 5. 安装部位:配电箱 6. 电压等级(kV):1kV 以下	个	6
35	030408006003	电力电缆头	1. 名称:电力电缆头 2. 型号:YJV 3. 规格:5×16 4. 材质、类型:铜芯电缆 干包式 5. 安装部位:配电箱 6. 电压等级(kV):1kV 以下	个	4
36	030408006004	电力电缆头	1. 名称:电力电缆头 2. 型号:YJV 3. 规格:5×6 4. 材质、类型:铜芯电缆 干包式 5. 安装部位:配电箱 6. 电压等级(kV):1kV 以下	个	2
37	030408006005	电力电缆头	1. 名称:电力电缆头 2. 型号:YJV 3. 规格:5×4 4. 材质、类型:铜芯电缆 干包式 5. 安装部位:配电箱 6. 电压等级(kV):1kV 以下	个	2
38	030408006006	电力电缆头	1. 名称:电力电缆头 2. 型号:NHYJV 3. 规格:4×25+1×16 4. 材质、类型:铜芯电缆 干包式 5. 安装部位:配电箱 6. 电压等级(kV):1kV 以下	个	2
39	030409002001	接地母线	1. 名称:接地母线 2. 材质:镀锌扁钢 3. 规格:40×4 4. 安装部位:埋地安装	m	7.44

续表

序号	项目编码	项目名称	项目特征描述	计量单位	工程量
40	030409002002	接地母线	1. 名称:接地母线 2. 材质:基础钢筋 3. 安装部位:沿墙	m	152.83
41	030409003001	避雷引下线	1. 名称:避雷引下线 2. 规格:2 根 ϕ16 主筋 3. 安装形式:利用柱内主筋做引下线 4. 断接卡子、箱材质、规格:卡子测试点 4 个,焊接点 16 处	m	182.86
42	030409005001	避雷网	1. 名称:避雷带 2. 材质:镀锌圆钢 3. 规格:ϕ10 4. 安装形式:沿女儿墙敷设	m	219.91
43	030409008001	等电位端子箱、测试板	名称:MEB 总等电位箱	台	1
44	030409008002	等电位端子箱、测试板	名称:LEB 总等电位箱	台	19
45	030411001001	配管	1. 名称:电气配管 2. 材质:水煤气钢管 3. 规格:RC100 4. 配置形式:暗配	m	19.04
46	030411001002	配管	1. 名称:钢管 2. 材质:焊接钢管 3. 规格:SC70 4. 配置形式:暗配	m	13.2
47	030411001003	配管	1. 名称:钢管 2. 材质:焊接钢管 3. 规格:SC50 4. 配置形式:暗配	m	14.86
48	030411001004	配管	1. 名称:钢管 2. 材质:焊接钢管 3. 规格:SC40 4. 配置形式:暗配	m	20.48
49	030411001005	配管	1. 名称:钢管 2. 材质:焊接钢管 3. 规格:SC25 4. 配置形式:暗配	m	11.23
50	030411001006	配管	1. 名称:钢管 2. 材质:焊接钢管 3. 规格:SC20 4. 配置形式:暗配	m	745.47
51	030411001007	配管	1. 名称:钢管 2. 材质:紧定式钢管 3. 规格:JDG20 4. 配置形式:暗配	m	68.9
52	030411001008	配管	1. 名称:钢管 2. 材质:紧定式钢管 3. 规格:JDG16 4. 配置形式:暗配	m	59.01

续表

序号	项目编码	项目名称	项目特征描述	计量单位	工程量
53	030411001009	配管	1. 名称:刚性阻燃管 2. 材质:PVC 3. 规格:PC40 4. 配置形式:暗配	m	15.3
54	030411001010	配管	1. 名称:刚性阻燃管 2. 材质:PVC 3. 规格:PC32 4. 配置形式:暗配	m	21
55	030411001011	配管	1. 名称:刚性阻燃管 2. 材质:PVC 3. 规格:PC25 4. 配置形式:暗配	m	1009.79
56	030411001012	配管	1. 名称:刚性阻燃管 2. 材质:PVC 3. 规格:PC20 4. 配置形式:暗配	m	1358.47
57	030411003001	桥架	1. 名称:桥架安装 2. 规格:300×100 3. 材质:钢制 4. 类型:梯式	m	19.2
58	030411003002	桥架	1. 名称:桥架安装 2. 规格:300×100 3. 材质:钢制 4. 类型:槽式	m	12.65
59	030411003003	桥架	1. 名称:桥架安装 2. 规格:200×100 3. 材质:钢制 4. 类型:槽式	m	191.19
60	030411003004	桥架	1. 名称:桥架安装 2. 规格:100×50 3. 材质:钢制 4. 类型:槽式	m	57.86
61	030411004001	配线	1. 名称:管内穿线 2. 配线形式:照明线路 3. 型号:BV 4. 规格:2.5 5. 材质:铜芯线	m	6907.18
62	030411004002	配线	1. 名称:管内穿线 2. 配线形式:照明线路 3. 型号:BV 4. 规格:4 5. 材质:铜芯线	m	4892.86
63	030411004003	配线	1. 名称:管内穿线 2. 配线形式:照明线路 3. 型号:BV 4. 规格:10 5. 材质:铜芯线	m	805.9
64	030411004004	配线	1. 名称:管内穿线 2. 配线形式:照明线路 3. 型号:BV 4. 规格:16 5. 材质:铜芯线	m	248.6

续表

序号	项目编码	项目名称	项目特征描述	计量单位	工程量
65	030411004005	配线	1. 名称:管内穿线 2. 配线形式:照明线路 3. 型号:NHBV 4. 规格:2.5 5. 材质:铜芯线	m	2433.58
66	030411004006	配线	1. 名称:管内穿线 2. 配线形式:照明线路 3. 型号:NHBV 4. 规格:4 5. 材质:铜芯线	m	25.89
67	030411004007	配线	1. 名称:管内穿线 2. 配线形式:照明线路 3. 型号:ZRBV 4. 规格:2.5 5. 材质:铜芯线	m	127.62
68	030411006001	接线盒	1. 名称:接线盒 2. 材质:塑料 3. 规格:86H 4. 安装形式:暗装	个	423
69	030411006002	接线盒	1. 名称:开关盒、插座盒 2. 材质:塑料 3. 规格:86H 4. 安装形式:暗装	个	304
70	030411006003	接线盒	1. 名称:排气扇接线盒 2. 材质:塑料 3. 规格:86H 4. 安装形式:暗装	个	8
71	030412001001	普通灯具	1. 名称:吸顶灯(灯头) 2. 规格:1×13W $\cos\varphi \geqslant 0.9$ 3. 类型:吸顶安装	套	72
72	030412001002	普通灯具	1. 名称:墙上座灯 2. 规格:1×13W $\cos\varphi \geqslant 0.9$ 3. 类型:明装,门楣上 100	套	10
73	030412001003	普通灯具	1. 名称:壁灯 2. 型号:自带蓄电池 $t \geqslant 90$min 3. 规格:1×13W $\cos\varphi \geqslant 0.9$ 4. 类型:明装,底距地 2.5m	套	31
74	030412002001	工厂灯	1. 名称:防水防尘灯 2. 规格:1×13W $\cos\varphi \geqslant 0.9$ 3. 安装形式:吸顶安装	套	24
75	030412004001	装饰灯	1. 名称:安全出口指示灯 2. 型号:自带蓄电池 $t \geqslant 90$min 3. 规格:1×8W LED 4. 安装形式:明装,门楣上 100	套	12
76	030412004002	装饰灯	1. 名称:单向疏散指示灯 2. 型号:自带蓄电池 $t \geqslant 90$min 3. 规格:1×8W LED 4. 安装形式:一般暗装底距地 0.5m 部分管吊底距地 2.5m	套	11

续表

序号	项目编码	项目名称	项目特征描述	计量单位	工程量
77	030412004003	装饰灯	1. 名称:双向疏散指示灯 2. 型号:自带蓄电池 $t\geqslant$90min 3. 规格:1×8W LED 4. 安装形式:一般暗装底距地 0.5m 部分管吊底距地 2.5m	套	3
78	030412005001	荧光灯	1. 名称:单管荧光灯 2. 规格:1×36W $\cos\varphi\geqslant$0.9 3. 安装形式:链吊,底距地 2.6m	套	42
79	030412005002	荧光灯	1. 名称:双管荧光灯 2. 规格:2×36W $\cos\varphi\geqslant$0.9 3. 安装形式:链吊,底距地 2.6m	套	214
80	030413001001	铁构件	1. 名称:桥架支撑架 2. 材质:型钢	kg	146.59
81	030414002001	送配电装置系统	1. 名称:低压系统调试 2. 电压等级(kV):1kV 以下 3. 类型:综合	系统	1
82	030414011001	接地装置	1. 名称:系统调试 2. 类别:接地网	系统	1

3 采暖专业工程工程量计算实训

【能力目标】

1. 能够熟练识读采暖专业工程施工图。
2. 能比较熟练依据合同、设计资料进行采暖专业工程清单列项。

【知识目标】

1. 了解采暖专业工程的系统分类、主要内容及其图纸识读方法。
2. 了解采暖专业工程常用材料和设备组成。
3. 熟悉采暖专业工程中的图例。
4. 了解比例尺应用原理。
5. 掌握采暖专业工程工程量清单的编制步骤、内容、计算规则及其格式。

3.1 任务一 采暖专业工程图纸及业务分析

3.1.1 任务说明

按照办公大厦采暖施工图，完成以下工作：

1. 识读采暖工程整体施工图，请核查图纸是否齐全，其中图纸包括有设计说明（详见图纸水施-13、水施-14）、材料表（详见图纸水施-14）、平面图（详见图纸水施-17～水施-21）、系统图（详见图纸水施-15）、热力入口详图。

2. 查看采暖工程的分类及系统走向，确定室内外管道界限的划分（详见图纸水施-16），采暖工程管道材质的种类（详见图纸水施-13）；弄清采暖供水管和回水管的平面走向、位置（详见图纸水施-20）；分别查明采暖供、回水干管、采暖连接散热器支管的平面位置与走向，确定管道是否需要进行水压试验，消毒冲洗及管道刷油防腐。

3. 查找采暖工程中管道支架布置方式及刷油防腐方式。

4. 确定采暖工程散热器、阀门、传感器、温度计、压力表、热量表、积分仪的种类（详见图纸水施-14），查明散热器、阀门、传感器、温度计、压力表、热量表、积分仪的类型、数量、安装位置（详见图纸水施-17～水施-21）。

5. 按照现行工程量清单计价规范，结合采暖专业工程图纸，对采暖供回水管、管道支架、阀门、散热器、传感器、温度计、压力表、热量表、积分仪的清单列项并对清单项目编码、项目名称、项目特征、计量单位、计算规则、工作内容进行详细描述。

3.1.2 任务分析

1. 采暖专业工程，图纸识读过程中，采暖供回水管、管道支架、阀门、散热器、传感器、温度计、压力表、热量表、积分仪在材料表中的图例是如何表示的（详见图纸水施-14）？平面图（详见图纸水施-17～水施-21）、系统图（详见图纸水施-15）及热力入口详图是如何对应的？

2. 采暖工程是如何分类的（详见图纸水施-13、水施-14）？室内外管道界限应如何划分（详见图纸水施-16）？采暖供回水管道穿越建筑物是否设置保护套管，何处设置，具体要求是怎样的（详见图纸水施-16）？采暖专业工程中管道采用什么敷设方式（详见图纸水施-13）？采暖供回水管道分别采用什么材质、什么连接方式（详见图纸水施-13）？采暖供回水管道安装高度如何确定（详见图纸水施-15）？管道采用哪种形式的压力试验及消毒冲洗方式（详见图纸水施-13）？管道刷油防腐的方法（详见图纸水施-13）？

3. 采暖专业工程中，管道支架形式、设置要求、刷油防腐是如何规定的？

4. 采暖专业工程中阀门、散热器、传感器、温度计、压力表、热量表、积分仪有哪些种类（详见图纸水施-14）？

5. 采暖专业工程中清单项目编码如何表示？管道清单、管道支架、套管、阀门、散热器、传感器、温度计、压力表、热量表、积分仪分别包含什么工作内容，以什么为计量单位，项目特征如何描述，及其工程量是如何计算的？

3.1.3 任务实施

1. 识读采暖施工图，采暖系统采用上供上回双管异程式，识图时将平面图与系统图对照起来看，水平管道在平面图中体现，供回水水平管均在四层平面图，在平面图中立管用圆圈表示，相应立管信息在系统中可以看到，其标识包括标高、管径等，从干管引至各楼层散热器。采暖供回水、管道支架、套管、阀门、散热器、传感器、温度计、压力表、热量表、积分仪在材料表中图例表示方法如图 3-1 所示。

名称	图例	名称	图例
暖气管	—— NG1 —— —— NH1 —— ●○ (NJ) (NT) (ND)	采暖回水管	—— NH1 —— —— NH1 ——
防火阀	(70℃)	采暖供水管	—— NG1 —— —— NG1 ——
止回阀		温度计	T
电动蝶阀	M	金属软接头	
压差控制阀		压力表	P
闸阀		伸缩节	
温控阀		减压阀	
散热器		热计量表	G

图 3-1 图例表

2. 采暖专业施工图　采暖供回水系统中，管道由室外引入，室内外界限以外墙皮 1.5m 为准，引入管采用 *DN*70PB 管，埋设深度－0.7m。过外墙设 *DN*125 刚性防水套管，引入室内后，经埋地敷设的水平干管，用 *DN*70 热镀锌钢管引至四层，四层水平供回水管道分配水流至各个散热器。采暖供回水管道进行压力试验及消毒冲洗，并对采暖管道进行橡塑管壳保温。

3. 管道支架除锈后刷防锈漆两道，钢管支架间距如表 3-1 所示，质量暂按 1.5kg/个考虑。

表 3-1　管道支架间距　　单位：m

公称直径/mm		15	20	25	32	40	50	70	80	100	125	150	200	250	300
支架最大间距	保温管	2	2	2	3	3	3	4	4	4.5	5	6	7	8	8.5

4. 采暖专业施工图中，散热器采用柱型钢制散热器，承压要求：0.8MPa，600 型散热器标准散，安装高度距地 0.5m；阀门包括闸阀、平衡阀、自动排气阀、温控阀、截止阀、泄水阀等。阀门均在管道上安装，规格即是管道规格。

5. 根据《通用安装工程工程量计算规范》（GB 50856—2013），结合广联达办公大厦采暖专业工程施工图纸，对该专业工程进行清单列项。详细内容见表 3-2 所示。

表 3-2　广联达办公大厦采暖专业工程清单列项

项目编码	项目名称及规格	工程量	单位	工程量计算规则	工作内容
031001006001	PB 管 *DN*70	4.4	m	按设计图示管道中心线以长度计算	1. 管道安装 2. 管件安装 3. 塑料卡固定 4. 压力试验 5. 吹扫冲洗
031001001001	热镀锌钢管 *DN*70	33.58	m		1. 管道安装 2. 管件安装 3. 压力试验 4. 吹扫冲洗
031001001002	热镀锌钢管 *DN*40	46.55	m		
031001001003	热镀锌钢管 *DN*32	108.89	m		
031001001004	热镀锌钢管 *DN*25	105.31	m		
031001001005	热镀锌钢管 *DN*20	579.4	m		
031002001001	管道支架	37.5	kg	以千克计算，按设计图示质量计算	1. 制作 2. 安装
031003001001	闸阀 *DN*70	4	个	按设计图示数量计算	1. 安装 2. 电气接线 3. 调试
031003001002	闸阀 *DN*40	2	个		
031003001003	闸阀 *DN*32	2	个		
031003001004	平衡阀 *DN*40	1	个		
031003001005	平衡阀 *DN*32	1	个		
031003001006	自动排气阀 *DN*20	6	个		
031003001007	温控阀 *DN*20	68	个		
031003001008	铜截止阀 *DN*20	68	个		
031003001009	手动防风门 *DN*20	68	个		
031003001010	平衡阀 *DN*70	4	个		
031003001011	泄水阀 *DN*15	2	个		
031003014001	热量表	1	个		安装
03B001	温度传感器	4	个		安装

续表

<table>
<tr><th>项目编码</th><th>项目名称及规格</th><th>工程量</th><th>单位</th><th>工程量计算规则</th><th>工作内容</th></tr>
<tr><td>03B002</td><td>积分仪</td><td>1</td><td>个</td><td rowspan="11">按设计图示数量计算</td><td>安装</td></tr>
<tr><td>031003008001</td><td>Y 型过滤器 DN70</td><td>2</td><td>个</td><td>安装</td></tr>
<tr><td>030601002001</td><td>弹簧压力表 Y-100 1.5 级 0～1MPa</td><td>4</td><td>个</td><td>1. 本体安装
2. 取源部件配合安装
3. 支架制作安装</td></tr>
<tr><td>030601001001</td><td>温度计 WNG-11 0～150℃</td><td>2</td><td>个</td><td>1. 本体安装
2. 取源部件配合安装
3. 支架制作安装</td></tr>
<tr><td>031005002001</td><td>柱形钢制散热器 20 片</td><td>8</td><td>组</td><td rowspan="7">1. 安装
2. 托架安装
3. 托架刷油</td></tr>
<tr><td>031005002002</td><td>柱形钢制散热器 18 片</td><td>4</td><td>组</td></tr>
<tr><td>031005002003</td><td>柱形钢制散热器 15 片</td><td>18</td><td>组</td></tr>
<tr><td>031005002004</td><td>柱形钢制散热器 14 片</td><td>18</td><td>组</td></tr>
<tr><td>031005002005</td><td>柱形钢制散热器 13 片</td><td>4</td><td>组</td></tr>
<tr><td>031005002006</td><td>柱形钢制散热器 12 片</td><td>12</td><td>组</td></tr>
<tr><td>031005002007</td><td>柱形钢制散热器 11 片</td><td>8</td><td>组</td></tr>
<tr><td>031201003001</td><td>金属结构刷油</td><td>39</td><td>kg</td><td>以千克为单位，按设计图示质量计算</td><td>1. 除锈
2. 调配、涂刷</td></tr>
</table>

3.1.4 任务总结

1. 采暖适用于给排水采暖燃气工程第 4 章（参照现行工程量清单计价规范）。

2. 采暖系统调试，计算范围以室内采暖管道、管件、阀门、法兰、供暖器具等组成的采暖系统安装的人工费为计算基数，按采暖工程人工费的 15%计算，其中人工工资占 20%，以“系统”为计量单位。

3. 采暖专业施工图由施工说明、施工平面图、采暖系统图和采暖施工大样图组成，识图时先看设计说明、再看室内采暖施工平面图（与系统图对照看），然后是采暖系统图的识读，最后看采暖施工大样图。

4. 采暖专业工程识读设计说明图纸可以了解一下内容：散热器的型号；管道的材料及管道的连接方式；管道、支架、设备的刷油和保温做法；施工图中使用的标准图和通用图。

5. 采暖专业工程识读施工平面图时，可以了解：散热器的位置和片数；供回水干管的布置方式以及干管上的阀门、固定支架、伸缩器的平面位置。

6. 采暖专业工程识读系统图时，要注意以下几点：理解采暖管道的来龙去脉，包括管道的空间走向和空间位置，管道直径及管道变径点的位置；管道上的阀门的位置、规格；散热器与管道的连接方式；与平面图对照，看哪些管道是明装，哪些是暗装。

7. 采暖专业工程大样图的识读，请注意：热力入口管道穿外墙进入室内时，加防水套管，一般为刚性防水套管，要求高时加柔性防水套管。

3.1.5 知识链接

1. 采暖工程制图标准参照《建筑给水排水制图标准》(GB/T 50106—2010)。

2. 采暖工程施工验收规范参照《建筑给水排水及采暖工程施工质量验收规范》（GB 50268—2008）。

3. 采暖系统组成及分类

（1）采暖系统分类　由于热源和热媒的不同，可以分为热水供暖，蒸汽供暖，热空气供暖。

1）热水供暖系统

① 按系统循环动力的不同，可分为重力（自然）循环系统和机械循环系统。

② 按供、回水方式的不同，可分为单管系统和双管系统。

③ 按系统管道敷设方式的不同，可分为垂直式和水平式系统。

④ 按热媒温度的不同，可分为低温水供暖系统和高温水供暖系统。

2）蒸汽供暖系统　以水蒸气为热媒，在换热器中靠放出凝结水放出汽化潜热的热量。

3）热空气供暖系统　热空气供暖系统是以加热后的空气为热媒，供到空气温度低的房间放热，提高室温的供暖系统。

（2）热水采暖系统组成　热水采暖是现在采暖工程中最普遍采用的供暖方式，热水采暖系统由三部分组成：热源、室外热力管网、室内采暖系统。

1）热源系统是能够提供热量的设备，常见的热源有热水锅炉、蒸汽锅炉、工业余热等。

2）室外热力管网系统，一般是指由锅炉房外墙皮 1.5m 处至各个采暖点之间（采暖热力入口装置以外）的管道。

3）室内采暖系统，是指由入口装置以内的管道、散热器、排气装置等设施所组成的供热系统。

（3）按供回水方式分类的采暖系统基本图式，如图 3-2 所示。本工程属上供上回式。

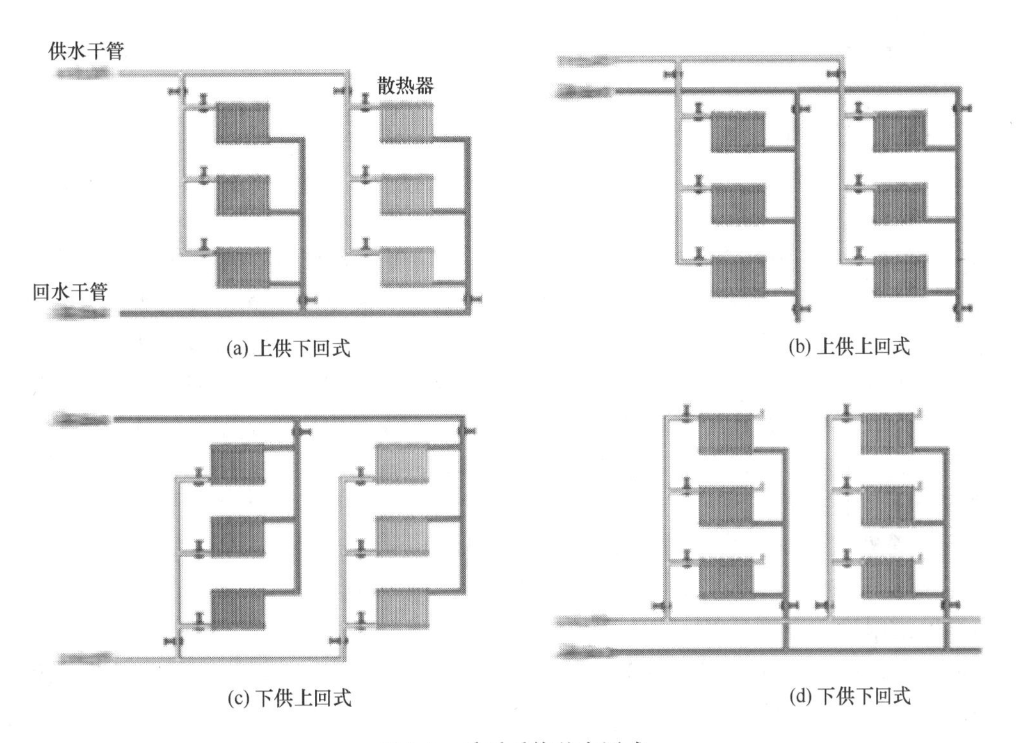

图 3-2　采暖系统基本图式

4. 工程量清单项目设置情况；项目特征描述的内容，综合的工作内容，工程量计算规则（摘录清单计价规范部分内容）

(1) 工程概况

1) 2013版《建设工程工程量清单计价规范》C.8（给水、排水、采暖、燃气）适用于采用工程量清单计价的新建、扩建的生活用给排水、采暖、燃气工程。其内容包括给排水等管道及管道附件安装，管道支架制作安装，供暖器具安装等。

2) 编制清单项目如涉及管道除锈、油漆、支架的除锈、油漆，管道绝热、防腐等工作内容时，可参照《安装工程预算定额》第十一册《刷油、防腐、绝热工程的工料机耗用量》进行计价。

(2) 清单列项

1) 采暖管道安装，按照部位、输送介质、管径、管道材质、连接方式、接口材料及除锈标准刷油、防腐、绝热保护层等不同特征设置清单项。

2) 管道支架按照支架的形式，除锈、刷油设计要求进行列项描述。

3) 管道附件以个计算，按照各种管道附件的类型、材质、型号、规格、连接方式、用途等不同特征列项。

4) 供暖器具以组计算，按照材质及组装的形式、片数、型号、规格等不同特征设置相应的清单项目。

5) 塑料管安装适用于UPVC、PVC、PP-C、PP-R、PE、PB管等塑料管材。

6) 管道吹、洗按设计要求描述吹扫、冲洗方法，如水冲洗、消毒冲洗、空气吹扫等。

7) 套管制作安装，适用于穿基础、墙、楼板等部位的防水套管、填料套管、无填料套管及防火套管等，应分别列项。

8) 钢制散热器结构形式，包括钢制闭式、板式、壁板式、扁管式及柱式散热器等，应分别列项计算。

5. 工程材料种类及适用范围、安装连接方式

(1) 管道材质

1) PB管　PB管材（聚丁烯）是一种高分子惰性聚合物，诞生于20世纪70年代，PB树脂是由丁烯-1合成的高分子综合体，是具有特殊密度（0.937）结晶体，是具有柔软性的异性质体。

2) 热镀锌钢管　为提高钢管的耐腐蚀性能，对一般钢管进行镀锌。热镀锌管是使熔融金属与铁基体反应而产生合金层，从而使基体和镀层两者相结合。热镀锌是先将钢管进行酸洗，为了去除钢管表面的氧化铁，酸洗后，通过氯化铵或氯化锌水溶液或氯化铵和氯化锌混合水溶液槽中进行清洗，然后送入热浸镀槽中。热镀锌具有镀层均匀，附着力强，使用寿命长等优点。钢管基体与熔融的镀液发生复杂的物理、化学反应，形成耐腐蚀的结构紧密的锌一铁合金层。合金层与纯锌层、钢管基体融为一体。故其耐腐蚀能力强。管道常用管件及连接方式与给排水工程相似。

(2) 管道敷设　室内采暖管道除有特殊的要求外，一般均采用明装敷设。

6. 设备及设施种类、功能；安装要求（阀门、供暖器具等）

(1) 管道附件

1) 自动排气阀（如图3-3所示）　是一种安装于系统最高点，用来释放供热系统和供水管道中产生的气穴的阀门，广泛用于分水器、暖气片、地板采暖、空调和供水系统。自动排气阀常用规格有*DN*15、*DN*20、*DN*25等，与末端管道的直径相同。

2）平衡阀（如图 3-4 所示） 平衡阀是在水力工况下，起到动态、静态平衡调节的阀门。

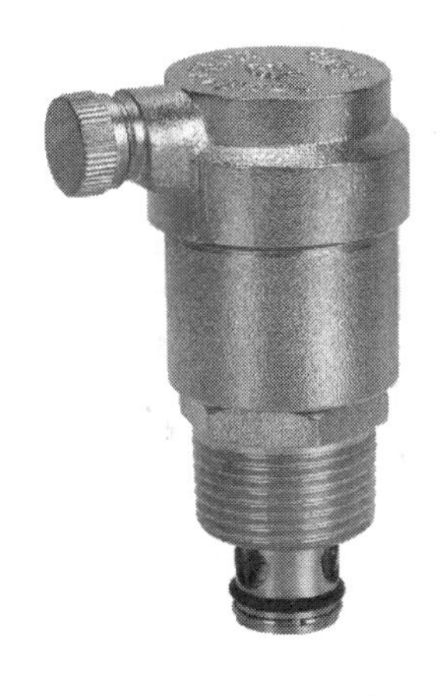

图 3-3 自动排气阀

图 3-4 平衡阀

3）温控阀（如图 3-5 所示） 散热器恒温控制器，又称温控阀。近年在我国新建筑住宅中温控阀被普遍应用，温控阀安装载在住宅和公共建筑的采暖散热器上。温控阀可以根据用户的不同要求设定室温，它的感温部分不断地感受室温并按照当前热需求随时自动调节热量的供给，以防止室温过热，达到用户最高的舒适度。

4）Y 型过滤器（如图 3-6 所示） Y 型过滤器是输送介质的管道系统不可缺少的一种过滤装置，Y 型过滤器通常安装在减压阀、泄压阀、定水位阀或其他设备的进口端，用来清除介质中的杂质，以保护阀门及设备的正常使用。

图 3-5 温控阀

图 3-6 Y 型过滤器

5）热量表（如图 3-7 所示） 是计算热量的仪表。

6）温度传感器（如图 3-8 所示） 能感受温度并转换成可用输出信号的传感器。

7）温度计（如图 3-9 所示） 是测温仪器的总称，可以准确地判断和测量温度。

8）压力表（如图 3-10 所示） 以弹性元件为敏感元件，测量并指示高于环境压力的仪表。

图 3-7　热量表

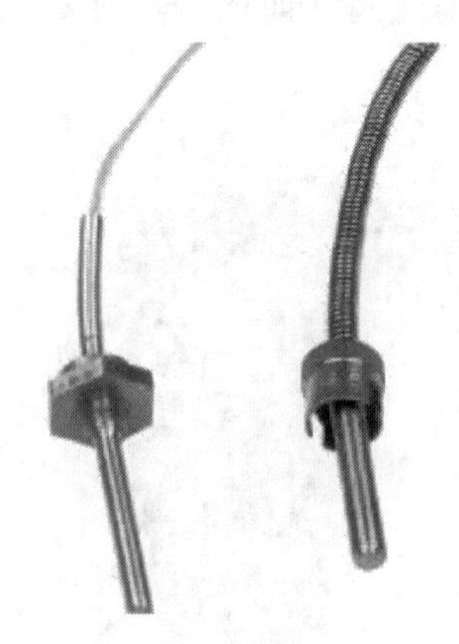

图 3-8　温度传感器

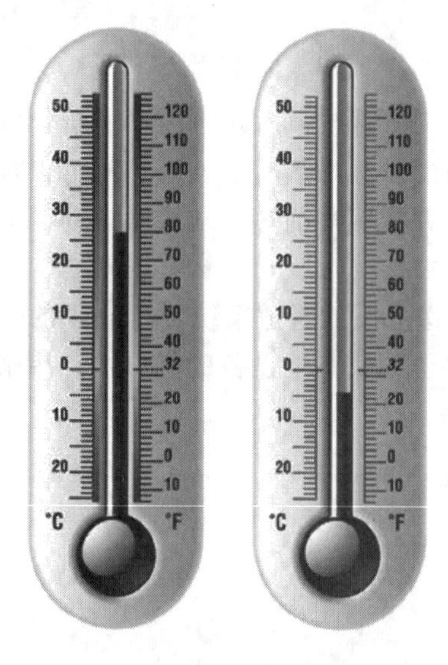

图 3-9　温度计

图 3-10　压力表

(2) 供暖器具　供暖器具是安装在房间内的放热装置，常用的供暖器有散热器、暖风机、热空气幕和辐射板等，其中散热器最为常用。散热器，俗称暖气片。散热器的功能是将热介质所携带的热能散发到建筑物的室内空间。散热器的安装包括散热器的现场组对、拖钩、活接头连接，与其配置的有阀门、放风门等的连接。散热器一般设置于建筑物室内窗台下。由于采暖方式不同，散热器种类有很多。该案例工程用钢制散热器。常用的钢制散热器有柱式、闭式钢串片、扁管型、板式 4 大类。

1）钢制柱式散热器如图 3-11 所示，技术性能如表 3-3 所示，常用型号表示方法如图 3-12所示。

表 3-3　钢制柱式散热器的技术性能

产品型号	单片尺寸/mm			进出水口中心距/mm	单片散热量/W $\Delta T=64.5℃$	工作压力/MPa
	高度	长度	厚度			
$GGZT_2$-60/30-300-1.0	375/390	70	90	300	72	1.0
$GGZT_2$-60/30-400-1.0	475/490	70	90	400	91	1.0
$GGZT_2$-60/30-500-1.0	575/590	70	90	500	112	1.0

续表

产品型号	单片尺寸/mm			进出水口中心距/mm	单片散热量/W ΔT=64.5℃	工作压力/MPa
	高度	长度	厚度			
$GGZT_2$-60/30-600-1.0	675/690	70	90	600	130	1.0
$GGZT_2$-60/30-700-1.0	775/790	70	90	700	149	1.0
$GGZT_2$-60/30-800-1.0	875/890	70	90	800	166	1.0
$GGZT_2$-60/30-1000-1.0	1075/1090	70	90	1000	199	1.0
$GGZT_2$-60/30-1200-1.0	1275/1290	70	90	1200	233	1.0
$GGZT_2$-60/30-1600-1.0	1675/1690	70	90	1600	293	1.0
$GGZT_2$-60/30-1800-1.0	1875/1890	70	90	1800	322	1.0

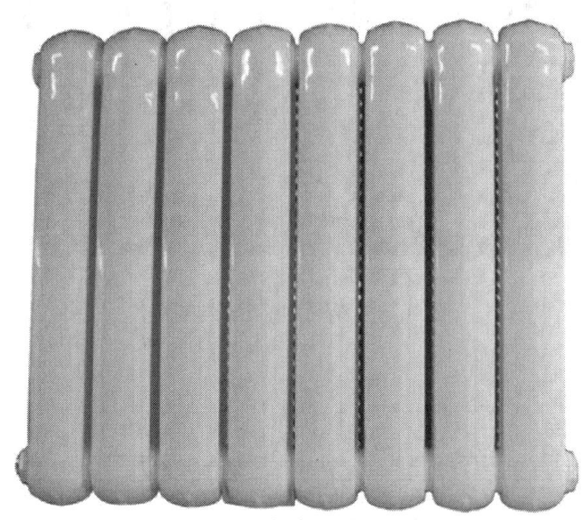

图 3-11　钢制柱式散热器

钢管 2 柱散热器 (GG2030—GG2180)

钢管 3 柱散热器 (GG3030—GG2180)

钢管 4 柱散热器 (GG4030—GG4180)

钢管 5 柱散热器 (GG5030—GG5180)

钢管 6 柱散热器 (GG6030—GG6180)

图 3-12　钢制柱式散热器常用型号表示方法

2) 钢制闭式散热器如图 3-13 所示。

图 3-13　钢制闭式散热器

3）钢制扁管型散热器如图 3-14 所示，表示方法如图 3-15 所示。

图 3-14　钢制扁管型散热器

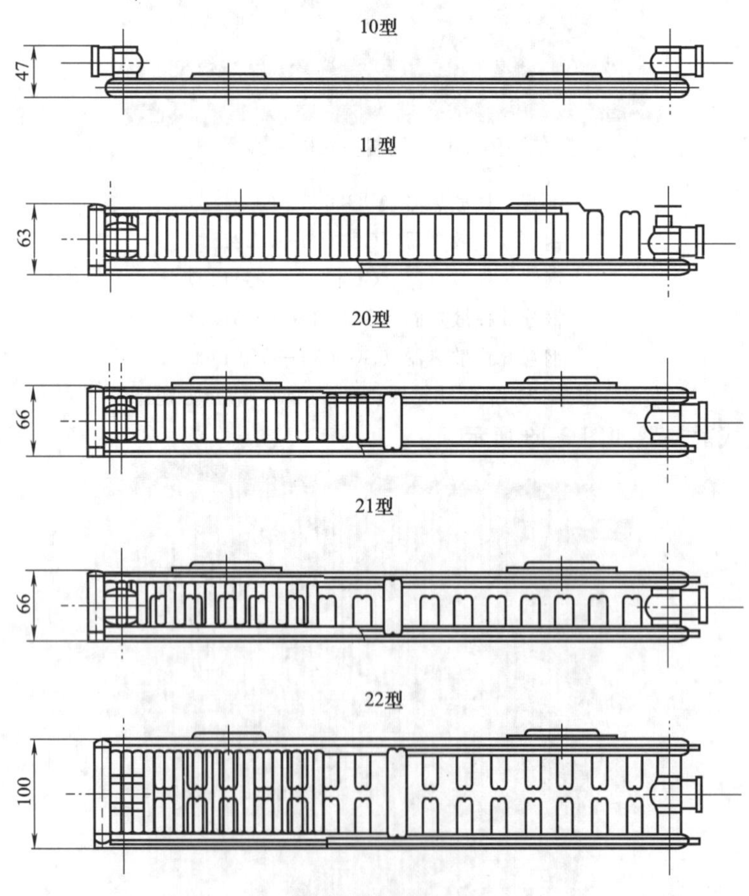

图 3-15　钢制扁管型散热器表示方法

4）钢制板式散热器如图 3-16 所示，表示方法如图 3-17 所示。

图 3-16 钢制板式散热器

H/mm		B/mm			A/mm
名义尺寸	实际尺寸	11 型	21 型	22 型	
600	595	67	72	114	545
500	495	67	72	114	445
400	395	67	72	114	345
300	295	67	72	114	245

图 3-17 钢制板式散热器表示方法

3.2 任务二 采暖专业工程手工计算工程量

3.2.1 任务说明

按照办公大厦采暖施工图，完成以下工作：

1. 根据现行《通用安装工程工程量清单计算规范》(GB 50856—2013)，结合采暖专业施工图纸，由采暖专业工程管道走向，找出管道支架计算公式；计算供水管道 NG-1、回水管道 NH-1、竖直干管 N-A-1～N-A-8 和 N-B-1～N-B-11、连接散热器支管以及管道支架的工程量。

2. 根据现行《通用安装工程工程量清单计算规范》(GB 50856—2013)，结合采暖专业施工图纸，计算穿墙套管 *DN*125、散热器、闸阀、平衡阀、自动排气阀、温控阀、截止阀、手动放风阀、泄水阀、过滤器、热量表、温度传感器、积分仪、弹簧压力表、温度计的工程量。

3. 结合本案例工程的图纸信息，根据现行《通用安装工程工程量清单计算规范》(GB 50856—2013)，描述工程量清单项目特征，编制完整的采暖专业工程工程量清单。

3.2.2 任务分析

1. 采暖专业图纸中，供水管道、回水管道是如何标注的？管道及管道支架的计量单位是什么？管道支架的计算公式是如何表示的？

2. 现行《通用安装工程工程量清单计算规范》(GB 50856—2013) 中，穿墙套管、散热器、闸阀、平衡阀、自动排气阀、温控阀、截止阀、手动放风阀、泄水阀、过滤器、热量表、温度传感器、积分仪、弹簧压力表、温度计的计量单位及计算规则是如何规定的？

3. 采暖专业工程量清单编制过程中，PB 塑料管、热镀锌钢管、套管、散热器、闸阀、平衡阀、自动排气阀、温控阀、截止阀、手动放风阀、泄水阀、过滤器、热量表、温度传感器、积分仪、弹簧压力表、温度计的清单项目特征如何描述？清单项目编码、项目名称如何表示？

3.2.3 任务实施

1. 采暖专业施工图中，供回水管道 *DN*70 经过采暖热力入口，由室外埋深－0.7m 处引入至水平干管 *DN*70，通过水暖井向上引至四层，连接四层水平干管 *DN*40～*DN*25，然后连接各个竖直干管 N-A-1～N-A-8 和 N-B-1～N-B-11*DN*20，由竖直干管连接至各组散热器。管道支架计算公式：管道支架工程量 *N*(kg)＝管道长度 (m)/管道支架间距 (m)×单个支架质量（暂按 1.5kg/个考虑）。

2. 采暖专业工程量计算时，套管、散热器、闸阀、平衡阀、自动排气阀、温控阀、截止阀、手动放风阀、泄水阀、过滤器、热量表、温度传感器、积分仪、弹簧压力表、温度计均按照设计图示数量，以“个”计算。

3. 根据现行《通用安装工程工程量清单计算规范》(GB 50856—2013)，结合采暖专业施工图，项目编码为 12 位数，在计算规范原有的 9 位清单编码的基础上，补充后 3 位自行编码；清单项目名称及项目单位、计算规则均应与计算规范中的规定保持一致。

4. 采暖专业工程工程量计算表见表 3-4。

表 3-4 工程量计算表

序号	项目名称	计算式	工程量	单位	备注
一	采暖管道				
1	引入管及竖直立管				
	引入管暗埋 PB 管 *DN*70	[0.7(埋深)＋1.5(外墙皮)]×2	4.4	m	供、回水管埋地部分
	引入管热镀锌钢管 *DN*70	(11.4＋3.4＋2.4)×2	34.4	m	引入管
	竖直立管热镀锌钢管 *DN*20	(11.4＋3.4－0.8)×8	112	m	N-A-1～N-A-8 N1 管
	竖直立管热镀锌钢管 *DN*20	(11.4＋3.4－0.5)×8	114.4	m	N-A-1～N-A-8 N2 管
	竖直立管热镀锌钢管 *DN*20	(11.4＋3.4－0.8)×11	154	m	N-B-1～N-B-11 N1 管
	竖直立管热镀锌钢管 *DN*20	(11.4＋3.4－0.5)×11	157.3	m	N-B-1～N-B-11 N2 管
	金属结构刷油	39	39.00	kg	1. 除锈 2. 调配、涂刷
2	四层水平管道				
	供水热镀锌钢管 *DN*70	0.55	0.55	m	NG-1
	供水热镀锌钢管 *DN*40	23.8	23.8	m	NG-1
	供水热镀锌钢管 *DN*32	26.02＋27.75	53.77	m	NG-1

续表

序号	项目名称	计算式	工程量	单位	备注
	供水热镀锌钢管 DN25	16.63+19.71+0.33+1.12+0.55+0.91+1.73+1.73+0.17+0.93×6+0.4+1.61+1.58+0.36	52.41	m	NG-1
	回水热镀锌钢管 DN70	0.69	0.69	m	NH-1
	回水热镀锌钢管 DN40	22.75	22.75	m	NH-1
	回水热镀锌钢管 DN32	26.42+28.7	55.12	m	NH-1
	回水热镀锌钢管 DN25	16.24+20.1+0.19+0.96+0.40+0.76+1.57+1.59+0.34+1.09×6+0.54+1.74+1.73+0.20	52.9	m	NH-1
3	立管与散热器之间支管				
	支管热镀锌钢管 DN20	(0.25×8+0.25×11)×2	9.5	m	一层
	支管热镀锌钢管 DN20	(0.25×6+0.25×9)×2	7.5	m	二层
	支管热镀锌钢管 DN20	(0.25×8+0.25×11)×2	9.5	m	三层
	支管热镀锌钢管 DN20	(0.25×8+0.25×11)×2	9.5	m	四层
二	管道附件				
	闸阀 DN70	2+2	4	个	负一层及四层
	闸阀 DN40	2	2	个	四层水暖井内
	闸阀 DN32	2	2	个	四层水暖井内
	平衡阀 DN40	1	1	个	四层水暖井内
	平衡阀 DN32	1	1	个	四层水暖井内
	自动排气阀 DN20	2+2+2	6	个	采暖系统图上
	温控阀 DN20	72−4	68	个	每个散热器各一个
	铜截止阀 DN20	72−4	68	个	每个散热器各一个
	手动防风门 DN20	72−4	68	个	每个散热器各一个
	热量表	1	1	个	采暖热力入口处附件,详见图集 91SB1-1(2005)第 67 页
	温度传感器	2+2	4	个	采暖热力入口处附件,详见图集 91SB1-1(2005)第 67 页
	积分仪	1	1	个	采暖热力入口处附件,详见图集 91SB1-1(2005)第 67 页
	Y 型过滤器 DN70	2	2	个	采暖热力入口处附件,详见图集 91SB1-1(2005)第 67 页
	平衡阀 DN70	4	4	个	采暖热力入口处附件,详见图集 91SB1-1(2005)第 67 页
	弹簧压力表	4	4	个	采暖热力入口处附件,详见图集 91SB1-1(2005)第 67 页
	温度计	2	2	个	采暖热力入口处附件,详见图集 91SB1-1(2005)第 67 页
	泄水阀 DN15	2	2	个	采暖热力入口处附件,详见图集 91SB1-1(2005)第 67 页
三	供暖器具				
	散热器 15 片	9	9	组	一层

续表

序号	项目名称	计算式	工程量	单位	备注
	散热器 13 片	1+1	2	组	一层
	散热器 12 片	2+2	4	组	一层
	散热器 20 片	2+2	4	组	一层
	散热器 14 片	9	9	组	二层
	散热器 12 片	1+1	2	组	二层
	散热器 11 片	2+2	4	组	二层
	散热器 14 片	9	9	组	三层
	散热器 12 片	1+1	2	组	三层
	散热器 11 片	2+2	4	组	三层
	散热器 18 片	2+2	4	组	三层
	散热器 15 片	9	9	组	四层
	散热器 13 片	1+1	2	组	四层
	散热器 12 片	2+2	4	组	四层
	散热器 20 片	2+2	4	组	四层

3.2.4 任务总结

1. 手工计算工程量时了解比例尺使用方法。

2. 图纸管道标高指管底。

3. 管道穿墙、楼板时，应埋设钢制套管，安装在楼板内的套管其顶部应高出地面20mm，底部与楼板面齐平；安装在墙内的套管，应与饰面相平。

4. 采暖案例工程手工算量清单表如表 3-5 所示。

表 3-5 广联达办公大厦采暖专业工程手工算量清单表

序号	项目编码	项目名称	项目特征描述	计量单位	工程量
1	031001001001	镀锌钢管	1. 安装部位:室内 2. 介质:采暖管道 3. 材质、规格:热镀锌钢管 DN70 4. 连接方式:螺纹连接 5. 给水管道压力试验,消毒、冲洗	m	35.64
2	031001001002	镀锌钢管	1. 安装部位:室内 2. 介质:采暖管道 3. 材质、规格:热镀锌钢管 DN40 4. 连接方式:螺纹连接 5. 给水管道压力试验,消毒、冲洗	m	46.55
3	031001001003	镀锌钢管	1. 安装部位:室内 2. 介质:采暖管道 3. 材质、规格:热镀锌钢管 DN32 4. 连接方式:螺纹连接 5. 给水管道压力试验、消毒、冲洗	m	108.89
4	031001001004	镀锌钢管	1. 安装部位:室内 2. 介质:采暖管道 3. 材质、规格:热镀锌钢管 DN25 4. 连接方式:螺纹连接 5. 给水管道压力试验,消毒、冲洗	m	105.31

续表

序号	项目编码	项目名称	项目特征描述	计量单位	工程量
5	031001001005	镀锌钢管	1. 安装部位:室内 2. 介质:采暖管道 3. 材质、规格:热镀锌钢管 *DN*20 4. 连接方式:螺纹连接 5. 给水管道压力试验,消毒、冲洗	m	573.7
6	031001006001	塑料管	1. 安装部位:室内 2. 介质:采暖管道 3. 材质、规格:PB 塑料 *DN*70 4. 连接方式:螺纹连接 5. 管道压力试验,消毒、冲洗	m	4.4
7	031002001001	管道支架	1. 材质:型钢 2. 管架形式:一般管架	kg	39
8	031003001001	螺纹阀门	1. 类型:闸阀 2. 规格:*DN*40 3. 连接形式:螺纹连接	个	2
9	031003001002	螺纹阀门	1. 类型:闸阀 2. 规格:*DN*32 3. 连接形式:螺纹连接	个	2
10	031003001003	螺纹阀门	1. 类型:平衡阀 2. 规格:*DN*40 3. 连接形式:螺纹连接	个	1
11	031003001004	螺纹阀门	1. 类型:平衡阀 2. 规格:*DN*32 3. 连接形式:螺纹连接	个	1
12	031003001005	螺纹阀门	1. 类型:自动排气阀 2. 规格:*DN*20 3. 连接形式:螺纹连接	个	6
13	031003001006	螺纹阀门	1. 类型:温控阀 2. 规格:*DN*20 3. 连接形式:螺纹连接	个	68
14	031003001007	螺纹阀门	1. 类型:铜截止阀 2. 材质:铜 3. 规格:*DN*20 4. 连接形式:螺纹连接	个	68
15	031003001008	螺纹阀门	1. 类型:手动防风门 2. 规格:*DN*20 3. 连接形式:螺纹连接	个	68
16	031003003001	焊接法兰阀门	1. 类型:闸阀 2. 规格:*DN*70 3. 连接形式:焊接	个	4
17	031003003002	焊接法兰阀门	1. 类型:平衡阀 2. 规格:*DN*70 3. 连接形式:焊接	个	4
18	031003014001	热量表	类型:热量表	块	1
19	03B001	温度传感器	类型:温度传感器	台	4
20	03B002	积分仪	类型:积分仪	台	1
21	031003008001	除污器(过滤器)	1. 类型:Y 型过滤器 2. 规格:*DN*70 3. 连接形式:螺纹连接	组	2
22	030601002001	压力仪表	1. 名称:弹簧压力表 2. 型号:Y-100 3. 规格:0~1.0MPa,精度等级 1.5 级	台	4

续表

序号	项目编码	项目名称	项目特征描述	计量单位	工程量
23	030601001001	温度仪表	1. 名称:温度计 2. 型号:WNG-11 3. 规格:0~150℃	支	2
24	031003001009	螺纹阀门	1. 类型:泄水阀 2. 规格:*DN*15 3. 连接形式:螺纹连接	个	2
25	031005002001	钢制散热器	1. 型号、规格:柱形钢制散热器 2. 片数:20 片 3. 安装方式:距地 500cm 安装 4. 托架:厂配	组	8
26	031005002002	钢制散热器	1. 型号、规格:柱形钢制散热器 2. 片数:18 片 3. 安装方式:距地 500cm 安装 4. 托架:厂配	组	4
27	031005002003	钢制散热器	1. 型号、规格:柱形钢制散热器 2. 片数:15 片 3. 安装方式:距地 500cm 安装 4. 托架:厂配	组	18
28	031005002004	钢制散热器	1. 型号、规格:柱形钢制散热器 2. 片数:14 片 3. 安装方式:距地 500cm 安装 4. 托架:厂配	组	18
29	031005002005	钢制散热器	1. 型号、规格:柱形钢制散热器 2. 片数:13 片 3. 安装方式:距地 500cm 安装 4. 托架:厂配	组	4
30	031005002006	钢制散热器	1. 型号、规格:柱形钢制散热器 2. 片数:12 片 3. 安装方式:距地 500cm 安装 4. 托架:厂配	组	12
31	031005002007	钢制散热器	1. 型号、规格:柱形钢制散热器 2. 片数:11 片 3. 安装方式:距地 500cm 安装 4. 托架:厂配	组	8
32	031208002001	管道绝热	1. 绝热材料品种:橡塑板材 2. 绝热厚度:25mm	m^3	3.60
33	031009001001	采暖工程系统调试	采暖工程系统调试	系统	1
34	031201003001	金属结构刷油	管道支架除锈后刷樟丹防锈漆两道，再刷醇酸磁漆两道	kg	39

3.3 任务三　采暖专业工程软件计算工程量

3.3.1 任务说明

按照办公大厦采暖施工图，采用广联达软件，完成以下工作：

1. 对照采暖专业工程图纸与电子版 CAD 图纸，查看 CAD 电子图纸是否完整；分解并命名各楼层 CAD 图。

2. 根据现行《通用安装工程工程量清单计算规范》（GB 50856—2013）中计算规则，结合采暖专业施工图纸，新建采暖专业工程中采暖供回水管道、套管、散热器、闸阀、平衡阀、自动排气阀、温控阀、截止阀、手动放风阀、泄水阀、过滤器、热量表、温度传感器、积分仪、弹簧压力表、温度计的构件信息，识别 CAD 图纸中包括的管道、套管、散热器、闸阀、平衡阀、自动排气阀、温控阀、截止阀、手动放风阀、泄水阀、过滤器、热量表、温度传感器、积分仪、弹簧压力表、温度计等构件。

3. 汇总计算采暖专业工程量，结合采暖专业工程 CAD 图纸信息，对汇总后的工程量进行集中套用做法，并添加清单项目特征描述，最终形成完整的采暖专业工程工程量清单表，并导出采暖专业 Excel 工程量清单表格。

3.3.2 任务分析

1. 如何查看 CAD 图纸？如何导入 CAD 图纸至安装算量软件 GQI2013 中？如何在安装算量软件中分解各楼层 CAD 图纸并保存命名？

2. 如何结合 CAD 图纸及计算规范，在软件中设置其计算规则？如何对采暖专业工程中的采暖管道、套管、散热器、闸阀、平衡阀、自动排气阀、温控阀、截止阀、手动放风阀、泄水阀、过滤器、热量表、温度传感器、积分仪、弹簧压力表、温度计这些构件进行新建，并结合图纸，对其属性进行修改、添加？如何识别 CAD 图纸中包括的采暖管道、套管、散热器、闸阀、平衡阀、自动排气阀、温控阀、截止阀、手动放风阀、泄水阀、过滤器、热量表、温度传感器、积分仪、弹簧压力表、温度计等构件？

3. 如何汇总计算整个采暖专业及各楼层构件工程量？如何对汇总后的工程量进行集中套用做法并添加清单项目特征描述？如何预览报表并导出采暖专业 Excel 工程量清单表格？

3.3.3 任务实施

1. 新建工程：左键单击“广联达—安装算量软件 GQI2013”（或者可以直接双击桌面“广联达安装算量 GQI2013”图标）→单击“新建向导”进入“新建工程”（如图 3-18 所示），完成案例工程的工程信息及编制信息。

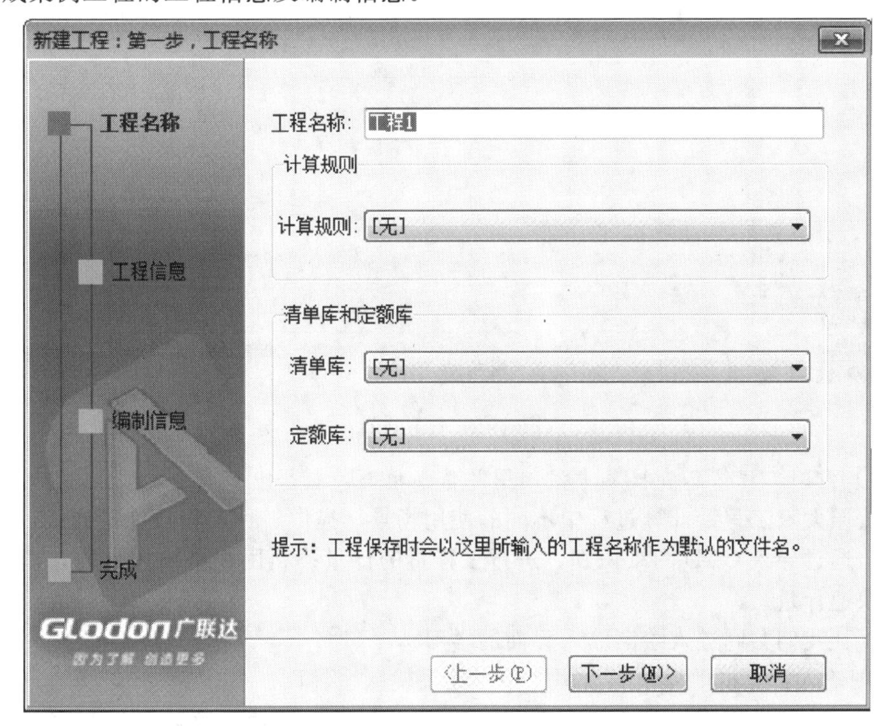

图 3-18 新建工程

2. 工程设置：点击“模块导航栏”工程设置，根据案例工程图纸中“设计说明（一）”和“结构设计说明”的图纸信息，完成案例工程中采暖燃气工程有需要设置的参数项：工程信息→楼层设置→设计说明信息→计算设置→其他设置的参数信息填写。

本案例如图 3-19 和图 3-20 所示。

模块导航栏

工程设置

- 工程信息
- 楼层设置
- 设计说明信息
- 工程量定义
- 量表定义
- 计算设置
- 其它设置

插入楼层　删除楼层　上移　下移

	编码	楼层名称	层高(m)	首层	底标高(m)	相同层数	板厚(mm)
1	5	屋顶层	3.8	☐	15.2	1	120
2	4	第4层	3.8	☐	11.4	1	120
3	3	第3层	3.8	☐	7.6	1	120
4	2	第2层	3.8	☐	3.8	1	120
5	1	首层	3.8	☑	0	1	120
6	-1	第-1层	4	☐	-4	1	120
7	0	基础层	3	☐	-7	1	500

图 3-19　楼层标高设置

【备注】 每次设置完成一个单项后记得点击保存，后续操作都一样。

为避免工程数据丢失，还可以利用“工具”菜单栏中的“选项”，将文件“自动提示保存”的时间间隔根据自己的需要由 15min 调小。

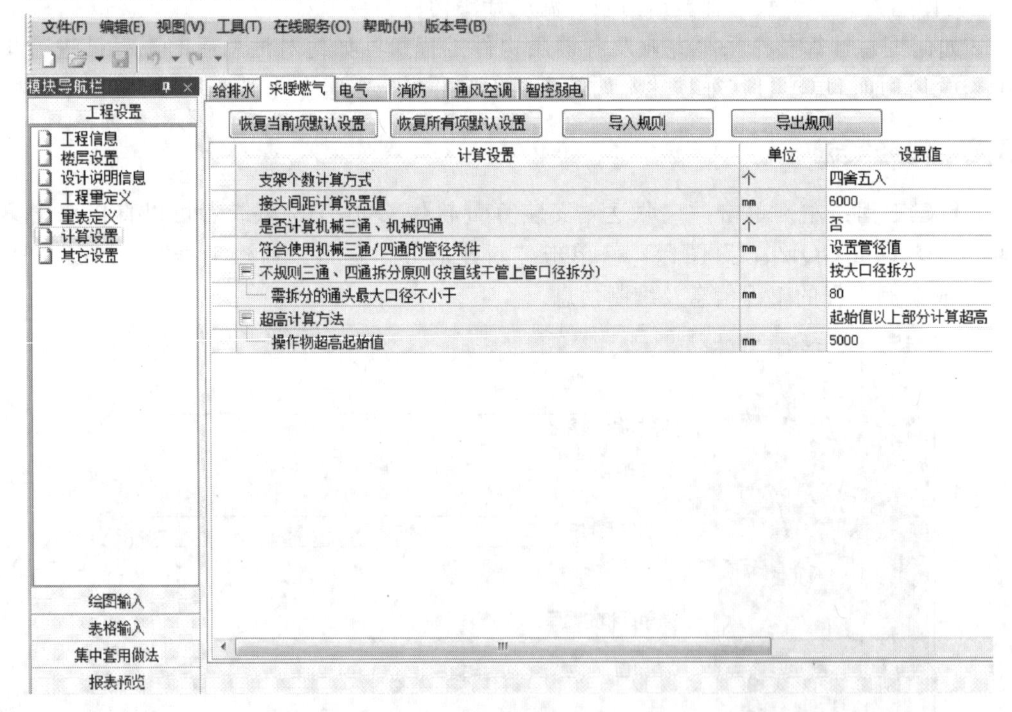

图 3-20　计算设置

【备注】 案例工程信息直接参考案例图片信息填写，整个章节都一样。

软件按照大家工程量计算过程中不同的使用场景，提供多种工程量计量方式：利用绘图输入界面，通过导入 CAD 图纸识别，进行工程量的计量；利用表格输入界面，模拟手工算量过程，快速计量。

首先，让我们共同进入绘图输入界面的学习。

3. 绘图输入：点击“模块导航栏”中“绘图输入”界面。

界面中，按照操作整体流程进行设计。对于采暖燃气专业，整体操作流程是：**定义轴网→导入 CAD 图纸→点式构件识别→线式构件识别→合法性检查→汇总计算→集中套用做**

法界面做法套取→报表预览。

【备注】整个操作流程，亦即按照左侧模块导航栏的构件类型顺序完成识别（点式构件识别→线式构件识别→依附构件识别→零星构件识别）。依据图纸，先识别包括供暖器具、燃气器具、设备在内的点式构件；再识别管道线式构件。好处在于，先识别出点式构件，再识别线式构件时，软件会按照点式构件与线式构件的标高差，自动生成连接二者间的立向管道。管道识别完毕，进行阀门法兰、管道附件这两种依附于管道上的构件的识别。最后，按照图纸说明，补足套管零星构件的计量。

明确整体操作流程后，开始我们的采暖燃气专业算量之旅。

1）定义轴网：点击绘图界面，单击轴网→点击定义→新建轴网→自定义轴网，自行设置轴网参数值，完成一个简洁的轴网，以便 CAD 导图时各楼层的电子图纸的定位（如图 3-21所示）。

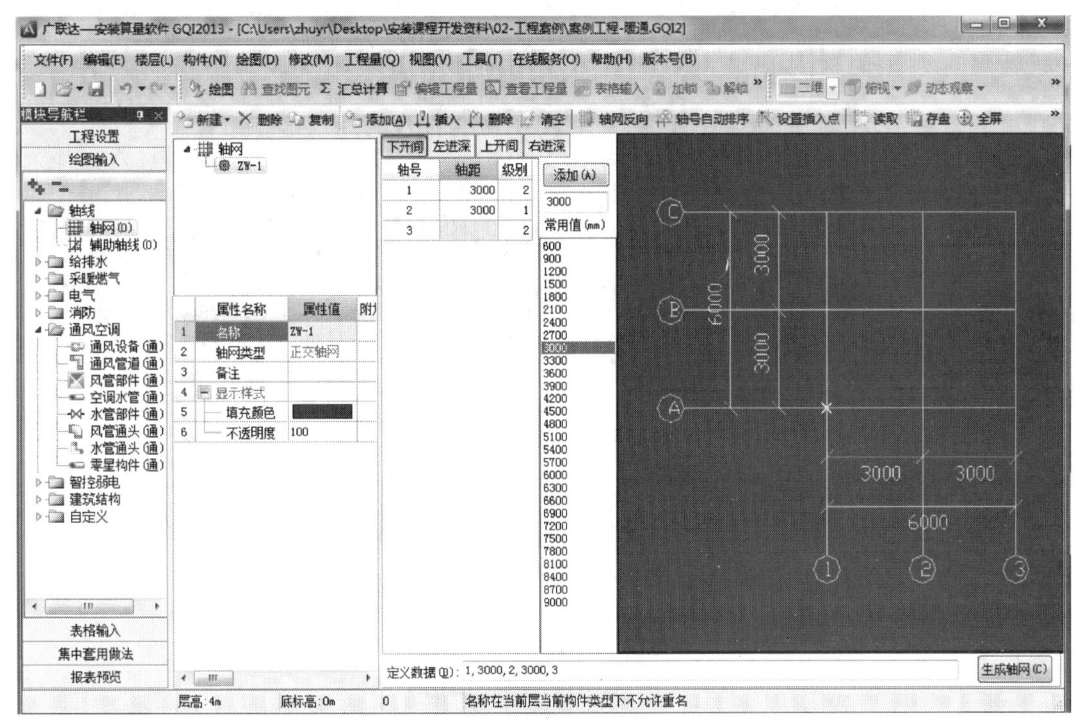

图 3-21　新建轴网

2）导入 CAD 电子图：点击绘图输入界面，单击 CAD 图管理→CAD 草图→点击导入 CAD 图，导入对应楼层的采暖燃气专业工程的 CAD 电子图纸，利用“定位 CAD 图”定位到相应的轴网位置（如图 3-22 所示）。

如要同时导入多张图纸，可以利用“插入 CAD 图”。

【温馨小贴士】对于初学者，可以利用软件提供的以下路径，快速掌握功能的使用。利用状态栏提示信息，例如：点击“定位 CAD 图”后，软件下方给出的提示“指定 CAD 图的基准点，用交点捕捉功能捕获 CAD 轴线交点”（如图 3-23 所示），进行操作；还可以利用“帮助”菜单栏中的“文字帮助”（如图 3-24 所示），查看功能使用方法。

由于实际图纸设计风格的不同，以及实际业务需要，例如：管线敷设因存在三维上下层级关系而断开的情况，软件提供“CAD 识别选项”/“连续 CAD 线之间的误差值（mm）”设置项，方便大家更快提取工程量。具体识别选项的设置，是在工程计量过程中，按照图纸

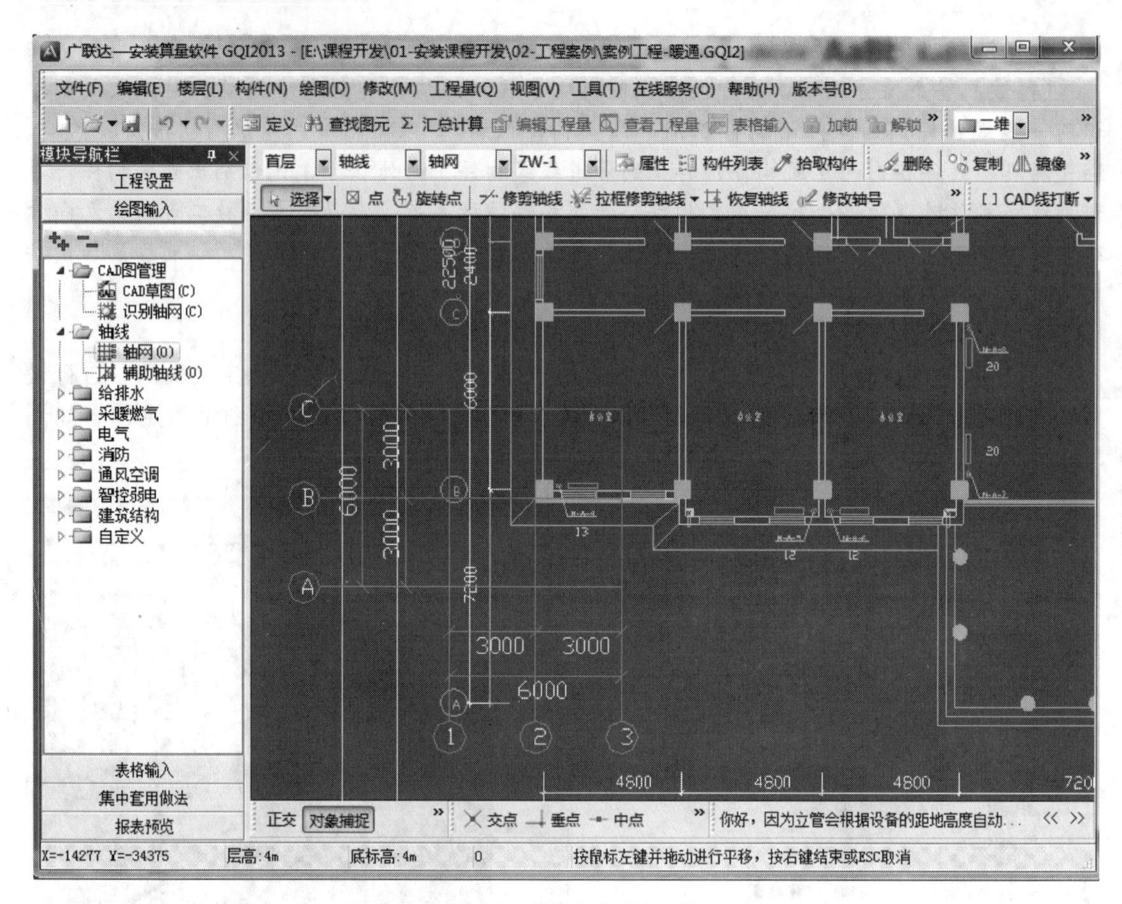

图 3-22 成功定位 CAD 图

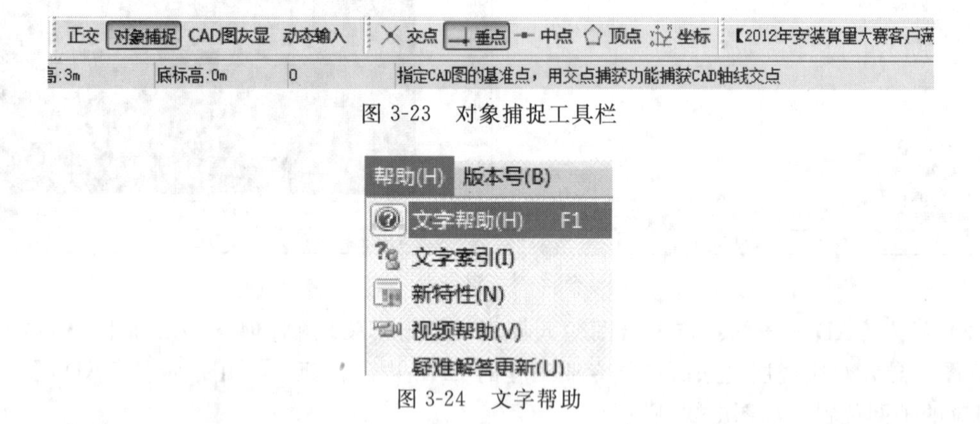

图 3-23 对象捕捉工具栏

图 3-24 文字帮助

设计、业务需求进行设置的。

3）CAD 识别选项：点击“绘图输入”界面，单击“采暖燃气”专业各构件类型（通头管件、零星构件除外）→点击菜单栏“CAD 操作设置”→“CAD 识别”选项，根据图纸设计要求，修改相应的误差值，如图 3-25 所示。

【备注】对于 CAD 识别选项中，拿捏不准的地方，可以借助相应右侧选项示例及选项说明，进行设置。

以上在其他专业中有同样的介绍，可以说是软件中各个不同专业公有部分的介绍。从操作整体流程连贯性考虑，再次带领大家共同回顾一下。下面具体介绍软件中是如何通过智能

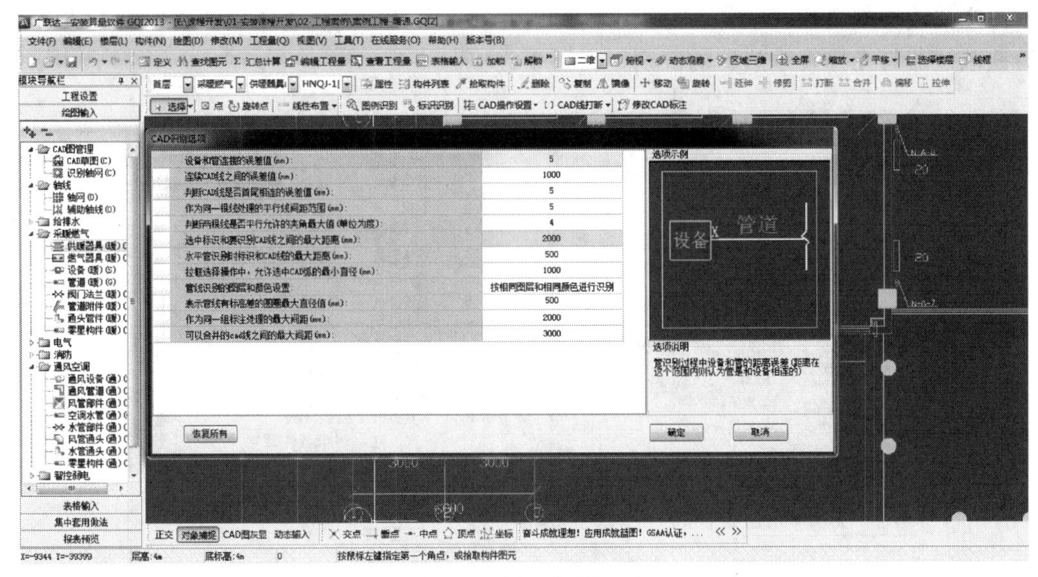

图 3-25　CAD 识别选项

识别完成采暖燃气专业工程量的计取，首先明确一下详细的计取过程：**供暖器具→燃气器具→设备→管道→阀门法兰→管道附件→通头管件→套管（零星构件中）。**当然，也可以通过手动布置图元完成计量（点式图元使用“点”“旋转点”布置，线式图元使用“直线”“三点画弧”系列功能布置）。

4）供暖器具识别：点击“绘图输入”界面，单击采暖燃气专业中“供暖器具”构件类型，新建供暖器具，在其属性值中选择对应的供暖器具并修改相应的供暖器具名称，根据图纸设计要求新建案例工程中存在的供暖器具，在属性编辑器中输入相应的属性值（如图 3-26 所示）。

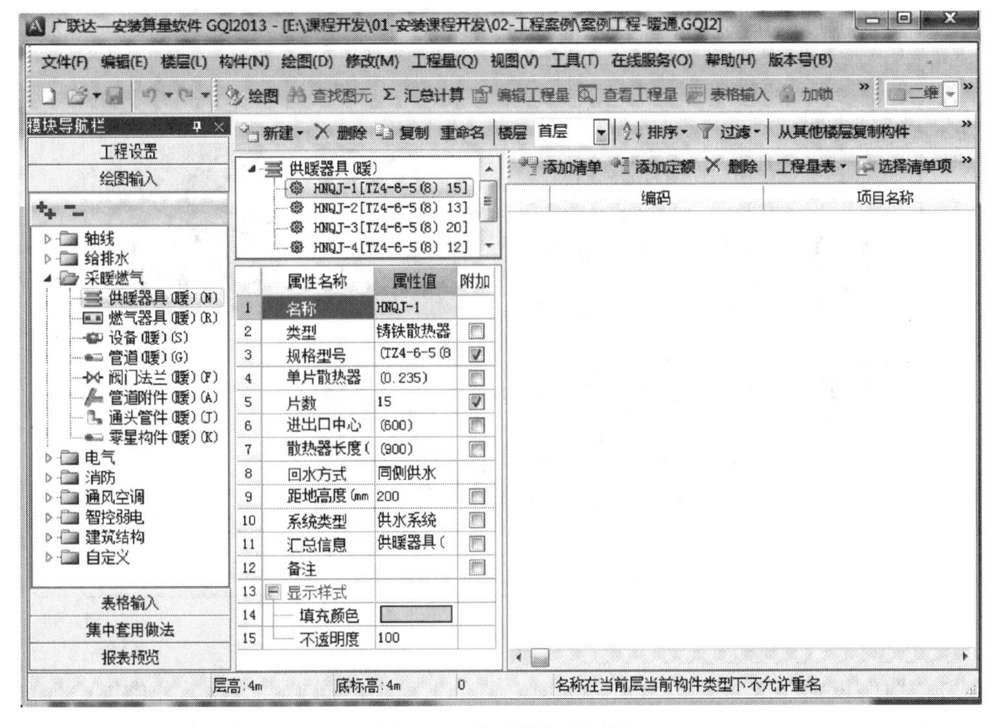

图 3-26　供暖器具的属性

注意修改类型属性，软件中对于不同类型的供暖器具，内置有不同的属性输入范围，例如铸铁散热器与光排管散热器的区别，如图 3-27 所示。

图 3-27 属性编辑器

又因为后续管道与供暖器具的连接方式有多种，针对软件提供的智能识别功能——“散热器连管”（在管道处进行详细说明），配套的，在供暖器具新建构件的属性中提供有“回水方式”这一属性，可以按照实际工程情况进行修改（如图 3-28 所示）。

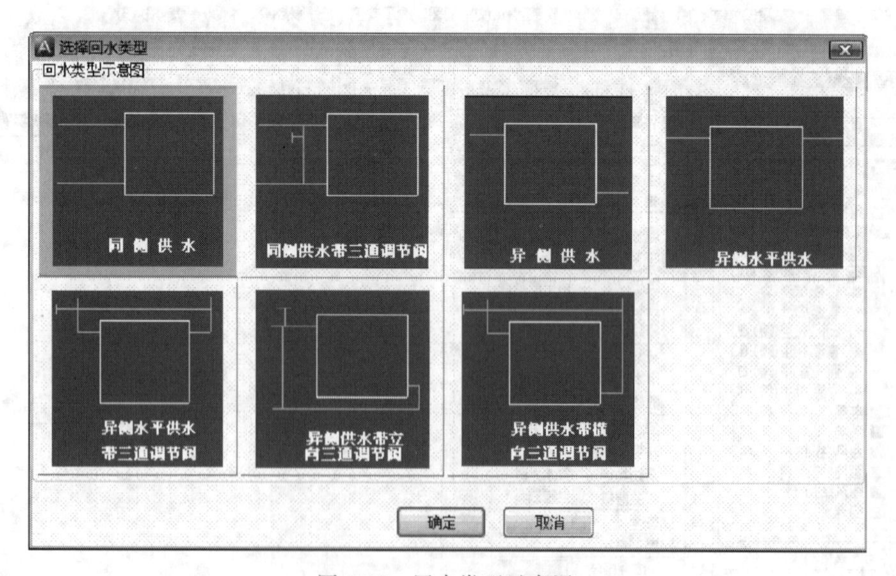

图 3-28 回水类型示意图

点击“图例识别”或“标识识别”选项对整个工程中的同类供暖器具分楼层进行自动识别，案例工程中，建议采用“图例识别”更为便捷。本案例识别完毕如图 3-29 所示。

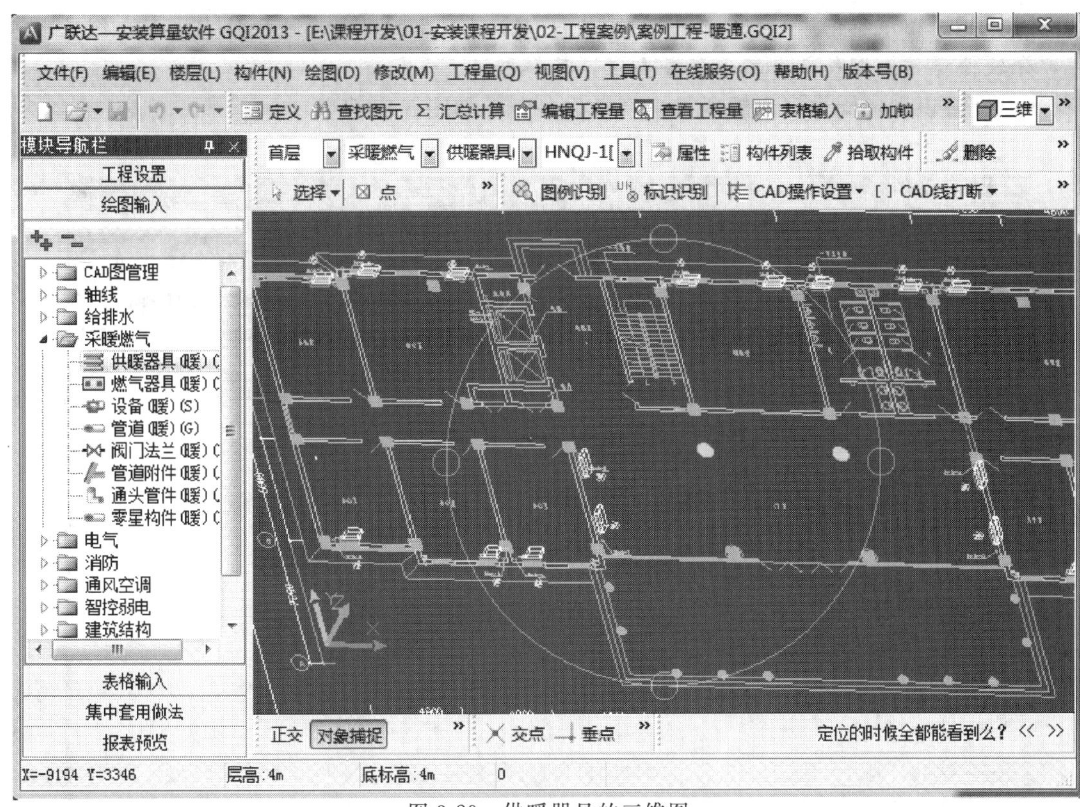

图 3-29 供暖器具的三维图

任务要求：完成对整个采暖燃气工程分楼层供暖器具的识别，并汇总统计各类供暖器具的工程量。

5）燃气器具识别：同供暖器具识别操作一致，如图 3-30 所示。

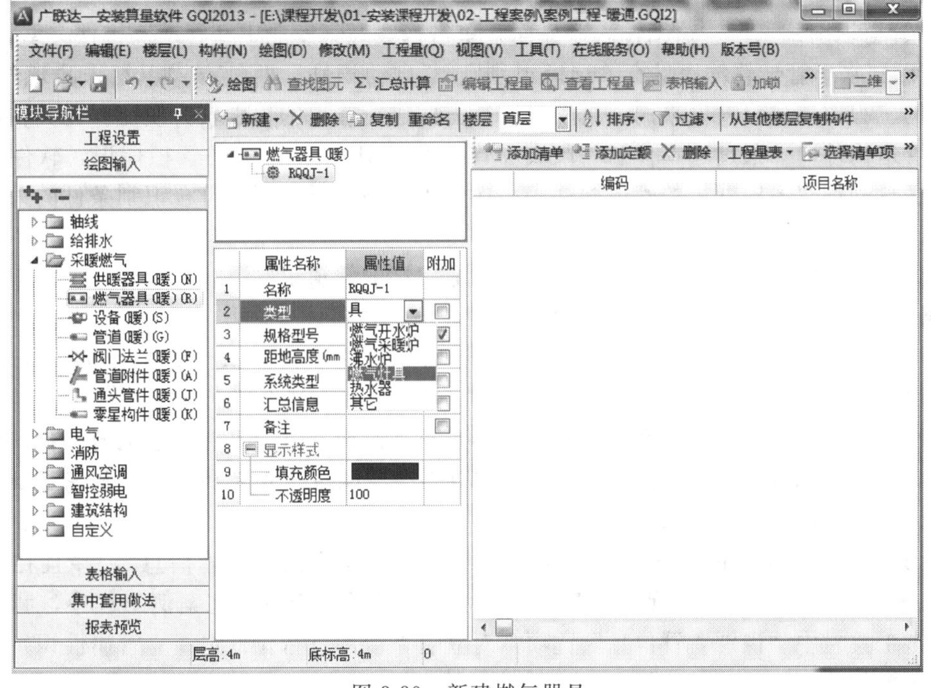

图 3-30 新建燃气器具

【说明】：因该案例工程仅仅只有采暖工程部分实例，所以在软件操作中重点介绍采暖工程部分软件操作。燃气部分不做任务要求，了解即可。

6）设备识别：同供暖采暖器具识别操作一致，如图 3-31 所示。

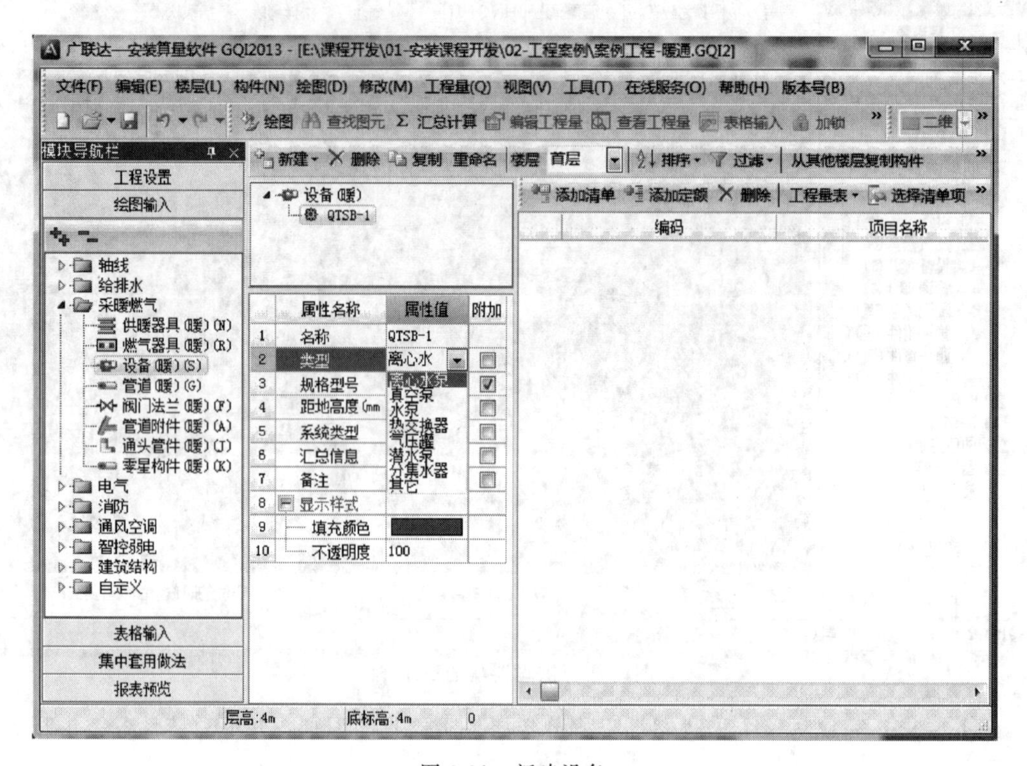

图 3-31 新建设备

【备注】设备部分因案例工程中不存在，不做任务要求，了解即可。

7）管道识别：点击“绘图输入”界面，单击采暖燃气专业中“管道”构件类型。

① 识别水平管，软件提供有“选择识别”、“自动识别”两种方式识别采暖燃气管道。在本案例工程中，建议大家采用“自动识别”方式进行管道的识别较为便捷。尤其在没有手动建立管道构件前，通过选择任意一段表示管线的 CAD 线及对应的管径标识，软件会在管道属性栏自动创建不同管径的管道构件，一次性识别该楼层内所有符合识别条件的采暖燃气水平管。案例工程如图 3-32 所示。

任务要求：完成对整个采暖燃气专业工程分楼层的管道识别，并统计管道长度工程量

【备注】选择识别：选择一根或多根 CAD 线进行识别；

自动识别：选择一根代表管道的 CAD 线和它的对应管径标注（没有也可以不选），一次性可以把该楼层内整个水路的管线识别完毕；案例工程如图 3-33 所示。

修改标注：对于通过如“自动识别”等功能识别后的管道，当存在管道的管径、标高等设计变更或是其他情况时，可以利用“修改标注”完成对管道图元的管径、标高属性值的修改，无需删除已有图元二次识别。

② 识别布置立管，识别方式有“选择识别立管”和“识别立管信息”，并且在工具栏“管道编辑”中选择“布置立管”等选项进行立管手动编辑布置。在案例工程中，我们首先可以点击工具栏中“识别立管信息”选项，对立管系统图进行拉框选择立管属性识别，然后再手动布置相关立管信息。案例工程如图 3-34 所示。

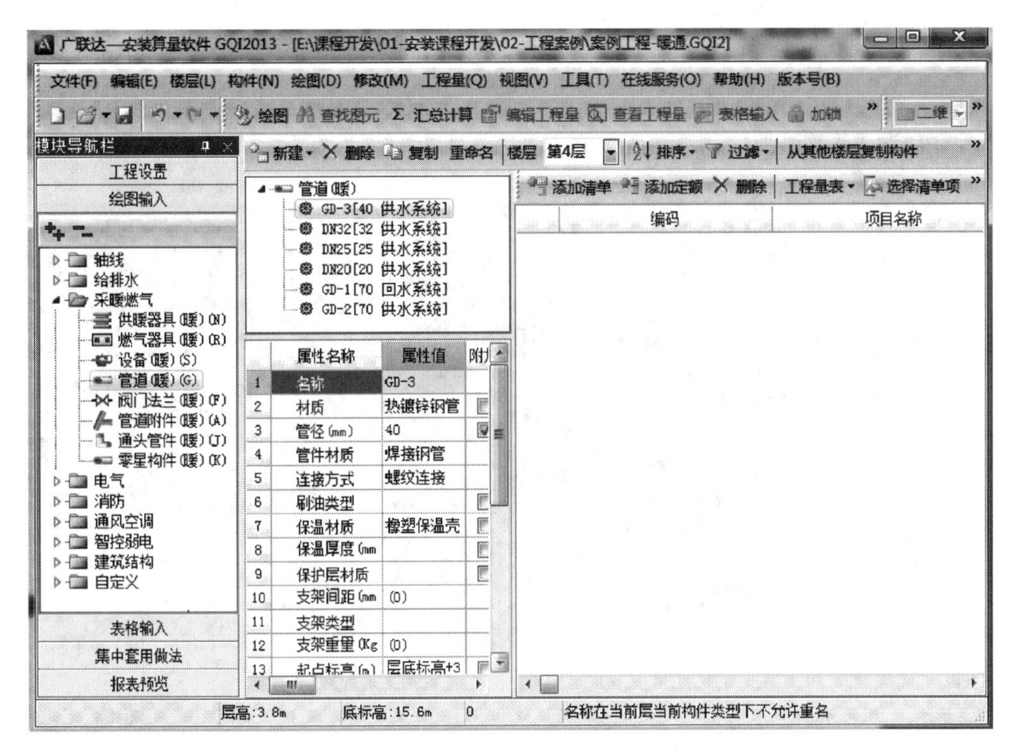

图 3-32 新建管道

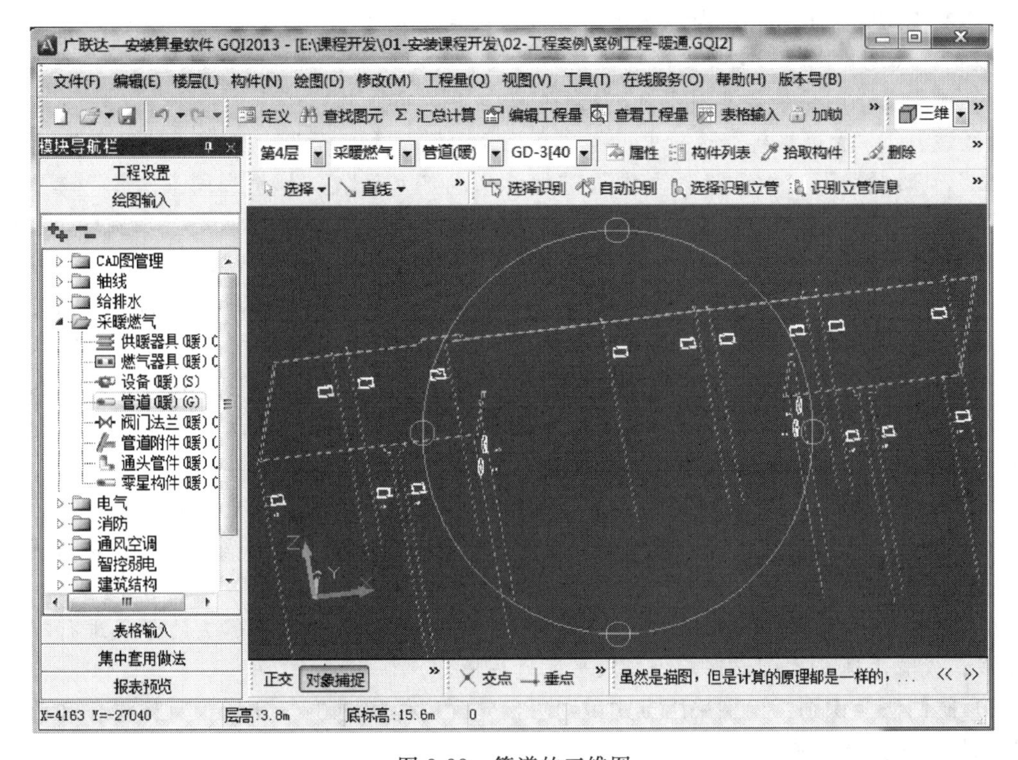

图 3-33 管道的三维图

③ 散热器连管：选择散热器图元后，选择管道图元，根据散热器的回水方式自动生成与散热器连接的水平管和立管。

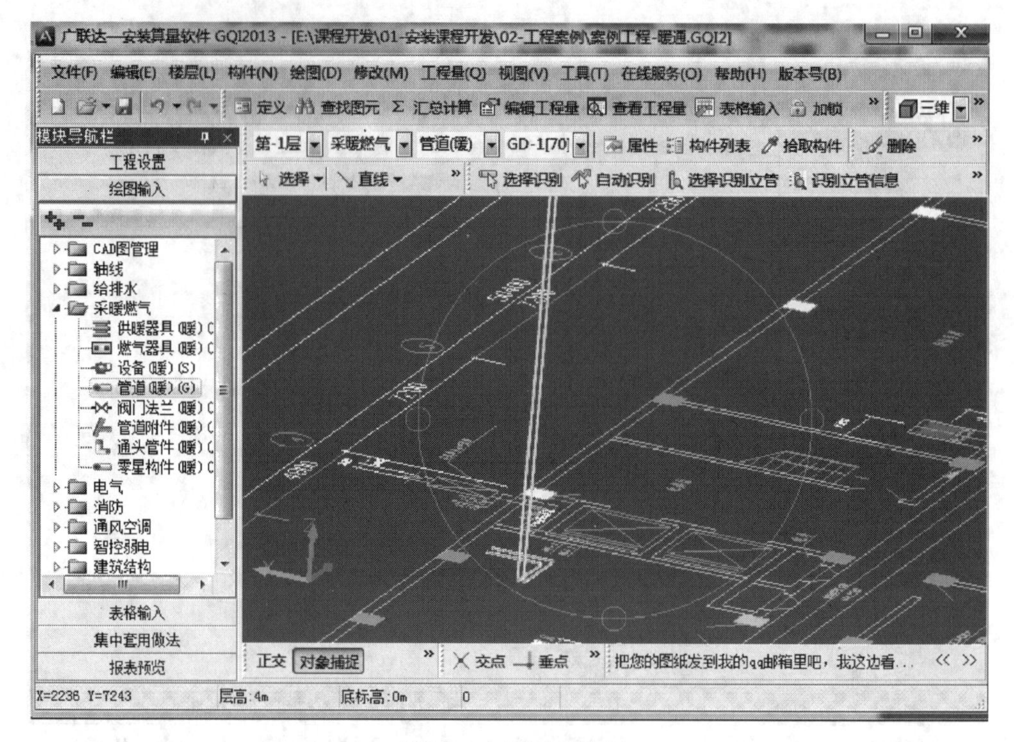

图 3-34 立管三维图

【温馨小贴士】具体管道与散热器的连接方式是同侧供水形式，还是同侧供水带三通调节阀形式，或是其他，一定要在所要连接的供暖器具图元处修改其“回水方式”属性才可以(所以，前期在识别供暖器具图元时，就要做好这些准备工作)。

【备注】①“管道编辑”选项中，有“布置立管”、“扣立管”、“自动生成立管”、“延伸水平管”、“选择管”、“批量选择立管”、“批量生成单立管”、“批量生成多立管”选项。其中，“布置立管”用来解决竖向干管或竖向支管工程量的计取；“扣立管”处理实际工程管道敷设遇到梁、柱等建筑构件需要绕开的业务场景；“自动生成立管”解决两个有标高差的水平管间需要一个立管进行相连的情况；“延伸水平管”处理因图纸上所绘制的立管只是示意而与实际管径相差较大，如此导致与其相连水平管没有延伸到立管中心的问题；“选择管”和“批量选择立管”则可以通过快速选择管道，从而便于批量修改图元属性；“批量生成单立管”和“批量生成多立管”可以快速生成连接设备与水平管间的立向管道。在实际工程中，可以根据具体需要选择相应的功能选项进行操作。

②“设备连线”和“设备连管”，前者是解决两两设备通过管线进行相连的情况，两个设备可以是相同楼层的，也可以是不同楼层的；后者是解决多个设备与一个管道进行连接的问题。

③“生成通头”，针对大小管径不一的时候，可以采用自动生成通头的方式进行节点通头生成；或首次通头生成错误后的二次生成通头操作。

8）阀门法兰识别：识别采用点式识别法，包含构件如图 3-35 所示，具体操作和前面的供暖器具识别操作一致。

对于阀门法兰、管道附件这类依附于管道的图元，需要在识别完所依附的管道图元后再进行识别。通过“图例识别”“标识识别”识别出的阀门法兰，软件会自动匹配出它的规格型号等属性值。

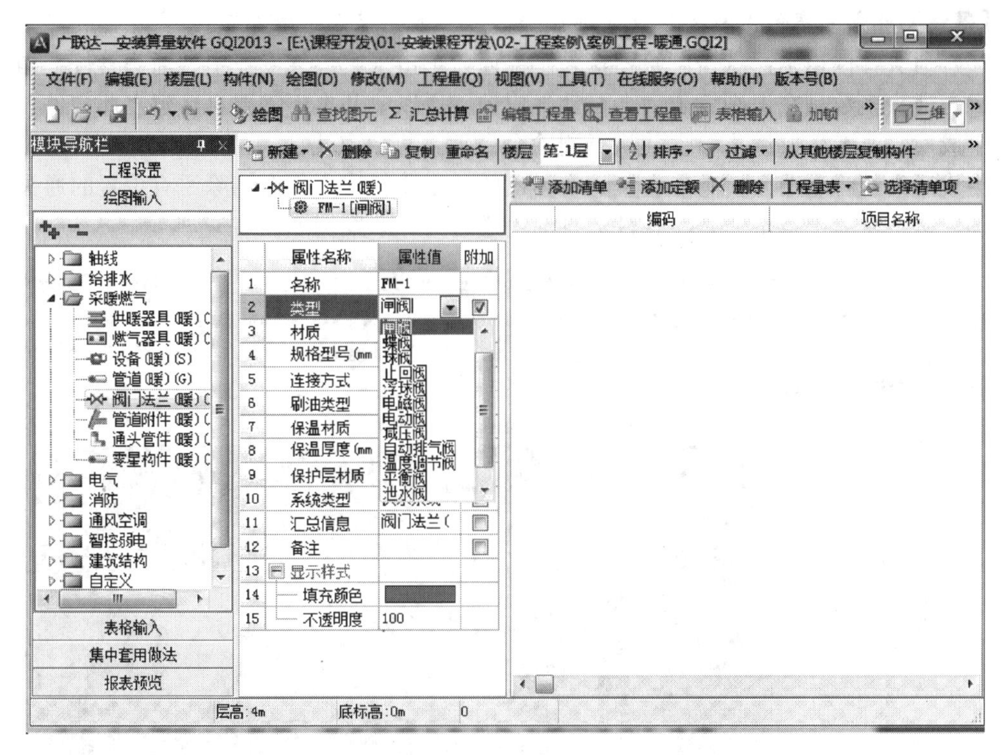

图 3-35 新建阀门法兰

【备注】 此部分案例工程不涉及实际操作，无任务要求，了解即可。

9）管道附件识别 识别采用点式识别法，包含构件如图 3-36 所示，具体操作和前面的供暖器具识别操作一致。

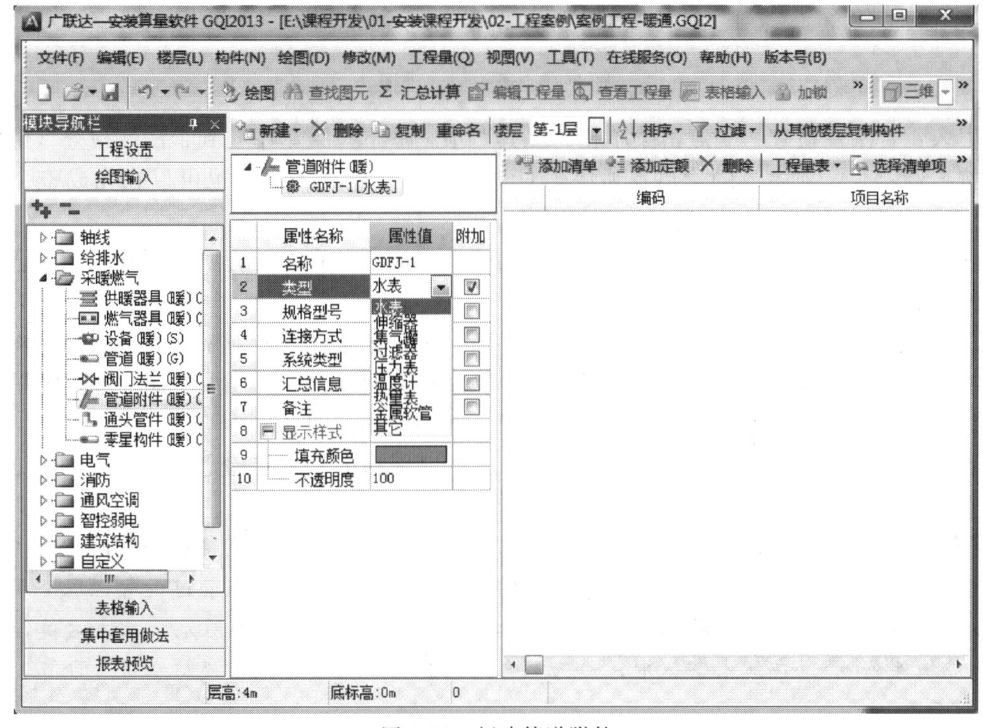

图 3-36 新建管道附件

【备注】此部分案例工程不涉及实际操作，无任务要求，了解即可。

10）通头管件识别：点击“绘图输入”界面，单击采暖燃气专业中“通头管件”构件类型，因为通头多数是在识别管道后会自动生成的，所以，基本不需要自己建立此构件。如果没有生成通头或者生成通头错误并执行删除命令后，可以点击工具栏“生成通头”，拉框选择要生成通头的管道图元，单击右键，在弹出的“生成新通头将会删除原有位置的通头，是否继续”确认窗体中点击“是”软件会自动生成通头。本案例如图 3-37 所示。

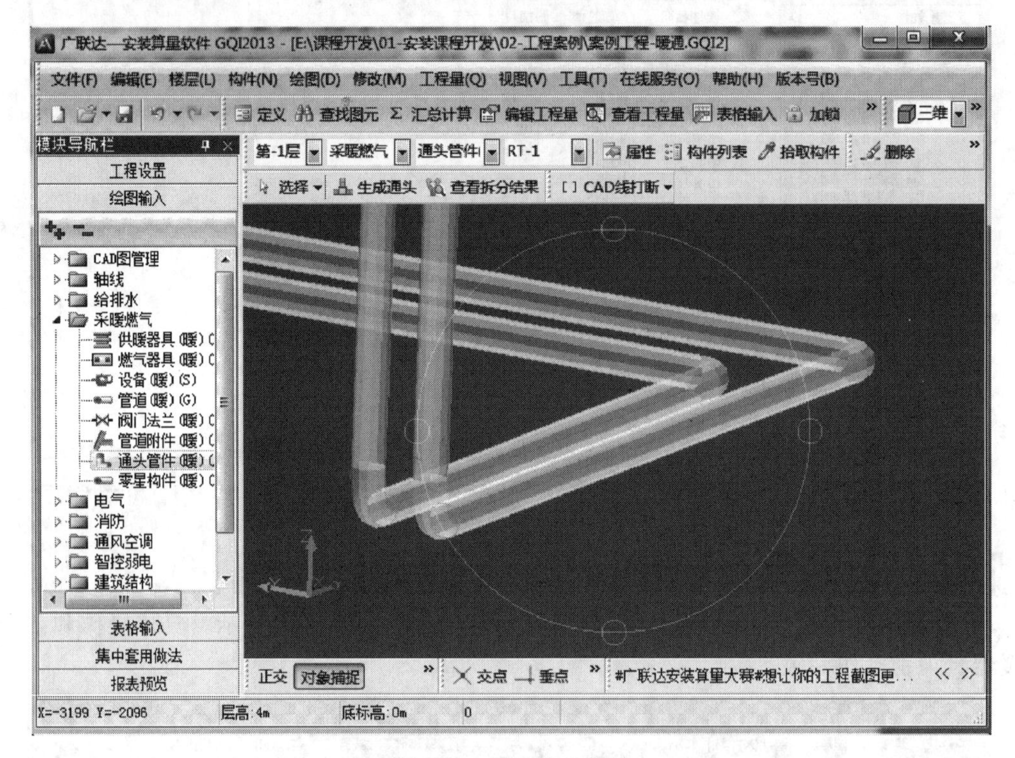

图 3-37　通头的三维图

引入：合法性检查——点击菜单栏“工具”项——下拉菜单中找到合法性检查（也可以直接按 F5 键）——对生成的管道及通头信息进行合法性检查。当然也可以在完成整个采暖（或燃气）工程的计量后，再进行合法性检查。

任务要求：检查整个采暖燃气工程管道的通头生成，并查看工程中是否有图元重合或者其他绘制有问题的情况。

11）零星构件识别：点击“绘图输入”界面，单击采暖燃气专业中“零星构件”构件类型，根据图纸设计要求新建相应的零星构件，在属性编辑器中输入相应的属性值，零星构件有如：一般套管、普通套管、刚性防水套管等。案例工程如图 3-38 所示。

点击工具栏“自动生成套管”，拉框选择已经识别出的需要有套管进行保护的管道后，单击右键自动生成套管。

【备注】“自动生成套管”主要用于采暖（或燃气）管道穿墙或穿楼板套管的生成，软件会自动按照比对应管道的管径大两个号的规则生成套管。对于有按照管道的管径取套管规格的情况，可以利用“自适应构件属性”，选中要修改规格型号的套管图元，点击右键，选择“自适应构件属性”，在弹出窗体中，勾选上自适应属性对应表中的“规格型号”即可，如图 3-39 所示。

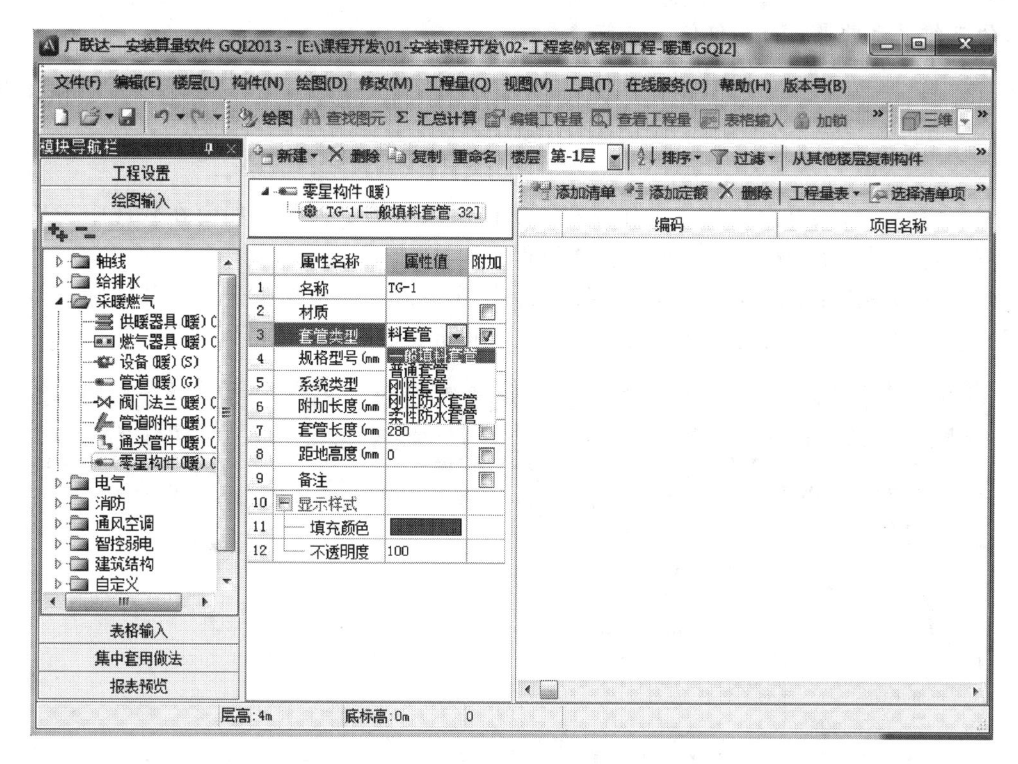

图 3-38　新建零星构件

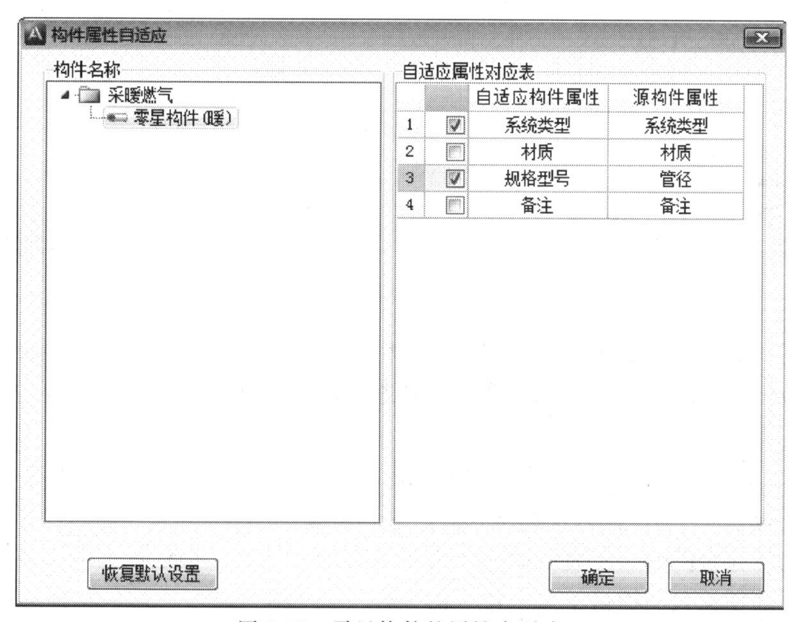

图 3-39　零星构件的属性自适应

任务要求：完成整个采暖燃气工程的分楼层穿墙套管的自动识别，并统计相关零星构件工程量。

【温馨小贴士】在完成了整个采暖（或燃气）工程的工程量计取后，是否想对自己的劳动成果有个更加直观的感受呢？软件提供了三维查看的功能——“动态观察”（如图 3-40 所示），也方便大家对工程进一步进行检查。同时，结合“选择楼层”，可以查看整个工程所有楼层的三维显示效果，而非仅仅是当前楼层了。

二维 俯视 动态观察 区域三维 全屏 缩放 平移 选择楼层

图 3-40　动态观察的工具栏

学习完绘图输入界面的整体操作流程，明确图纸中的工程量是如何在软件中实现计量后，下面再来看一下表格输入界面的操作流程。

4. 表格输入法：表格输入是安装算量的另一种方式，您根据拟建工程的实际进行手动编辑、新建构件、编辑工程量表，最后计算出工程量。如图 3-41 所示。

图 3-41　表格输入界面

对于不同的数据输出需求，可以利用工具栏上的“页面设置”进行个性化设置；同时，软件提供“单元格设置”，方便在实际使用中进行标记，例如：哪些是需要进一步洽商的，可以特殊标记出来。

【备注】 表格输入法主要是针对 CAD 图纸上不能通过识别功能计算的构件，进行手动输入计算；或者在无 CAD 图纸情况下，进行手工算量。

工程量已经在绘图输入及表格输入界面完成计量，那么，做法的套用又该如何完成呢？集中套用做法界面为我们提供了一个便利的平台。

5. 集中套用做法：点击“模块导航栏”→“集中套用做法”，可对整个项目的所有构件进行做法的统一套用，如手动套用“选择清单”（如图 3-42 所示）、“选择定额”，也可以“自动套用清单”，完成整个项目工程的做法套用，从而快速得出工程量做法表。

重点：

本课程不建议在绘图界面套用做法，也不建议自动套用做法，为满足课后后续评分需要，本课程提供“2014 安装实训教程教学专用清单库”，学生 CAD 识别完毕，在集中套用

图 3-42　选择清单

做法环节，从“2014 安装实训教程教学专用清单库”中套用对应项目的 12 位编码清单项。只有这里使用此套用清单方法才能实现后续评分要求。“2014 安装实训教程教学专用清单库”同 CAD 电子图纸及课程资料包一同提供（如图 3-43 所示）。

图 3-43　清单库选择

一个工程中涉及的构件较多，查看起来不方便，可以利用位于导航栏区的构件树进行勾选查看；而对于中间的做法套用规则区域，如数据的分组不能满足您的需求，可以利用“属性分类设置”重新进行选择（如图 3-44 所示），此操作建议在套用做法前完成；位于界面右侧的“构件图元”区，则提供大家对量的途径，双击工程量对应的单元格，软件会反查到相应的界面图元，一个楼层、一个楼层完成对量过程。

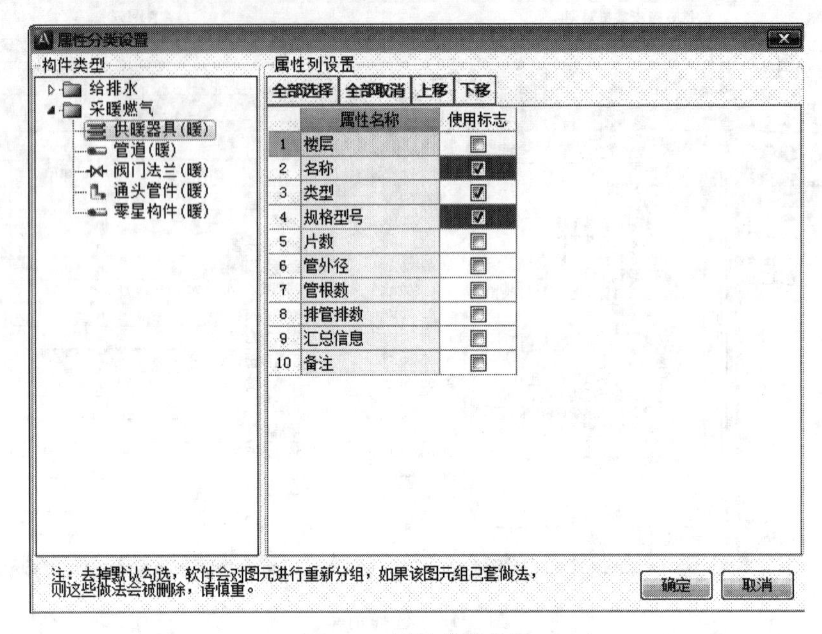

图 3-44　属性分类设置

工程量计取完成，做法也完成套取，整体的成果便在报表预览界面为我们展示了。

6. 汇总计算，报表预览，导出数据：整个工程量计取完毕，并套取了做法，该导出相应的工程量数据了。

点击“模块导航栏”→“报表预览”，注意先行对整个专业工程进行汇总计算。如图 3-45所示。

图 3-45　计算汇总

汇总计算完成后，点击“报表预览”即可以查看采暖燃气专业工程的工程量报表，也可以导出 Excel 格式。如图 3-46 所示。

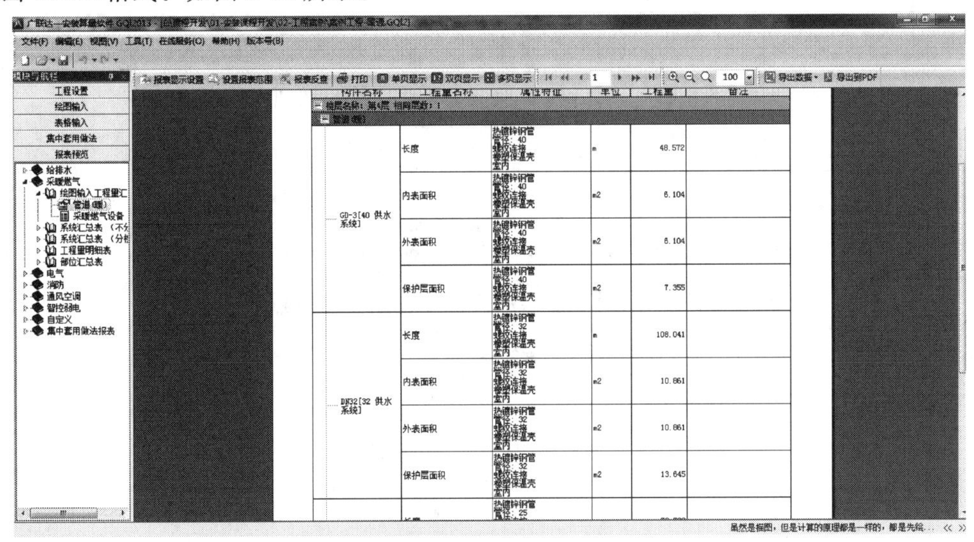

图 3-46 报表预览

【备注】报表预览可以选择查看所完成的专业工程的工程量，同时也可以导出 Excel 文件的形式提交阶段任务作业。同样，像表格输入界面，类似的可以利用“报表显示设置”对表格中需要显示或需要隐藏的工程量进行个性设置；而利用“报表反查”（如图 3-47 所示），则可以反查图元数据到相应的绘图界面的各个楼层中。

报表显示设置 设置报表范围 报表反查 打印

图 3-47 报表反查工具栏

3.3.4 任务总结

1. 安装算量软件中采暖专业工程工程量计算规则必须与图纸及通用安装工程工程量计算规范中规则保持一致。

2. 结合采暖专业案例工程，学会手算与电算结果的汇总对比分析，针对其中比较典型的部分，可以进一步加强对安装专业理论知识的理解和对软件操作应用的熟悉。

3. 安装算量软件汇总计算后报表有五类：分别是绘图输入工程量汇总表，系统汇总表（分楼层）、系统汇总表（不分楼层）、工程量明细表、部位汇总表。查看工程量时，注意区分所需要的工程量对应报表。

4. 采暖案例工程，安装算量软件导出工程量清单表如表 3-6 所示。

表 3-6 广联达办公大厦采暖专业工程工程量清单表

工程名称：案例名称—采暖　　　　专业：采暖

序号	项目编码	项目名称	项目特征描述	计量单位	工程量
1	031001001001	镀锌钢管	1. 安装部位：室内 2. 介质：采暖管道 3. 材质、规格：热镀锌钢管 *DN*70 4. 连接方式：螺纹连接 5. 给水管道压力试验，消毒、冲洗	m	35.64

续表

序号	项目编码	项目名称	项目特征描述	计量单位	工程量
2	031001001002	镀锌钢管	1. 安装部位:室内 2. 介质:采暖管道 3. 材质、规格:热镀锌钢管 DN40 4. 连接方式:螺纹连接 5. 给水管道压力试验,消毒、冲洗	m	46.55
3	031001001003	镀锌钢管	1. 安装部位:室内 2. 介质:采暖管道 3. 材质、规格:热镀锌钢管 DN32 4. 连接方式:螺纹连接 5. 给水管道压力试验,消毒、冲洗	m	108.89
4	031001001004	镀锌钢管	1. 安装部位:室内 2. 介质:采暖管道 3. 材质、规格:热镀锌钢管 DN25 4. 连接方式:螺纹连接 5. 给水管道压力试验,消毒、冲洗	m	105.31
5	031001001005	镀锌钢管	1. 安装部位:室内 2. 介质:采暖管道 3. 材质、规格:热镀锌钢管 DN20 4. 连接方式:螺纹连接 5. 给水管道压力试验,消毒、冲洗	m	573.7
6	031001006001	塑料管	1. 安装部位:室内 2. 介质:采暖管道 3. 材质、规格:PB 塑料 DN70 4. 连接方式:螺纹连接 5. 管道压力试验,消毒、冲洗	m	4.4
7	031002001001	管道支架	1. 材质:型钢 2. 管架形式:一般管架	kg	39
8	031003001001	螺纹阀门	1. 类型:闸阀 2. 规格:DN40 3. 连接形式:螺纹连接	个	2
9	031003001002	螺纹阀门	1. 类型:闸阀 2. 规格:DN32 3. 连接形式:螺纹连接	个	2
10	031003001003	螺纹阀门	1. 类型:平衡阀 2. 规格:DN40 3. 连接形式:螺纹连接	个	1
11	031003001004	螺纹阀门	1. 类型:平衡阀 2. 规格:DN32 3. 连接形式:螺纹连接	个	1
12	031003001005	螺纹阀门	1. 类型:自动排气阀 2. 规格:DN20 3. 连接形式:螺纹连接	个	6
13	031003001006	螺纹阀门	1. 类型:温控阀 2. 规格:DN20 3. 连接形式:螺纹连接	个	68
14	031003001007	螺纹阀门	1. 类型:铜截止阀 2. 材质:铜 3. 规格:DN20 4. 连接形式:螺纹连接	个	68

续表

序号	项目编码	项目名称	项目特征描述	计量单位	工程量
15	031003001008	螺纹阀门	1. 类型:手动防风门 2. 规格:*DN*20 3. 连接形式:螺纹连接	个	68
16	031003003001	焊接法兰阀门	1. 类型:闸阀 2. 规格:*DN*70 3. 连接形式:焊接	个	4
17	031003003002	焊接法兰阀门	1. 类型:平衡阀 2. 规格:*DN*70 3. 连接形式:焊接	个	4
18	031003014001	热量表	类型:热量表	块	1
19	03B001	温度传感器	类型:温度传感器	台	4
20	03B002	积分仪	类型:积分仪	台	1
21	031003008001	除污器(过滤器)	1. 类型:Y 型过滤器 2. 规格:*DN*70 3. 连接形式:螺纹连接	组	2
22	030601002001	压力仪表	1. 名称:弹簧压力表 2. 型号:Y-100 3. 规格:0～1.0MPa,精度等级 1.5 级	台	4
23	030601001001	温度仪表	1. 名称:温度计 2. 型号:WNG-11 3. 规格:0～150℃	支	2
24	031003001009	螺纹阀门	1. 类型:泄水阀 2. 规格:*DN*15 3. 连接形式:螺纹连接	个	2
25	031005002001	钢制散热器	1. 型号、规格:柱形钢制散热器 2. 片数:20 片 3. 安装方式:距地 500cm 安装 4. 托架:厂配	组	8
26	031005002002	钢制散热器	1. 型号、规格:柱形钢制散热器 2. 片数:18 片 3. 安装方式:距地 500cm 安装 4. 托架:厂配	组	4
27	031005002003	钢制散热器	1. 型号、规格:柱形钢制散热器 2. 片数:15 片 3. 安装方式:距地 500cm 安装 4. 托架:厂配	组	18
28	031005002004	钢制散热器	1. 型号、规格:柱形钢制散热器 2. 片数:14 片 3. 安装方式:距地 500cm 安装 4. 托架:厂配	组	18
29	031005002005	钢制散热器	1. 型号、规格:柱形钢制散热器 2. 片数:13 片 3. 安装方式:距地 500cm 安装 4. 托架:厂配	组	4
30	031005002006	钢制散热器	1. 型号、规格:柱形钢制散热器 2. 片数:12 片 3. 安装方式:距地 500cm 安装 4. 托架:厂配	组	12

续表

序号	项目编码	项目名称	项目特征描述	计量单位	工程量
31	031005002007	钢制散热器	1. 型号、规格:柱形钢制散热器 2. 片数:11片 3. 安装方式:距地500cm安装 4. 托架:厂配	组	8
32	031208002001	管道绝热	1. 绝热材料品种:橡塑板材 2. 绝热厚度:25mm	m^3	3.60
33	031009001001	采暖工程系统调试	采暖工程系统调试	系统	1

4 消防专业工程工程量计算实训

【能力目标】

1. 能够熟练识读室内消防水系统、火灾自动报警系统工程施工图。
2. 能够依据图纸手工计算消防工程工程量。
3. 能够依据图纸使用软件计算消防工程工程量。

【知识目标】

1. 了解室内消火栓系统、喷淋系统、火灾自动报警系统的系统原理。
2. 了解室内消火栓系统、喷淋系统、火灾自动报警系统常用材料和项目组成。
3. 熟悉室内消火栓系统、喷淋系统、火灾自动报警系统中的图例。
4. 了解比例尺应用原理。
5. 掌握消防工程工程量清单的编制步骤、内容、计算规则及其格式。

4.1 任务一 消防专业工程图纸及业务分析

4.1.1 任务说明

按照办公大厦消防施工图，完成以下工作：

1. 识读消防专业工程整体施工图，请核查图纸是否齐全，其中图纸包括有设计说明（详见图纸水施-02、水施-03）、材料表（详见图纸水施-03）、平面图（详见图纸水施-07～水施-12）、系统图（详见图纸水施-04）、详图（详见图纸水施-07～水施-12）。

2. 查看消火栓、喷淋系统的分类及系统走向，确定室内外界限的划分，消火栓、喷淋系统管道材质的种类（详见图纸水施-03、水施-07）；弄清消火栓、喷淋系统管道的平面走向、位置（详见图纸水施-04、水施-07～水施-12）；分别查明消防水干管、立管、横管、支管的平面位置与走向（详见图纸水施-04、水施-07～水施-12）；确定消火栓、喷淋系统管道是否需要进行水压试验，消毒冲洗及管道刷油防腐（详见图纸水施-02）。

3. 查找消火栓、喷淋系统中管道支架布置方式及刷油防腐方式。

4. 确定消火栓、喷淋系统中水流指示器、警铃、信号蝶阀、自动排气阀、末端试水装置、消火栓、喷头的种类，查明水流指示器、警铃、信号蝶阀、自动排气阀、末端试水装置、消火栓、喷头的类型、数量、安装位置。

5. 查看火灾自动报警系统的分类及系统走向，确定室内外界限的划分（详见图纸电施-35），查明火灾自动报警系统管线及桥架敷设方式；确定火灾自动报警系统专业工程桥架、配管、配线的敷设方式、材质、规格、型号（详见图纸电施-08）。

6. 确定火灾自动报警系统消防器具探测器、声光报警器、手动报警按钮（带电话插口）、消火栓启泵按钮的种类，查明消防器具探测器、声光报警器、手动报警按钮（带电话插口）、消火栓启泵按钮的类型、数量、安装位置（详见图纸电施-34～电施-39）。

7. 按照现行工程量清单计价规范，结合消防专业工程图纸对消火栓管道、喷淋管道、火灾自动报警管线、管道支架、水流指示器、警铃、信号蝶阀、自动排气阀、末端试水装置、消火栓、喷头、探测器、声光报警器、手动报警按钮（带电话插口）、消火栓启泵按钮等消防器具清单列项并对清单项目编码、项目名称、项目特征、计量单位、计算规则、工作内容进行详细描述。

4.1.2 任务分析

1. 消防专业工程，图纸识读过程中，消火栓管道、喷淋管道、火灾自动报警管线、消防器具、阀门在材料表中的图例是如何表示的（详见图纸水施-03）？平面图（详见图纸水施-07～水施-12）、系统图（详见图纸水施-04）、详图（详见图纸水施-07～水施 12）是如何对应的？

2. 消防专业工程是如何分类的？室内外管道界限应如何划分（详见图纸水施-07）？消火栓、喷淋管道穿越建筑物是否设置保护套管，何处设置，具体要求是怎样的（详见图纸水施-07）？消火栓系统、喷淋系统中管道采用什么敷设方式（详见图纸水施-02）？消火栓系统、喷淋系统管道分别采用什么材质、什么连接方式（详见图纸水施-02）？消火栓系统、喷淋系统管道安装高度如何确定（详见图纸水施-04）？管道采用哪种形式的压力试验及消毒冲洗方式？管道刷油防腐的方法？

3. 消火栓系统、喷淋系统中，管道支架形式、设置要求、刷油防腐是如何规定的？

4. 消火栓系统、喷淋系统中水流指示器、警铃、信号蝶阀、自动排气阀、末端试水装置、消火栓、喷头有哪些种类（详见图纸水施-03）？

5. 火灾自动报警系统中桥架、配管、配线采用什么敷设方式（详见图纸电施-08）？分别采用什么材质、什么连接方式（详见图纸电施-08）？

6. 火灾自动报警系统中探测器、声光报警器、手动报警按钮（带电话插口）、消火栓启泵按钮有哪些种类（详见图纸电施-02）？

7. 消防专业工程中清单管道项目编码如何表示？消火栓管道、喷淋管道、火灾自动报警管线、管道支架、水流指示器、警铃、信号蝶阀、自动排气阀、末端试水装置、消火栓、喷头、探测器、声光报警器、手动报警按钮（带电话插口）、消火栓启泵按钮分别包含什么工作内容，以什么为计量单位，项目特征如何描述，及其工程量是如何计算的？

4.1.3 任务实施

1. 识读消火栓、喷淋施工图，将平面图与系统图对照起来看，水平管道在平面图中体现，在平面图中立管用圆圈表示，相应立管信息在系统中可以看到，其标识包括标高、管径等。消防水管道、水流指示器、警铃、信号蝶阀、自动排气阀、末端试水装置、消火栓、喷头在材料表中图例表示方法如图 4-1 所示。

名称	图例	名称	图例
给水管	JL JL (JL)	淋浴间网框式地漏	(地) H+0mm
地漏	(地) H+0mm	蹲式大便器	(蹲) 脚踏式 H+500mm
污水管	W W (W)	立式小便斗	(小) 红外感应水龙头 H+500mm
透气管	T T (T)	洗脸盆	(脸) 红外感应水龙头 H+800mm
消防管	XH1 XH1 (XH)	坐式大便器	(坐) 6L低水箱 H+500mm
喷淋管	ZP ZP (ZP)	水喷头	
室内消火栓		压力表	
橡胶软接头		温度计	
止回阀		金属软接头	
截止阀		雨水斗	
潜水泵	H+0mm	伸缩节	
闸阀		Y型过滤器	

图 4-1 消防材料图例表

识读火灾自动报警施工图，将平面图与系统图对照起来看，系统图体现配电方式及所用的配管、导线的型号、规格，在平面图中表现消防器具探测器、声光报警器、手动报警按钮（带电话插口）、消火栓启泵按钮的水平位置、线路敷设部位、敷设方法、数量。消防转接箱、探测器、声光报警器、手动报警按钮（带电话插口）、消火栓启泵按钮在材料表中图例表示方法如图 4-2 所示。

图例	名称	型号、规格	安装方式及高度	备注
	消防报警控制柜		落地安装	
B	消防报警控制盘		明装,底距地1.3m	
	感烟探测器		吸顶安装	
	手动报警按钮(带电话插口)		明装,底距地1.5m	
	组合声光报警装置		明装,底距地2.2m	
	报警电话		明装,底距地1.2m	
	消火栓起泵按钮		明装,底距地1.1m	
C	控制模块		明装,底距地2.2m	
S	检测模块		明装,底距地2.2m	
	报警控制器		落地安装	
C	消防模块箱		明装,底距地2.2m	
XFZ	消防转接箱		明装,底距地1.5m	

图 4-2 消防启泵按钮在材料表中图例

2. 消火栓系统施工图，管道由室外引入，室内外界限以外墙皮 1.5m 为准，引入管 X/1、X/2 采用 *DN*100 镀锌钢管，埋设深度 $H-5.2$m。过外墙设 *DN*125 刚性防水套管，埋地引入室内后，经一层的水平干管，分配水流至各消防立管 XL-1、XL-2、XL-3、XL-4。XL-3～XL-4 仅引至地下室消火栓，XL-1～XL-2 立管分别引至地下一层至四层各层支管，各层横管于 $H+1.1$m 处引出。消火栓管道进行压力试验及消毒冲洗。喷淋系统施工图，管道由室外引入，室内外界限以外墙皮 1.5m 为准，引入管 P/1 采用 *DN*100 镀锌钢管，埋设深度 $H-5.2$m。过外墙设 *DN*125 刚性防水套管，埋地引入室内后，经一层的水平干管，水流至消防立管 PL-1。PL-1 立管分别引至地下一层至四层各层支管，各层横管沿板顶敷设至各个喷淋喷头。喷淋管道进行压力试验及消毒冲洗。

3. 管道支架除锈后刷防锈漆两道，管道支架间距如表 4-1 所示，质量暂按 1.5kg/个考虑。

表 4-1 管道支架间距

公称直径/mm		15	20	25	32	40	50	70	80	100	125	150	200	250	300
支架的最大间距/mm	保温管	1.5	2	2	2.5	3	3	4	4	4.5	5	6	7	8	8.5
	不保温管	2.5	3	3.5	4	4.5	5	6	6	6.5	7	8	9.5	11	12

4. 消火栓、喷淋系统施工图中，消防器具有水流指示器、警铃、信号蝶阀、自动排气阀、末端试水装置、消火栓、喷头。喷头有吊顶式喷头和直立式喷头，阀门均在管道上安装，规格即是管道规格。

5. 火灾自动报警系统施工图纸中，电源从室外消防控制中心埋深 $H-4.8$m 处引入，室内外界限以外墙皮 1.5m 为界，进线做 SC50 预埋管，引至报警控制器。报警控制器引出至一至四层消防转接箱，由消防转接箱引出至各个消防器具。

6. 火灾自动报警系统专业工程图纸中，消防器具包括消防转接箱、探测器、声光报警器、手动报警按钮（带电话插口）、消火栓启泵按钮、模块。消防转接箱安装高度距地 1.5m 明装；探测器包括感烟探测器、感温探测器，均是吸顶安装；手动报警按钮（带电话插口）底距地 1.5m 安装；组合声光报警装置底距地 2.2m 安装；消火栓启泵按钮底距地 1.1m 安装；模块包括控制模块和检测模块，安装高度距地 2.2m 明装。

7. 根据《通用安装工程工程量计算规范》（GB 50856—2013），结合广联达办公大厦消防专业工程施工图纸，对该专业工程进行清单列项。详细内容如表 4-2 所示。

表 4-2 广联达办公大厦消防专业工程工程量清单列项

序号	项目编码	项目名称	项目特征描述	计量单位	工程量计算规则	工作内容
1	030901002001	消火栓钢管	1. 安装部位：室内消火栓 2. 材质、规格：*DN*65 3. 连接形式：螺纹连接 4. 材质：镀锌钢管 5. 压力试验及冲洗设计要求：管道消毒、冲洗	m	按设计图示管道中心线以长度计算	1. 管道及管件安装 2. 钢管镀锌 3. 压力试验 4. 冲洗 5. 管道标识
2	030901002002	消火栓钢管	1. 安装部位：室内消火栓 2. 材质、规格：*DN*100 3. 连接形式：螺纹连接 4. 材质：镀锌钢管 5. 压力试验及冲洗设计要求：管道消毒、冲洗	m		

续表

序号	项目编码	项目名称	项目特征描述	计量单位	工程量计算规则	工作内容
3	031002001002	管道支架	1. 材质:型钢 2. 管架形式:一般管架	kg	以千克为单位,按设计图示质量计算	1. 制作 2. 安装
4	031201003002	金属结构刷油	管道支架除锈后刷樟丹防锈漆两道,再刷醇酸磁漆两道	kg	以千克为单位,按设计图示质量计算	1. 除锈 2. 调配、涂刷
5	030901010001	室内消火栓	1. 名称:室内消火栓 2. 型号、规格:单栓	套	按设计图示数量计算	1. 箱体及消火栓安装 2. 配件安装
6	030905002002	水灭火控制装置调试	系统形式:消火栓系统(消火栓按钮)	点	按控制装置的点数计算	调试
7	031002003001	套管	1. 类型:防水套管 2. 材质:刚性 3. 规格:$DN125$	个	按设计图示数量计算	1. 制作安装 2. 除锈刷油
8	031003003001	焊接法兰阀门	1. 类型:闸阀 2. 规格、压力等级:$DN100$ 3. 连接形式:焊接	个	按设计图示数量计算	1. 安装 2. 电气接线 3. 调试
9	030901001001	水喷淋钢管	1. 安装部位:室内喷淋管道 2. 材质、规格:$DN100$ 3. 连接形式:螺纹连接 4. 材质:镀锌钢管 5. 压力试验及冲洗设计要求:管道消毒、冲洗	m	按设计图示管道中心线以长度计算	1. 管道及管件安装 2. 钢管镀锌 3. 压力试验 4. 冲洗 5. 管道标识
10	030901001002	水喷淋钢管	1. 安装部位:室内喷淋管道 2. 材质、规格:$DN80$ 3. 连接形式:螺纹连接 4. 材质:镀锌钢管 5. 压力试验及冲洗设计要求:管道消毒、冲洗	m		
11	030901001003	水喷淋钢管	1. 安装部位:室内喷淋管道 2. 材质、规格:$DN70$ 3. 连接形式:螺纹连接 4. 材质:镀锌钢管 5. 压力试验及冲洗设计要求:管道消毒、冲洗	m		
12	030901001004	水喷淋钢管	1. 安装部位:室内喷淋管道 2. 材质、规格:$DN50$ 3. 连接形式:螺纹连接 4. 材质:镀锌钢管 5. 压力试验及冲洗设计要求:管道消毒、冲洗	m		

续表

序号	项目编码	项目名称	项目特征描述	计量单位	工程量计算规则	工作内容
13	030901001005	水喷淋钢管	1. 安装部位:室内喷淋管道 2. 材质、规格:*DN*40 3. 连接形式:螺纹连接 4. 材质:镀锌钢管 5. 压力试验及冲洗设计要求:管道消毒、冲洗	m	按设计图示管道中心线以长度计算	1. 管道及管件安装 2. 钢管镀锌 3. 压力试验 4. 冲洗 5. 管道标识
14	030901001006	水喷淋钢管	1. 安装部位:室内喷淋管道 2. 材质、规格:*DN*32 3. 连接形式:螺纹连接 4. 材质:镀锌钢管 5. 压力试验及冲洗设计要求:管道消毒、冲洗	m		
15	030901001007	水喷淋钢管	1. 安装部位:室内喷淋管道 2. 材质、规格:*DN*25 3. 连接形式:螺纹连接 4. 材质:镀锌钢管 5. 压力试验及冲洗设计要求:管道消毒、冲洗	m		
16	030901001008	水喷淋钢管	1. 安装部位:室内喷淋管道 2. 材质、规格:*DN*20 3. 连接形式:螺纹连接 4. 材质:镀锌钢管 5. 压力试验及冲洗设计要求:管道消毒、冲洗	m		
17	031002001001	管道支架	1. 材质:型钢 2. 管架形式:一般管架	kg	以千克为单位,按设计图示质量计算	1. 制作 2. 安装
18	031201003001	金属结构刷油	管道支架除锈后刷樟丹防锈漆两道,再刷醇酸磁漆两道	kg	以千克为单位,按设计图示质量计算	1. 除锈 2. 调配、涂刷
19	030901003001	水喷淋(雾)喷头	1. 安装部位:室内顶板下 2. 材质、型号、规格:喷淋喷头 3. 连接形式:无吊顶	个	按设计图示数量计算	1. 安装 2. 装饰盘安装 3. 严密性试验
20	030901006001	水流指示器	1. 名称:水流指示器 2. 规格、型号:*DN*100	个		1. 安装 2. 电气接线 3. 调试
21	030901008001	末端试水装置	1. 名称:末端试水装置 2. 规格:*DN*20	组		
22	030901008002	试水阀	1. 名称:试水阀 2. 规格:*DN*20	组		
23	030904004001	湿式报警阀	名称:湿式报警阀	个		1. 安装 2. 调试

续表

序号	项目编码	项目名称	项目特征描述	计量单位	工程量计算规则	工作内容
24	030905002001	水灭火控制装置调试	系统形式：自动喷淋（水流指示器）	点	按控制装置的点数计算	调试
25	031002003002	套管	1. 类型：防水套管 2. 材质：刚性 3. 规格：DN125	个	按设计图示数量计算	1. 制作安装 2. 除锈刷油
26	031003001001	螺纹阀门	1. 类型：自动排气阀 2. 规格、压力等级：DN25 3. 连接形式：丝接	个		1. 安装 2. 电气接线 3. 调试
27	031003003002	焊接法兰阀门	1. 类型：闸阀 2. 规格、压力等级：DN100 3. 连接形式：焊接	个		
28	031003003003	焊接法兰阀门	1. 类型：信号蝶阀 2. 规格、压力等级：DN100 3. 连接形式：焊接	个		
29	030411001001	配管	1. 名称：钢管 2. 材质：焊接钢管 3. 规格：SC20 4. 配置形式：暗配	m	按设计图示尺寸以长度计算	1. 电线管路敷设 2. 钢索架设 3. 预留沟槽 4. 接地
30	030411001002	配管	1. 名称：钢管 2. 材质：焊接钢管 3. 规格：SC15 4. 配置形式：暗配	m		
31	030411004001	配线	1. 名称：管内穿线 2. 型号：ZRBV 3. 规格：1.5 4. 材质：铜芯线	m	按设计图示尺寸以单线长度计算（含预留长度）	1. 配线 2. 钢索架设 3. 支持体（夹板、绝缘子、槽板等）安装
32	030411004002	配线	1. 名称：管内穿线 2. 型号：ZRBV 3. 规格：2.5 4. 材质：铜芯线	m		
33	030411004003	配线	1. 名称：管内穿线 2. 型号：ZRRVS 3. 规格：2×1.5 4. 材质：铜芯线	m		
34	030411004004	配线	1. 名称：管内穿线 2. 型号：ZRRVVP 3. 规格：2×1.0 4. 材质：铜芯线	m		
35	030411005001	接线箱	1. 名称：消防转接箱 2. 安装形式：明装距地 1.5m	个	按设计图示数量计算	本体安装
36	030904001001	点型探测器	1. 名称：感烟探测器 2. 线制：总线制 3. 类型：点型感烟探测器	个		1. 底座安装 2. 探头安装 3. 校接线 4. 编码 5. 探测器调试

续表

序号	项目编码	项目名称	项目特征描述	计量单位	工程量计算规则	工作内容
37	030904003001	按钮	名称：手动报警按钮（带电话插口）	个	按设计图示数量计算	1. 安装 2. 校接线 3. 编码 4. 探测器调试
38	030904003002	按钮	名称：消火栓启泵按钮	个		
39	030904005001	声光报警器	名称：组合声光报警装置	个		
40	030904006001	消防报警电话插孔（电话）	名称：报警电话	部		
41	030904008001	模块（模块箱）	1. 名称：模块 2. 规格：控制模块 3. 类型：单输入	个		
42	030904009001	区域报警控制箱	1. 名称：报警控制器 2. 总线制 3. 安装方式：落地安装 4. 控制点数量：200 点以下	台		1. 本体安装 2. 校接线 3. 调试
43	030905001001	自动报警系统调试	1. 点数：200 点以下 2. 线制：总线制	系统	按系统计算	系统调试

4.1.4 任务总结

1. 图中所注管道标高均以管中心为准。

2. 消火栓管道、喷淋管道全部采用镀锌钢管，*DN*100 及以下螺纹连接。

3. 管道安装完毕后应进行水压试验，试压及冲洗要求详见《建筑给水排水及采暖工程施工质量验收规范》（GB 50242—2002）。

4.1.5 知识链接

1. 消防专业工程制图标准参照《建筑电气制图标准》（GB/T 50786—2012）。

2. 消防专业工程施工验收规范参照《建筑电气工程施工质量验收规范》（GB 50303—2011）。

3. 消防系统理论知识（系统分类、系统组合、系统基本图式、系统工作原理）

（1）消防系统概况　包括建筑消火栓系统、建筑水喷淋系统、建筑消防报警系统。消防系统主要由三大部分构成：一部分为感应机构，即火灾自动报警系统；另一部分为执行机构，即灭火自动控制系统；还有避难诱导系统（后两部分也可称消防联动系统）。

现场消防设备种类繁多，从功能上可分为三大类：第一类是灭火系统，包括各种介质，如液体、气体、干粉以及喷洒装置，是直接用于灭火的；第二类是灭火辅助系统，用于限制火势、防止灾害扩大的各种设备；第三类是信号指示系统，用于报警并通过灯光与声响来指挥现场人员的各种设备。对应于这些现场消防设备需要有关的消防联动控制装置。

（2）消防系统分类

1）消火栓系统

① 室外消火栓系统　室外消火栓是设置在建筑物外面消防给水管网上的供水设施，主

要供消防车从市政给水管网或室外消防给水管网取水实施灭火，也可以直接连接水带、水枪出水灭火。是扑救火灾的重要消防设施之一。

② 室内消火栓系统　室内消火栓是室内管网向火场供水的、带有阀门的接口，为工厂、仓库、高层建筑、公共建筑及船舶等室内固定消防设施，通常安装在消火栓箱内，与消防水带和水枪等器材配套使用。

③ 消防枪灭火系统　消防枪主要有要灭火和防身两大功能。当局部发生火灾时，立即用右手拇指打开保险，在2～6m内瞄准火源扣动扳机，灭火干粉便会射向火源，把火灾消灭在萌芽状态。该枪特别适用于扑灭石油产品，油漆，有机溶剂，可燃气体和电气设备的初发状态。

④ 消防炮灭火系统　消防炮是远距离扑救火灾的重要消防设备，消防炮分为消防水炮（PS）、消防泡沫炮（PP）两大系列。消防水炮是喷射水，远距离扑救一般固体物质的消防设备，消防泡沫炮是喷射空气泡沫，远距离扑救甲、乙、丙类液体火灾的消防设备。

2）自动喷淋系统

① 闭式系统。

② 开式自动喷水灭火系统。

3）消防电系统的类型，如按报警和消防方式可分为两种。

① 自动报警、人工消防　中等规模的旅馆在客房等处设置火灾探测器。当火灾发生时，在本层服务台处的火灾报警器发出信号（即自动报警），同时在总服务台显示出某一层（或某分区）发生火灾，消防人员根据报警情况采取消防措施（即人工灭火）。

② 自动报警、自动消防　这种系统与上述不同点在于：在火灾发生时自动喷洒水，进行消防。而且在消防中心的报警器附设有直接通往消防部门的电话。消防中心在接到火灾报警信号后，立即发出疏散广播（利用紧急广播系统），并开动消防泵和电动防火门等消防设备，从而实现自动报警、自动消防。

（3）消防工作原理

1）消防水系统　自动喷水灭火系统有多种形式：干式报警阀，预作用灭火装置，雨淋报警阀，湿式报警阀。各种都适用于不同的气候环境和场所。一般最常用的是湿式报警阀，由阀本体阀座、阀瓣等件组成，有阀瓣自重关闭，将阀腔分为上下两部分。为防止水压波动，阀内设计了平衡结构。该系统平时管网中充满压力水，如被保护区发生火灾，喷头处的温度上升，玻璃球破裂（有多种温度型号，一般常用的为红色68℃），一个或多个喷头动作喷洒水时，水开始在湿式系统中流动，管网内压力减小，阀组开启让水不断流向湿水区。同时启动水力警铃，压力开关发出报警信号到消防控制室。在消防控制主机设置成自动状态时，压力开关信号会自动启动水泵房的喷淋泵，水泵启动，向管网内供水，起到自动灭火的效果（如图4-3所示）。

2）消防电系统　在现场的每个探测器及模块等都有自己独立的地址，报警主机通过发码和解码电路来进行识别的。报警主机在单位时间内会向现场设备发出一组信号，再收回来来检测现场设备运行状态。当现场设备检测到火警或短路时，报警主机发出信号检测到这一设备时会收到与设备正常运行信号不同的信息。经过判断，得出是否火警或开路。如火警就在报警主机上显示，并且根据事先预置好的联动程序，对外围设备发出指令。如是设备断路或损坏，在报警主机显示故障。这就自动报警主机简单的工作原理。

4. 工程量清单项目设置情况（项目特征描述的内容、综合的工作内容、工程量计算规则，摘录2013清单计价规范部分内容）

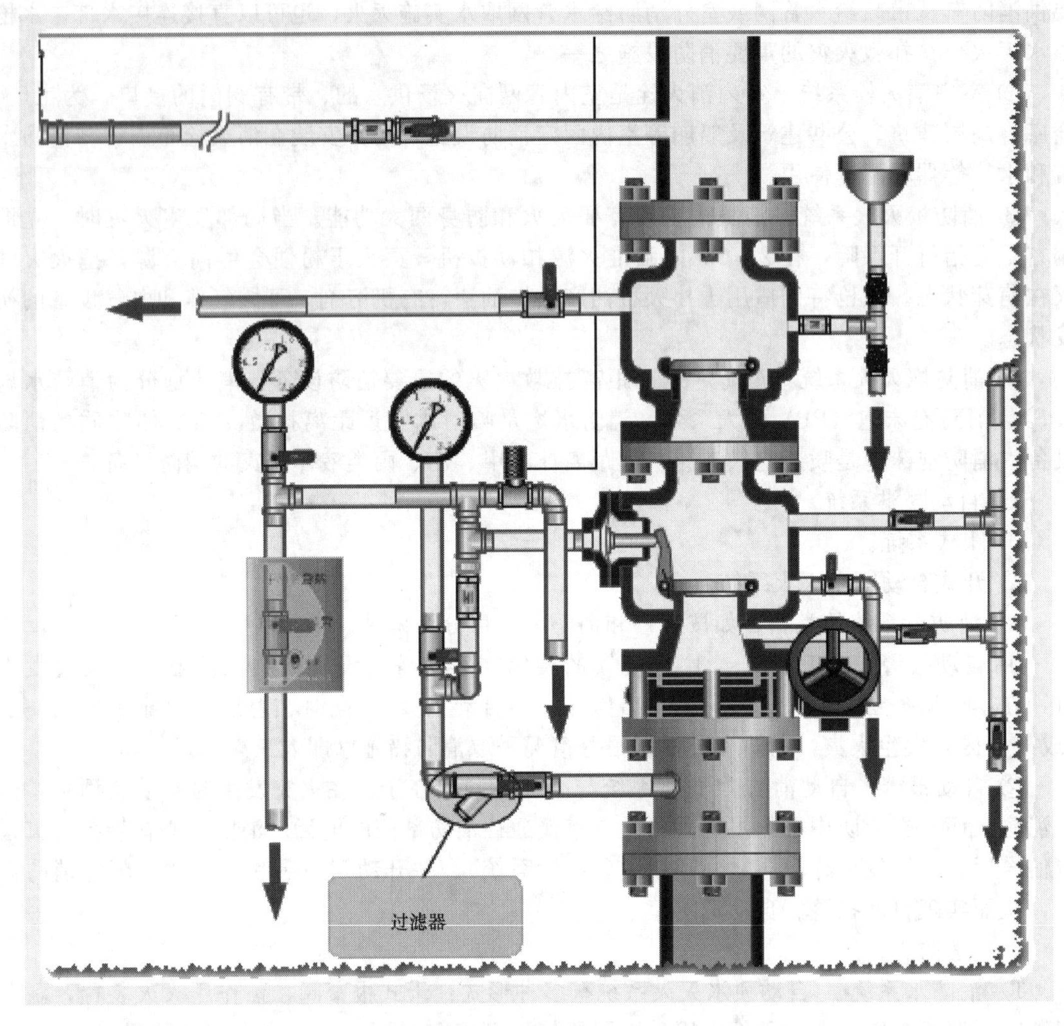

图 4-3　消防水系统图

(1) 工程概况

1) 2013 版《建设工程工程量清单计价规范》附录 I 消防工程适用于采用工程量清单计价的新建、扩建的消防工程。其内容包括消防水管道、消防附件、消防器具等。

2) 消防管道如需进行探伤，应按本《规范》附录 H 工业管道工程相关项目编码列项。

3) 消防管道上的阀门、管道及设备支架、套管制作安装，应按本《规范》附录 J 给排水、采暖、燃气工程相关项目编码列项。

4) 本章管道及设备除锈、刷油、保温除注明外，均应按本《规范》附录 L 刷油、防腐蚀、绝热工程相关项目编码列项。

5) 消防工程措施项目，应按本《规范》附录 M 措施项目相关项目编码列项。

(2) 清单列项

1) 水灭火管道工程量计算，不扣除阀门、管件及各种组件所占长度以延长米计算。

2) 水喷淋（雾）喷头安装部位应区分有吊顶、无吊顶。

3) 报警装置适用于湿式报警装置、电动雨淋报警装置、预制作用报警装置等报警装置安装。报警装置安装包括装配管（除水力警铃进水管）的安装，水力警铃进水管并入消防管道工程量。

4）温感式水幕装置，包括给水三通至喷头、阀门间的管道、管件、阀门、喷头等全部内容的安装。

5）末端试水装置，包括压力表、控制阀等附件安装、末端试水装置安装中不含连接管及排水管安装，其工程量并入消防管道。

6）室内消火栓，包括消火栓箱、消火栓、水枪、水龙头、水龙带接扣、自救卷盘、挂架、消防按钮；落地消火栓箱包括箱内手提灭火器。

7）室外消火栓，安装方式为地上式、地下式；地上式消火栓安装包括地上式消火栓、法兰接管、弯管底座；地下式消火栓安装包括地下式消火栓、法兰接管、弯管底座或消火栓三通。

8）消防水泵接合器，包括法兰接管及弯头安装，接合器井内阀门、弯管底座、标牌等附件安装。

9）消防报警系统配管、配线、接线盒均应按本《规范》附录D电气设备安装工程相关项目编码列项。

10）点型探测器包括火焰、烟感、温感、红外光束、可燃气体探测器等。

11）自动报警系统，包括各种探测器、报警器、报警按钮、报警控制器、消防广播、消防电话等组成的报警系统，按不同点数以系统计算。

12）水灭火控制装置，自动喷洒系统按水流指示器数量以点（支路）计算；消火栓系统按消火栓启泵按钮数量以点计算；消防水炮系统按水炮数量以点计算。

5. 设备及设施种类、功能、安装要求（消火栓、喷头、探测器等）

（1）消火栓系统

1）室内消火栓箱　消火栓箱是将室内消火栓、消防水龙带、消防水枪及电气设备集装于一体，并明装、暗装或半暗装于建筑物内的具有给水、灭火、控制、报警等功能的箱状固定式消防装置。按照水龙带的安置方式分有挂置式、卷盘式、卷置式和托架式。室内消火栓是具有内扣式接头的角形截止阀，分为单阀和双阀两种。进口向下和消防管道相连，出口与水龙带相连。直径规格有 *DN*50 和 *DN*65 两种，对应的水枪最小流量分别是 2.5L/s 和 5L/s。双出口消火栓为 *DN*65，用于每支水枪最小流量不小于 5L/s。

2）消防水泵接合器　水泵接合器是消防车和机动泵向室内消防管网供水的连接口，水泵接合器的接口直径有 *DN*65 和 *DN*80 两种，分为地上式、地下式、墙壁式三种类型。

3）灭火器　灭火器的种类很多，按充装的灭火剂分为：水基型灭火器、干粉灭火器（如图 4-4 所示）、二氧化碳灭火器、洁净气体灭火器。按驱动灭火器的压力型式分为：贮气瓶式灭火器和贮压式灭火器。按其移动方式可分为：手提式和推车式；按驱动灭火剂的动力来源可分为：储气瓶式、储压式、化学反应式；按所充装的灭火剂则又可分为：泡沫、干粉、卤代烷、二氧化碳、酸碱、清水等。

图 4-4　干粉灭火器

（2）自动喷淋系统

1）水喷头　喷头是自动喷水灭火系统的关键部件，担负着探测火灾、启动系统和喷水灭火的作用。分为闭式喷头和开式喷头。

2）报警阀　报警阀的作用是接通或切断水源；输送报警信号，启动水力警铃；防止水倒流。其类型包括湿式、干式、雨淋阀、预作用报警阀。常见为湿式报警阀，主要有湿式阀、延迟器、水力警铃及压力开关组成。

3）水流指示器　水流指示器，其作用在于当失火时喷头开启喷水，或者管道发生泄露或以外损坏时，有水流过装有水流指示器的管道，则水流指示器即发出区域水流信号，起辅助电动报警作用。

4）末端试水装置　末端试水装置由试水阀、压力表以及试水接头组成。末端试水装置安装在系统管网或分区管网的末端，是检验系统启动、报警及联动等功能的装置。

(3) 火灾自动报警系统

1）触发器　触发器是指通过自动或手动产生火灾报警信号的装置，自动触发器包括各种火灾探测器、水流指示器等，手动装置是指手动报警按钮。火灾探测器根据探测对象不同分为感温式、感烟式、感光式等。

2）火灾自动报警装置　是指火灾自动控制器，由触发器传来的报警信号，通过火灾自动报警器，指示火灾发生的位置，发出控制信号，联动各种灭火控制设备，发生作用。

3）报警装置　火灾被确认后，报警装置自动或手动向外界通报发生火灾的设备，有火警铃、警笛、广播等。

4）电源 消防工程中的电源，一般称为不间断电源，是向触发器、火灾自动报警装置等提供电能的设备。

4.2　任务二　消防专业工程手工计算工程量

4.2.1　任务说明

按照办公大厦消防专业施工图，完成以下工作：

1. 根据现行《通用安装工程工程量清单计算规范》(GB 50856—2013)，结合消火栓专业施工图纸，顺着水流，找出消火栓系统管道走向，并且找出管道支架计算公式；计算消火栓管道 XL-1～XL-4、各层消防支管、管道支架的工程量。

2. 根据现行《通用安装工程工程量清单计算规范》(GB 50856—2013)，结合消火栓专业施工图纸，计算穿墙套管 *DN*125、闸阀 *DN*100、消火栓的工程量。

3. 根据现行《通用安装工程工程量清单计算规范》(GB 50856—2013)，结合喷淋系统施工图纸，顺着水流，找出喷淋系统管道走向，并且找出管道支架计算公式；计算喷淋管道 PL-1、各层喷淋支管、管道支架的工程量。

4. 根据现行《通用安装工程工程量清单计算规范》(GB 50856—2013)，结合喷淋专业施工图纸，计算穿墙套管 *DN*125、闸阀 *DN*100、警铃、水流指示器 *DN*100、信号蝶阀 *DN*100、自动排气阀 *DN*25、试水阀 *DN*20、末端试水装置 *DN*20、喷头的工程量。

5. 根据现行《通用安装工程工程量清单计算规范》(GB 50856—2013)，结合自动报警系统施工图纸，计算电话线、消火栓启泵线、信号线、电源线及其配管工程量。

6. 根据现行《通用安装工程工程量清单计算规范》(GB 50856—2013)，结合自动报警系统施工图纸，计算消防转接箱、感烟探测器、手动报警按钮（带电话插口）、组合声光报警装置、报警电话、消火栓启泵按钮、控制模块、报警控制器工程量。

7. 结合本案例工程的图纸信息，根据现行《通用安装工程工程量清单计算规范》(GB 50856—2013)，描述工程量清单项目特征，编制完整的消防专业工程工程量清单。

4.2.2　任务分析

1. 消火栓系统图纸中，消火栓管道是如何标注的？管道及管道支架的计量单位是什么？

管道支架的计算公式是如何表示的？

2. 现行《通用安装工程工程量清单计算规范》（GB 50856—2013）中，套管、阀门、消火栓的计量单位及计算规则是如何规定的？

3. 喷淋系统图纸中，喷淋管道是如何标注的？管道及管道支架的计量单位是什么？管道支架的计算公式是如何表示的？

4. 现行《通用安装工程工程量清单计算规范》（GB 50856—2013）中，套管、警铃、水流指示器 *DN*100、信号蝶阀 *DN*100、自动排气阀 *DN*25、试水阀 *DN*20、末端试水装置 *DN*20、喷头的计量单位及计算规则是如何规定的？

5. 火灾自动报警系统图纸中，电话线、消火栓启泵线、信号线、电源线及其配管分别是如何标注的？

6. 现行《通用安装工程工程量清单计算规范》（GB 50856—2013）中，消防转接箱、感烟探测器、手动报警按钮（带电话插口）、组合声光报警装置、报警电话、消火栓启泵按钮、控制模块、报警控制器是如何计算的？

7. 消防专业工程量清单编制过程中，镀锌钢管、穿墙套管 *DN*125、闸阀 *DN*100、消火栓、警铃、水流指示器 *DN*100、信号蝶阀 *DN*100、自动排气阀 *DN*25、试水阀 *DN*20、末端试水装置 *DN*20、喷头、SC 管、BV 线、消防转接箱、感烟探测器、手动报警按钮（带电话插口）、组合声光报警装置、报警电话、消火栓启泵按钮、控制模块、报警控制器的清单项目特征如何描述？清单项目编码、项目名称如何表示？

4.2.3 任务实施

1. 消火栓系统施工图中，管道由室外引入，室内外界限以外墙皮 1.5m 为准，引入管 X/1、X/2 采用 *DN*100 镀锌钢管，埋设深度 *H*－5.2m。过外墙设 *DN*125 刚性防水套管，埋地引入室内后，经一层的水平干管，分配水流至各消防立管 XL-1、XL-2、XL-3、XL-4。XL-3～ XL-4 仅引至地下室消火栓，XL-1～XL-2 立管分别引至地下一层至四层各层支管，各层横管于 *H*＋1.1m 处引出，接至各个消火栓。管道支架计算公式：管道支架工程量 *N*(kg)＝管道长度（m）/管道支架间距（m）×单个支架质量（暂按 1.5kg/个考虑）。

2. 消火栓系统工程量计算时，套管、阀门、消火栓箱均按照设计图示数量，以“个”计算。

3. 喷淋系统施工图中，管道由室外引入，室内外界限以外墙皮 1.5m 为准，引入管 P/1 采用 *DN*100 镀锌钢管，埋设深度 *H*－5.2m。过外墙设 *DN*125 刚性防水套管，埋地引入室内后，经一层的水平干管，水流至消防立管 PL-1。PL-1 立管分别引至地下一层至四层各层支管，各层横管沿板顶敷设至各个喷淋喷头。管道支架计算公式：管道支架工程量 *N*(kg)＝管道长度(m)/管道支架间距(m)×单个支架重量（暂按 1.5kg/个考虑）。

4. 喷淋系统工程量计算时，套管、闸阀、警铃、水流指示器 *DN*100、信号蝶阀 *DN*100、自动排气阀 *DN*25、试水阀 *DN*20、末端试水装置 *DN*20、喷头均按照设计图示数量，以“个”计算。

5. 火灾自动报警系统施工图中，电源从室外消防控制中心埋深 *H*－4.8m 处引入，室内外界限以外墙皮 1.5m 为界，进线做 SC50 预埋管，引至报警控制器。报警控制器引出自一至四层消防转接箱，由消防转接箱引出至各个消防器具。

6. 火灾自动报警系统工程量计算时，消防转接箱、感烟探测器、手动报警按钮（带电话插口）、组合声光报警装置、报警电话、消火栓启泵按钮、控制模块、报警控制器均按照设计图示数量，以“个”计算。

7. 根据现行《通用安装工程工程量清单计算规范》(GB 50856—2013)，结合消防专业施工图，项目编码为12位数，在计算规范原有的9位清单编码的基础上，补充后3位自行编码；清单项目名称及项目单位、计算规则均应与计算规范中的规定保持一致。

8. 消防专业工程工程量计算表见表4-3所示。

表4-3 消防专业工程工程量计算表

序号	项目名称	计 算 式	工程量	单位	备注
一	消火栓系统				
(一)	管道				
	镀锌钢管:DN100	2×1.5+7.7+53.1+0.7+0.75+0.67	65.92	m	一层水平管道，室内外界限外墙皮1.5m
	镀锌钢管:DN100	(1.2+3.4)×2	9.20	m	负一层竖直管道
	镀锌钢管:DN100	28.12	28.12	m	四层水平管道
	镀锌钢管:DN65	0.4×11	4.40	m	水平支管(连接消火栓)
	镀锌钢管:DN65	(3.4−1.1)×3	6.90	m	负一层竖直连接消火栓
	镀锌钢管:DN100	(11.4+3.4+4−3.4)×2	30.80	m	竖直干管
	管道支架	57	57.00	kg	
	金属结构刷油	57	57.00	kg	
(二)	管道附件				
	闸阀 DN100	3	3.00	个	
	刚性防水套管 DN125	2	2.00	个	
	消火栓	11	11.00	个	
二	喷淋系统				
(一)	管道				
	镀锌钢管:DN100	42.14+27.41×2+33.10+34.74	164.80	m	负一层～四层水平管道
	镀锌钢管:DN80	25.38+7.53×2+7.73+7.53	55.70	m	负一层～四层水平管道
	镀锌钢管:DN70	12.75+4.47×2+11.04+8.79	41.52	m	负一层～四层水平管道
	镀锌钢管:DN50	17.31+27.19×2+18.99+29.52	120.20	m	负一层～四层水平管道
	镀锌钢管:DN40	34.89+33.29×2+30.83+32.91	165.21	m	负一层～四层水平管道
	镀锌钢管:DN32	69.26+41.2×2+55.76+47.91	255.33	m	负一层～四层水平管道
	镀锌钢管:DN25	82.45+112.09×2+123.30+149.13	579.06	m	负一层～四层水平管道
	镀锌钢管:DN20	12.05+35.43×2+36.36+36.60	155.87	m	负一层～四层水平管道
	镀锌钢管:DN100	1.2+15.2+4.0	20.40	m	竖直干管
	管道支架	291	291.00	kg	
	金属结构刷油	291	291.00	kg	

续表

序号	项目名称	计 算 式	工程量	单位	备注
(二)	管道附件				
	刚性防水套管 *DN*125	1	1.00	个	
	闸阀 *DN*100	2	2.00	个	
	湿式报警器	1	1.00	个	
	水流指示器 *DN*100	5	5.00	个	
	信号蝶阀 *DN*100	5	5.00	个	
	自动排气阀 *DN*25	1	1.00	个	
	试水阀 *DN*20	4	4.00	个	
	末端试水装置 *DN*20	1	1.00	个	
	喷头	71+75+75+82+93	396	个	
三	火灾自动报警				
(一)	管线				
1	电话线穿管:SC15	10.95+39.37+4+(4−1.2)×2+(4−1.5)×2	64.92	m	负一层(水平+竖直)
	电话线:ZR-RVVP-2×1.0	10.95+39.37+4+(4−1.2)×2+(4−1.5)×2	64.92	m	负一层(水平+竖直)
	消火栓启泵线穿管:SC15	17.0+4+4−1.1	23.90	m	负一层(水平+竖直)
	消火栓启泵线:ZR-BV-4×1.5	(17.0+4+4−1.1)×4	75.6	m	负一层(水平+竖直)
	信号线穿管:SC15	31.66+3.21+2.22+3.41+2.13+5.96+2.0+27.99+12.94+5.23+25.28+4.21+18.4+27.56+26.35+0.77+1.14+4+(4−2.2)×2+(4−1.1)×1+(4−1.5)×2+(4−2.2)×4	223.16	m	负一层(水平+竖直)
	信号线:ZR-RVS-2×1.5	31.66+3.21+2.22+3.41+2.13+5.96+2.0+27.99+12.94+5.23+25.28+4.21+18.4+27.56+26.35+0.77+1.14+4+(4−2.2)×2+(4−1.1)×1+(4−1.5)×2+(4−2.2)×4	223.16	m	负一层(水平+竖直)
	电源线穿管:SC20	31.85+1.93+3.41+8.51+34.12+4+(4−2.2)×6	94.62	m	负一层(水平+竖直)
	电源线:ZR-BV-2×2.5	[31.85+1.93+3.41+8.51+34.12+4+(4−2.2)×6]×2	189.24	m	负一层(水平+竖直)
2	电话线穿管:SC15	30.72+(3.8−1.5)×1	33.02	m	一层(水平+竖直)
	电话线:ZR-RVVP-2×1.0	30.72+(3.8−1.5)×1	33.02	m	一层(水平+竖直)
	消火栓启泵线穿管:SC15	27.18+(3.8−1.1)×1	29.88	m	一层(水平+竖直)
	消火栓启泵线:ZR-BV-4×1.5	[27.18+(3.8−1.1)×1]×4	119.52	m	一层(水平+竖直)
	信号线穿管:SC15	15.33+12.46+29.8+9.74+8.49+25.26+13.3+9.84+(3.8−1.5)+(3.8−2.2)×2+(3.8−1.1)×2+(3.8−1.5)×2	139.72	m	一层(水平+竖直)

续表

序号	项目名称	计 算 式	工程量	单位	备注
	信号线:ZR-RVS-2×1.5	15.33 + 12.46 + 29.8 + 9.74+8.49+25.26+13.3+9.84+(3.8−1.5)+(3.8−2.2)×2+(3.8−1.1)×2+(3.8−1.5)×2	139.72	m	一层(水平+竖直)
	电源线穿管:SC20	[9.81+32.3+(3.8−1.5)+(3.8−2.2)×2]×2	95.22	m	一层(水平+竖直)
	电源线:ZR-BV-2×2.5	9.81+32.32+(3.8−1.5)+(3.8−2.2)×2	47.63	m	一层(水平+竖直)
3	信号线穿管:SC15	9.72 + 14.32 + 9.71 + 29.78+12.5+13.05+34.05+9.8+13.27+(3.8−1.5)+(3.8−2.2)×2+(3.8−1.1)×2+(3.8−1.5)×2	161.70	m	二层(水平+竖直)
	信号线:ZR-RVS-2×1.5	9.72 + 14.32 + 9.71 + 29.78+12.5+13.05+34.05+9.8+13.27+(3.8−1.5)+(3.8−2.2)×2+(3.8−1.1)×2+(3.8−1.5)×2	161.70	m	二层(水平+竖直)
	电源线穿管:SC20	9.81+31.47+(3.8−1.5)+(3.8−2.2)×2	46.78	m	二层(水平+竖直)
	电源线:ZR-BV-2×2.5	(9.81 + 31.47 + (3.8 − 1.5)+(3.8−2.2)×2)×2	93.56	m	二层(水平+竖直)
4	信号线穿管:SC15	14.93 + 29.74 + 8.67 + 24.56+3.93+12.39+25.27+9.8+13.27+(3.8−1.5)+(3.8−2.2)×2+(3.8−1.1)×2+(3.8−1.5)×2	158.06	m	三层(水平+竖直)
	信号线:ZR-RVS-2×1.5	14.93 + 29.74 + 8.67 + 24.56+3.93+12.39+25.27+9.8+13.27+(3.8−1.5)+(3.8−2.2)×2+(3.8−1.1)×2+(3.8−1.5)×2	158.06	m	三层(水平+竖直)
	电源线穿管:SC20	9.81+31.47+(3.8−1.5)+(3.8−2.2)×2	46.78	m	三层(水平+竖直)
	电源线:ZR-BV-2×2.5	[9.81 + 31.47 + (3.8 − 1.5)+(3.8−2.2)×2]×2	93.56	m	三层(水平+竖直)
5	信号线穿管:SC15	15.15 + 50.28 + 3.96 + 8.71+10.02+32.64+4.97+9.8+13.27+(3.8−1.5)+(3.8−2.2)×2+(3.8−1.1)×2+(3.8−1.5)×2	164.30	m	四层(水平+竖直)
	信号线:ZR-RVS-2×1.5	15.15 + 50.28 + 3.96 + 8.71+10.02+32.64+4.97+9.8+13.27+(3.8−1.5)+(3.8−2.2)×2+(3.8−1.1)×2+(3.8−1.5)×2	164.30	m	四层(水平+竖直)

续表

序号	项目名称	计 算 式	工程量	单位	备注
	电源线穿管：SC20	9.81＋31.47＋(3.8－1.5)＋(3.8－2.2)×2	46.78	m	四层(水平＋竖直)
	电源线：ZR-BV-2×2.5	[9.81＋31.47＋(3.8－1.5)＋(3.8－2.2)×2]×2	93.56	m	四层(水平＋竖直)
6	信号线穿管：SC15	14.23	14.23	m	屋顶层(水平＋竖直)
	信号线：ZR-RVS-2×1.5	4.9	4.90	m	屋顶层(水平＋竖直)
7	电话线穿管：SC15	4.0＋15.2×2＋(15.2＋3.8)×1	53.40	m	竖直系统图
	电话线：ZR-RVVP-2×1.0	4.0＋15.2×2＋(15.2＋3.8)×1	53.40	m	竖直系统图
	消火栓启泵线穿管：SC15	4.0＋15.2×2＋(15.2＋3.8)×1	53.40	m	竖直系统图
	消火栓启泵线：ZR-BV-4×1.5	[4.0＋15.2×2＋(15.2＋3.8)×1]×4	213.6	m	竖直系统图
	信号线穿管：SC15	4.0＋15.2＋3.8	23.00	m	竖直系统图
	信号线：ZR-RVS-2×1.5	4.0＋15.2＋3.8	23.00	m	竖直系统图
	电源线穿管：SC20	4.0＋15.2	19.20	m	竖直系统图
	电源线：ZR-BV-2×2.5	(4.0＋15.2)×2	38.4	m	竖直系统图
（二）	消防器具				
	感烟探测器	31＋24＋30＋28＋28＋3	144.00	个	
	手动报警按钮(带电话插口)	2＋2＋2＋2＋2	10.00	个	
	组合声光报警装置	2＋2＋2＋2＋2	10.00	个	
	报警电话	2＋1	3.00	个	
	消火栓启泵按钮	1＋2＋2＋2＋2＋1	10.00	个	
	控制模块	4	4.00	个	
	报警控制器	1	1.00	个	
	消防转接箱	5	5.00	个	

4.2.4 任务总结

1. 手工计算时正确使用比例尺。手工计算工程量时了解比例尺使用方法，注意比例尺的比例与图纸比例相对应，如果不对应，请注意换算比例，如：图纸比例 1∶50，用比例尺 1∶100 测量出的工程量必须除以 2。

2. 管道以延长米计算，不扣除阀门、管件所占长度。

3. 管道穿墙、楼板时，应埋设钢制套管，安装在楼板内的套管其顶部应高出地面 20mm，底部与楼板面齐平；安装在墙内的套管，应与饰面相平。

4. 消防专业案例工程工程量清单表如表 4-4 所示。

表 4-4 广联达办公大厦消防专业工程手工算量清单表

序号	项目编码	项目名称	项目特征	计量单位	工程量
1	030901002001	消火栓钢管	1. 安装部位:室内消火栓 2. 材质、规格:*DN*65 3. 连接形式:螺纹连接 4. 材质:镀锌钢管 5. 压力试验及冲洗设计要求:管道消毒、冲洗	m	11.3
2	030901002002	消火栓钢管	1. 安装部位:室内消火栓 2. 材质、规格:*DN*100 3. 连接形式:螺纹连接 4. 材质:镀锌钢管 5. 压力试验及冲洗设计要求:管道消毒、冲洗	m	134.04
3	031002001001	管道支架	1. 材质:型钢 2. 管架形式:一般管架	kg	57
4	031201003001	金属结构刷油	管道支架除锈后刷樟丹防锈漆两道,再刷醇酸磁漆两道	kg	57
5	030901010001	室内消火栓	1. 名称:室内消火栓 2. 型号、规格:单栓	套	11
6	030905002002	水灭火控制装置调试	系统形式:消火栓系统(消火栓按钮)	点	11
7	031002003001	套管	1. 类型:防水套管 2. 材质:刚性 3. 规格:*DN*125	个	2
8	031003003001	焊接法兰阀门	1. 类型:闸阀 2. 规格、压力等级:*DN*100 3. 连接形式:焊接	个	3
9	030901001001	水喷淋钢管	1. 安装部位:室内喷淋管道 2. 材质、规格:*DN*100 3. 连接形式:螺纹连接 4. 材质:镀锌钢管 5. 压力试验及冲洗设计要求:管道消毒、冲洗	m	185.2
10	030901001002	水喷淋钢管	1. 安装部位:室内喷淋管道 2. 材质、规格:*DN*80 3. 连接形式:螺纹连接 4. 材质:镀锌钢管 5. 压力试验及冲洗设计要求:管道消毒、冲洗	m	55.7
11	030901001003	水喷淋钢管	1. 安装部位:室内喷淋管道 2. 材质、规格:*DN*70 3. 连接形式:螺纹连接 4. 材质:镀锌钢管 5. 压力试验及冲洗设计要求:管道消毒、冲洗	m	41.52

续表

序号	项目编码	项目名称	项目特征	计量单位	工程量
12	030901001004	水喷淋钢管	1. 安装部位:室内喷淋管道 2. 材质、规格:DN50 3. 连接形式:螺纹连接 4. 材质:镀锌钢管 5. 压力试验及冲洗设计要求:管道消毒、冲洗	m	120.2
13	030901001005	水喷淋钢管	1. 安装部位:室内喷淋管道 2. 材质、规格:DN40 3. 连接形式:螺纹连接 4. 材质:镀锌钢管 5. 压力试验及冲洗设计要求:管道消毒、冲洗	m	165.21
14	030901001006	水喷淋钢管	1. 安装部位:室内喷淋管道 2. 材质、规格:DN32 3. 连接形式:螺纹连接 4. 材质:镀锌钢管 5. 压力试验及冲洗设计要求:管道消毒、冲洗	m	255.33
15	030901001007	水喷淋钢管	1. 安装部位:室内喷淋管道 2. 材质、规格:DN25 3. 连接形式:螺纹连接 4. 材质:镀锌钢管 5. 压力试验及冲洗设计要求:管道消毒、冲洗	m	579.06
16	030901001008	水喷淋钢管	1. 安装部位:室内喷淋管道 2. 材质、规格:DN20 3. 连接形式:螺纹连接 4. 材质:镀锌钢管 5. 压力试验及冲洗设计要求:管道消毒、冲洗	m	155.87
17	031002001002	管道支架	1. 材质:型钢 2. 管架形式:一般管架	kg	291
18	031201003002	金属结构刷油	管道支架除锈后刷樟丹防锈漆两道,再刷醇酸磁漆两道	kg	291
19	030901003001	水喷淋(雾)喷头	1. 安装部位:室内顶板下 2. 材质、型号、规格:喷淋喷头 3. 连接形式:无吊顶	个	396
20	030901006001	水流指示器	1. 名称:水流指示器 2. 规格、型号:DN100	个	5
21	030901008001	末端试水装置	1. 名称:末端试水装置 2. 规格:DN20	组	1
22	030901008002	试水阀	1. 名称:试水阀 2. 规格:DN20	组	4
23	030904004001	湿式报警阀	名称:湿式报警阀	个	1
24	030905002001	水灭火控制装置调试	系统形式:自动喷淋(水流指示器)	点	5

续表

序号	项目编码	项目名称	项 目 特 征	计量单位	工程量
25	031002003002	套管	1. 类型:防水套管 2. 材质:刚性 3. 规格:*DN*125	个	1
26	031003001001	螺纹阀门	1. 类型:自动排气阀 2. 规格、压力等级:*DN*25 3. 连接形式:丝接	个	1
27	031003003002	焊接法兰阀门	1. 类型:闸阀 2. 规格、压力等级:*DN*100 3. 连接形式:焊接	个	2
28	031003003003	焊接法兰阀门	1. 类型:信号蝶阀 2. 规格、压力等级:*DN*100 3. 连接形式:焊接	个	5
29	030411001001	配管	1. 名称:钢管 2. 材质:焊接钢管 3. 规格:SC20 4. 配置形式:暗配	m	301.77
30	030411001002	配管	1. 名称:钢管 2. 材质:焊接钢管 3. 规格:SC15 4. 配置形式:暗配	m	1142.69
31	030411004001	配线	1. 名称:管内穿线 2. 型号:ZRBV 3. 规格:1.5 4. 材质:铜芯线	m	428.72
32	030411004002	配线	1. 名称:管内穿线 2. 型号:ZRBV 3. 规格:2.5 4. 材质:铜芯线	m	603.54
33	030411004003	配线	1. 名称:管内穿线 2. 型号:ZRRVS 3. 规格:2×1.5 4. 材质:铜芯线	m	874.84
34	030411004004	配线	1. 名称:管内穿线 2. 型号:ZRRVVP 3. 规格:2×1.0 4. 材质:铜芯线	m	151.34
35	030411005001	接线箱	1. 名称:消防转接箱 2. 安装形式:明装距地 1.5m	个	5
36	030904001001	点型探测器	1. 名称:感烟探测器 2. 线制:总线制 3. 类型:点型感烟探测器	个	144
37	030904003001	按钮	名称:手动报警按钮(带电话插口)	个	10
38	030904003002	按钮	名称:消火栓起泵按钮	个	10
39	030904005001	声光报警器	名称:组合声光报警装置	个	10
40	030904006001	消防报警电话插孔(电话)	名称:报警电话	部	3

续表

序号	项目编码	项目名称	项目特征	计量单位	工程量
41	030904008001	模块(模块箱)	1. 名称:模块 2. 规格:控制模块 3. 类型:单输入	个	4
42	030904009001	区域报警控制箱	1. 名称:报警控制器 2. 总线制 3. 安装方式:落地安装 4. 控制点数量:200 点以下	台	1
43	030905001001	自动报警系统调试	1. 点数:200 点以下 2. 线制:总线制	系统	1

4.3 任务三 消防专业工程软件计算工程量

4.3.1 任务说明

按照办公大厦消防专业施工图，采用广联达软件，完成以下工作：

1. 对照消火栓系统、喷淋系统、火灾自动报警系统工程图纸与电子版 CAD 图纸，查看 CAD 电子图纸是否完整；分解并命名各楼层 CAD 图。

2. 根据现行《通用安装工程工程量清单计算规范》(GB 50856—2013) 中计算规则，结合消火栓系统专业施工图纸，新建消火栓镀锌管道、穿墙套管 *DN*125、闸阀 *DN*100、消火栓的构件信息，识别 CAD 图纸中包括的消火栓镀锌管道、穿墙套管 *DN*125、闸阀 *DN*100、消火栓等构件。

3. 根据现行《通用安装工程工程量清单计算规范》(GB 50856—2013) 中计算规则，结合喷淋系统专业施工图纸，新建喷淋镀锌管道、穿墙套管 *DN*125、闸阀 *DN*100、警铃、水流指示器 *DN*100、信号蝶阀 *DN*100、自动排气阀 *DN*25、试水阀 *DN*20、末端试水装置 *DN*20、喷头的构件信息，识别 CAD 图纸中包括的喷淋镀锌管道、穿墙套管 *DN*125、闸阀 *DN*100、警铃、水流指示器 *DN*100、信号蝶阀 *DN*100、自动排气阀 *DN*25、试水阀 *DN*20、末端试水装置 *DN*20、喷头等构件。

4. 根据现行《通用安装工程工程量清单计算规范》(GB 50856—2013) 中计算规则，结合火灾自动报警系统专业施工图纸，新建电话线、消火栓启泵线、信号线、电源线及其配管、消防转接箱、感烟探测器、手动报警按钮（带电话插口）、组合声光报警装置、报警电话、消火栓启泵按钮、控制模块、报警控制器的构件信息，识别 CAD 图纸中包括的电话线、消火栓启泵线、信号线、电源线及其配管、消防转接箱、感烟探测器、手动报警按钮（带电话插口）、组合声光报警装置、报警电话、消火栓启泵按钮、控制模块、报警控制器等构件。

5. 汇总计算消防专业工程量，结合消防专业工程 CAD 图纸信息，对汇总后的工程量进行集中套用做法，并添加清单项目特征描述，最终形成完整的消防专业工程工程量清单表，并导出消防专业 Excel 工程量清单表格。

4.3.2 任务分析

1. 如何查看 CAD 图纸？如何导入 CAD 图纸至安装算量软件 GQI2013 中？如何在安装算量软件中分解各楼层 CAD 图纸并保存命名？

2. 如何结合 CAD 图纸及计算规范，在软件中设置其计算规则？如何对消火栓系统中消火栓镀锌管道、穿墙套管 $DN125$、闸阀 $DN100$、消火栓这些构件进行新建，并结合图纸，对其属性进行修改、添加？如何识别 CAD 图纸中包括的消火栓镀锌管道、穿墙套管 $DN125$、闸阀 $DN100$、消火栓等构件？

3. 如何结合 CAD 图纸及计算规范，在软件中设置其计算规则？如何对喷淋系统中喷淋镀锌管道、穿墙套管 $DN125$、闸阀 $DN100$、警铃、水流指示器 $DN100$、信号蝶阀 $DN100$、自动排气阀 $DN25$、试水阀 $DN20$、末端试水装置 $DN20$、喷头这些构件进行新建，并结合图纸，对其属性进行修改、添加？如何识别 CAD 图纸中包括的喷淋镀锌管道、穿墙套管 $DN125$、闸阀 $DN100$、警铃、水流指示器 $DN100$、信号蝶阀 $DN100$、自动排气阀 $DN25$、试水阀 $DN20$、末端试水装置 $DN20$、喷头等构件？

4. 如何结合 CAD 图纸及计算规范，在软件中设置其计算规则？如何对火灾自动报警系统中电话线、消火栓启泵线、信号线、电源线及其配管、消防转接箱、感烟探测器、手动报警按钮（带电话插口）、组合声光报警装置、报警电话、消火栓启泵按钮、控制模块、报警控制器这些构件进行新建，并结合图纸，对其属性进行修改、添加？如何识别 CAD 图纸中包括的电话线、消火栓启泵线、信号线、电源线及其配管、消防转接箱、感烟探测器、手动报警按钮（带电话插口）、组合声光报警装置、报警电话、消火栓启泵按钮、控制模块、报警控制器等构件？

5. 如何汇总计算整个消防专业及各楼层构件工程量？如何对汇总后的工程量进行集中套用做法并添加清单项目特征描述？如何预览报表并导出消防专业 Excel 工程量清单表格？

4.3.3 任务实施

1. **新建工程**：左键单击“广联达—安装算量软件 GQI2013”（或者可以直接双击桌面“广联达安装算量 GQI2013”图标）→单击“新建向导”进入“新建工程”（如图 4-5 所示），完成案例工程的工程信息及编制信息。

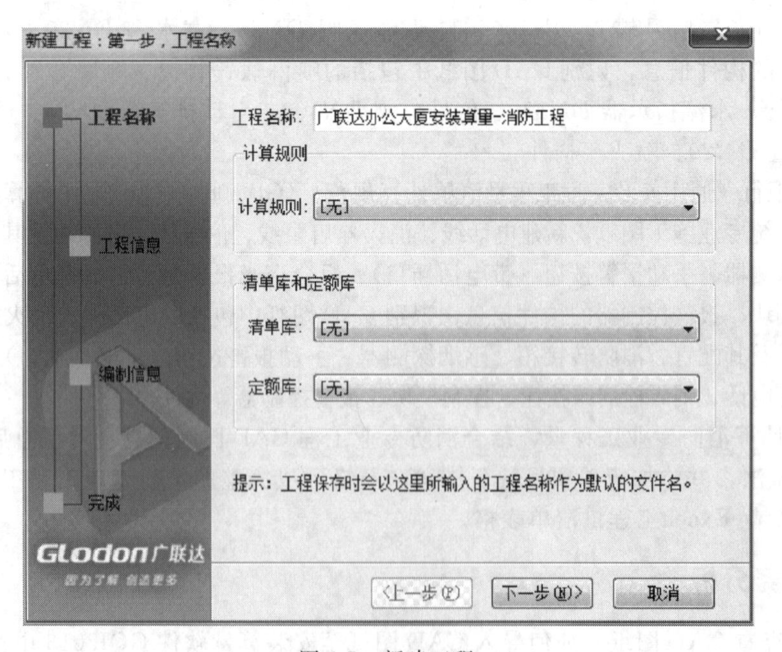

图 4-5 新建工程

【**备注**】在新建工程中，只需要对工程名称及计算规则进行明确即可，清单库及定额库前期不明确可以在后期匹配。

2. **工程设置**：点击“模块导航栏”工程设置，根据案例工程图纸中“设计说明一”和“结构设计说明”的图纸信息，完成案例工程中有需要设置的参数项：工程信息→楼层设置→设计说明信息→计算设置→其他设置的参数信息填写。

本案例如图4-6及图4-7所示。

模块导航栏：工程设置——工程信息、楼层设置、设计说明信息、工程量定义、量表定义、计算设置、其它设置

插入楼层　删除楼层　上移　下移

	编码	楼层名称	层高(m)	首层	底标高(m)	相同层数	板厚(mm)
1	5	屋顶层	3.8	☐	15.2	1	120
2	4	第4层	3.8	☐	11.4	1	120
3	3	第3层	3.8	☐	7.6	1	120
4	2	第2层	3.8	☐	3.8	1	120
5	1	首层	3.8	☑	0	1	120
6	-1	第-1层	4	☐	-4	1	120
7	0	基础层	3	☐	-7	1	500

图4-6　楼层标高设置

【备注】每次设置完成一个单项后记得点击保存，后续操作都一样。

为避免工程数据丢失，还可以利用“工具”菜单栏中的“选项”，将文件“自动提示保存”的时间间隔根据自己的需要由15min调小。

图4-7　计算设置

【备注】案例工程信息直接参考案例图片信息填写，整个章节都一样。

软件按照大家工程量计算过程中不同的使用场景，提供多种工程量计量方式：利用绘图

输入界面，通过导入CAD图纸识别，进行工程量的计量；利用表格输入界面，模拟手工算量过程，快速计量。

首先，让我们共同进入绘图输入界面的学习。

3. **绘图输入**：点击“模块导航栏”中“绘图输入”界面。

界面中，按照操作整体流程进行设计。对于消防专业，整体操作流程是：**定义轴网→导入CAD图纸→点式构件识别→线式构件识别→合法性检查→汇总计算→集中套用做法界面做法套取→报表预览**

(1) 消防水专业　即按照模块导航栏中，构件类型顺序完成识别（点式构件识别→线式构件识别→依附构件识别→零星构件识别）。依据图纸，先识别包括消火栓、喷头、消防设备在内的点式构件；再识别管道线式构件。好处在于，先识别出点式构件，再识别线式构件时，软件会按照点式构件与线式构件的标高差，自动生成连接两者间的立向管道。管道识别完毕，进行阀门法兰、管道附件这两种依附于管道上的构件的识别。最后，按照图纸说明，补足套管零星构件的计量。

(2) 消防电专业　同样，按照模块导航栏中构件类型顺序识别。点式构件识别→线式构件识别。点式构件包括：消防器具，配电箱柜。线式构件包括：电线导管，电缆导管。最后，还要记着完成图纸上没有标识出，但需要计取工程量的接线盒的计量（软件设置在了消防设备构件类型下）。

明确整体操作流程后，开始我们的消防专业算量之旅。

1) 定义轴网：点击绘图界面，单击轴网→点击定义→新建轴网→自定义轴网，自行设置轴网参数值，完成一个简洁的轴网，以便CAD导图时各楼层的电子图纸的定位（如图4-8所示）。

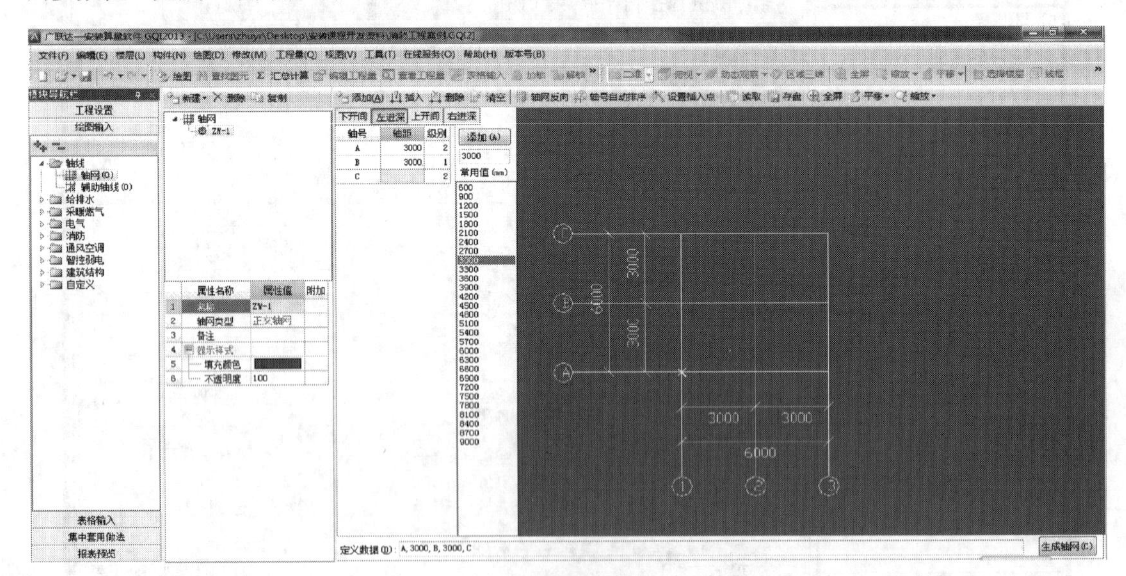

图4-8　新建轴网

2) 导入CAD电子图：点击绘图输入界面，单击CAD图管理→CAD草图→点击导入CAD图，导入对应楼层的消防水工程的CAD电子图纸，利用“定位CAD图”定位到相应的轴网位置（如图4-9所示）。

如要同时导入多张图纸，可以利用“插入CAD图”。

【温馨小贴士】对于初学者，可以利用软件提供的以下路径，快速掌握功能的使用。利用状态栏提示信息，例如：点击“定位CAD图”后，软件下方给出的提示“指定CAD图的基准点，用交点捕捉功能捕获CAD轴线交点”（如图4-10所示），进行操作；还可以利用“帮助”菜单栏中的“文字帮助”（如图4-11所示），查看功能使用方法。

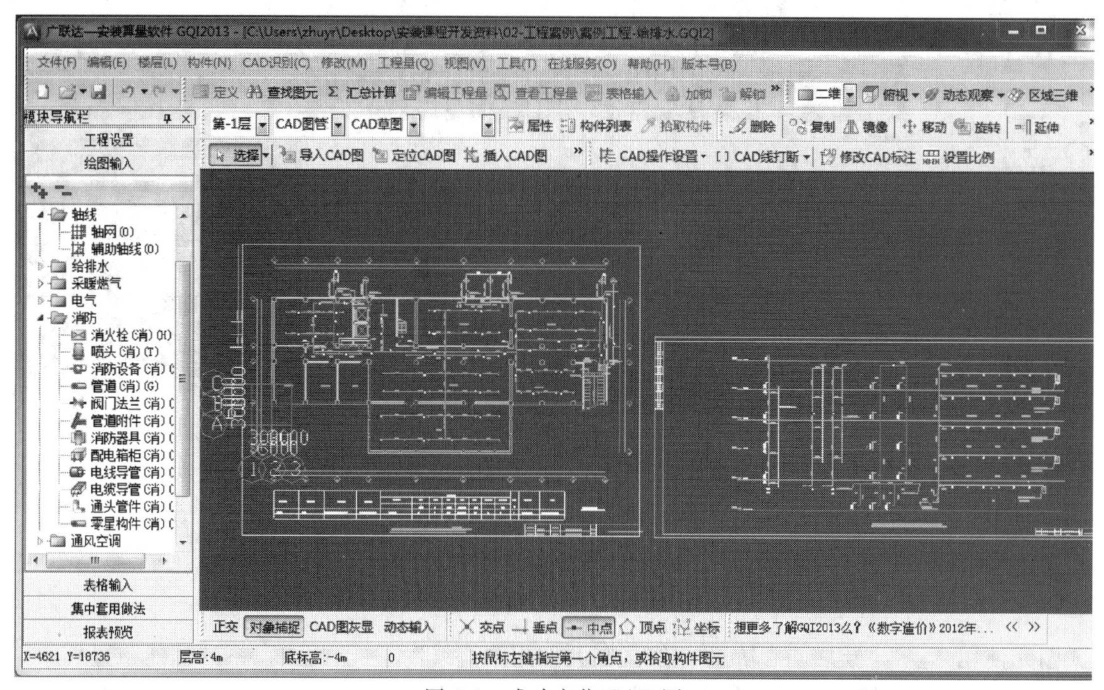

图4-9 成功定位CAD图

图4-10 对象捕捉工具栏

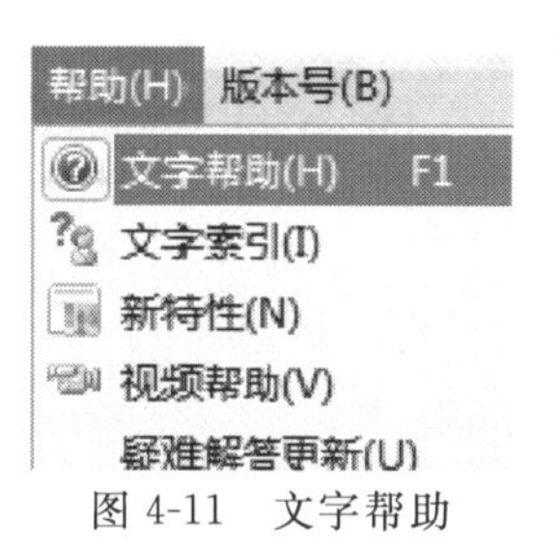

图4-11 文字帮助

由于实际图纸设计风格的不同，以及实际业务需要，例如：管线敷设因存在三维上下层级关系而断开的情况，软件提供“CAD识别选项”/“连续CAD线之间的误差值（mm）”设置项，方便大家更快提取工程量。具体识别选项的设置，是在工程计量过程中，按照图纸设计、业务需求进行设置的。

3）CAD识别选项：点击“绘图输入”界面，单击“消防”专业各构件类型（通头管件、零星构件除外）→点击工具栏“CAD操作设置”→“CAD识别”选项，根据图纸设计要求，修改相应的误差值，如图4-12所示。

以上是对于消防水、消防电专业中公有部分的介绍。下面是它们特有部分的介绍，主要介绍软件中是如何通过智能识别完成工程量的计取的，首先是消防水专业中工程量（包括喷淋灭火系统、消火栓灭火系统）的计取过程：**消火栓→喷头→消防设备→管道→阀门法兰→管道附件→通头管件→套管（零星构件中）**。当然，也可以通过手动布置图元完成计量（点

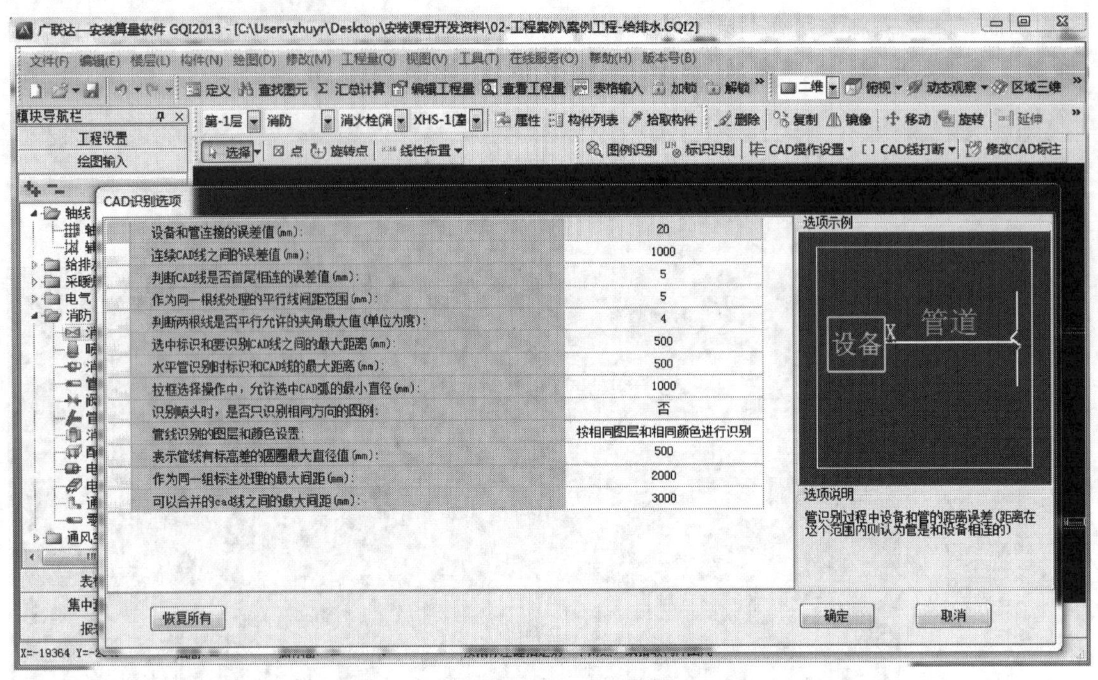

图 4-12　CAD 识别选项

式图元使用“点”“旋转点”布置，线式图元使用“直线”“三点画弧”系列功能布置）。

4）消火栓识别：点击“绘图输入”界面，单击消防专业中“消火栓”构件类型，根据图纸设计要求新建消火栓，在属性编辑器中输入相应的属性值，如图 4-13 所示。

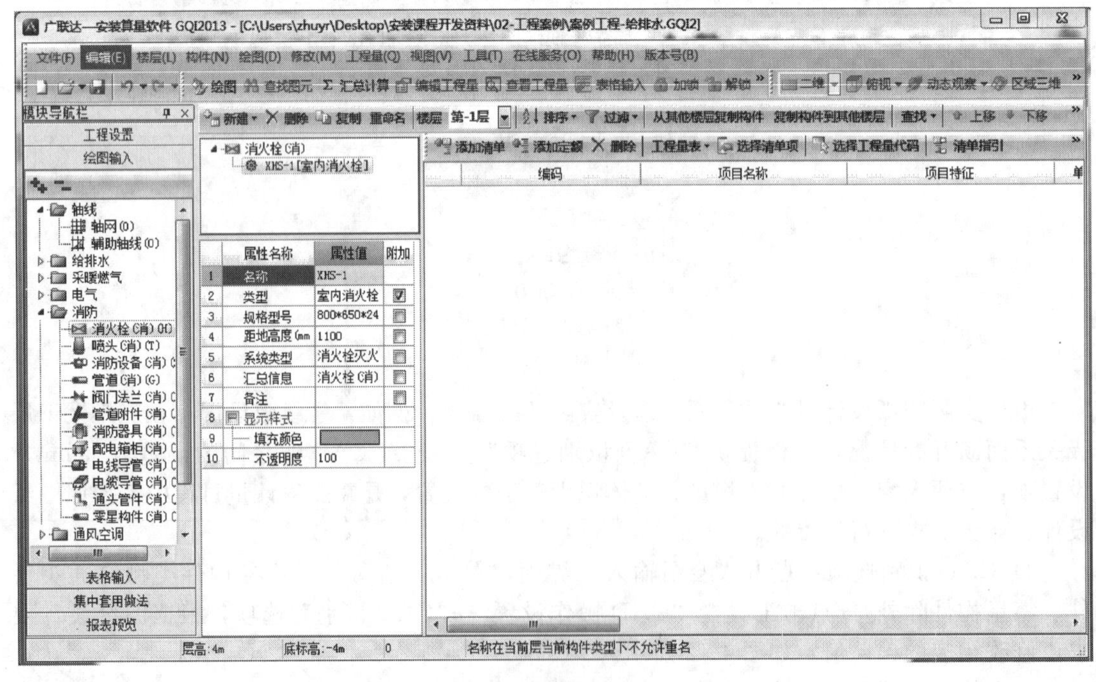

图 4-13　新建消火栓

点击“图例识别”或“标识识别”按钮对整个工程中的消火栓分楼层进行自动识别。案例工程中，建议采用“图例识别”更为便捷。本案例如图 4-14 所示。

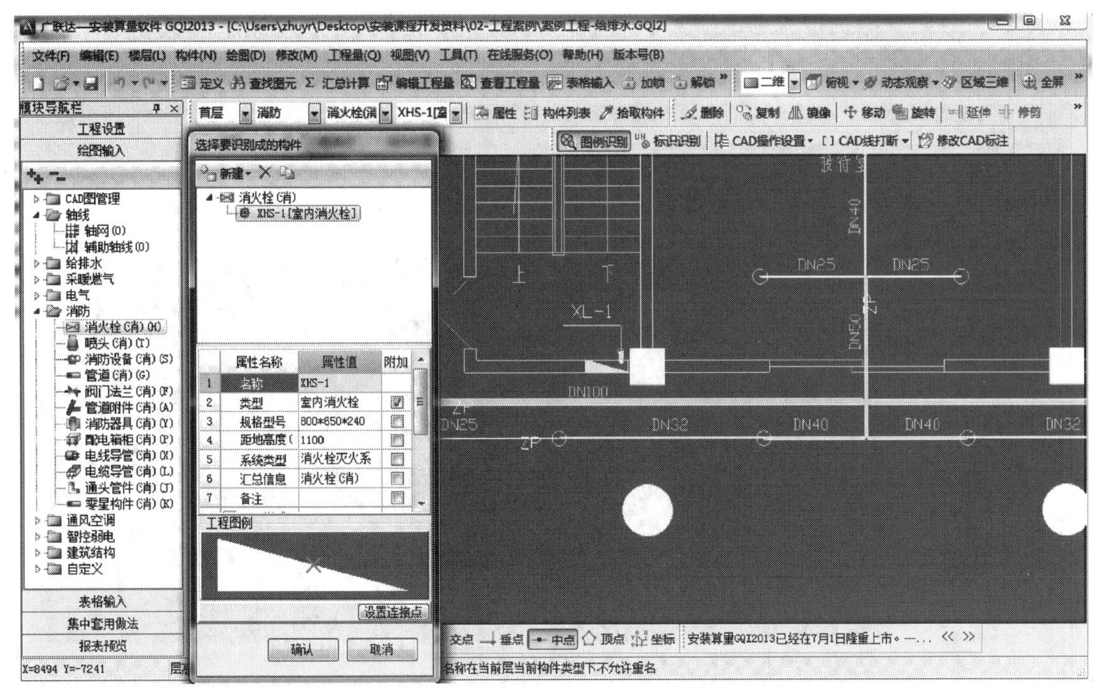

图 4-14 识别消火栓

任务要求：完成对整个消防工程分楼层的消火栓的识别，并统计消火栓个数工程量。

【备注】 图例识别：选择一个图例，一次性可以把相同的图元全部识别出来；标识识别：选择一个图例和一个标识，一次性可以把具有该标识的相同图例图元全部识别出来；在这里，因消火栓图例不带有标识，因而，我们采用“图例识别”功能。

5）喷头识别：点击“绘图输入”界面，单击消防专业中“喷头”构件类型，根据图纸设计要求新建喷头，在属性编辑器中输入相应的属性值，注意修改标高属性，如图 4-15 所示。

图 4-15 新建喷头

然后，点击“图例识别”或“标识识别”选项对整个工程中的喷头分楼层进行自动识别，如图 4-16 所示。

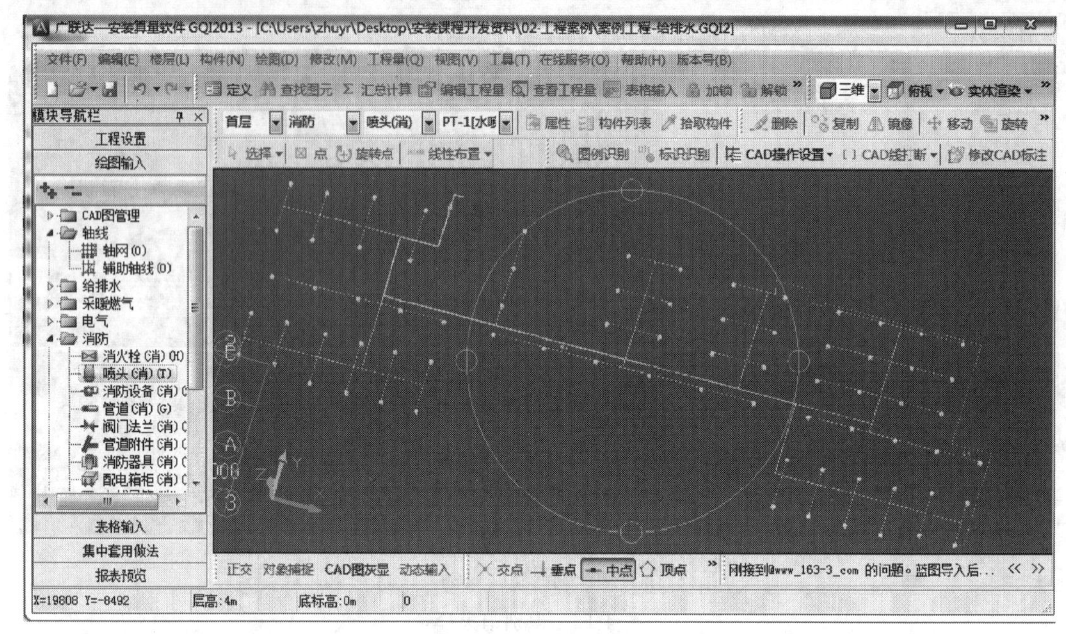

图 4-16　喷头三维图

当然，还可以直接点击“图例识别”或“标识识别”，选择要识别的 CAD 图元，右键确认，在弹出的“选择要识别成的构件”窗体中新建喷头，依照图纸修改属性值，点击确认，从而完成工程量的计取。

任务要求：完成对整个消防工程分楼层的喷头识别，并统计喷头个数工程量。

6）消防设备识别：如果 CAD 电子图中存在消防设备，也应该进行消防设备的识别，如消防水泵、消防水箱等，也是采用点式识别法图例识别或标识识别（同上），如图 4-17 所示。

图 4-17　新建消防设备

任务要求：练习消防设备识别，掌握其功能即可，本案例工程中该项识别不做要求。

7）管道识别：点击“绘图输入”界面，单击消防专业中“管道”构件类型。

① 识别水平管，识别方式有“选择识别”、“标识识别”、“自动识别”，其中“自动识别”有“按喷头个数识别”和“按系统编号识别”两种方式。在本案例工程中，建议大家采用“自动识别”/“按喷头个数识别”方式进行管道自动识别较为便捷。尤其在没有手动建立管道构件前，利用“按喷头个数识别”功能，在选择作为干管识别的CAD线、右键确认后，弹出的“构件编辑窗口”（如图4-18所示）中，点击“添加”按钮，或者点击“本行指定立管构件”呈现出一个三点状按钮，点击该按钮，软件均会自动创建常用的8种管径的管道构件供选择使用。案例工程如图4-19所示。

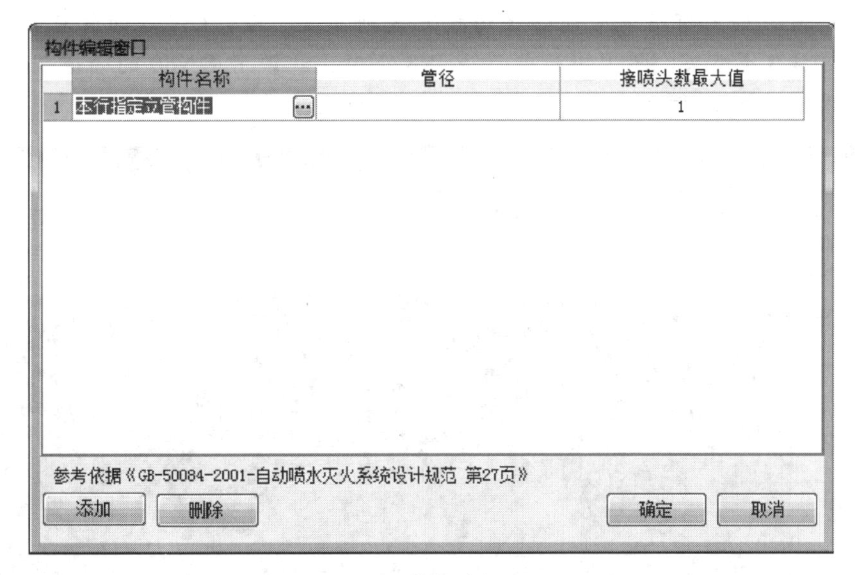

图4-18 构件编辑窗口

图4-19 新建管道

任务要求：完成对整个消防工程分楼层的管道识别，并统计管道工程量。

【备注】 选择识别：选择一根或多根CAD线进行识别。

标识识别：选择一根代表管道的CAD线和它的管径标识，一次性可以把图纸内所有标识为此管径的管道全部识别出来，与喷头连接的立管也会自动生成。

自动识别：按喷头数量进行自动识别管线或者一次按一个系统编号进行自动识别管线；其中采用“按喷头个数识别”进行自动识别管线时，要注意检查不同管径匹配的喷头个数，软件中是按照自动喷水灭火系统设计规范中不同管径管道控制的喷头个数进行设定的，如果图纸设计与我们的规范不一致，则需要依据图纸信息、手动修改“构件编辑窗口”中不同管径匹配的喷头个数。如实际工程中消防管道就是按给定管径与相关管径可接喷头个数来定义管道进行的布置，则所有喷淋管的管径均按此规则布置。即：*DN*25的管可接1个喷头；*DN*32的管可接3个喷头，超过4而小于等于8个时，就该用*DN*50的管道了……以此类推，案例工程如图4-20所示。

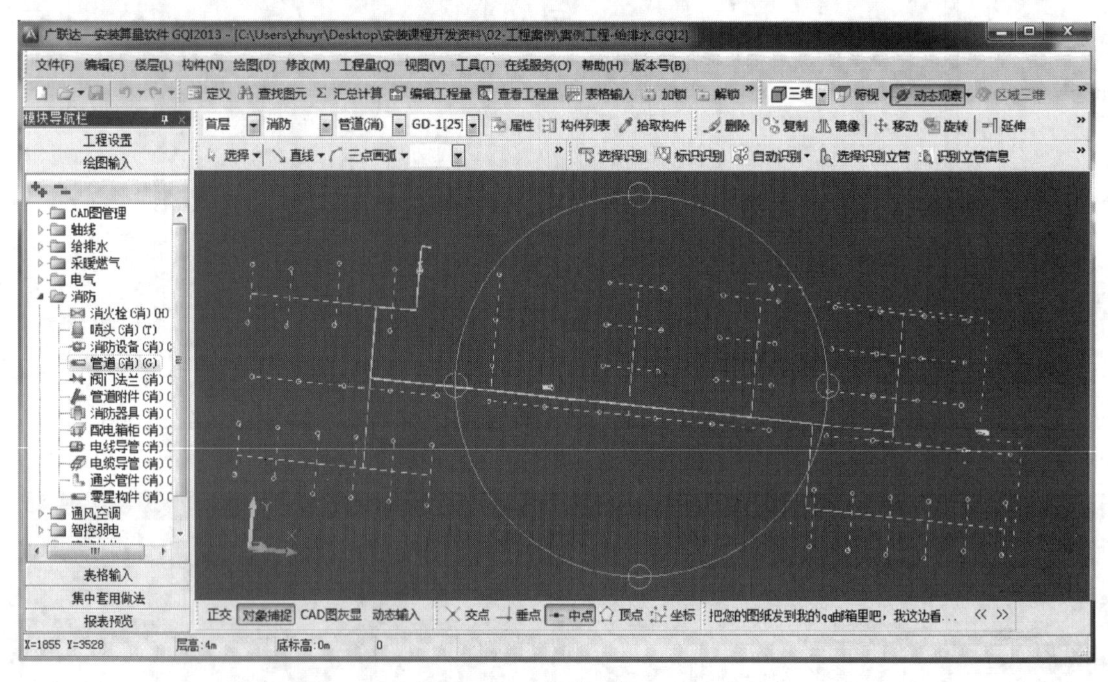

图4-20 管道三维图

“按喷头个数识别”多用于喷淋灭火系统中管道的识别；而“按系统编号识别”则多用于消火栓灭火系统中管道的识别，选择一根表示管线的CAD线及一个代表管径的标识，软件会将整个回路中满足条件的管道标识及管道全部录入“管道构件信息”窗体中，并可利用该窗体中的路径反查功能进行检查，确定生成管道图元。如图4-21所示。

修改标注：对于通过如“按喷头个数识别”“按系统编号识别”等功能识别后的管道，当存在管道的管径、标高等设计变更或是其他情况时，可以利用“修改标注”完成对管道图元的管径、标高属性值的修改，无需删除已有图元二次识别。

② 识别布置立管，识别方式有“选择识别立管”和“识别立管信息”，并且在工具栏“管道编辑”中设置有“布置立管”等选项进行立管的手动编辑布置。在案例工程中，我们首先可以点击工具栏中“识别立管信息”选项，对立管系统图进行拉框选择立管属性识别，然后再手动布置相关立管信息。案例工程如图4-22所示。

	标识	反查	构件名称
1	没有对应标注的管线	路径1	GD-1
2	*DN*150	路径2	GD-2
3	*DN*100	路径3	GD-3
4	*DN*80	路径4	GD-4
5	*DN*70	路径5	GD-5
6	*DN*50	路径6	GD-6
7	*DN*40	路径7	GD-7
8	*DN*32	路径8	GD-8
9	*DN*25	路径9	GD-9

图 4-21　管道构件信息

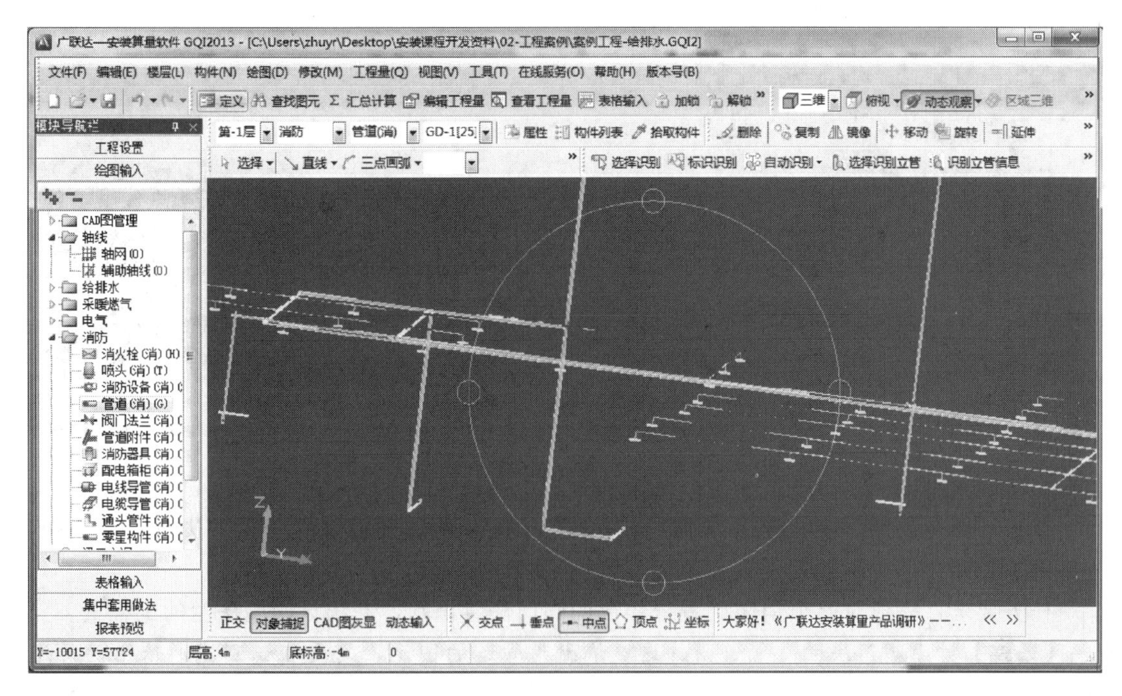

图 4-22　立管三维图

【备注】①“管道编辑”选项中，有“布置立管”、“扣立管”、“自动生成立管”、“延伸水平管”、“选择管”、“批量选择立管”、“批量生成单立管”、“批量生成多立管”选项。其中，“布置立管”用来解决竖向干管或竖向支管工程量的计取；“扣立管”处理实际工程管道敷设遇到梁、柱等建筑构件需要绕开的业务场景；“自动生成立管”解决两个有标高差的水平管间需要一个立管进行相连的情况；“延伸水平管”处理因图纸上所绘制的立管只是示意而与实际管径相差较大，如此导致与其相连水平管没有延伸到立管中心的问题；“选择管”

和“批量选择立管”则可以通过快速选择管道，从而便于批量修改图元属性；“批量生成单立管”和“批量生成多立管”可以快速生成连接设备与水平管间的立向管道。在实际工程中，可以根据具体需要选择相应的功能选项进行操作。

②“设备连线”和“设备连管”，前者是解决两两设备通过管线进行相连的情况，两个设备可以是相同楼层的，也可以是不同楼层的；后者是解决多个设备与一个管道进行连接的问题。

③“生成通头”，针对大小管径不一的时候，可以采用自动生成通头的方式进行节点通头生成；或首次通头生成错误后的二次生成通头操作。

8）阀门法兰识别：采用点式识别方式。点击“绘图输入”界面，单击消防专业中“阀门法兰”构件类型，根据图纸设计要求新建阀门法兰，在属性编辑器中输入相应的属性值，案例工程如图 4-23 所示。

图 4-23　新建阀门法兰

点击“图例识别”或“标识识别”选项对整个工程中的阀门法兰分楼层进行自动识别，本案例工程建议采用图例识别较为便捷。案例工程如图 4-24 所示。

任务要求：完成对整个消防工程分楼层的阀门法兰识别，并统计阀门法兰的工程量。

【备注】 对于阀门法兰、管道附件这类依附于管道的图元，需要在识别完所依附的管道图元后再进行识别。通过“图例识别”“标识识别”识别出的阀门法兰，软件会自动匹配出它的规格型号等属性值。

9）管道附件识别：采用点式识别方式。点击“绘图输入”界面，单击消防专业中“管道附件”构件类型，根据图纸设计要求新建相应的管道附件，在属性编辑器中输入相应的属性值，管道附件有如：水表、压力表、水流指示器等。案例工程如图 4-25 所示。

点击“图例识别”或“标识识别”选项对整个工程中的管道附件分楼层进行自动识别，本案例工程建议采用图例识别较为便捷。本案例如图 4-26 所示。

任务要求：完成对整个消防工程分楼层的管道附件识别，并统计管道附件的工程量。

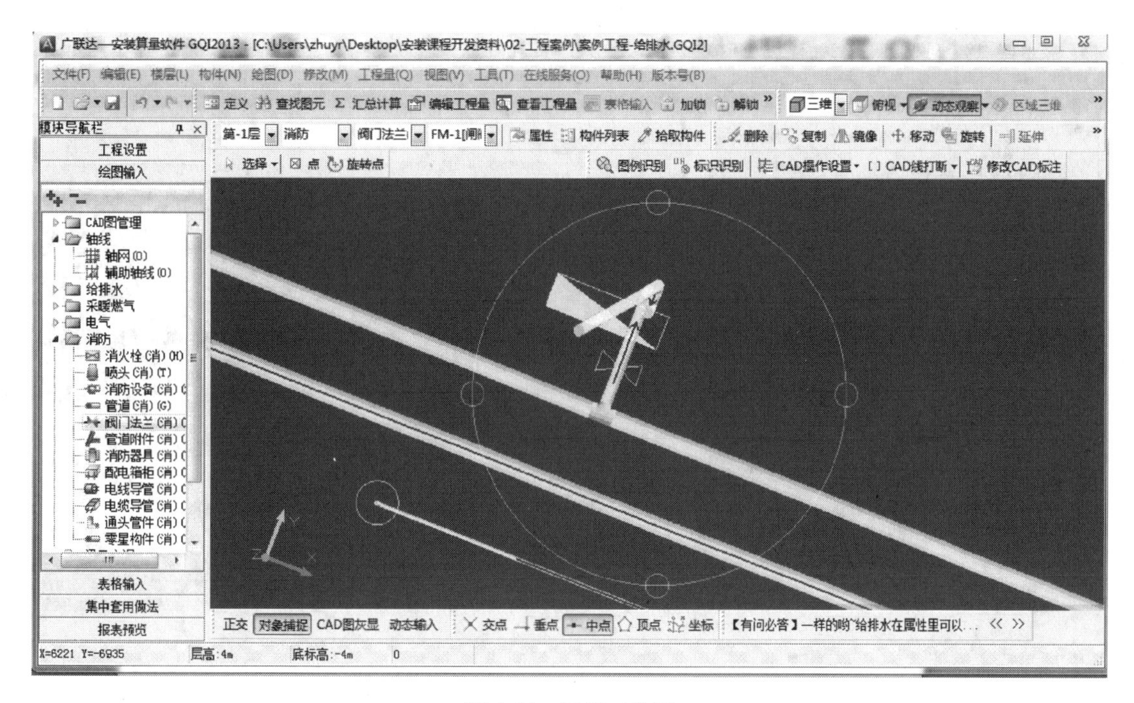

图 4-24　阀门三维图

图 4-25　新建管道附件

10）通头管件识别。点击“绘图输入”界面，单击消防专业中“通头管件”构件类型，因为通头多数是在识别管道后会自动生成的，所以，基本不需要自己建立此构件。

如果没有生成通头或者生成通头错误并执行删除命令后，可以点击工具栏“生成通头”，拉框选择要生成通头的管道图元，单击右键，在弹出的“生成新通头将会删除原有位置的通

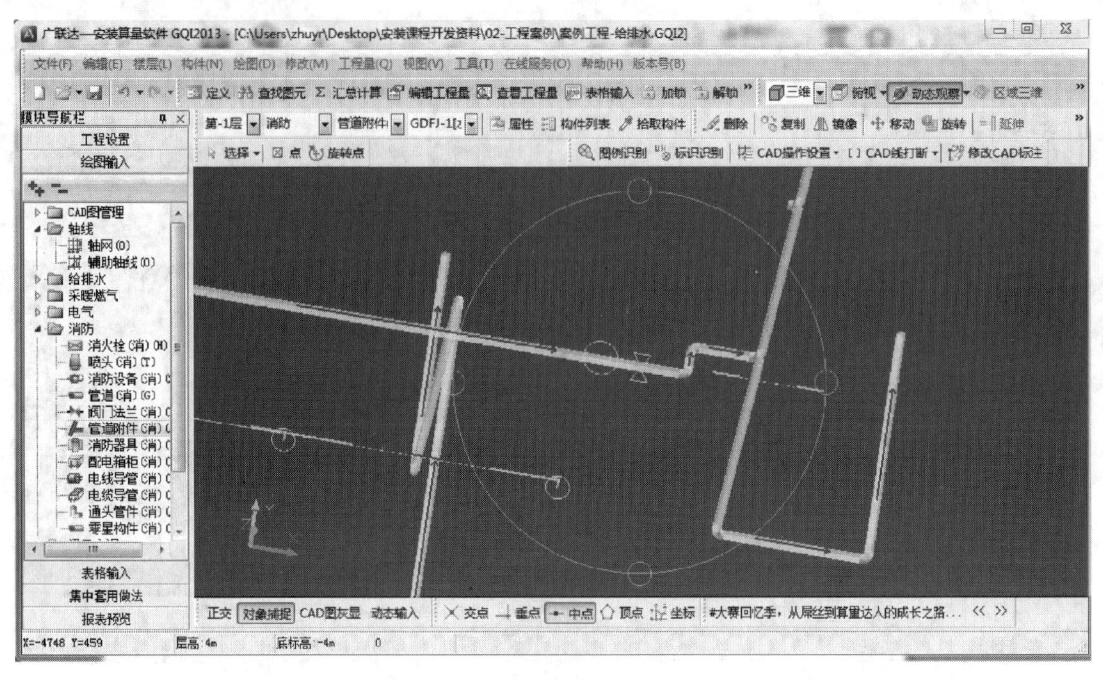

图 4-26 管道附件三维图

头，是否继续”确认窗体中点击“是”软件会自动生成通头。本案例如图 4-27 所示。

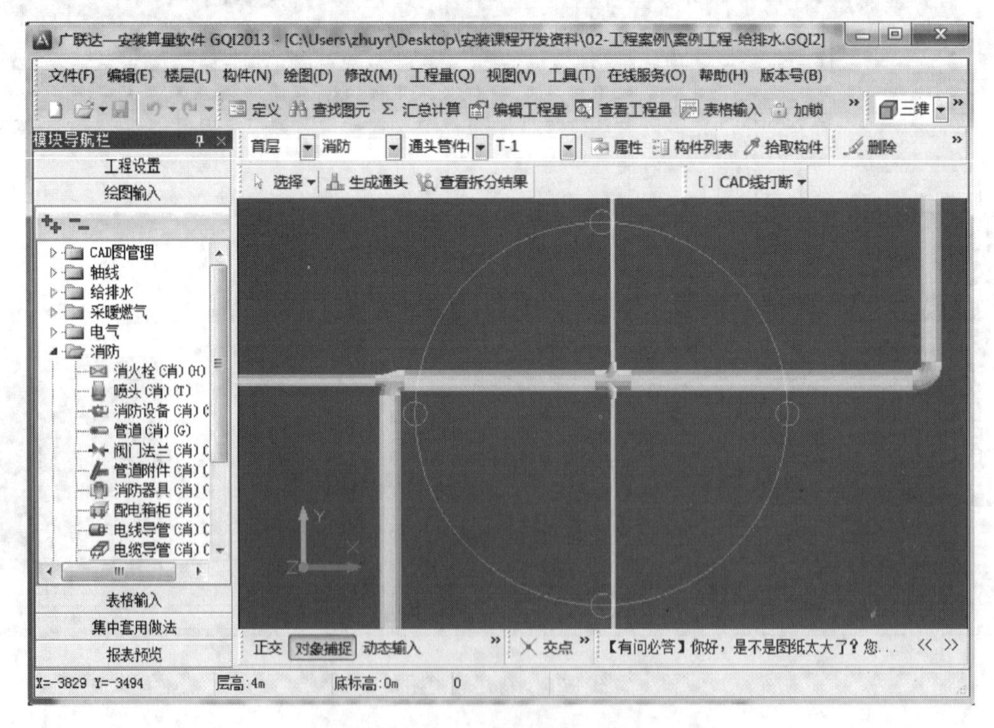

图 4-27 通头管件的三维图

引入：合法性检查——点击菜单栏“工具”项——下拉菜单中找到合法性检查（也可以直接按 F5 键）——对生成的管道及通头信息进行合法性检查。当然也可以在完成整个消防水工程的计量后，再进行合法性检查。

任务要求：检查整个消防工程管道的通头生成，并查看工程中是否有图元重合或者其他绘制有问题的情况。

11）零星构件识别。点击“绘图输入”界面，单击消防专业中“零星构件”构件类型，根据图纸设计要求新建相应的零星构件，在属性编辑器中输入相应的属性值，零星构件有如：一般套管、普通套管、刚性防水套管等。案例工程如图 4-28 所示。

图 4-28 新建零星构件

点击工具栏“自动生成套管”，拉框选择已经识别出的需要有套管进行保护的管道后，单击右键自动生成套管。本案例如图 4-29 所示。

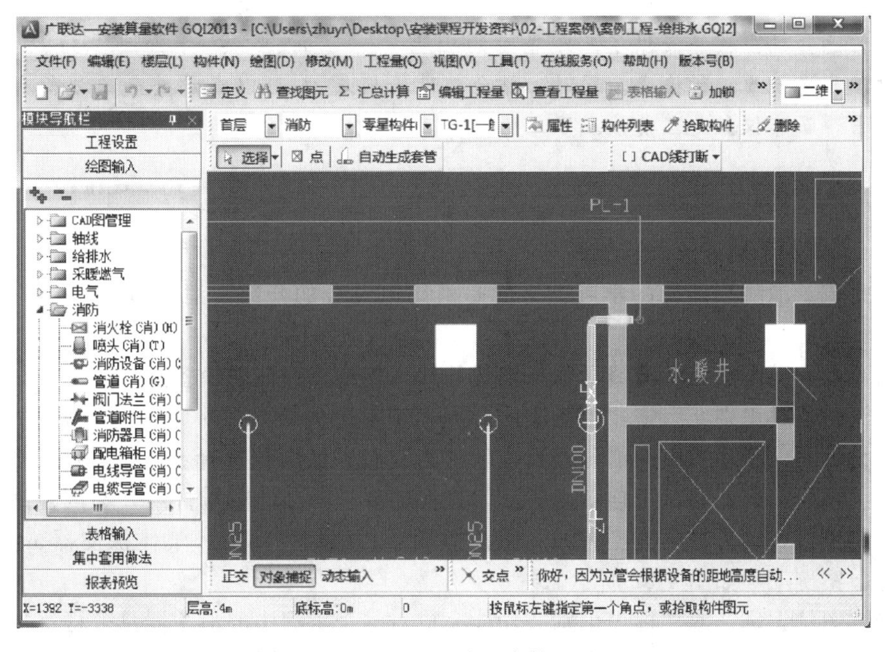

图 4-29 生成的套管

【备注】“自动生成套管”主要用于消防管道穿墙或穿楼板套管的生成，软件会自动按照比对应管道的管径大两个号的规则生成套管。对于有按照管道的管径取套管规格的情况，可以利用“自适应构件属性”，选中要修改规格型号的套管图元，点击右键，选择“自适应构件属性”，在弹出窗体中，勾选上自适应属性对应表中的“规格型号”即可，如图 4-30 所示。

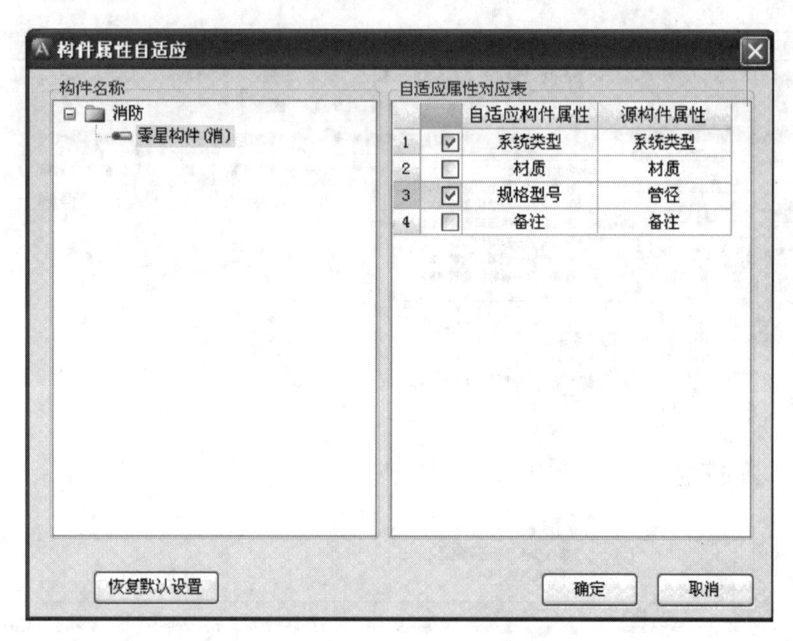

图 4-30　零星构件的构件属性自适应

任务要求：完成整个消防工程的分楼层消防穿墙套管的自动识别，并统计相关零星构件工程量。

【补充秘籍】在完成了整个消防水工程的工程量计取后，是否想对自己的劳动成果有个更加直观的感受呢？软件提供了三维查看的功能——“动态观察”（如图 4-31 所示），也方便大家对工程进一步进行检查。同时，结合“选择楼层”，可以查看整个工程所有楼层的三维显示效果，而非仅仅是当前楼层了。

二维 · 俯视 · 动态观察 · 区域三维 · 全屏 · 缩放 · 平移 · 选择楼层

图 4-31　动态观察的工具栏

以上完成了消防水部分的学习，下面是消防电部分的介绍，消防电工程量的计取过程如下：

消防器具→配电箱柜→电线导管→电缆导管→接线盒（消防设备中）

12）消防器具识别。点击“绘图输入”界面，单击消防专业中“消防器具”构件类型，根据图纸设计要求新建相应的消防器具，软件为我们提供两种选择：“新建消防器具（只连单立管）”“新建消防器具（可连多立管）”，按照需要选择新建的构件后，在属性编辑器中输入相应的属性值，消防器具类型有如：感温探测器、感烟探测器、气体探测器、报警电话、扬声器等。案例工程如图 4-32 所示。

点击“图例识别”或“标识识别”功能完成对整个工程中的消防器具分楼层进行自动识别，本案例工程建议采用图例识别较为便捷。本案例工程如图 4-33 所示。

图 4-32　新建消防器具

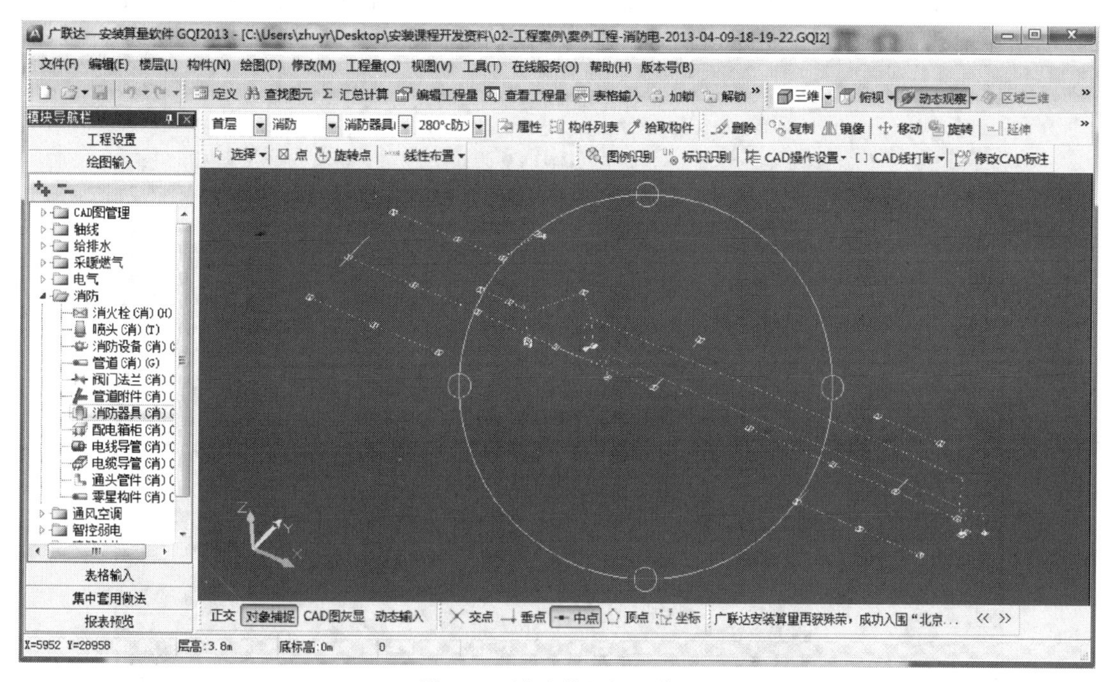

图 4-33　消防器具的三维图

任务要求：完成对整个消防工程分楼层的消防器具识别，并统计消防器具的工程量。

13）消防配电箱柜识别。点击“绘图输入”界面，单击消防专业中“配电箱柜”构件类型，根据图纸设计要求新建相应的消防配电柜，在属性编辑器中输入相应的属性值，消防配电柜有如：照明配电柜、动力配电柜、控制箱等。注意修改宽度、高度、厚度、距地高度属性值，保证后续与配电箱相连立向管线的正确计量。如图 4-34 所示。

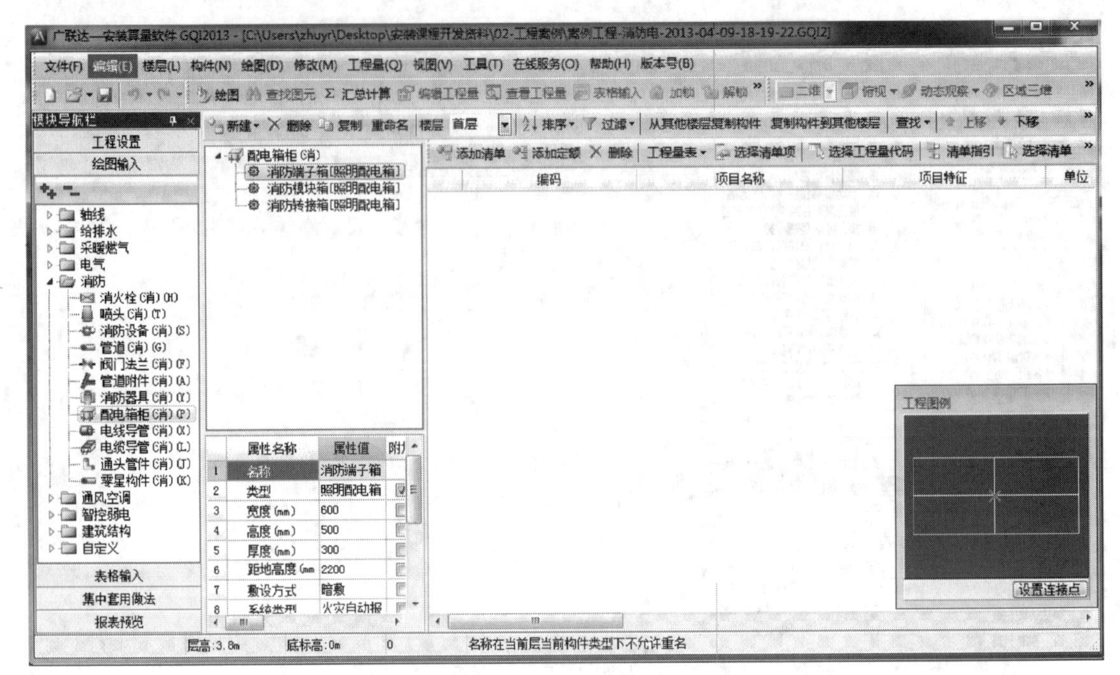

图 4-34　新建配电箱柜

点击“图例识别”或“标识识别”选项对整个工程中的消防配电柜分楼层进行自动识别，本案例工程建议采用图例识别较为便捷。本案例工程如图 4-35 所示。

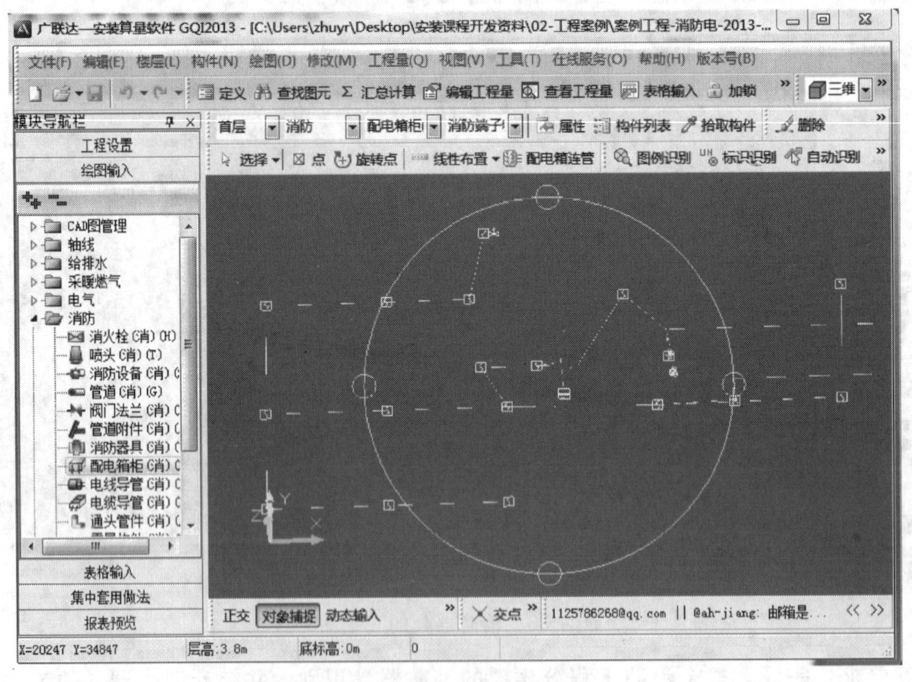

图 4-35　配电箱柜的三维图

任务要求：完成对整个消防工程分楼层的消防配电柜的识别，并统计消防配电柜的工程量。

14）消防电线导管识别。如果 CAD 电子图中存在消防电线导管，我们也应该进行消防电线导管按回路进行自动识别（参考电气管线识别识别方法）；本案例工程中不存在消防电线导管要求。如图 4-36 所示。

图 4-36 新建电线导管

图 4-37 电缆导管的属性图

任务要求：练习消防设备识别，掌握其功能即可，本案例工程中该项识别不做要求。

15）消防电缆导管识别。点击“绘图输入”界面，单击消防专业中“电缆导管”构件类型，根据图纸设计要求新建相应的消防电缆导管，在属性编辑器中输入相应的属性值。本工程如图 4-37 所示。

【备注】 建议根据消防电缆线路系统图，先在导航栏中新建出各条系统回路的属性值，以便后边回路自动识别更为方便。

点击“回路识别”或“回路自动识别”选项对整个工程中的消防电缆导管分楼层进行自动识别，本案例工程建议采用回路自动识别较为便捷。本案例工程如图 4-38 所示。

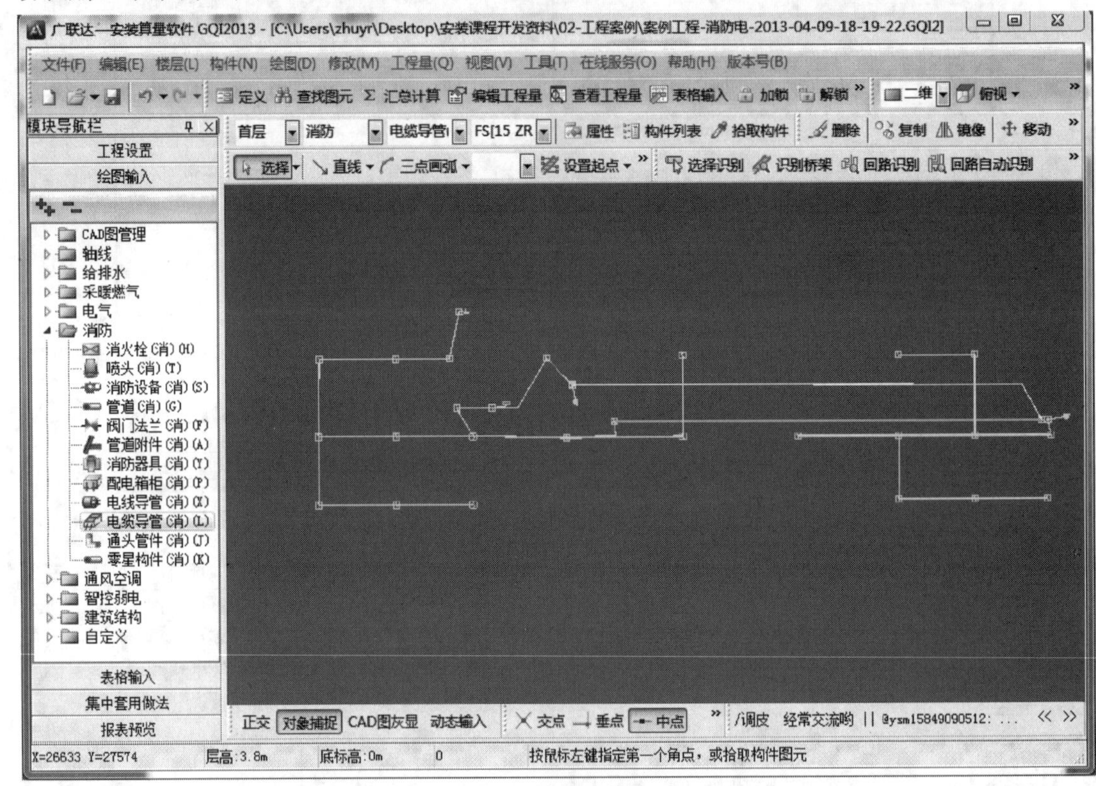

图 4-38　回路自动识别

【备注】 选择识别：选择一根或多根 CAD 线进行识别。

回路识别：选择一根 CAD 线，根据 CAD 线的走向，自动判断该管线的回路，生成管线，图元属性相同。

回路自动识别：可对多个配电箱多个回路进行一次性识别，并可根据标注自动判断线的根数。如图 4-39 所示。

任务要求：完成对整个消防工程分楼层的消防电缆导管识别，并统计消防电缆导管的管线工程量。

16）消防设备识别：此处比较特殊，消防水、消防电专业中都有涉及。消防水专业中的消防设备前面已提到过，对于消防电专业中的消防设备——接线盒，便是在此处进行识别。

点击工具栏上的“生成接线盒”功能，软件会自动反建构件 JXH-1，如图 4-40 及图 4-41所示。

点击确认后，弹出生成接线盒窗体，可以有选择的执行生成接线盒操作。例如：只是计量感烟探测器处的接线盒，即只在该窗体中勾选感烟探测器，点击确定后，会弹出“操作完成，共生成××个接线盒”的提示，如图 4-42 所示。

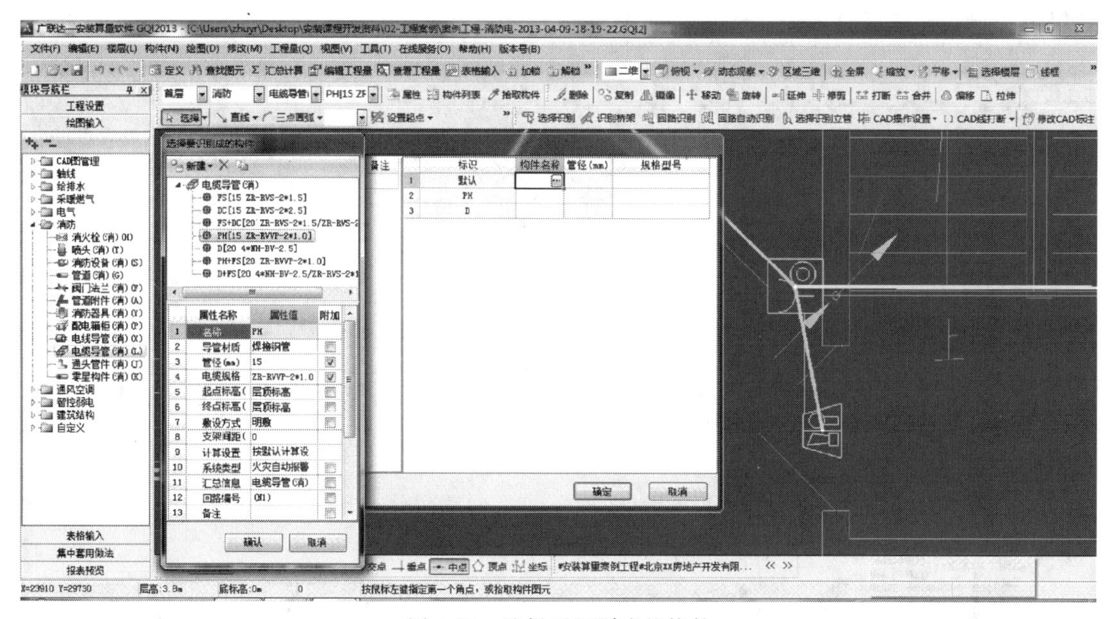

图 4-39 选择要识别成的构件

选择要识别成的构件

新建 ▾

消防设备(消)

JXH-1

	属性名称	属性值	附加
1	名称	JXH-1	
2	类型	接线盒	☐
3	规格型号		☑
4	距地高度(	0	☐
5	系统类型	喷淋灭火系统	☐
6	汇总信息	消防设备(消)	☐
7	备注		☐
8	显示样式		
9	填充颜色		
10	不透明度	100	

确认　取消

图 4-40 建立接线盒

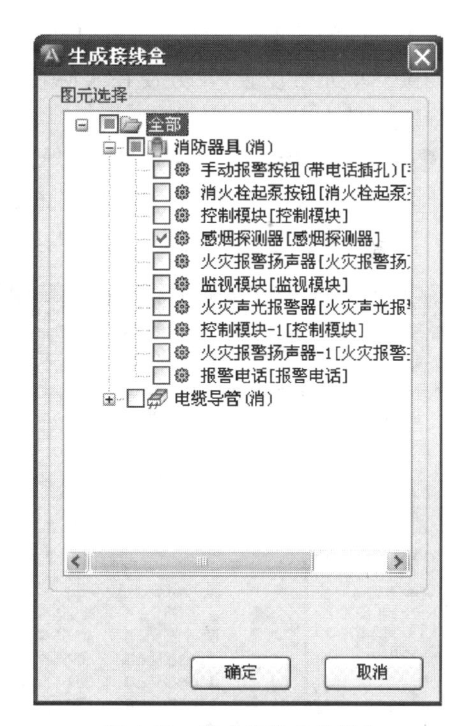

图 4-41 生成接线盒的部位

学习完绘图输入界面的整体操作流程，明确图纸中的工程量是如何在软件中实现计量后，下面再来看一下表格输入界面的操作流程。

4. **表格输入**：表格输入是安装算量的另一种方式，您根据拟建工程的实际情况进行手动编辑、新建构件、

图 4-42 接线盒的生成

编辑工程量表，最后计算出工程量。如图 4-43 所示。

图 4-43　表格输入界面

对于不同的数据输出需求，可以利用工具栏上的“页面设置”进行个性化设置；同时，软件提供“单元格设置”，方便在实际使用中进行标记，例如：哪些是需要进一步洽商的，可以特殊标记出来。

【备注】 *表格输入法主要是针对 CAD 图纸上不能通过识别功能计算的构件，进行手动输入计算；或者在无 CAD 图纸情况下，进行手工算量。*

工程量已经在绘图输入及表格输入界面完成计量，那么，做法的套用又该如何完成呢？

图 4-44　集中套做法的界面

集中套用做法界面为我们提供了一个便利的平台。

5. **集中套用做法**：点击“模块导航栏”→“集中套用做法”，可对整个项目的所有构件进行做法的统一套用，如手动套用“选择清单”、“选择定额”，也可以“自动套用清单”，完成整个项目工程的做法套用，从而快速得出工程量做法表。如图 4-44 所示。

重点：

本课程不建议在绘图界面套用做法，也不建议自动套用做法，为满足课后后续评分需要，本课程提供“2014 安装实训教程教学专用清单库”，学生 CAD 识别完毕，在集中套用做法环节，从“2014 安装实训教程教学专用清单库”中套用对应项目的 12 位编码清单项。只有这里使用此套用清单方法才能实现后续评分要求。“2014 安装实训教程教学专用清单库”同 CAD 电子图纸及课程资料包一同提供（如图 4-45 所示）。

图 4-45 清单库选择

一个工程中涉及的构件较多，查看起来不方便，可以利用位于导航栏区的构件树进行勾选查看；而对于中间的做法套用规则区域，如数据的分组不能满足您的需求，可以利用“属性分类设置”重新进行选择（如图 4-46 所示），此操作建议在套用做法前完成；位于界面右侧的“构件图元”区，则提供大家对量的途径，双击工程量对应的单元格，软件会反查到相应的界面图元，一个楼层一个楼层完成对量过程。

工程量计取完成，做法也完成套取，整体的成果便在报表预览界面为我们展示了。

6. **汇总计算，报表预览，导出数据**。整个工程量计取完毕，并套取了做法，该导出相应的工程量数据了。点击“模块导航栏”→“报表预览”，注意先行对整个专业工程进行汇总计算。如图 4-47 所示。

计算完毕后，点击“报表预览”即可以查看消防专业工程的工程量报表，也可以导出 Excel 文件。如图 4-48 所示。

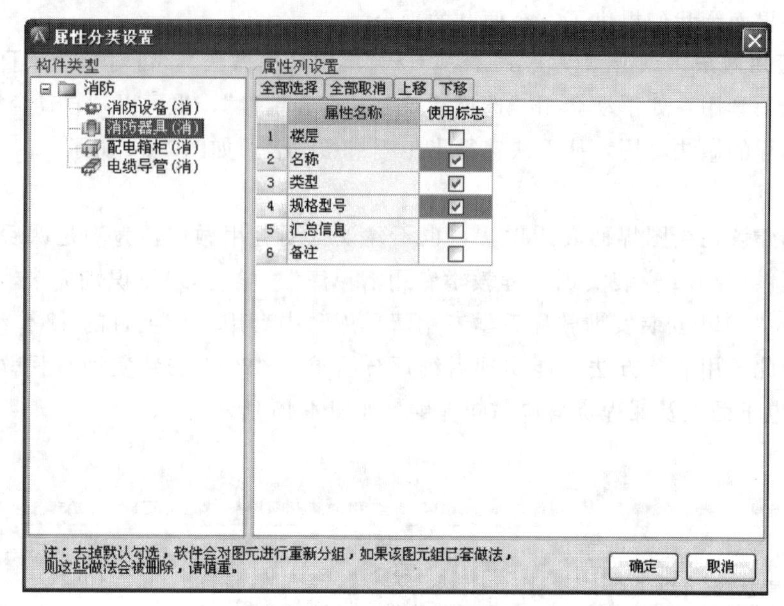

图 4-46　属性分类设置

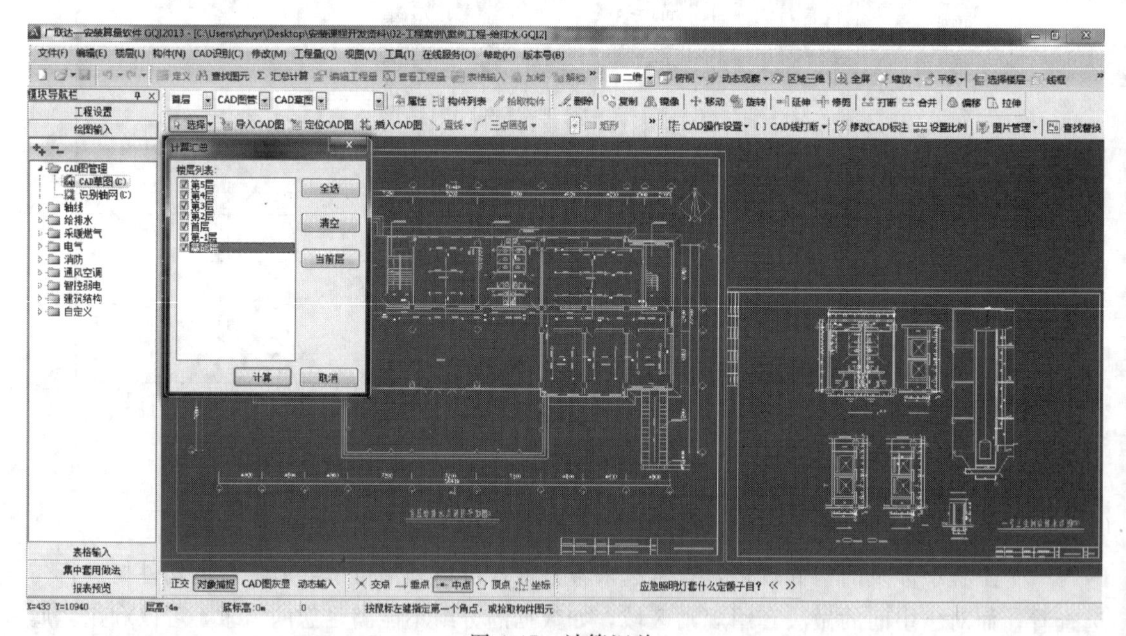

图 4-47　计算汇总

【备注】 报表预览可以选择查看所完成的专业工程工程量，同时也可以导出 Excel 文件的形式提交阶段任务作业。同样，像表格输入界面，类似的可以利用“报表显示设置”对表格中需要显示或需要隐藏的工程量进行个性设置；而利用“报表反查”（如图 4-49 所示），则可以反查图元数据到相应的绘图界面的各个楼层中。

4.3.4　任务总结

1. 安装算量软件中工程量计算规则必须与图纸及通用安装工程工程量计算规范中规则保持一致。

2. 结合消防专业案例工程，学会手算与电算结果的汇总对比分析，针对其中比较典型

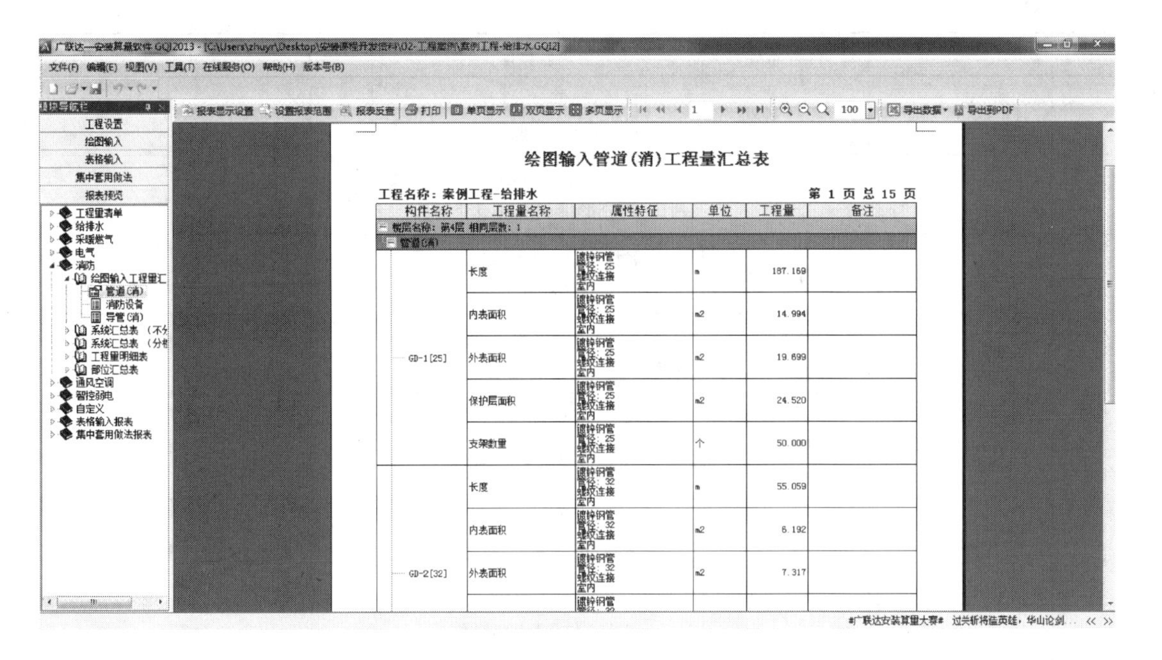

图 4-48 报表预览

报表显示设置 设置报表范围 报表反查 打印

图 4-49 报表反查工具栏

的部分，可以进一步加强对安装专业理论知识的理解和对软件操作应用的熟悉。

3. 安装算量软件汇总计算后报表有五类：分别是绘图输入工程量汇总表，系统汇总表（分楼层）、系统汇总表（不分楼层）、工程量明细表、部位汇总表。查看工程量时，注意区分所需要的工程量对应报表。

4. 消防案例工程，安装算量软件导出工程量清单表如表 4-5 所示。

表 4-5 广联达办公大厦消防专业工程工程量清单表

工程名称：案例工程—消防　　　　专业：消防

序号	编码	项目名称	项目特征	单位	工程量
1	030901002001	消火栓钢管	1. 安装部位：室内消火栓 2. 材质、规格：$DN$65 3. 连接形式：螺纹连接 4. 材质：镀锌钢管 5. 压力试验及冲洗设计要求：管道消毒、冲洗	m	11.3
2	030901002002	消火栓钢管	1. 安装部位：室内消火栓 2. 材质、规格：$DN$100 3. 连接形式：螺纹连接 4. 材质：镀锌钢管 5. 压力试验及冲洗设计要求：管道消毒、冲洗	m	134.04

续表

序号	编码	项目名称	项目特征	单位	工程量
3	031002001001	管道支架	1. 材质:型钢 2. 管架形式:一般管架	kg	57
4	031201003001	金属结构刷油	管道支架除锈后刷樟丹防锈漆两道,再刷醇酸磁漆两道	kg	57
5	030901010001	室内消火栓	1. 名称:室内消火栓 2. 型号、规格:单栓	套	11
6	030905002002	水灭火控制装置调试	系统形式:消火栓系统(消火栓按钮)	点	11
7	031002003001	套管	1. 类型:防水套管 2. 材质:刚性 3. 规格:*DN*125	个	2
8	031003003001	焊接法兰阀门	1. 类型:闸阀 2. 规格、压力等级:*DN*100 3. 连接形式:焊接	个	3
9	030901001001	水喷淋钢管	1. 安装部位:室内喷淋管道 2. 材质、规格:*DN*100 3. 连接形式:螺纹连接 4. 材质:镀锌钢管 5. 压力试验及冲洗设计要求:管道消毒、冲洗	m	185.2
10	030901001002	水喷淋钢管	1. 安装部位:室内喷淋管道 2. 材质、规格:*DN*80 3. 连接形式:螺纹连接 4. 材质:镀锌钢管 5. 压力试验及冲洗设计要求:管道消毒、冲洗	m	55.7
11	030901001003	水喷淋钢管	1. 安装部位:室内喷淋管道 2. 材质、规格:*DN*70 3. 连接形式:螺纹连接 4. 材质:镀锌钢管 5. 压力试验及冲洗设计要求:管道消毒、冲洗	m	41.52
12	030901001004	水喷淋钢管	1. 安装部位:室内喷淋管道 2. 材质、规格:*DN*50 3. 连接形式:螺纹连接 4. 材质:镀锌钢管 5. 压力试验及冲洗设计要求:管道消毒、冲洗	m	120.2
13	030901001005	水喷淋钢管	1. 安装部位:室内喷淋管道 2. 材质、规格:*DN*40 3. 连接形式:螺纹连接 4. 材质:镀锌钢管 5. 压力试验及冲洗设计要求:管道消毒、冲洗	m	165.21

续表

序号	编码	项目名称	项目特征	单位	工程量
14	030901001006	水喷淋钢管	1. 安装部位：室内喷淋管道 2. 材质、规格：*DN*32 3. 连接形式：螺纹连接 4. 材质：镀锌钢管 5. 压力试验及冲洗设计要求：管道消毒、冲洗	m	255.33
15	030901001007	水喷淋钢管	1. 安装部位：室内喷淋管道 2. 材质、规格：*DN*25 3. 连接形式：螺纹连接 4. 材质：镀锌钢管 5. 压力试验及冲洗设计要求：管道消毒、冲洗	m	579.06
16	030901001008	水喷淋钢管	1. 安装部位：室内喷淋管道 2. 材质、规格：*DN*20 3. 连接形式：螺纹连接 4. 材质：镀锌钢管 5. 压力试验及冲洗设计要求：管道消毒、冲洗	m	155.87
17	031002001002	管道支架	1. 材质：型钢 2. 管架形式：一般管架	kg	291
18	031201003002	金属结构刷油	管道支架除锈后刷樟丹防锈漆两道，再刷醇酸磁漆两道	kg	291
19	030901003001	水喷淋(雾)喷头	1. 安装部位：室内顶板下 2. 材质、型号、规格：喷淋喷头 3. 连接形式：无吊顶	个	396
20	030901006001	水流指示器	1. 名称：水流指示器 2. 规格、型号：*DN*100	个	5
21	030901008001	末端试水装置	1. 名称：末端试水装置 2. 规格：*DN*20	组	1
22	030901008002	试水阀	1. 名称：试水阀 2. 规格：*DN*20	组	4
23	030904004001	湿式报警阀	名称：湿式报警阀	个	1
24	030905002001	水灭火控制装置调试	系统形式：自动喷淋（水流指示器）	点	5
25	031002003002	套管	1. 类型：防水套管 2. 材质：刚性 3. 规格：*DN*125	个	1
26	031003001001	螺纹阀门	1. 类型：自动排气阀 2. 规格、压力等级：*DN*25 3. 连接形式：丝接	个	1
27	031003003002	焊接法兰阀门	1. 类型：闸阀 2. 规格、压力等级：*DN*100 3. 连接形式：焊接	个	2

续表

序号	编码	项目名称	项目特征	单位	工程量
28	031003003003	焊接法兰阀门	1. 类型:信号蝶阀 2. 规格、压力等级:*DN*100 3. 连接形式:焊接	个	5
29	030411001001	配管	1. 名称:钢管 2. 材质:焊接钢管 3. 规格:SC20 4. 配置形式:暗配	m	301.77
30	030411001002	配管	1. 名称:钢管 2. 材质:焊接钢管 3. 规格:SC15 4. 配置形式:暗配	m	1142.69
31	030411004001	配线	1. 名称:管内穿线 2. 型号:ZRBV 3. 规格:1.5 4. 材质:铜芯线	m	428.72
32	030411004002	配线	1. 名称:管内穿线 2. 型号:ZRBV 3. 规格:2.5 4. 材质:铜芯线	m	603.54
33	030411004003	配线	1. 名称:管内穿线 2. 型号:ZRRVS 3. 规格:2×1.5 4. 材质:铜芯线	m	874.84
34	030411004004	配线	1. 名称:管内穿线 2. 型号:ZRRVVP 3. 规格:2×1.0 4. 材质:铜芯线	m	151.34
35	030411005001	接线箱	1. 名称:消防转接箱 2. 安装形式:明装距地 1.5m	个	5
36	030904001001	点型探测器	1. 名称:感烟探测器 2. 线制:总线制 3. 类型:点型感烟探测器	个	144
37	030904003001	按钮	名称:手动报警按钮(带电话插口)	个	10
38	030904003002	按钮	名称:消火栓启泵按钮	个	10
39	030904005001	声光报警器	名称:组合声光报警装置	个	10
40	030904006001	消防报警电话插孔(电话)	名称:报警电话	部	3
41	030904008001	模块(模块箱)	1. 名称:模块 2. 规格:控制模块 3. 类型:单输入	个	4
42	030904009001	区域报警控制箱	1. 名称:报警控制器 2. 总线制 3. 安装方式:落地安装 4. 控制点数量:200 点以下	台	1
43	030905001001	自动报警系统调试	1. 点数:200 点以下 2. 线制:总线制	系统	1

通风空调专业工程工程量计算实训

【能力目标】

1. 能够熟练识读通风工程施工图。
2. 能够依据图纸手工计算通风工程量。
3. 能够依据图纸使用软件计算通风工程量。

【知识目标】

1. 了解通风空调工程的系统原理。
2. 了解通风工程的一般概念、常用材料和项目组成。
3. 熟悉通风系统中的图例。
4. 了解比例尺应用原理。
5. 掌握通风工程量清单的编制步骤、内容、计算规则及其格式。

5.1 任务一 通风空调专业工程图纸及业务分析

5.1.1 任务说明

按照办公大厦通风施工图，完成以下工作：

1. 识读通风工程整体施工图，请核查图纸是否齐全，其中图纸包括设计说明（详见图纸水施-13、水施-14），材料表（详见图纸水施-14），平面图（详见图纸水施-16、水施-21），详图（详见图纸水施-16）。

2. 查看通风工程的分类及风管走向，通风工程管道材质的种类（详见图纸水施-14）；弄清风管的平面走向、位置（详见图纸水施-16）。

3. 确定通风工程中通风设备、风管防火阀、风口等的种类，查明通风设备、风管防火阀、风口等的类型、数量、安装位置（详见图纸水施-13、水施-14）。

4. 按照现行工程量清单计价规范，结合通风专业工程图纸对风管、通风设备、风管防火阀、风口等清单列项并对清单项目编码、项目名称、项目特征、计量单位、计算规则、工作内容进行详细描述。

5.1.2 任务分析

1. 在通风专业工程的图纸识读过程中，风管、通风设备、风管防火阀、风口等在材料表中的图例是如何表示的（详见图纸水施-14）？平面图（详见图纸水施-16、水施-21），详图（详见图纸水施-16 ）是如何对应的？

2. 通风工程是如何分类的？通风专业工程中风管采用什么敷设方式（详见图纸水施-13）？风管采用什么材质，什么连接方式（详见图纸水施-13）？风管安装高度如何确定？

3. 通风专业工程中通风设备、风管防火阀、风口等有哪些种类（详见图纸水施-14）？

4. 通风专业工程中清单项目编码如何表示？风管、通风设备、风管防火阀、风口等清单分别包含什么工作内容，以什么为计量单位，项目特征如何描述，及其工程量是如何计算的？

5.1.3 任务实施

1. 识读通风施工图，水平风管在平面图中体现，其标识包括标高、风管规格等，相应立管信息可以根据设备安装高度及连接的风管安装高度进行分析。风管、通风设备、风管防火阀、风口在材料表中图例表示方法如图 5-1 所示。

名　称	图　　例	名　称	图　　例
暖气管	—NG1— —NH1— ●○ NJ NT ND	采暖回水管	—NH1— —NH1—
防火阀	（70℃　　）	采暖供水管	—NG1— —NG1—
止回阀		温度计	T
电动碟阀	M	金属软接头	
压差控制阀		压力表	P
闸阀		伸缩节	
温控阀		减压阀	
散热器		热计量表	G

图 5-1　图例表

2. 通风专业施工图中，地下室通风，连接设备 PY-B1F-1 的风管为 1000×500、1000×320 的镀锌钢板，风管上安装有对开多叶调节阀 1000×500、板式排烟口 800×(800+250)、70℃防火阀 1000×500 以及静压箱 1100×1300×100；连接设备 PF-B1F-2 的风管为 500×250 的镀锌钢板，风管上安装有 70℃防火阀 500×250、对开多叶调节阀 500×250、单层百叶风口 400×300；机房层由排风扇通风。

3. 通风专业施工图中，通风设备有 PY-B1F-1、PF-B1F-1、静压箱、排风扇；风管阀门有对开多叶调节阀、70℃防火阀；风口包括单层百叶风口、板式排烟口；风管阀门及风口均在风管上安装。

4. 根据《通用安装工程工程量计算规范》（GB 50856—2013），结合广联达办公大厦通风专业工程施工图纸，对该专业工程进行清单列项。详细内容如表 5-1 所示。

表 5-1 广联达办公大厦通风空调专业工程工程量清单列项

序号	项目编码	项目名称	项目特征描述	计量单位	工程量计算规则	工作内容
1	030108003001	轴流通风机	名称:PY-B1F-1 轴流风机	台	按设计图示数量计算	1. 本体安装 2. 拆装检查 3. 减震台座制作安装
2	030108003002	轴流通风机	名称:PF-B1F-1 轴流风机	台		
3	030404031001	小电器	名称:排气扇	台		本体安装
4	030702001001	碳钢通风管道	1. 名称:钢板通风管道 2. 材质:镀锌 3. 形状:矩形 4. 规格:500×250 5. 板材厚度:δ0.6 6. 接口形式:法兰咬口连接	m^2	按设计图示内径尺寸以展开面积计算	1. 风管、管件、法兰、零件、支吊架制作安装 2. 过跨风管落地支架制作安装
5	030702001002	碳钢通风管道	1. 名称:钢板通风管道 2. 材质:镀锌 3. 形状:矩形 4. 规格:1000×320 5. 板材厚度:δ1.2 6. 接口形式:法兰咬口连接	m^2		
6	030702001003	碳钢通风管道	1. 名称:钢板通风管道 2. 材质:镀锌 3. 形状:矩形 4. 规格:1000×500 5. 板材厚度:δ1.2 6. 接口形式:法兰咬口连接	m^2		
7	030703001001	碳钢阀门	1. 名称:对开多叶调节阀 2. 规格:500×250	个	按设计图示数量计算	1. 阀体制作 2. 阀体安装 3. 支架制作、安装
8	030703001002	碳钢阀门	1. 名称:对开多叶调节阀 2. 规格:1000×500	个		
9	030703001003	碳钢阀门	1. 名称:70℃防火阀 2. 规格:500×250	个		
10	030703001004	碳钢阀门	1. 名称:70℃防火阀 2. 规格:1000×500	个		
11	030703011001	铝及铝合金风口、散流器	1. 名称:单层百叶风口 2. 规格:400×300	个		风口制作安装
12	030703011002	铝及铝合金风口、散流器	1. 名称:板式排烟口 2. 规格:800×(800+250)	个		
13	030703021001	静压箱	1. 名称:静压箱 2. 规格:1100×1300×100	个	按设计图示数量计算	1. 静压箱制作安装 2. 支架制作安装
14	030704001001	通风工程检测、调试	通风工程检测、调试	系统	按通风系统计算	1. 通风管道风量测定 2. 风压测定 3. 温度测定 4. 各系统风口、阀门调整

5.1.4 任务总结

1. 空调风管一般使用镀锌薄钢板。镀锌薄钢板又称“白铁皮”，是由普通钢板镀锌制成，厚度一般为0.5～1.5mm，长宽尺寸与普通薄钢板相同。镀锌钢板表面应光滑洁净，镀锌厚度不小于0.02mm。由于其表面有镀锌层，具有防锈作用，所以一般不需要再刷漆。在通风空调工程中，可用镀锌钢板制作不含酸、碱气体的风管，在送排风、空调、净化系统中使用。

2. 通风空调工程需要通风系统调试。

3. 通风工程识图首先熟悉有关图例、符号、设计及施工说明，通过说明了解系统的组成、系统所用的材料、设备、保温绝热、刷油的做法及其他主要施工方法。

4. 通风工程识图时主要以空气流动线路识读，依次为进风装置、空气处理设备、送风机、干管、支管、送风口、回风口、回风机、回风管、排风口和空气处理室。

5.1.5 知识链接

1. 通风空调工程图表示方法参照《暖通空调制图标准》(GB/T 50114—2010)。

2. 通风空调工程施工参照《通风与空调工程施工质量验收规范》(GB 50243—2011)。

3. 通风空调系统理论知识包括系统分类、系统组合、系统基本图式、系统工作原理等。

(1) 通风空调主要功能是为提供人呼吸所需要的氧气，稀释室内污染物或气味，排除室内工艺过程产生的污染物，除去室内的余热或余湿，提供室内燃烧所需的空气。

(2) 通风系统分类

① 根据通风服务对象的不同，可分为民用建筑通风和工业建筑通风；

② 根据通风气流方向的不同，可分为排风和进风；

③ 根据通风控制空间区域范围的不同，可分为局部通风和全面通风；

④ 根据通风系统动力的不同，可分为机械通风和自然通风。

(3) 系统工作原理

空气调节（简称空调）系统是指对空气温度、湿度、空气流动速度及清洁度进行人工调节，以满足人体舒适和工艺生产过程的要求。

4. 工程量清单项目设置情况（项目特征描述的内容、综合的工作内容、工程量计算规则，摘录2013清单计价规范部分内容）

(1) 工程概况

① 2013版《建设工程工程量清单计价规范》C.9适用于采用工程量清单计价的新建、扩建的生活用通风空调工程。其内容包括通风及空调设备及部件制作安装，通风管道制作安装，通风管道部件制作安装，通风工程检测、调试等。

② 通风空调工程适用于通风（空调）设备及部件、通风管道及部件的制作安装工程。

③ 冷冻机组站内的设备安装、通风机安装及人防两用通风机安装，应按本《规范》附录A机械设备安装工程相关项目编码列项。

④ 冷冻机组站内的管道安装，应按本《规范》附录H工业管道工程相关项目编码列项。

⑤ 冷冻站外的墙皮以外通往通风空调设备的供热、供冷、供水等管道，应按本《规范》附录J给排水、采暖、燃气工程相关项目编码列项。

⑥ 设备和支架的除锈、刷漆、保温、保护层安装，应按本规范附录L刷油、防腐蚀、

绝热工程相关项目编码列项。

(2) 清单列项

① 通风空调工程中通风空调设备安装的地脚螺栓按设备自带考虑。

② 风管展开面积，不扣除检查孔、测定孔、送风口、吸风口等所占面积；风管长度一律以设计图示中心线长度为准（主管与支管以其中心线交点划分），包括弯头、三通、变径管、天圆地方等管件的长度，但不包括部件所占的长度。风管展开面积不包括风管、管口重叠部分面积。风管减缩管：圆形风管按平均直径；矩形风管按平均周长。

③ 穿墙套管按展开面积计算，计入通风管道工程量中。

④ 通风管道的法兰垫料或封口材料，按图纸要求应在项目特征中描述。

⑤ 净化通风管的空气洁净度按 100000 级标准编制，净化通风管使用的型钢材料如要求镀锌时，工作内容应注明支架镀锌。

⑥ 弯头导流叶片数量，按设计图纸或规范要求计算。

⑦ 风管检查孔、温度测定孔、风管测定孔数量，按设计图纸或规范要求计算。

⑧ 碳钢阀门包括空气加热器上通阀、空气加热器旁通阀、圆形瓣式启动阀、风管蝶阀、风管止回阀、密闭式斜插板阀、矩形风管三通调节阀、对开多叶调节阀、风管防火阀、各型风罩调节阀等。

⑨ 塑料阀门包括塑料蝶阀、塑料插板阀、各型风罩塑料调节阀。

⑩ 碳钢风口、散流器、百叶窗，分别包括百叶风口、矩形送风口、矩形空气分布器、风管插板风口、旋转吹风口、圆形散流器、方形散流器、流线型散流器、送吸风口、活动篦式风口、网式风口、钢百叶窗等。

⑪ 碳钢罩类包括皮带防护罩、电动机防雨罩、侧吸罩、中小型零件焊接台排气罩、整体分组式槽边侧吸罩、吹吸式槽边通风罩、条缝槽边抽风罩、泥心烘炉排气罩、升降式回转排气罩、上下吸式圆形回转罩、升降式排气罩、手锻炉排气罩。

⑫ 塑料罩类包括塑料槽边侧吸罩、塑料槽边风罩、塑料条缝槽边抽风罩。

⑬ 柔性接口包括金属、非金属软接口及伸缩节。

⑭ 消声器包括片式消声器、矿棉管式消声器、聚酯泡沫管式消声器、卡普隆纤维管式消声器、弧形声流式消声器、阻抗复合式消声器、微穿孔板消声器、消声弯头。

⑮ 通风部件如图纸要求制作安装，或成品部件只安装不制作，这类特征在项目特征中应明确描述。

⑯ 静压箱的面积计算：按设计图示尺寸以展开面积计算，不扣除开口的面积。

5. 工程材料种类及适用范围、安装连接方式。

风道是通风空调系统中的主要部件，是用于输送空气的管道。风道的断面有圆形、矩形等形状。风道通常采用普通薄钢板、镀锌薄钢板制作，也可采用塑料、混凝土、砖等其他材料制作。连接方式有咬口、焊接和法兰连接三种。

6. 设备及设施种类、功能，安装要求（风机、风阀、风口、静压箱等）。

(1) 调节阀　通风系统中的调节阀主要安装在风道或风口上，用来调节风量、关闭风口及风机的启动和系统中的阻力平衡，有时还有防止系统发生火灾的作用。常用的调节阀有插板阀、蝶阀、止回阀和防火阀、对开多叶调节阀、三通调节阀。

图 5-2　插板阀

① 插板阀（如图 5-2 所示） 多用于通风机的出口或主干管上，通过闸板启闭使得闸板上圆口跟通径做完全脱离和相吻合的动作，即可调节通过风道的风量。

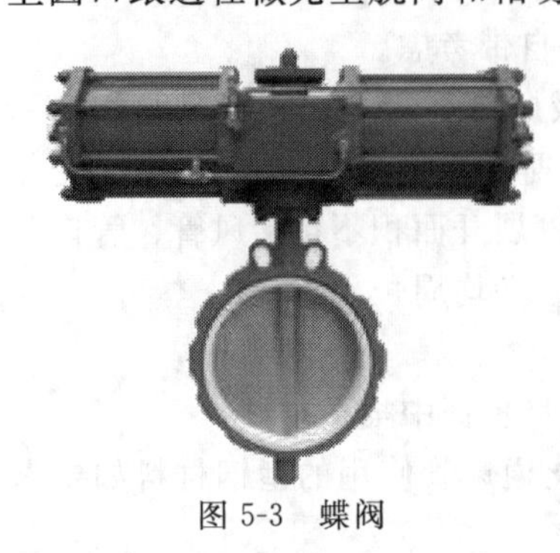

图 5-3 蝶阀

② 蝶阀（如图 5-3 所示） 多安装在分支管上或空气分布器前，作为风量调节之用，但是严密性较差，故不宜作为关断之用。

③ 止回阀 作用是当风机停止运转时，阻止气流倒流。

④ 防火阀（如图 5-4 所示） 为了防止房间在发生火灾时，火焰窜入通风系统其他房间，在防火级别要求较高房间的系统应装设防火阀。安装在通风、空调系统的送、回风管路上，平时呈开启状态，火灾时当管道内气体温度达到 70℃时，易熔片熔断，阀门在扭簧力作用下自动关闭，在一定时间内能满足耐火稳定性和耐火完整性要求，起隔烟阻火作用的阀门。阀门关闭时，输出关闭信号。

⑤ 对开多叶调节阀 当风道尺寸较大时，可以做成类型活动百叶风口形状的对开阀门，使之联合动作来调节风量，较多用于通风机出口或主干风道上。

（2）室外进、排风装置

① 进风装置是从室外采集洁净空气（即送风），如空调新风系统的新风口、进风塔、进风窗口。

② 排风装置是将室内被污染的空气直接排到大气中去，如排风口（罩）、排风塔、排风帽等。

（3）室内进、排风装置 室内送风口是送风系统中风道的末端装置，常见的送风口形式有侧送、散流器、孔板、喷射式等。室内排风口是排风系统的始端吸入装置，常见的排风口形式有格栅、单层百叶、金属网格等，包括双层侧送送风口、方形散流器、孔板送风口、喷射式送风口、格栅排风口、单层百叶排风口、金属网格排风口。

图 5-4 防火阀

（4）风机 风机是通风系统中的空气流动提供动力的机械设备。风机按照工作原理可分为离心式风机和轴流式风机。离心式风机主要由叶轮、机壳、机轴、吸气口、排气口等部件组成。离心式风机主要性能参数有全压（P）、风量（L）、功率和效率、转速。

5.2 任务二 通风空调专业工程手工计算工程量

5.2.1 任务说明

按照办公大厦通风施工图，完成以下工作：

1. 根据现行《通用安装工程工程量清单计算规范》（GB 50856—2013），结合通风专业施工图纸，计算连接通风设备 PY-B1F-1、PF-B1F-1 的风管工程量。

2. 根据现行《通用安装工程工程量清单计算规范》（GB 50856—2013），结合通风专业施工图纸，计算通风设备 PY-B1F-1、PF-B1F-1、静压箱、排风扇、风管防火阀、风口、板式排烟口的工程量。

3. 结合本案例工程的图纸信息，根据现行《通用安装工程工程量清单计算规范》(GB 50856—2013)，描述工程量清单项目特征，编制完整的通风专业工程工程量清单。

5.2.2 任务分析

1. 通风专业图纸中，风管是如何标注的？

2. 现行《通用安装工程工程量清单计算规范》(GB 50856—2013) 中，通风设备 PY-B1F-1、PF-B1F-1、静压箱、排风扇、风管防火阀、风口、板式排烟口的计量单位及计算规则是如何规定的？

3. 在通风专业工程量清单的编制过程中，风管、通风设备 PY-B1F-1、PF-B1F-1、静压箱、排风扇、风管防火阀、风口、板式排烟口的清单项目特征如何描述？清单项目编码、项目名称如何表示？

5.2.3 任务实施

1. 通风专业施工图中，地下室通风，连接设备 PY-B1F-1 的风管为 1000×500、1000×320 的镀锌钢板，风管上安装有对开多叶调节阀 1000×500、板式排烟口 800×(800+250)、70℃防火阀 1000×500 以及静压箱 1100×1300×100；连接设备 PF-B1F-2 的风管为 500×250 的镀锌钢板，风管上安装有 70℃防火阀 500×250、对开多叶调节阀 500×250、单层百叶风口 400×300；机房层由排风扇通风。

2. 通风专业工程量计算时，通风设备 PY-B1F-1、PF-B1F-1、静压箱、排风扇、风管防火阀、风口、板式排烟口均按照设计图示数量，以“个”计算。

3. 根据现行《通用安装工程工程量清单计算规范》，结合通风专业施工图，项目编码为 12 位数，在计算规范原有的 9 位清单编码的基础上，补充后 3 位自行编码；清单项目名称及项目单位、计算规则均应与计算规范中的规定保持一致。

4. 通风专业工程工程量计算表如表 5-2 所示。

表 5-2　工程量计算表

序号	项目名称	计算式	工程量	单位	备注
	通风空调系统				
一	风管				
	镀锌钢板风管:500×250	10.34×(0.5+0.25)×2	15.51	m^2	面积=周长×长度
	镀锌钢板风管:1000×500	30.4×(1.0+0.5)×2	33.40	m^2	面积=周长×长度
	镀锌钢板风管:1000×320	(12.12+9.36+2.76+2.76)×(1.0+0.32)×2	72.90	m^2	面积=周长×长度
二	风管部件				
	PY-B1F-1	1	1.00	个	
	PF-B1F-1	1	1.00	个	
	对开多叶调节阀:500×250	1	1.00	个	
	对开多叶调节阀:1000×500	1	1.00	个	
	单层百叶风口:400×300	2	2.00	个	

续表

序号	项目名称	计算式	工程量	单位	备注
	板式排烟口:800×(800+250)	4	4.00	个	
	静压箱:1100×1300×100	1	1.00	个	
	70℃防火阀:500×250	2	2.00	个	
	70℃防火阀:1000×500	2	2.00	个	
	排风扇	1	1.00	个	

5.2.4 任务总结

1. 手工计算时正确使用比例尺。手工计算工程量时了解比例尺使用方法，注意比例尺的比例与图纸比例相对应，如果不对应，请注意换算比例，如：图纸比例 1∶50，用比例尺 1∶100 测量出的工程量必须除以 2。

2. 风管按图纸设计图示尺寸以展开面积计算。

3. 通风专业案例工程工程量清单表如表 5-3 所示。

表 5-3　广联达办公大厦通风专业工程手工算量清单表

序号	项目编码	项目名称	项目特征	计量单位	工程量
1	030108003001	轴流通风机	名称:PY-B1F-1 轴流风机	台	1
2	030108003002	轴流通风机	名称:PF-B1F-1 轴流风机	台	1
3	030404031001	小电器	名称:排气扇	台	1
4	030702001001	碳钢通风管道	1. 名称:钢板通风管道 2. 材质:镀锌 3. 形状:矩形 4. 规格:500×250 5. 板材厚度:δ0.6 6. 接口形式:法兰咬口连接	m^2	15.51
5	030702001002	碳钢通风管道	1. 名称:钢板通风管道 2. 材质:镀锌 3. 形状:矩形 4. 规格:1000×320 5. 板材厚度:δ1.2 6. 接口形式:法兰咬口连接	m^2	72.9
6	030702001003	碳钢通风管道	1. 名称:钢板通风管道 2. 材质:镀锌 3. 形状:矩形 4. 规格:1000×500 5. 板材厚度:δ1.2 6. 接口形式:法兰咬口连接	m^2	33.4
7	030703001001	碳钢阀门	1. 名称:对开多叶调节阀 2. 规格:500×250	个	1
8	030703001002	碳钢阀门	1. 名称:对开多叶调节阀 2. 规格:1000×500	个	1
9	030703001003	碳钢阀门	1. 名称:70℃防火阀 2. 规格:500×250	个	2
10	030703001004	碳钢阀门	1. 名称:70℃防火阀 2. 规格:1000×500	个	2

续表

序号	项目编码	项目名称	项目特征	计量单位	工程量
11	030703011001	铝及铝合金风口、散流器	1. 名称：单层百叶风口 2. 规格：400×300	个	2
12	030703011002	铝及铝合金风口、散流器	1. 名称：板式排烟口 2. 规格：800×(800+250)	个	4
13	030703021001	静压箱	1. 名称：静压箱 2. 规格：1100×1300×100	个	1
14	030704001001	通风工程检测、调试	通风工程检测、调试	系统	1

5.3 任务三　通风空调专业工程软件计算工程量

5.3.1 任务说明

按照办公大厦通风施工图，采用广联达软件，完成以下工作：

1. 对照通风专业工程图纸与电子版 CAD 图纸，查看 CAD 电子图纸是否完整；分解并命名各楼层 CAD 图。

2. 根据现行《通用安装工程工程量清单计算规范》(GB 50856—2013) 中计算规则，结合通风专业施工图纸，新建通风专业工程中风管、通风设备 PY-B1F-1、PF-B1F-1、静压箱、排风扇、风管防火阀、风口、板式排烟口的构件信息，识别 CAD 图纸中包括的风管、通风设备 PY-B1F-1、PF-B1F-1、静压箱、排风扇、风管防火阀、风口、板式排烟口等构件。

3. 汇总计算通风专业工程量，结合通风专业工程 CAD 图纸信息，对汇总后的工程量进行集中套用做法，并添加清单项目特征描述，最终形成完整的通风专业工程工程量清单表，并导出通风专业 Excel 工程量清单表格。

5.3.2 任务分析

1. 如何查看 CAD 图纸？如何导入 CAD 图纸至安装算量软件 GQI2013 中？如何在安装算量软件中分解各楼层 CAD 图纸并保存命名？

2. 如何结合 CAD 图纸及计算规范，在软件中设置其计算规则？如何对通风专业工程中的风管、通风设备 PY-B1F-1、PF-B1F-1、静压箱、排风扇、风管防火阀、风口、板式排烟口这些构件进行新建，并结合图纸，对其属性进行修改、添加？如何识别 CAD 图纸中包括的风管、通风设备 PY-B1F-1、PF-B1F-1、静压箱、排风扇、风管防火阀、风口、板式排烟口等构件？

3. 如何汇总计算整个通风专业及各楼层构件工程量？如何对汇总后的工程量进行集中套用做法并添加清单项目特征描述？如何预览报表并导出通风专业 Excel 工程量清单表格？

5.3.3 任务实施

1. **新建工程**：左键单击“广联达—安装算量软件 GQI2013”（或者可以直接双击桌面“广联达安装算量 GQI2013”图标）→单击“新建向导”进入“新建工程”（如图 5-5 所示），完成案例工程的工程信息及编制信息。

2. **工程设置**：点击“模块导航栏”工程设置，根据案例工程图纸中“设计说明（一）”

和“结构设计说明”的图纸信息，完成案例工程中通风空调工程有需要设置的参数项：工程信息→楼层设置→设计说明信息→计算设置→其他设置的参数信息填写。本案例如图 5-6 及图 5-7 所示。

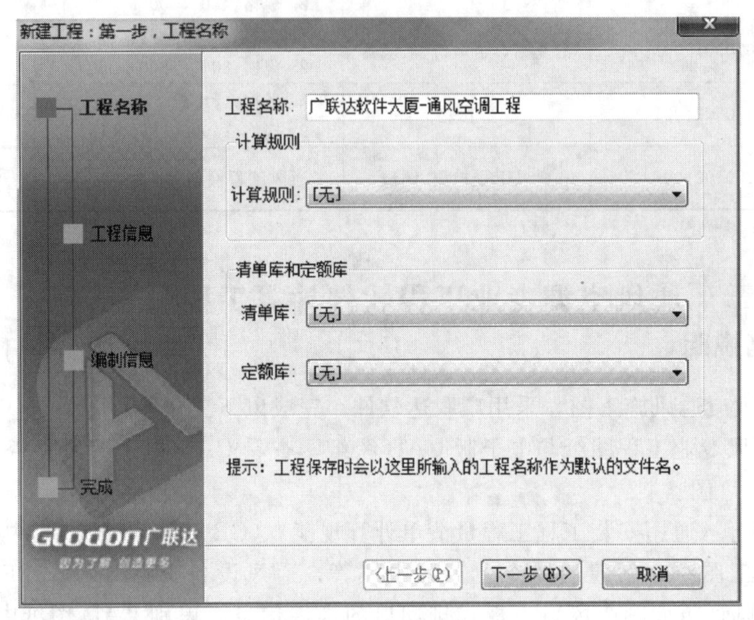

图 5-5　新建工程

模块导航栏：工程设置 — 工程信息、楼层设置、设计说明信息、工程量定义、量表定义、计算设置、其它设置

插入楼层　删除楼层　上移　下移

	编码	楼层名称	层高(m)	首层	底标高(m)	相同层数	板厚(mm)
1	5	屋顶层	3.8	☐	15.2	1	120
2	4	第4层	3.8	☐	11.4	1	120
3	3	第3层	3.8	☐	7.6	1	120
4	2	第2层	3.8	☐	3.8	1	120
5	1	首层	3.8	☑	0	1	120
6	-1	第-1层	4	☐	-4	1	120
7	0	基础层	3	☐	-7	1	500

图 5-6　楼层标高设置

【备注】每次设置完成一个单项后记得点击保存，后续操作都一样。

避免工程数据丢失，还可以利用“工具”菜单栏中的“选项”，将文件“自动提示保存”的时间间隔根据自己的需要由 15min 调小。

【备注】案例工程信息直接参考案例图片信息填写，整个章节都一样。软件按照工程量计算过程中不同的使用场景，提供多种工程量计量方式：利用绘图输入界面，通过导入 CAD 图纸识别，进行工程量的计量；利用表格输入界面，模拟手工算量过程，快速计量。首先，让我们共同进入绘图输入界面的学习。

3. **绘图输入**：点击“模块导航栏”中的“绘图输入”界面。在界面中，按照操作整体流程进行设计。对于通风空调专业，整体操作流程是：**定义轴网→导入 CAD 图纸→点式构件识别→线式构件识别→合法性检查→汇总计算→集中套用做法界面做法套取→报表预览。**

(1) 通风部分　按照模块导航栏中的构件类型，顺序完成识别（点式构件识别→线式构件识别→依附构件识别）。依据图纸，先识别通风设备这样的点式构件，再识别通风管道线式构件。好处在于，先识别出点式构件，再识别线式构件时，软件会按照点式构件与线式构件的标高差，自动生成连接二者间的立向风管。通风管道识别完毕，进行风管部件（包括风

图 5-7 计算设置

口、侧风口、风阀）等依附于通风管道上的构件识别。

(2) 空调水部分 按照模块导航栏中构件类型顺序识别。点式构件识别→线式构件识别→依附构件识别→零星构件识别。点式构件仍是包括通风设备。线式构件涉及空调水管。

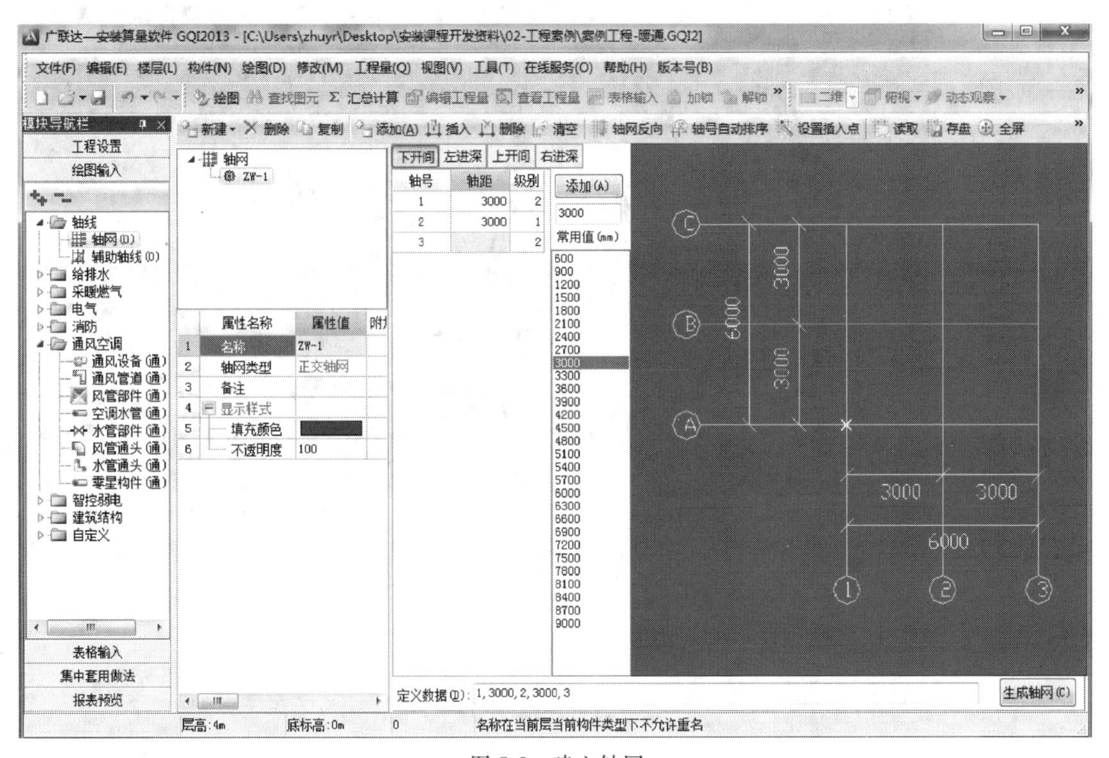

图 5-8 建立轴网

空调水管识别完，进行水管部件等依附于空调水管上的构件识别。最后，按照图纸说明，补足套管零星构件的计量。

明确整体操作流程后，开始我们的通风空调专业算量之旅。

1）定义轴网：点击绘图界面，单击轴网→点击定义→新建轴网→自定义轴网，自行设置轴网参数值，完成一个简洁的轴网，以便 CAD 导图时各楼层的电子图纸的定位（如图5-8 所示）。

2）导入 CAD 电子图：点击绘图输入界面，单击 CAD 图管理→CAD 草图→点击导入 CAD 图，导入对应楼层的通风空调工程的 CAD 电子图纸，利用“定位 CAD 图”定位到相应的轴网位置（如图 5-9 所示）。

如要同时导入多张图纸，可以利用“插入 CAD 图”。

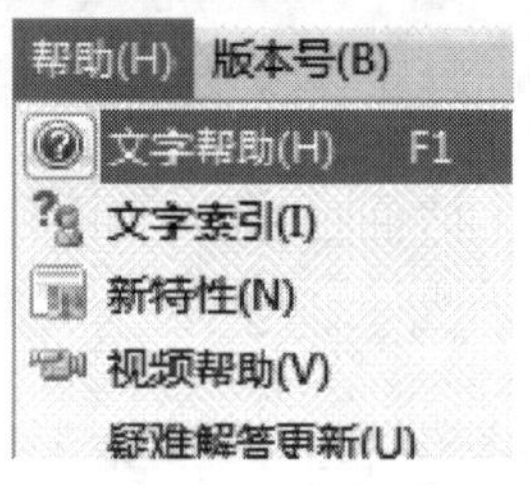

图 5-9　文字帮助

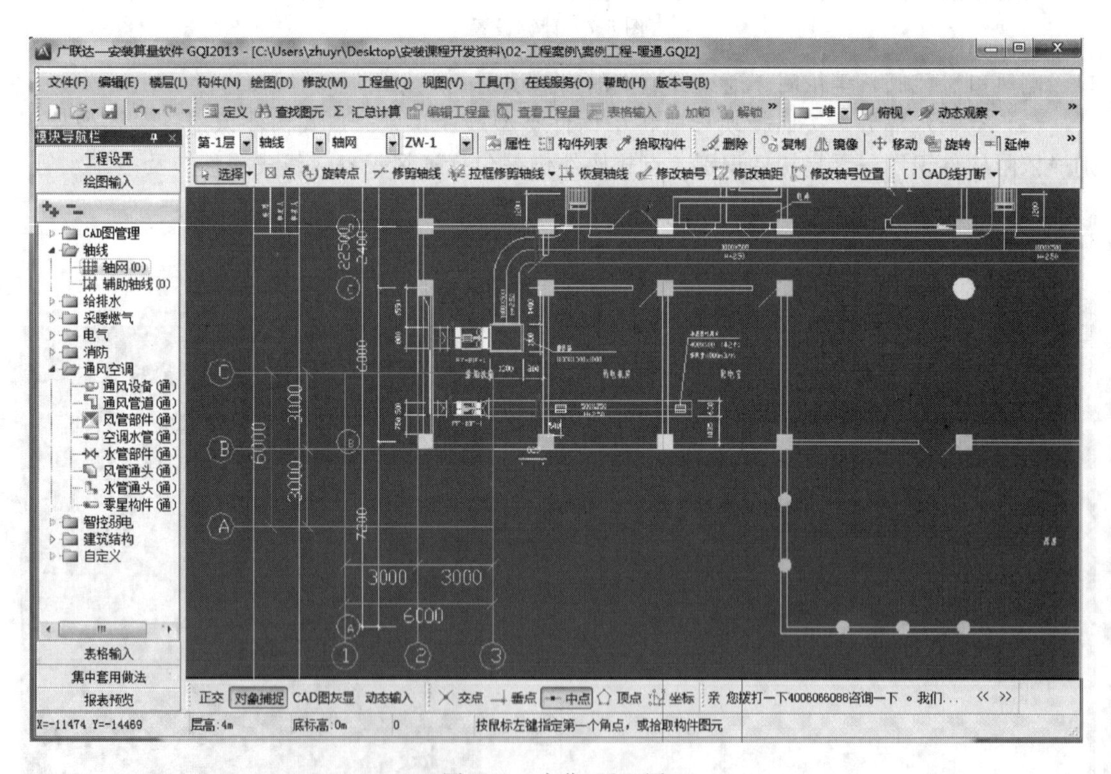

图 5-10　定位 CAD 图

图 5-11　对象捕捉工具栏

【温馨小贴士】 对于初学者，可以利用软件提供的以下路径，快速掌握功能的使用。利用状态栏提示信息，例如：点击“定位CAD图”后，软件下方给出的提示“指定CAD图的基准点，用交点捕捉功能捕获CAD轴线交点”（如图5-10所示），进行操作；还可以利用“帮助”菜单栏中的“文字帮助”（如图5-11所示）查看功能使用方法。

由于实际图纸设计风格的不同，以及实际业务需要，例如：管线敷设因存在三维上下层级关系而断开的情况，软件提供“CAD识别选项”/“连续CAD线之间的误差值（mm）pwkp”设置项，方便大家更快提取工程量。具体识别选项的设置，是在工程计量过程中，按照图纸设计、业务需求进行设置的。

3）CAD识别选项：点击“绘图输入”界面，单击“通风空调”专业各构件类型（风管通头、水管通头、零星构件除外）→点击工具栏“CAD操作设置”→“CAD识别”选项，根据图纸设计要求，修改相应的误差值，如图5-12所示。

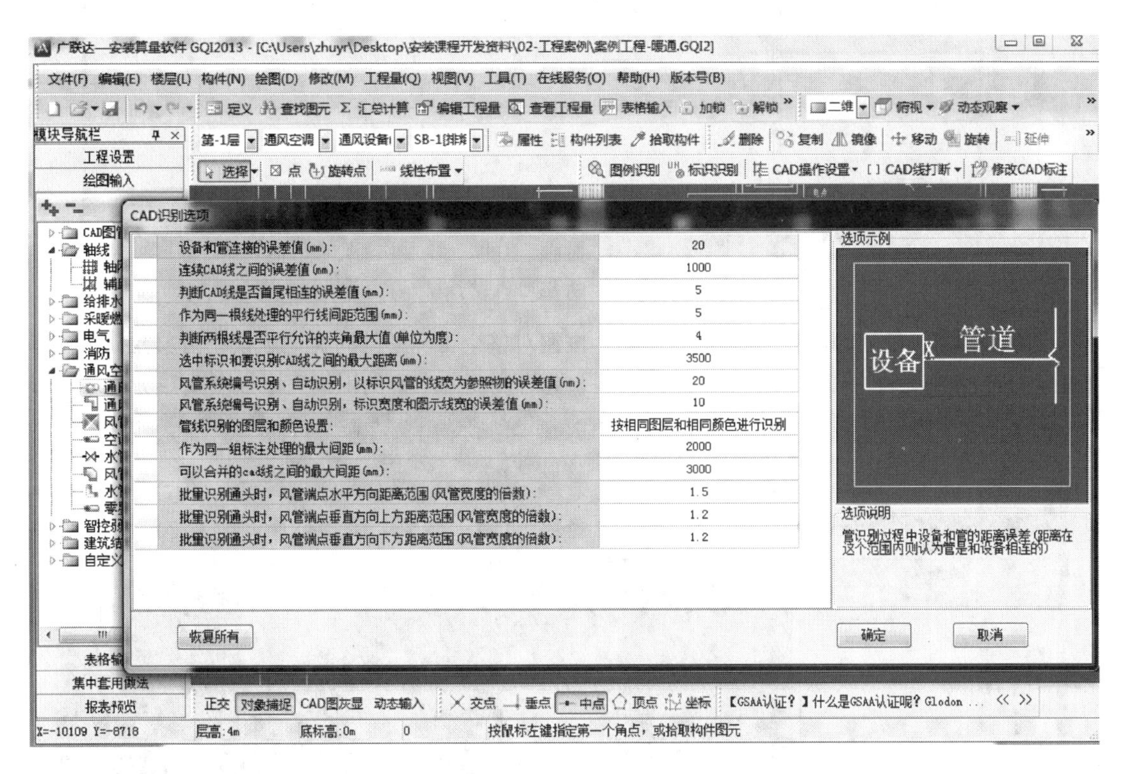

图5-12 CAD识别选项

以上是对于通风部分、空调部分中在工程量计取前共有的，可以说是准备工作的介绍。下面主要介绍软件中是如何通过智能识别完成工程量的计取的，首先明确通风部分工程量的计取过程：**通风设备→通风管道（包括首次风管通头的识别）→风管通头（涉及二次修改等）→风管部件（包括风口、侧风口、风阀）。**

当然，也可以通过手动布置图元完成计量（点式图元使用“点”、“旋转点”布置，线式图元使用“直线”、“三点画弧”系列功能布置）。

4）通风设备识别：点击“绘图输入”界面，单击通风空调专业中“通风设备”构件类型，新建设备，在其类型属性中选择对应的通风设备，并修改相应的通风设备名称，根据图纸设计要求新建案例工程中存在的设备，在属性编辑器中输入相应的属性值，注意修改距地高度。本案例如图5-13所示。

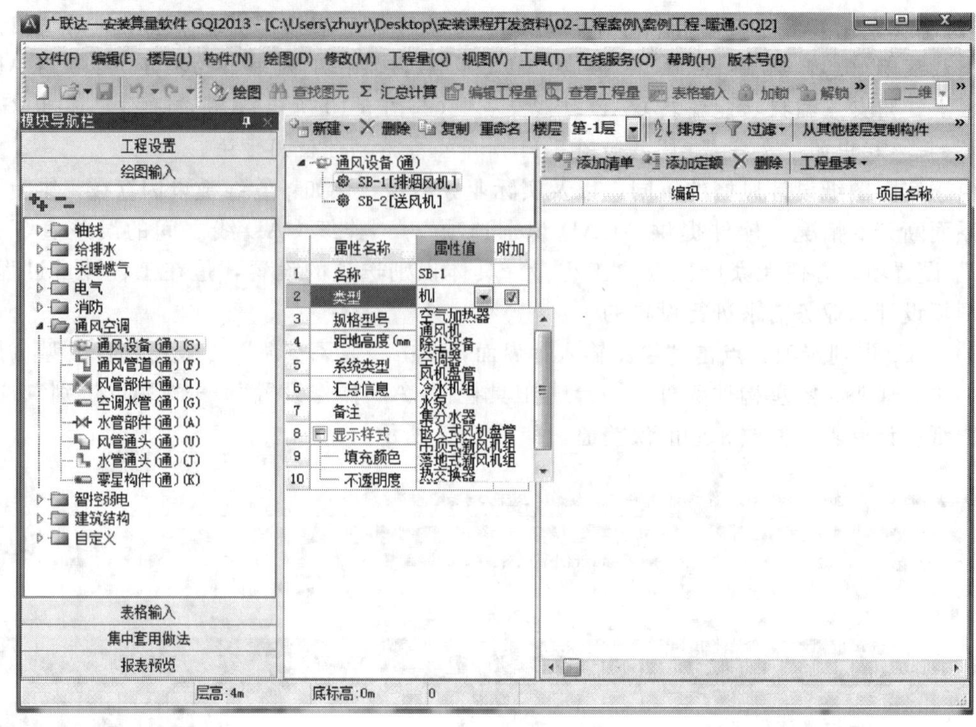

图 5-13 新建通风设备

然后，点击“图例识别”或“标识识别”按钮对整个工程中的同类通风设备分楼层进行自动识别，在本案例工程中，建议采用“图例识别”更为便捷。本案例识别完毕如图 5-14 所示。

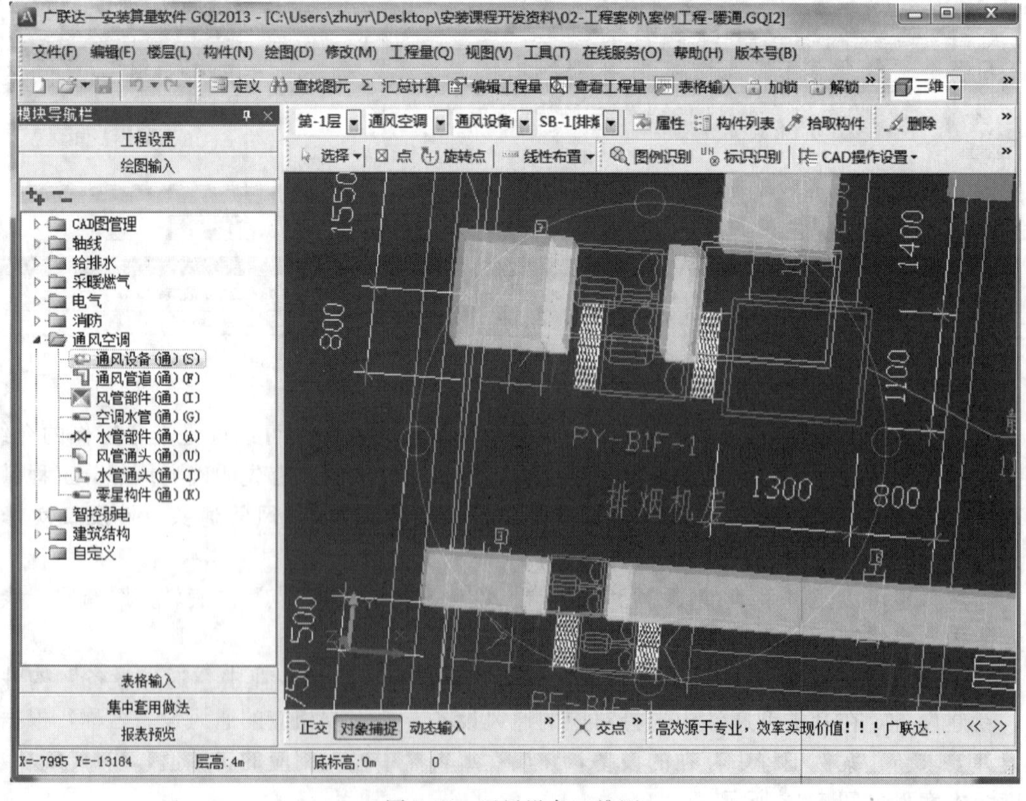

图 5-14 通风设备三维图

当然，还可以直接点击“图例识别”或“标识识别”，选择要识别的CAD图元，右键确认，在弹出的“选择要识别成的构件”窗体中新建喷头，依照图纸修改属性值，点击确认，从而完成工程量的计取。

任务要求：完成对整个通风工程分楼层通风设备的识别，并汇总统计各类通风设备的个数工程量。

5）通风管道识别：点击“绘图输入”界面，单击通风空调专业中“通风管道”构件类型（如图5-15所示）。

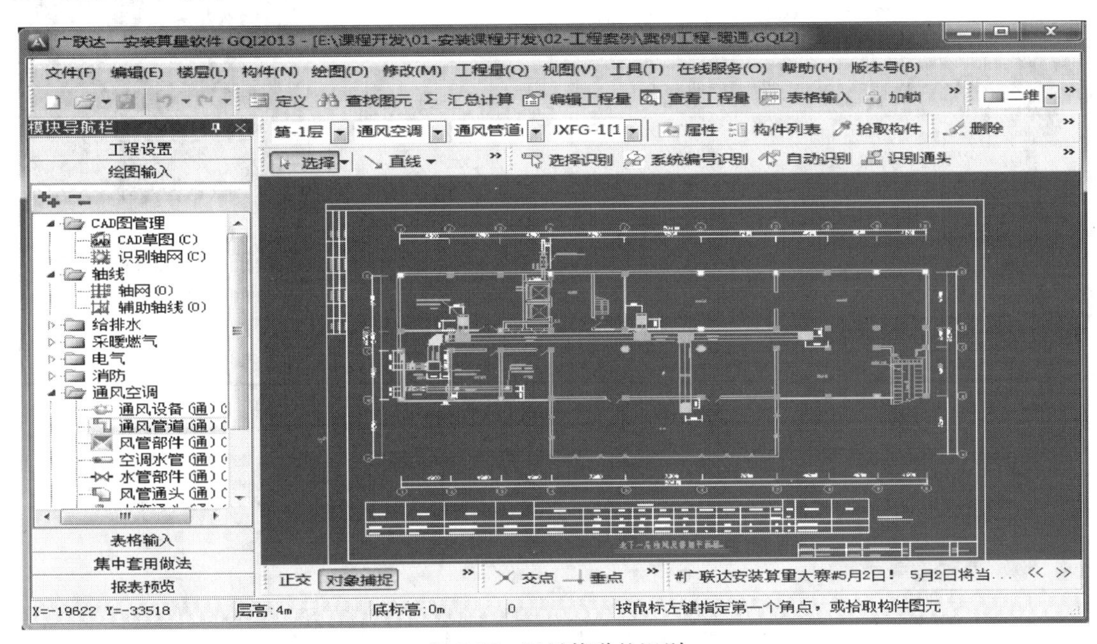

图5-15 通风管道的识别

风管的识别有以下三种方式：

① 选择识别：选择需要识别的CAD风管两侧的两条边线或CAD风管两侧的两条边线及文字标识，该风管被识别出，带标识的会反建构件并自动匹配属性。此功能用于一根风管的识别。

② 系统编号识别：选择CAD风管两侧的两条边线和一个标注，该系统编号连续的风管会全部识别，并区分风管类型和各种不同规格尺寸，反建构件并自动匹配属性。此功能可以区分系统类型，分别识别风管的系统回路，方便大家按照一个具体的系统，例如排烟防火系统，快速提取工程量。并且可以在弹出的构件编辑窗口中，整体定义所要计取风管的部分特征值（如图5-16所示）。

③ 自动识别：a. 选择风管的两侧CAD边线和一个标注，整图风管全部识别，并区分风管类型和各种不同规格尺寸，反建构件自动匹配属性。

b. 选择风管的两侧边线，在弹出的构件属性框输入属性值，整图符合输入规格尺寸的风管全部识别。此功能可以快速完成图纸上所有满足识别条件的风管识别，

图5-16 构件编辑窗口

具体识别情况受图纸设计影响，可以结合“CAD识别选项”（如图5-17所示）中设置值的调整，提高识别效率。对于设置项有疑问的，可以结合窗体中右侧的选项说明进行学习，并灵活应用（案例工程建议采用自动识别比较快捷）（如图5-18所示）。

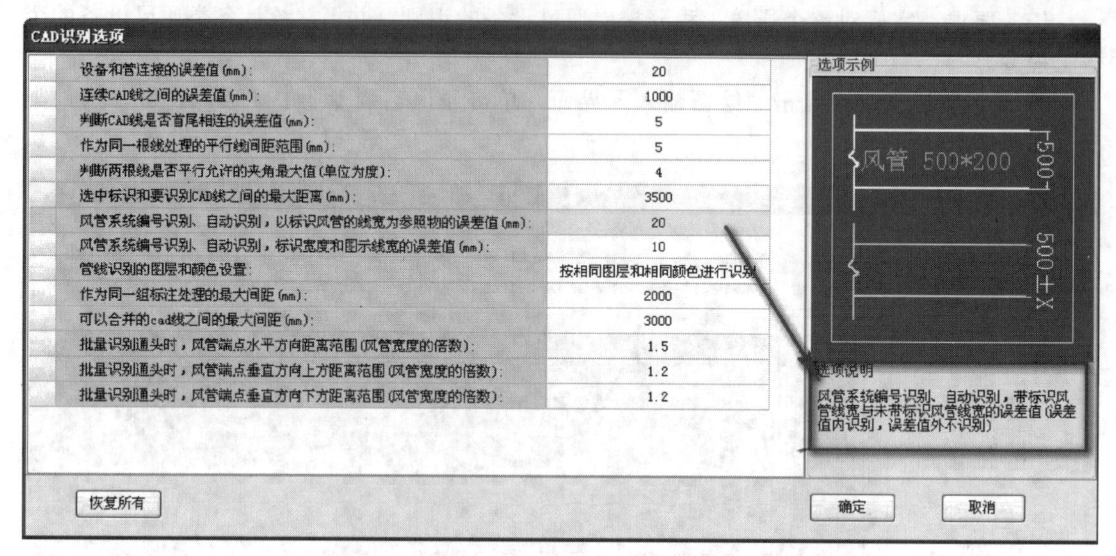

图5-17　CAD识别选项

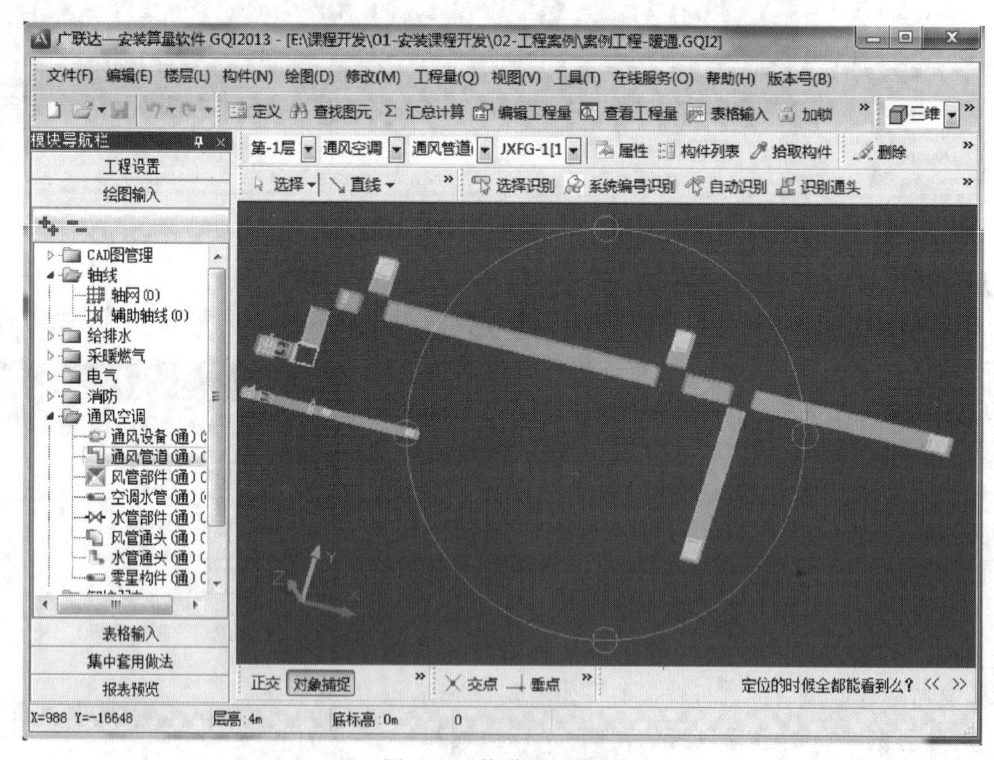

图5-18　管道的三维图

自动识别完毕以后，如果想要验证自动生成风管的属性值是否正确，可以在绘图界面点击工具栏上的“属性”按钮，调出“属性编辑器”窗体，选中具体某一根识别出的风管图元（呈蓝色显示状态），在“属性编辑器”窗体中查看自动匹配的属性值是否与案例工程图纸设计要求符合，不符合进行局部修改完成，如图5-19所示。

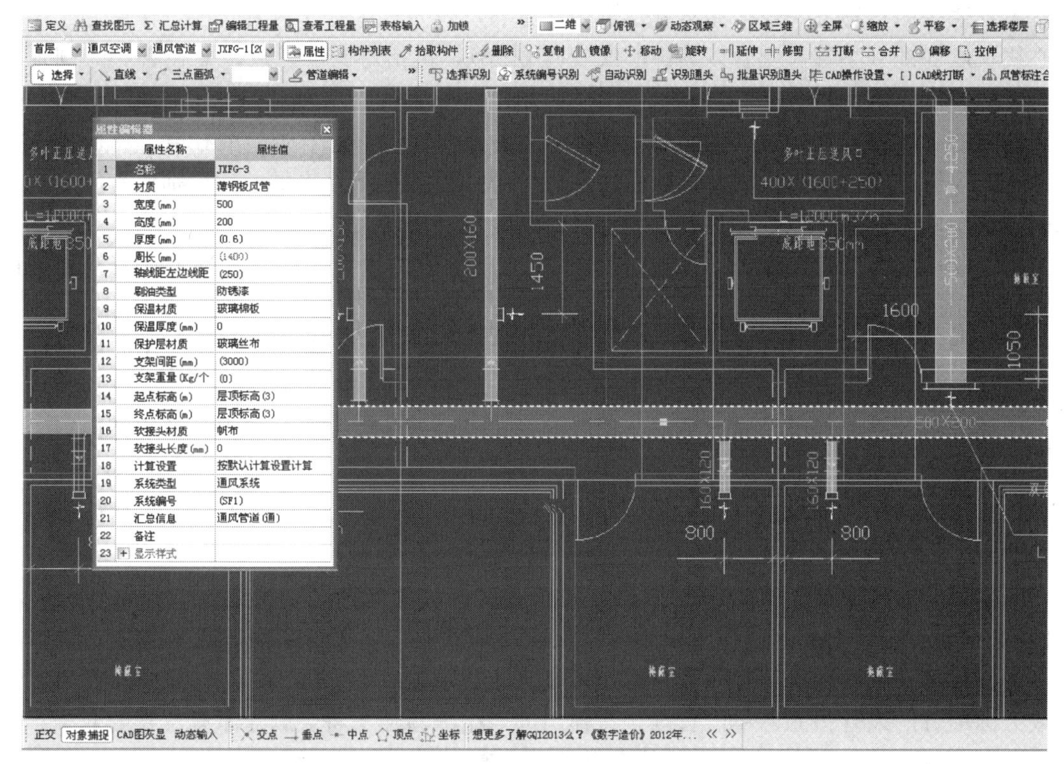

图 5-19　风管的属性编辑器

6）风管软接头的生成：软件在通风管道属性中添加有“软接头材质”、“软接头长度”，当识别的风管与已识别出的设备相连接后，会自动生成软接头，以满足业务需求，如图 5-20所示。

图 5-20　风管相连处的软接头

风管通头的识别方式：按照全统定额中风管长度测量的要求“风管长度一律以施工图示中心线长度为准（主管与支管以其中心线交点划分），包括弯头、三通、变径管、天圆地方等管件的长度，但不得包括部件所占长度”，亦即风管工程量中涵盖弯头、三通、变径管、天圆地方的工程量。上述风管识别的三种方式，只是将除弯头、三通、变径管、天圆地方等管件外的风管进行了识别；因此，软件在通风管道构件类型下，提供了“识别通头”、“批量识别通头”两种方式来识别管件，以满足计算规则的要求。

① 识别通头：只能选择一组要生成通头或天圆地方的风管，局部进行风管通头管件的识别。

② 批量识别通头：可以选择整张图纸上要生成通头或天圆地方的风管，大批量地完成风管通头管件的识别。

任务要求：完成对整个通风工程分楼层的通风管道及风管通头的识别，并统计通风管道工程量

7）风管通头生成：点击“绘图输入”界面，单击通风空调专业中“风管通头”构件类型。

此处风管通头中“生成通头”命令按钮，主要解决的问题是，当通过“识别通头”或“批量识别通头”后生成的通头图元错误时，可以删除通头，进行二次的通头生成。具体操作：在生成通头错误并执行删除命令后，可以点击工具栏“生成通头”，左键选择要生成通头或天圆地方的风管图元，单击右键，在弹出的“生成新通头将会删除原有位置的通头，是否继续”确认窗体中点击“是”，软件会自动生成通头。本案例如图 5-21 所示。

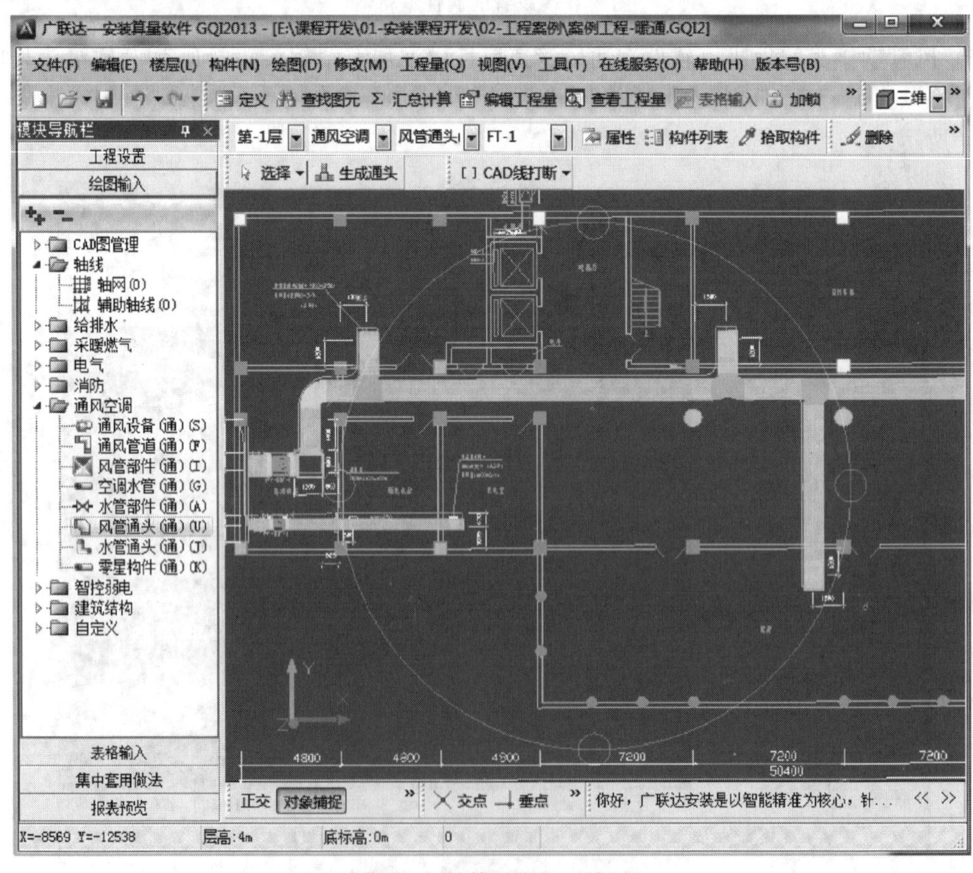

图 5-21　风管通头的三维图

弯头导流叶片的生成：在风管通头的“类型”属性中，新增“带导流叶片的弯头”。针对实际业务中。需要计算导流叶片工程量的情况，在通风空调的“计算设置”中提供选项“是否计算弯头导流叶片”，如选择为“是”，且风管满足生成导流叶片的规格要求，软件在“识别通头”、“批量识别通头”或是二次修改“生成通头”时，均会自动生成导流叶片。

引入：合法性检查—点击菜单栏“工具”项—下拉菜单中找到合法性检查（也可以直接按 F5 键)—对自动生成的管道及通头信息进行合法性检查。当然也可以在完成整个通风空调工程的计量后，再进行合法性检查。

任务要求：检查整个通风工程管道的通头生成，并查看工程中是否有图元重合或者其他绘制有问题的情况。

8）风管部件识别：点击“绘图输入”界面，单击通风空调专业中“风管部件”构件类型，根据图纸案例要求选择相应的构件子类型（软件在“风管构件”下设置有风口、侧风口、风管部件三种构件子类型)，执行新建命令，并依照图纸说明对其属性信息进行修改。本案例如图 5-22 所示。

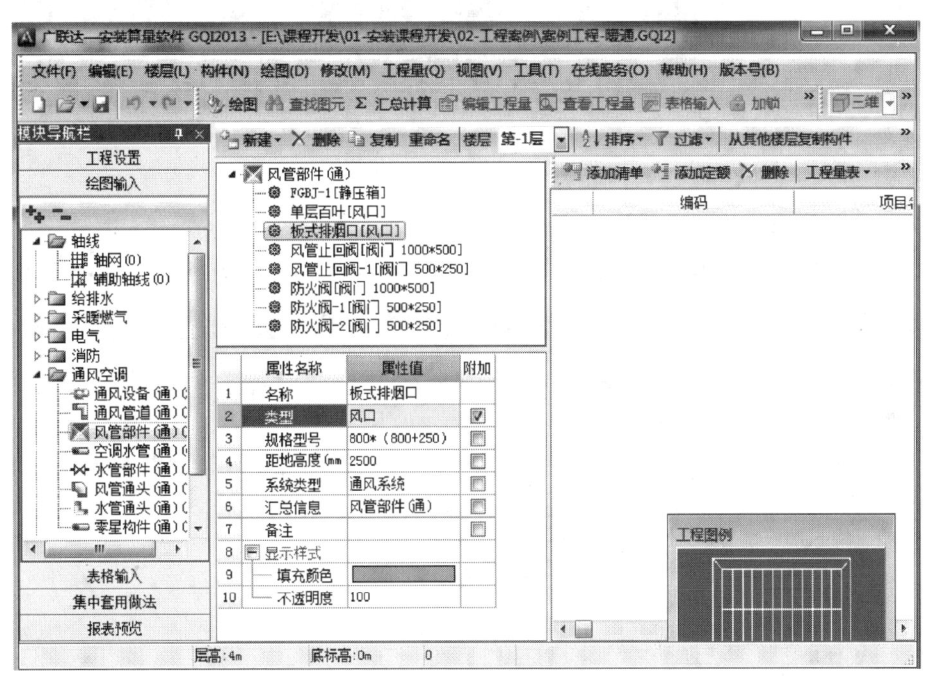

图 5-22 风管部件的属性

点击“图例识别”或“标识识别”选项，对整个工程中的同类风管部件分楼层进行自动识别。案例工程中，建议采用“图例识别”更为便捷。本案例识别完毕如图 5-23 所示。

任务要求：完成对整个通风工程分楼层的风管部件的识别，并统计风管部件的工程量。

【备注】 ① 依附图元关系 对于风管部件（其中包括风口、侧风口、风阀类风管部件）这类依附于风管的图元，需要在识别完所依附的风管图元后再进行识别。通过“图例识别”、“标识识别”识别出的风阀，软件会自动匹配出它的规格、型号等属性值，与给排水专业下的阀门法兰类似。

② 风口与风管间短立管处理方式 对于风口与风管间短立管工程量的计取，可以在通风管道构件类型下，找到工具栏上“管道编辑”按钮下的“批量生成单立管”命令，选择要生成立管的设备，此处即选择风口图元，右键确认后，在弹出的“选择识别成的构件”窗体

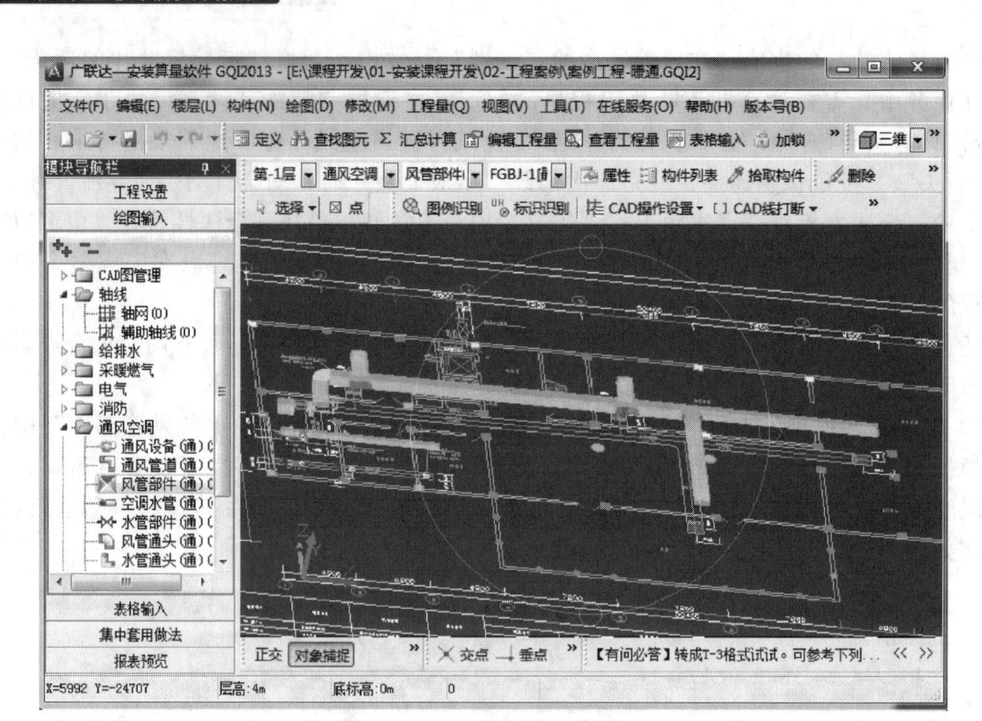

图 5-23　风管部件三维图

中选择或新建所要连接的短立管即可。

以上完成了通风部分的学习，下面是空调水部分的介绍，空调水工程量的计取过程如

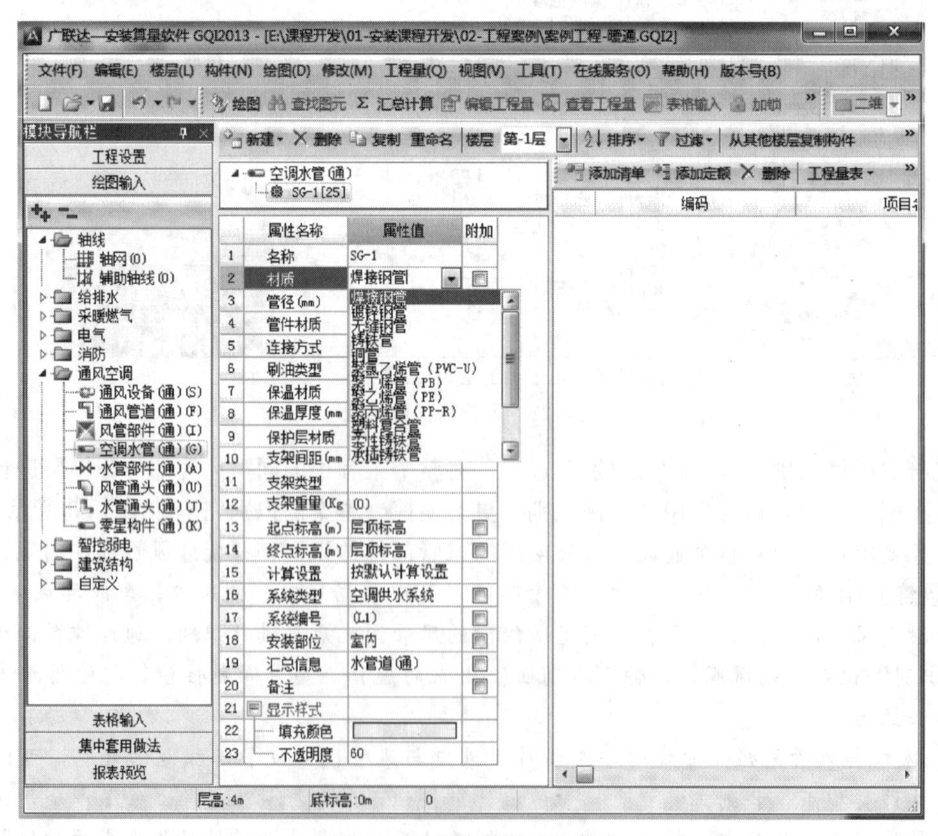

图 5-24　空调水管的属性信息

下：**通风设备→空调水管→水管部件→水管通头→套管（零星构件中）。**

通风设备在前面已经介绍过，直接进入空调水管的学习。

9）空调水管及水管部件识别：点击“绘图输入”界面，单击通风空调专业中“空调水管”或“水管部件”构件类型，完成以后的练习操作。

① 空调水管的属性信息如图 5-24 所示。

空调水管的识别和给排水、消防水管的识别方法一致，因本案例工程中不存在相关的练习工程案例，所以此部分仅作了解即可。

② 水管部件的属性信息如图 5-25 所示，在“类型”属性中包含阀门、法兰、温度计等众多子类型供选择。

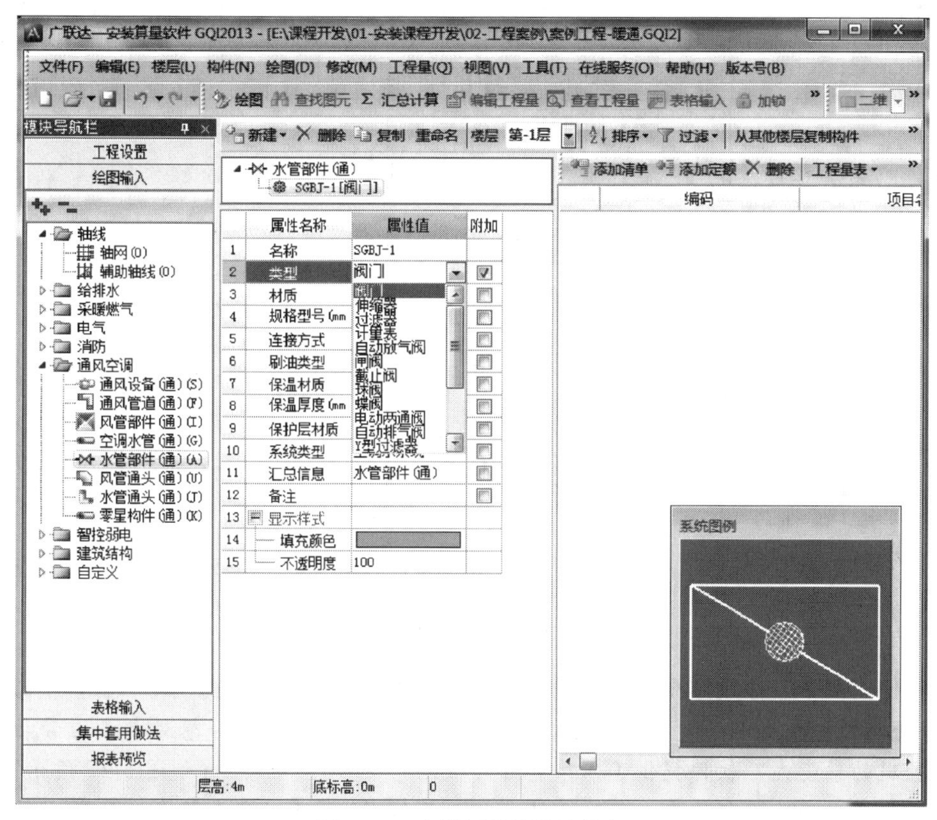

图 5-25　水管部件的属性信息

因为本案例工程无水管部件要求，如练习工程中存在，可按照图例识别法进行一一识别，在此了解即可。同样的，作为依附图元的水管部件，也需要在识别出空调水管图元后，才可以进行识别或手动布置。

10）水管通头识别：点击“绘图输入”界面，单击通风空调专业中“水管通头”构件类型，因为大多数通头是在识别管道后会自动生成的，所以，基本不需要自己建立此构件。如果没有生成通头或者生成通头错误并执行删除命令后，可以点击工具栏的“生成通头”，拉框选择要生成通头的管道图元，单击右键，在弹出的“生成新通头将会删除原有位置的通头，是否继续”确认窗体中点击“是”，软件会自动生成通头。

同样，可以利用 F5，对自动生成的管道及通头信息进行合法性检查。当然也可以在完成整个空调水工程的计量后，再进行合法性检查。

任务要求：因为本案例不涉及空调水部分，所以仅作了解即可，如要深入研究，可以参考给排水及消防水专业部分。

11）零星构件识别：点击“绘图输入”界面，单击通风空调专业中“零星构件”构件类型，包含内容如图 5-26 所示。

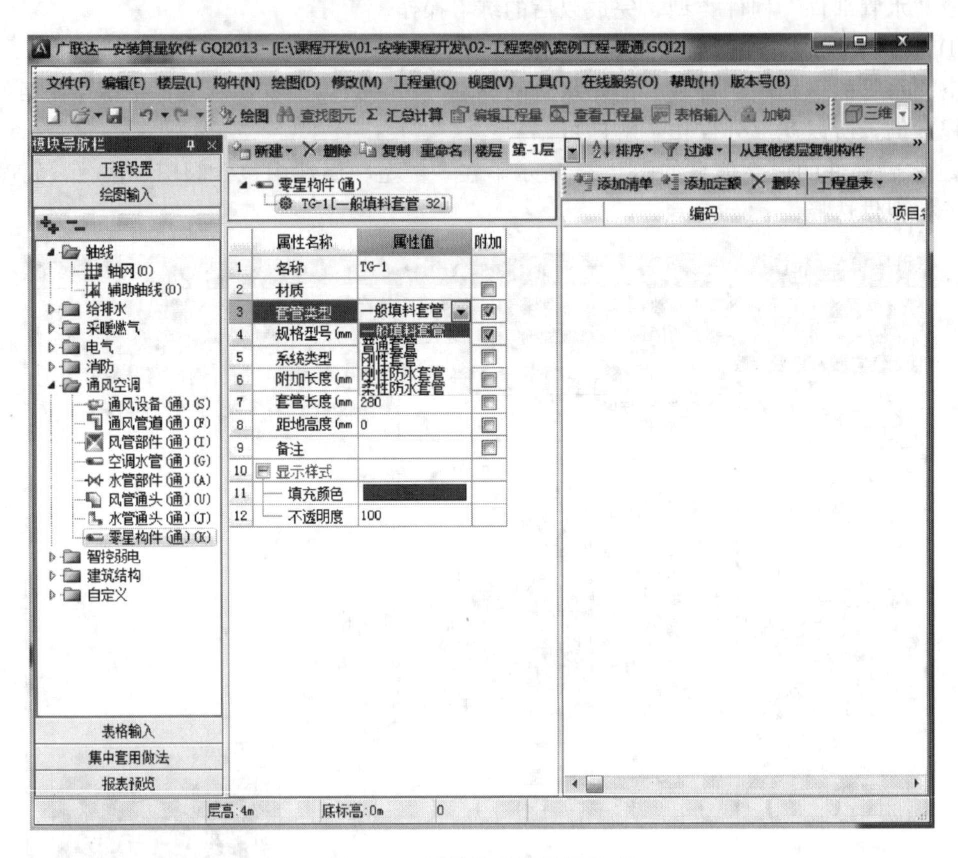

图 5-26 零星构件的构件类型

本案例工程中不涉及零星构件，详细讲解见消防专业工程，在此仅作了解，不做要求。

【补充秘籍】在完成了整个通风空调工程的工程量计取后，是否想对自己的劳动成果有个更加直观的感受呢？软件提供了三维查看的功能——“动态观察”（如图 5-27 所示），以方便大家对工程进一步进行检查。同时，结合“选择楼层”，可以查看整个工程所有楼层的三维显示效果，而不仅仅是当前楼层了。

二维 俯视 动态观察 区域三维 全屏 缩放 平移 选择楼层

图 5-27 动态观察的工具栏

学习完绘图输入界面的整体操作流程，明确图纸中的工程量是如何在软件中实现计量后，下面再来看一下表格输入界面的操作流程。

4. **表格输入**：表格输入是安装算量的一种方式，您根据拟建工程的实际进行手动编辑、新建构件、编辑工程量表，最后计算出工程量，如图 5-28 所示。

对于不同的数据输出需求，可以利用工具栏上的“页面设置”进行个性化设置。同时，软件提供“单元格设置”，方便在实际使用中进行标记，例如：哪些是需要进一步洽商的，可以特殊标记出来。

图 5-28 表格输入界面

【备注】表格输入法主要是针对CAD图纸上不能通过识别功能计算的构件，进行手动输入计算；或者在无CAD图纸情况下，进行手工算量。

工程量已经在绘图输入及表格输入界面完成计量，那么，做法的套用又该如何完成呢？集中套用做法界面为我们提供了一个便利的平台。

5. **集中套用做法**：点击“模块导航栏”→“集中套用做法”，可以对整个项目的所有构件进行做法的统一套用。如手动套用“选择清单”、“选择定额”，也可以“自动套用清单”，完成整个项目工程的做法套用，从而快速得出工程量做法表（如图5-29所示）。

重点：

本课程不建议在绘图界面套用做法，也不建议自动套用做法，为满足课后后续评分需要，本课程提供“2014安装实训教程教学专用清单库”，学生CAD识别完毕，在集中套用做法环节，从“2014安装实训教程教学专用清单库”中套用对应项目的12位编码清单项。只有这里使用此套用清单方法才能实现后续评分要求。“2014安装实训教程教学专用清单库”同CAD电子图纸及课程资料包一同提供（如图5-30所示）。

一个工程中涉及的构件较多，查看起来不方便，可以利用位于导航栏区的构件树进行勾选查看；而对于中间的做法套用规则区域。如数据的分组不能满足需求时，可以利用“属性分类设置”重新进行选择（见图5-31），此操作建议在套用做法前完成。位于界面右侧的“构件图元”区，为大家提供对量的途径，双击工程量对应的单元格，软件会反查到相应的界面图元，一个楼层、一个楼层地完成对量过程。

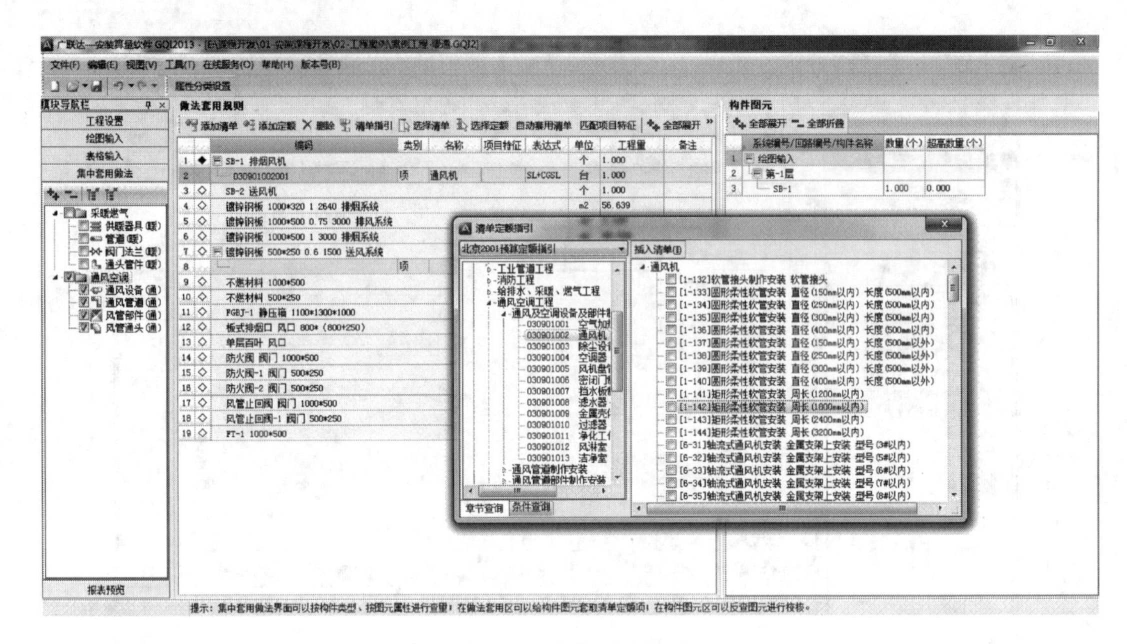

图 5-29　清单定额指引

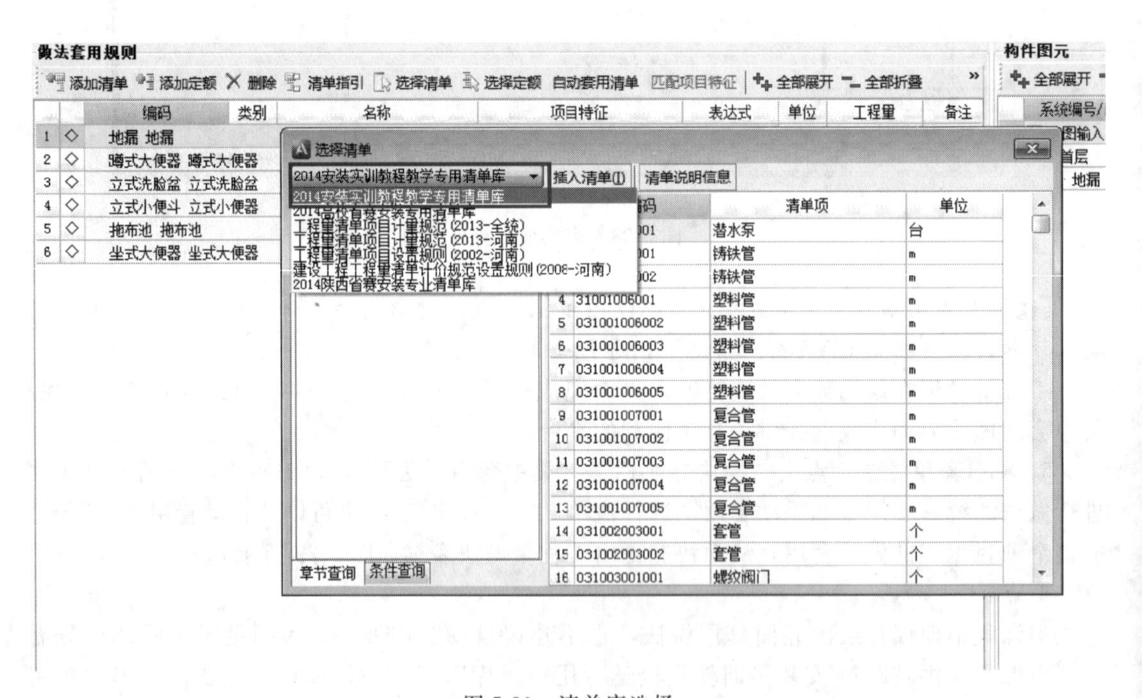

图 5-30　清单库选择

工程量计取完成，做法也完成套取，整体的成果便在报表预览界面为我们展示了。

6. **汇总计算，报表预览，导出数据**。整个工程量计取完毕，并套取了做法，该导出相应的工程量数据了。点击“模块导航栏”→“报表预览”，注意先行对整个专业工程进行汇总计算。如图 5-32 所示。

汇总计算完成后，点击“报表预览”即可以查看通风空调专业工程的工程量报表，也可以导出 Excel 文件（如图 5-33 所示）。

【备注】 报表预览可以选择查看所完成的专业工程工程量，同时也可以导出 Excel 文件

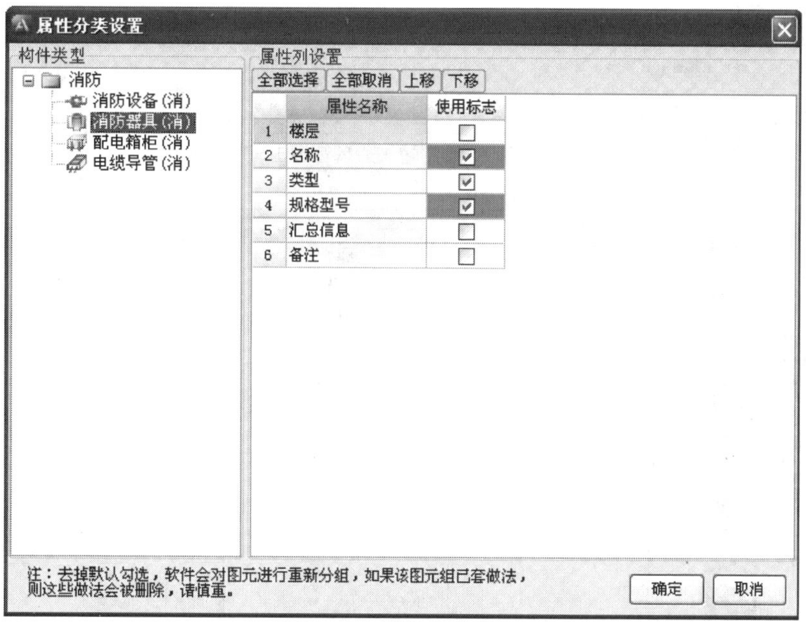

图 5-31 属性分类设置

的形式提交阶段任务作业。同样，像表格输入界面，可以利用“报表显示设置”对表格中需要显示或需要隐藏的工程量进行个性设置；而利用“报表反查”（如图 5-34 所示），则可以反查图元数据到相应的绘图界面的各个楼层中。

图 5-32 计算汇总界面

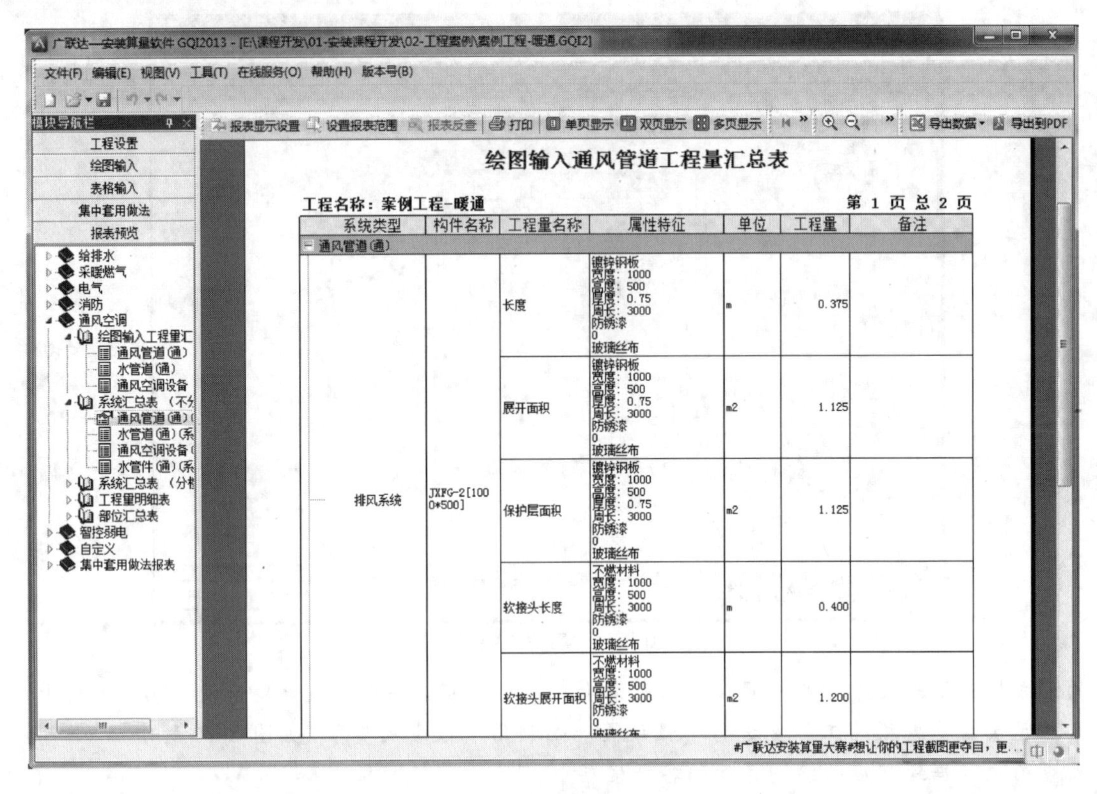

图 5-33 报表预览界面

报表显示设置 设置报表范围 报表反查 打印

图 5-34 报表反查工具栏

5.3.4 任务总结

1. 安装算量软件中的工程量计算规则必须与图纸及通用安装工程工程量计算规范中的规则保持一致。

2. 结合通风专业案例工程，学会手算与电算结果的汇总对比分析，针对其中比较典型的部分，可以进一步加强对安装专业理论知识的理解和对软件操作应用的熟悉。

3. 安装算量软件汇总计算后报表有五类，分别是绘图输入工程量汇总表、系统汇总表（分楼层）、系统汇总表（不分楼层）、工程量明细表、部位汇总表。查看工程量时，注意区分所需要的工程量对应报表。

4. 通风案例工程，安装算量软件导出的工程量清单表如表 5-4 所示。

表 5-4 广联达办公大厦通风专业工程工程量清单表

工程名称：案例工程——通风　　　　专业：通风

序号	编码	项目名称	项目特征	单位	工程量
1	030108003001	轴流通风机	名称:PY-B1F-1 轴流风机	台	1
2	030108003002	轴流通风机	名称:PF-B1F-1 轴流风机	台	1
3	030404031001	小电器	名称:排气扇	台	1

续表

序号	编码	项目名称	项目特征	单位	工程量
4	030702001001	碳钢通风管道	1. 名称：钢板通风管道 2. 材质：镀锌 3. 形状：矩形 4. 规格：500×250 5. 板材厚度：δ0.6 6. 接口形式：法兰咬口连接	m^2	15.51
5	030702001002	碳钢通风管道	1. 名称：钢板通风管道 2. 材质：镀锌 3. 形状：矩形 4. 规格：1000×320 5. 板材厚度：δ1.2 6. 接口形式：法兰咬口连接	m^2	72.9
6	030702001003	碳钢通风管道	1. 名称：钢板通风管道 2. 材质：镀锌 3. 形状：矩形 4. 规格：1000×500 5. 板材厚度：δ1.2 6. 接口形式：法兰咬口连接	m^2	33.4
7	030703001001	碳钢阀门	1. 名称：对开多叶调节阀 2. 规格：500×250	个	1
8	030703001002	碳钢阀门	1. 名称：对开多叶调节阀 2. 规格：1000×500	个	1
9	030703001003	碳钢阀门	1. 名称：70℃防火阀 2. 规格：500×250	个	2
10	030703001004	碳钢阀门	1. 名称：70℃防火阀 2. 规格：1000×500	个	2
11	030703011001	铝及铝合金风口、散流器	1. 名称：单层百叶风口 2. 规格：400×300	个	2
12	030703011002	铝及铝合金风口、散流器	1. 名称：板式排烟口 2. 规格：800×(800+250)	个	4
13	030703021001	静压箱	1. 名称：静压箱 2. 规格：1100×1300×100	个	1
14	030704001001	通风工程检测、调试	通风工程检测、调试	系统	1

下篇 计 价

6 安装计价软件应用

1. 了解算量软件导入计价软件的基本流程；
2. 掌握计价软件的常用功能。

能够熟练使用计价软件编制招标控制价。

6.1 任务说明

1. 在 GBQ4 软件中，新建建设项目、单项工程、单位工程按标段多级管理工程项目，并且修改工程属性。

2. 编制分部分项工程量清单，调整主材价格。

3. 计取高层建筑增加费、脚手架搭拆费、安全文明施工费、规费、税金。

4. 报表设计及预览。

6.2 任务分析

1. 如何在 GBQ4 软件中新建建设项目、单项工程、单位工程，按标段多级管理工程项目，并且修改工程属性？

2. 在 GBQ4 软件中，怎样编制分部分项工程量清单，调整主材价格？

3. 在 GBQ4 软件中，如何计取高层建筑增加费、脚手架搭拆费、安全文明施工费、规费、税金？

4. 在 GBQ4 软件中，报表是怎样设计及预览的？

6.3 任务实施

6.3.1 新建招标项目结构

1. **新建项目**：点击【新建项目】，如图 6-1 所示。

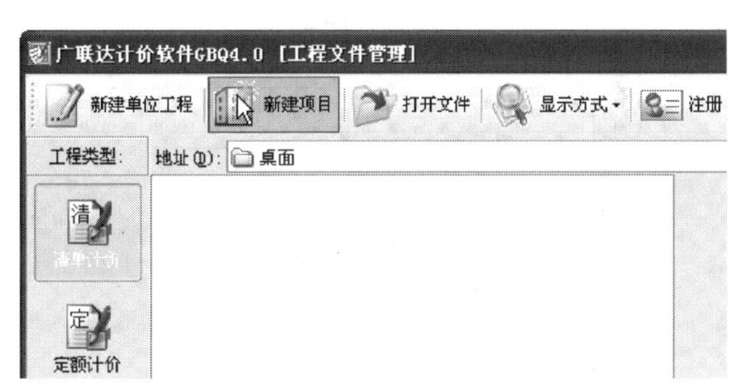

图 6-1 新建项目

2. **进入新建标段工程**：本项的计价方式为清单计价。项目名称为："广联达办公大厦项目"，项目编号：20130101，如图 6-2 所示。

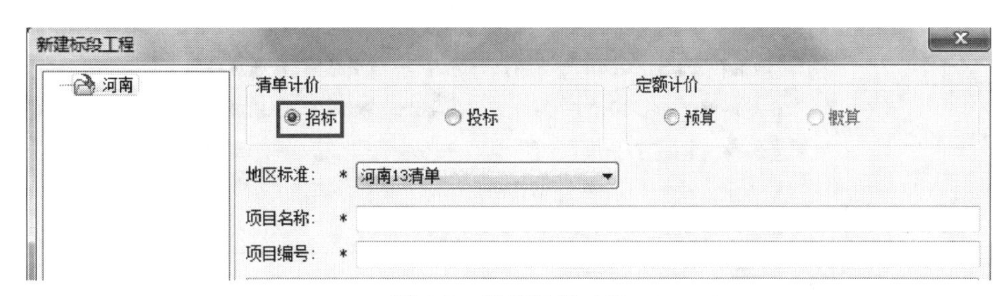

图 6-2 新建标段工程

3. **新建单项工程**：在【广联达办公大厦项目】点击鼠标右键，选择【新建单项工程】，如图 6-3 所示。

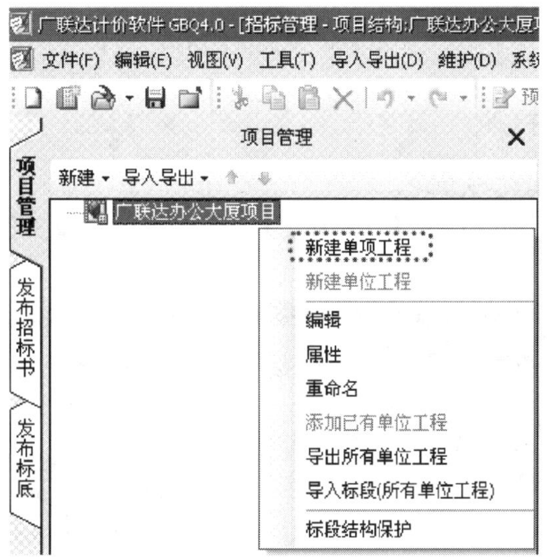

图 6-3 新建单项工程

【备注】在建设项目下可以新建单项工程，在单项工程下可以新建单位工程。

4. 新建单位工程　在【广联达办公大厦】点击鼠标右键，选择【新建单位工程】，如图6-4所示。完成项目结构如图6-5所示。

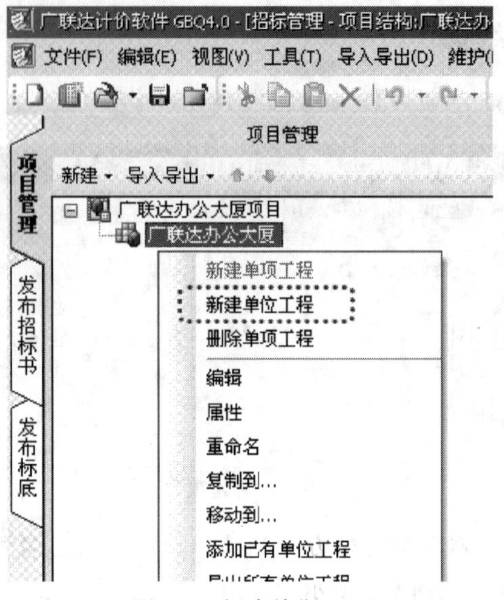

图6-4　新建单位工程

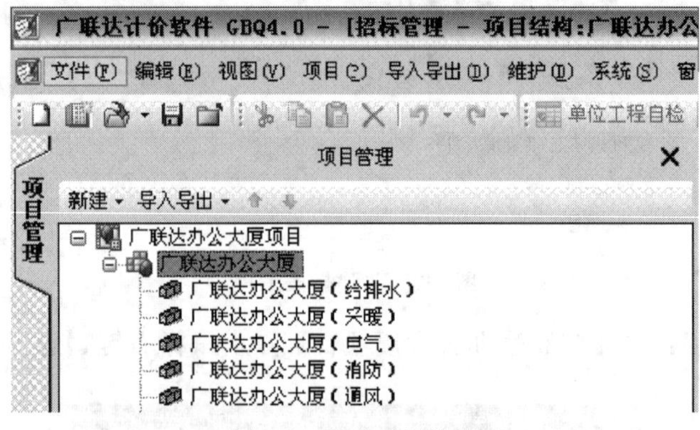

图6-5　完成项目结构

6.3.2　导入工程文件

1. 导入工程量清单有两种方式。

(1) 进入单位工程界面，点击【导入导出】选择【导入算量工程文件】，如图6-6所示，选择相应图形算量文件。

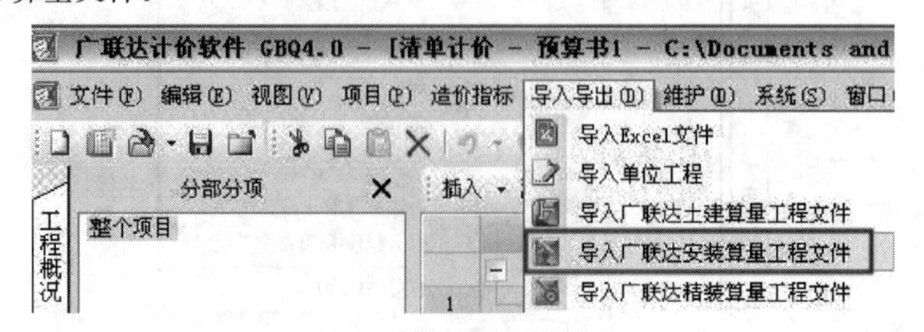

图6-6　选择导入算量文件

选择算量文件所在位置，然后检查列是否对应，无误后单击【导入】，如图 6-7 所示。

图 6-7 导入算量文件

(2) 进入单位工程界面，点击【导入导出】选择【导入 Excel 文件】如图 6-8 所示，选择相应 Excel 文件。

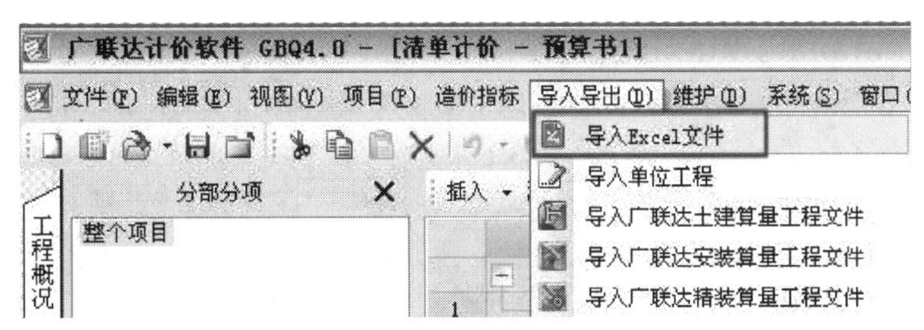

图 6-8 选择导入 Excel 文件

选择 Excel 文件所在位置，然后检查列是否对应，无误后单击导入，如图 6-9 所示。

2. 在分部分项界面进行分部分项清单排序。

(1) 单击【整理清单】，选择【清单排序】，如图 6-10 所示。

(2) 清单排序完成如图 6-11 所示。

3. 项目特征主要有三种方法。

(1) 图形算量中已包含项目特征描述的，可以在“特征及内容”界面下（如图 6-12 所示），选择【应用规则到全部清单项】即可。

(2) 选择清单项，在“特征及内容”界面可以进行添加或修改，见图 6-13。

(3) 直接点击“项目特征”对话框，进行修改或添加，见图 6-14。

4. 完善分部分项清单，将项目特征补充完整。

(1) 方法一：点击【添加】选择【添加清单项】和【添加子目】如图 6-15 所示。

(2) 方法二：右键单击选择【插入清单项】和【插入子目】，如图 6-16 所示。

(3) 方法三：补充清单子目，如下（仅供参考）补充清单项，如图 6-17 所示。

选择	无效行		序号	A	B	C	D	E
☑	无效行	行识别	1	广联达办公大厦给排水专业工程工程量清单表				
☑	无效行	行识别	2	项目编码	项目名称	项目特征	计量单位	工程量
☑	清单行	行识别	3	031001007001	复合管	1.安装部位：室内	m	16.33
☑	清单行	行识别	4	031001007002	复合管	1.安装部位：室内	m	73.56
☑	清单行	行识别	5	031001007003	复合管	1.安装部位：室内	m	3.8
☑	无效行	行识别	6	项目编码	项目名称	项目特征	计量单位	工程量
☑	清单行	行识别	7	031001007004	复合管	1.安装部位：室内	m	14.96
☑	清单行	行识别	8	031001007005	复合管	1.安装部位：室内	m	16.44
☑	清单行	行识别	9	031001007006	复合管	1.安装部位：室内	m	4.64
☑	清单行	行识别	10	031001005001	铸铁管	1.安装部位：室内	m	10.91
☑	清单行	行识别	11	031001006001	塑料管	1.安装部位：室内	m	42.2
☑	清单行	行识别	12	031001006002	塑料管	1.安装部位：室内	m	80.96
☑	清单行	行识别	13	031001006003	塑料管	1.安装部位：室内	m	7.56
☑	清单行	行识别	14	031001006004	塑料管	1.安装部位：室内	m	64.04
☑	清单行	行识别	15	031003001001	螺纹阀门	1.类型：闸阀	个	1
☑	无效行	行识别	16	项目编码	项目名称	项目特征	计量单位	工程量
☑	清单行	行识别	17	031003001002	螺纹阀门	1.类型：截止阀	个	8
☑	清单行	行识别	18	031003001003	螺纹阀门	1.类型：截止阀	个	4
☑	清单行	行识别	19	031003003001	焊接法兰阀门	1.类型：闸阀	个	1
☑	清单行	行识别	20	031003003002	焊接法兰阀门	1.类型：止回阀	个	1
☑	清单行	行识别	21	031003010001	软接头	1.类型：橡胶软接头	个	1
☑	清单行	行识别	22	031004003001	洗脸盆	1.材质：陶瓷	套	16

图 6-9 导入 Excel 文件

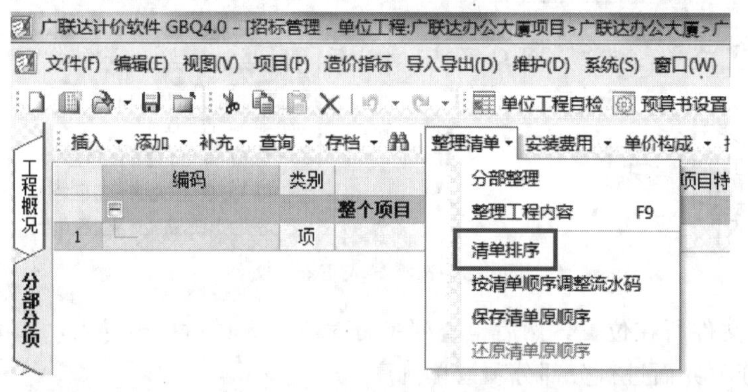

图 6-10 选择清单排序功能

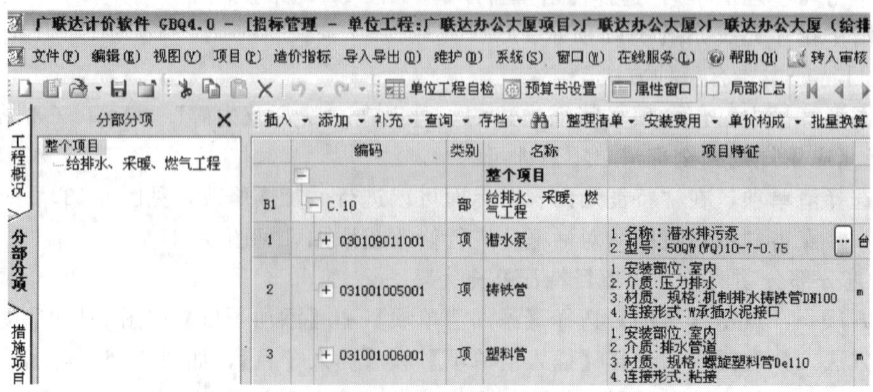

图 6-11 完成清单排序

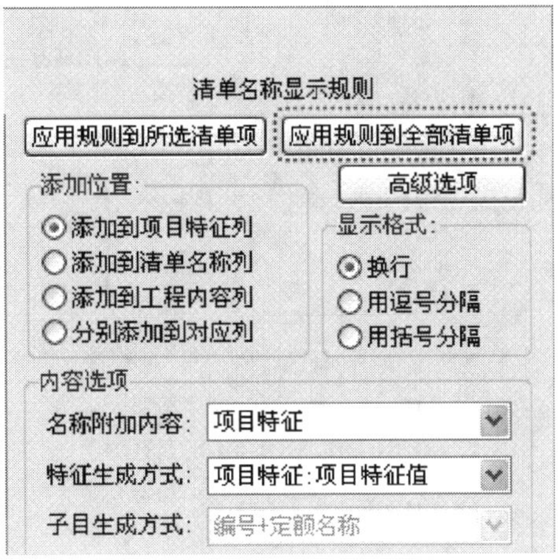

清单名称显示规则

应用规则到所选清单项　应用规则到全部清单项

添加位置：
- ◉添加到项目特征列
- ○添加到清单名称列
- ○添加到工程内容列
- ○分别添加到对应列

高级选项

显示格式：
- ◉换行
- ○用逗号分隔
- ○用括号分隔

内容选项

名称附加内容：项目特征

特征生成方式：项目特征：项目特征值

子目生成方式：编号+定额名称

图 6-12　应用规则到全部清单项

用　特征及内容　工程量明细　查询用户清单

项目特征

	特征	特征值	输出
1	安装部位	室内	☑
2	介质	排水管道	☑
3	材质、规格	塑料管UPVCDe110	☑
4	连接形式	粘接	☑

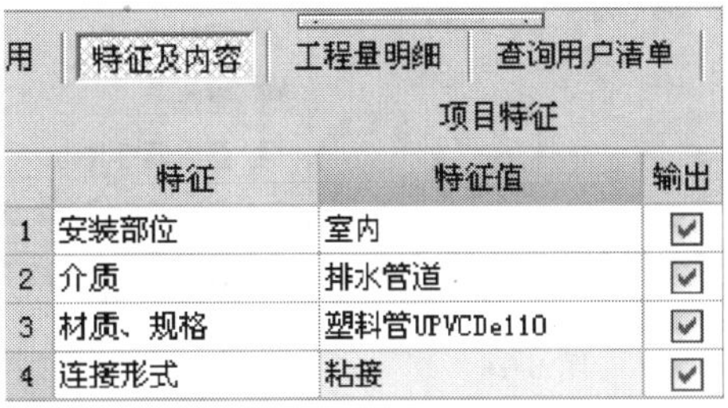

图 6-13　完善项目特征

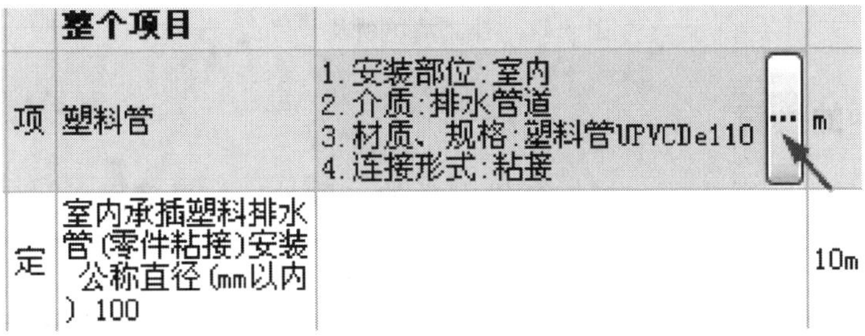

	整个项目		
项	塑料管	1.安装部位:室内 2.介质:排水管道 3.材质、规格:塑料管UPVCDe110 4.连接形式:粘接	m
定	室内承插塑料排水管(零件粘接)安装 公称直径(mm以内) 100		10m

图 6-14　补充项目特征

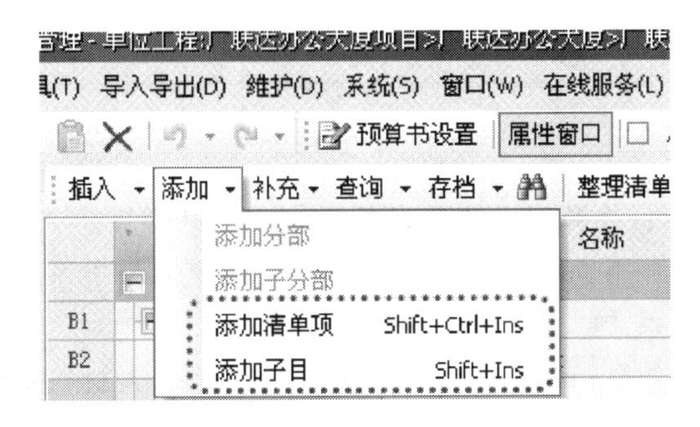

图 6-15　添加清单项及子目

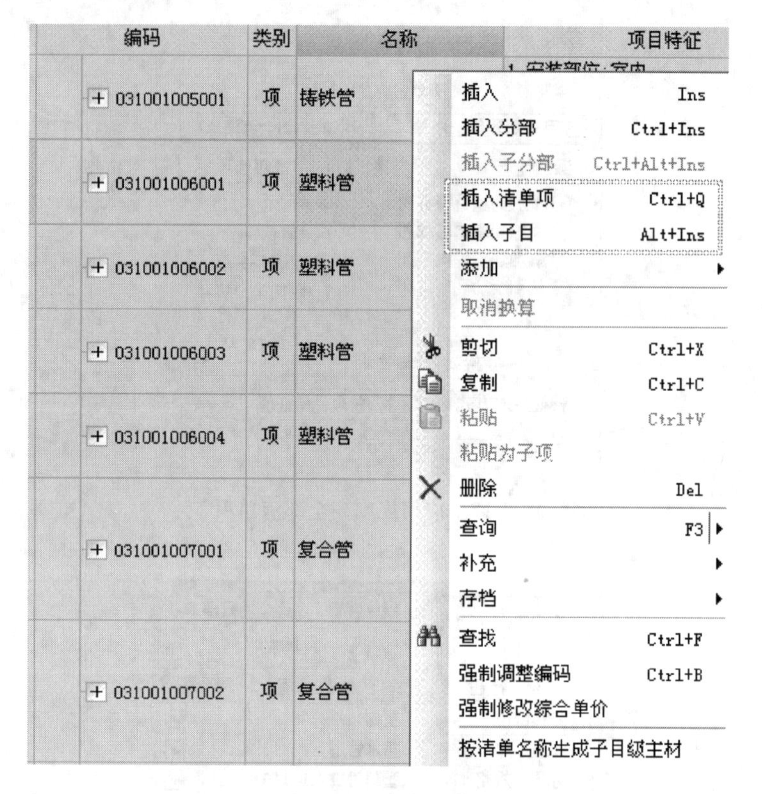

图 6-16　插入清单项及子目

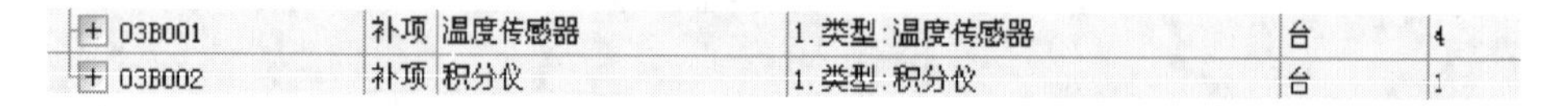

图 6-17　补充清单项及子目

6.3.3　计价中的换算

1. 根据清单项目特征描述，校核套用定额的一致性，如果套用子目不合适，可点击【查询】选择相应子目进行【替换】，如图 6-18 所示。

图 6-18　替换子目

2. 按清单描述进行子目换算时，主要包括两个方面的换算。

(1) 调整人材机系数。下面以电力电缆安装介绍调整人材机系数的操作方法，如电缆在山区敷设，人工需要乘以系数 1.3，如图 6-19 所示。

(2) 调整定额子目系数。下面以电力电缆安装介绍调整人材机系数的操作方法，如电缆为五芯，定额子目需要乘以系数 1.3，如图 6-20 所示。

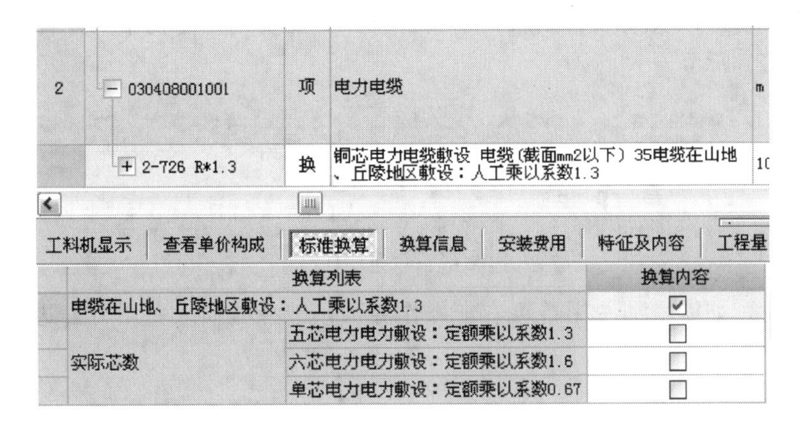

图 6-19 调整人材机系数

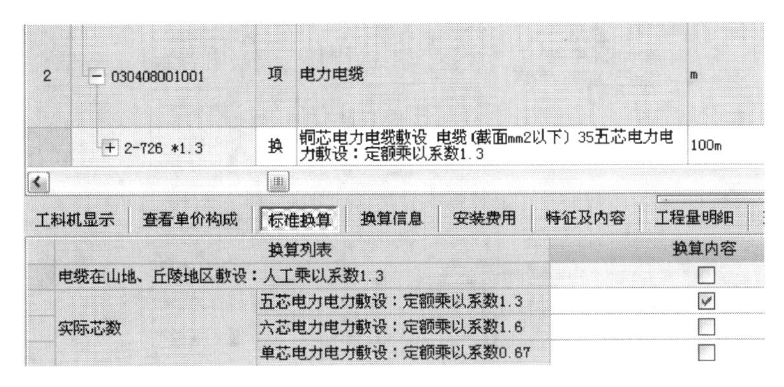

图 6-20 调整定额子目系数

6.3.4 其他项目清单

1. 添加暂列金额，如招标文件要求暂列金额为800000元，在名称中输入“暂估工程价”，在金额中输入“800000”，如图6-21所示。

新建独立费

其他项目
- 暂列金额
- 专业工程暂估价
- 计日工费用
- 总承包服务费
- 签证及索赔计价

	序号	名称	计量单位	暂定金额
1	1	暂估工程价	元	800000

图 6-21 暂列金额

2. 添加专业工程暂估价，如招标文件要求电梯安装工程为暂估工程价，在工程名称中输入“电梯安装工程”，在金额中“500000”，如图6-22所示。

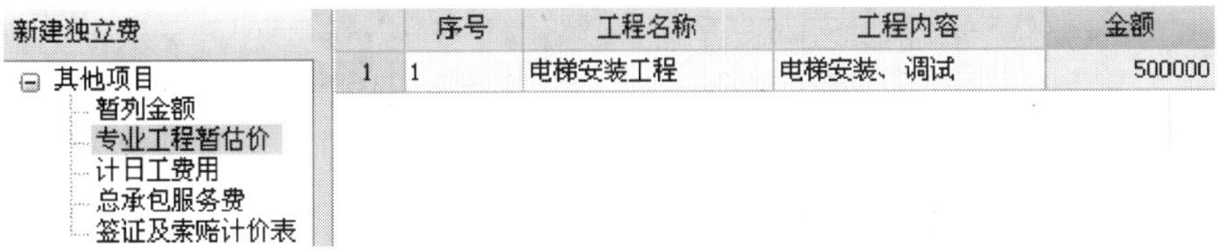

新建独立费

其他项目
- 暂列金额
- 专业工程暂估价
- 计日工费用
- 总承包服务费
- 签证及索赔计价表

	序号	工程名称	工程内容	金额
1	1	电梯安装工程	电梯安装、调试	500000

图 6-22 专业工程暂估价

3. 添加计日工。如招标文件要求，本项目有计日工费用，需要添加计日工，人工为 67 元/日，如图 6-23 所示。

图 6-23 添加计日工

添加材料时，如需增加费用行可右击操作界面，选择【插入费用行】进行添加，如图 6-24 所示。

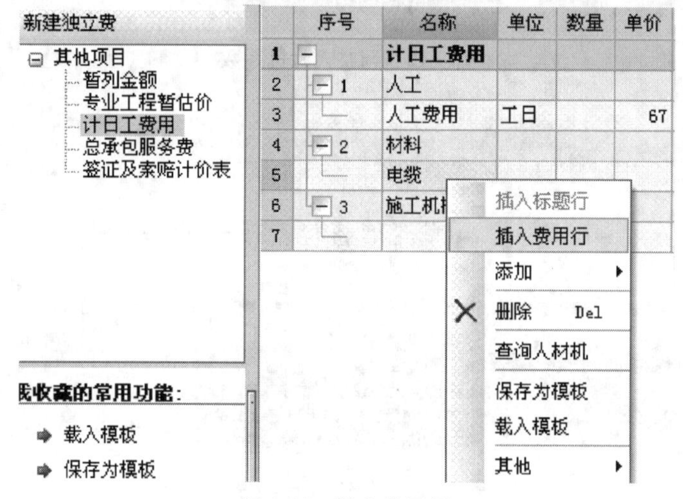

图 6-24 插入费用行

6.3.5 调整人材机

1. 在“人材机汇总”界面下，如招标文件要求的《郑州市 2013 年第一季度信息价》，如图 6-25 所示。

CZ632@1	主	防水防尘灯 1x13W	套	24.24	40	40
CZ4109@1	主	刚性阻燃管PC20	m	1809.357	1.72	1.72
CZ4110@1	主	刚性阻燃管PC25	m	1588.015	2.37	2.37
CZ4111@1	主	刚性阻燃管PC32	m	23.76	3.99	3.99
CZ4112@1	主	刚性阻燃管PC40	m	17.82	4.75	4.75
CZ146@1	主	钢制槽式桥架100*50	m	58.1493	56	56
CZ148@2	主	钢制槽式桥架200*100	m	192.14595	117	117
CZ148@1	主	钢制槽式桥架300*100	m	12.71325	145	145
CZ156@1	主	钢制梯式桥架300*100	m	19.296	115	115
CZ294@1	主	焊接钢管SC20	m	761.3966	7.31	7.31
CZ295@1	主	焊接钢管SC25	m	14.9659	10.62	10.62
CZ297@1	主	焊接钢管SC40	m	11.1034	16.54	16.54
CZ298@1	主	焊接钢管SC50	m	30.0348	21.15	21.15
CZ299@1	主	焊接钢管SC70	m	13.596	28.78	28.78

图 6-25 调整市场价

2. 如招标文件要求部分材料甲方供应，对于甲方供应材料可以在供货方式处选择［完全甲供］，如图 6-26 所示。

	编码	类别	名称	单位	数量	预算价	市场价	市场价	供货方式
1	补充主	主	40*4镀锌扁钢	m	7.44	4.9	4.9	36.46	自行采购
2	补充主	主	AA1	台	1	1200	1200	1200	供
3	补充主	主	AA2	台	1	1200	1200	1200	自行采购
4	补充主	主	AL1	台	1	1200	1200	1200	完全甲供
5	补充主	主	AL1-1	台	1	1200	1200	1200	部分甲供 甲定乙供
6	补充主	主	AL2	台	1	1200	1200	1200	完全甲供
7	补充主	主	AL2-1	台	1	1200	1200	1200	完全甲供
8	补充主	主	AL3	台	1	1200	1200	1200	完全甲供
9	补充主	主	AL3-1	台	1	1200	1200	1200	完全甲供
10	补充主	主	AL3-2	台	1	1200	1200	1200	完全甲供
11	补充主	主	AL4	台	1	1200	1200	1200	完全甲供
12	补充主	主	AL4-1	台	1	1200	1200	1200	完全甲供
13	补充主	主	AL4-2	台	1	1200	1200	1200	完全甲供
14	补充主	主	AL4-3	台	1	1200	1200	1200	完全甲供
15	补充主	主	ALD1	台	1	1200	1200	1200	完全甲供

图 6-26 选择供货方式

3. 如招标文件要求部分材料暂估，对于暂估材料表中要求的暂估材料，可以在人材机汇总中将暂估材料选中，如图 6-27 所示。

显示对应子目 | 载入市场价 ▾ | 市场价存档 ▾ | 调整市场价

	编码	类别	名称	单位	数量	是否暂估
29	补充主材0	主	电梯配电柜WD-DT	台	1	☑
30	CZ632@1	主	防水防尘灯 1x13W	套	24.2	☑

图 6-27 选择是否暂估

4. 在项目管理界面，可运用常用功能中的【统一调整人材机】进行调整，见图 6-28。

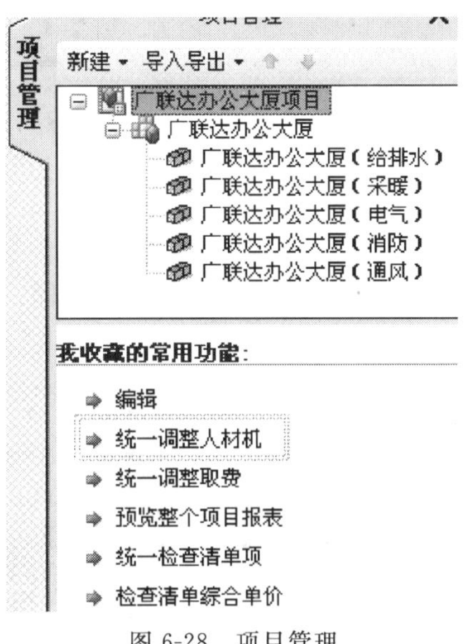

图 6-28 项目管理

点击【统一调整人材机】，界面如图 6-29 所示。

5. 统一调整取费，根据招标文件要求可同时调整两个标段的取费，在项目管理界面下运用常用功能中的【统一调整规费】进行调整，如图 6-30 所示。

	名称	单位	数量	类别	预算价	市场价
435	热镀锌(衬塑)复合管 DN70	m	16.6566	主材费	84	84
436	热镀锌(衬塑)复合管接头 DN20	个	5.34528	主材费	7.21	7.21
437	热镀锌(衬塑)复合管接头 DN25	个	16.07832	主材费	12.76	12.76
438	热镀锌(衬塑)复合管接头 DN32	个	12.01288	主材费	17.9	17.9
439	热镀锌(衬塑)复合管接头 DN40	个	2.7208	主材费	24.2	24.2
440	热镀锌(衬塑)复合管接头 DN50	个	47.88756	主材费	36.52	36.52
441	热镀锌(衬塑)复合管接头 DN70	个	6.94025	主材费	60.94	60.94
442	热镀锌钢管DN20	m	590.988	主材费	9.24	9.24
443	热镀锌钢管DN25	m	107.4162	主材费	13.35	13.35
444	热镀锌钢管DN32	m	111.0678	主材费	17.26	17.26
445	热镀锌钢管DN40	m	47.481	主材费	20.89	20.89
446	热镀锌钢管DN70	m	34.2516	主材费	35.55	35.55
447	热量表	块	1	主材费	800	800
448	弱电室配电箱AP-RD	台	1	主材费	1200	1200
449	试水阀 DN20	个	8.08	主材费	40	40

	单项工程	单位工程	编码	名称	规格型号	数量
1	广联达办公大厦	广联达办公大厦(	CZ369801	热镀锌(衬塑		2.7208

图 6-29　统一调整人材机

	工程名称	调整	调整前总造价	调整后总造价	费率浮动(%) 管理费	利润
1	广联达办公大厦项目	☑	612172.83		0	0
2	广联达办公大厦	☑	612172.83		0	0
3	广联达办公大厦(给排水)	☑	37922.86		0	0
4	广联达办公大厦(采暖)	☑	101254.82		0	0
5	广联达办公大厦(电气)	☑	227294.35		0	0
6	广联达办公大厦(消防)	☑	212979.54		0	0
7	广联达办公大厦(通风)	☑	32721.26		0	0

图 6-30　统一调整取费

6.3.6 编制措施项目

计取措施费包括技术措施费及施工组织措施费。

(1) 计取技术措施费　点击安装费用，出现以下对话框，将脚手架搭拆费勾上。如图 6-31 所示。

	选择	费用项	状态	类型	记取位置
1		河南省安装工程工程量清单综合单价(2008)			
2	☐	高层建筑增加费	OK	措施费用	031302007
3	☐	钢模调整	OK	子目费用	
4	☐	系统调试费	未指定清	清单费用	
5	☐	有害增加费	OK	措施费用	031301011
6	☐	同时进行费	OK	措施费用	031301010
7	☑	脚手架搭拆	OK	措施费用	031301017
8	☐	超高费	OK	子目费用	
9	☐	焦炉烘炉、热态工程	未指定清	清单费用	031301014
10	☐	厂外运距超过1km	OK	子目费用	
11	☐	车间内整体封闭式地沟管道	OK	子目费用	
12	☐	超低碳不锈钢管执行不锈钢管项	OK	子目费用	
13	☐	高合金钢管执行合金钢管项目	OK	子目费用	

图 6-31　计取脚手架搭拆费

(2) 计取施工组织措施费　点击左侧栏组织措施，出现以下界面，修改安全文明费费率即可，如图 6-32 所示。

031302001001	安全文明施工(含环境保护、文明施工、安全施工、临时设施)	项				1
1.1	基本费	项	(ZHGR+JSCS_ZHGR)*34*1.66		11.72	1
1.2	考评费	项	(ZHGR+JSCS_ZHGR)*34*1.66		3.56	1
1.3	奖励费	项	(ZHGR+JSCS_ZHGR)*34*1.66		2.48	1

图 6-32　计取安全文明施工措施费

6.3.7 计取规费和税金

1. 计取规费，在费用汇总界面，由于招标文件要求规费计取社会保障费、住房公积金、意外伤害保险费，按照软件默认即可，如图 6-33 所示。

规费	规费	F34+F35+F36+F37+F38	其中：1)工程排污费+2)定额测定费+3)社会保障费+4)住房公积金+5)意外伤害保险	
其中：1)工程排污费	工程排污费			
2)定额测定费	工程定额测定费	ZHGR+JSCS_ZHGR	综合工日合计+技术措施项目综合工日合计	0
3)社会保障费	社会保障费	ZHGR+JSCS_ZHGR	综合工日合计+技术措施项目综合工日合计	748
4)住房公积金	住房公积金	ZHGR+JSCS_ZHGR	综合工日合计+技术措施项目综合工日合计	170
5)意外伤害保险	工程意外伤害保险费	ZHGR+JSCS_ZHGR	综合工日合计+技术措施项目综合工日合计	60

图 6-33　计取规费

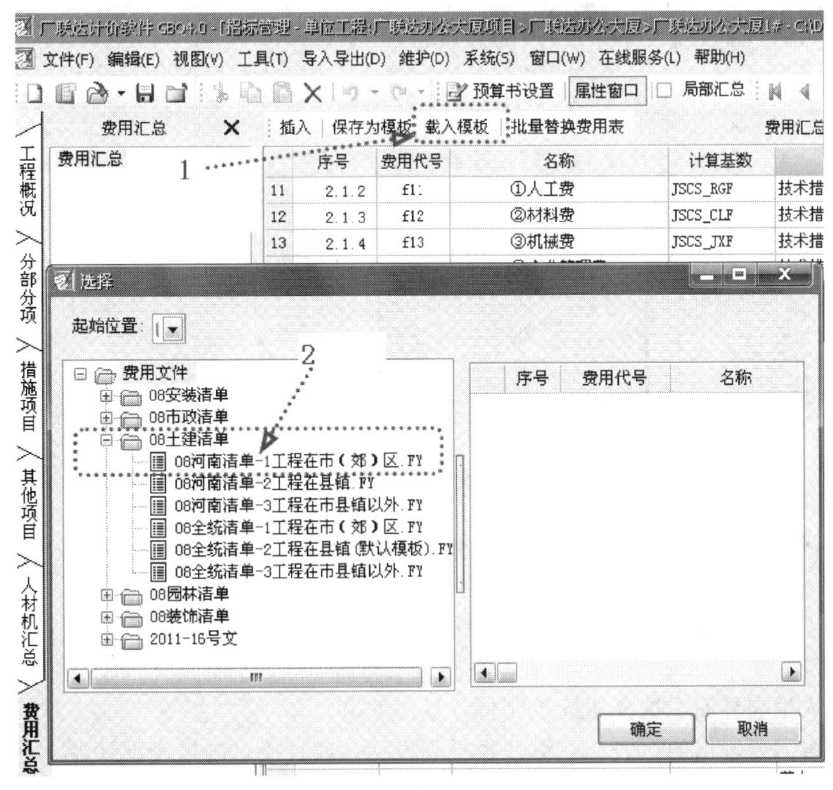

图 6-34　载入模板，税金计取

2. 在费用汇总界面，根据招标文件中的项目施工地点，选择正确的模板进行载入。如本工程施工地点在某市二环以内，所以应选择“工程在市（郊）区”，如图 6-34 所示。

6.3.8 报表设计及导出、打印

1. 进入报表界面，选择招标控制价，单击需要输出的报表，右键选择报表设计，或直接点击报表设计器。如图 6-35 所示。

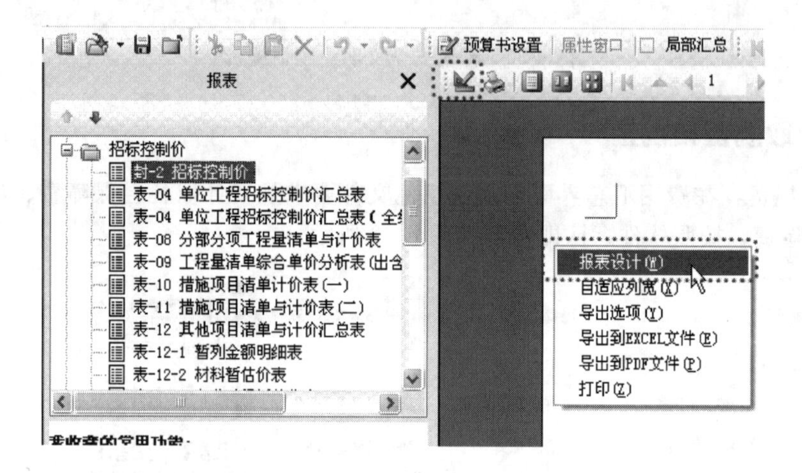

图 6-35 报表设计

进入报表设计器，调整列宽及行距，见图 6-36。

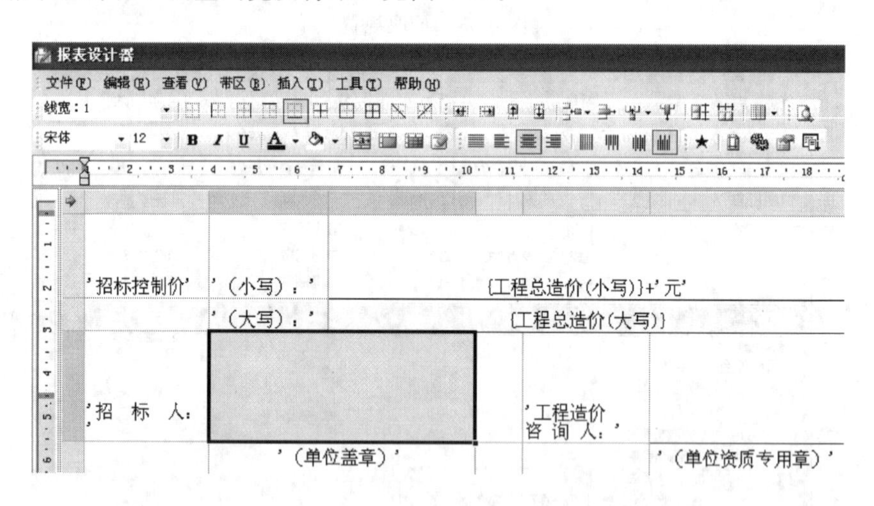

图 6-36 报表设计器

2. 单击文件，选择三报表预览，如需修改，关闭预览，重新调整，见图 6-37。

3. 预览及打印整个项目报表

（1）在项目管理界面，可运用常用功能中的【预览整个项目报表】进行报表设计及打印，见图 6-38。

（2）进入报表界面，选择招标控制价，见图 6-39。

（3）单击需要输出的报表，右键选择报表设计，或直接点击报表设计器，进入报表设计器，调整列宽及行距，见图 6-40。

招标控制价

招标控制价　　(小写)：　848，156.35

(大写)：　捌拾肆万捌仟壹佰伍拾陆元叁角伍分

招　标　人：＿＿＿＿＿＿＿＿　　造价咨询人：＿＿＿＿＿＿＿＿

(单位盖章)　　(单位资质专用章)

法定代表人
或其授权人：＿＿＿＿＿＿＿＿　　法定代表人
或其授权人：＿＿＿＿＿＿＿＿

(签字或盖章)　　(签字或盖章)

图 6-37　报表预览

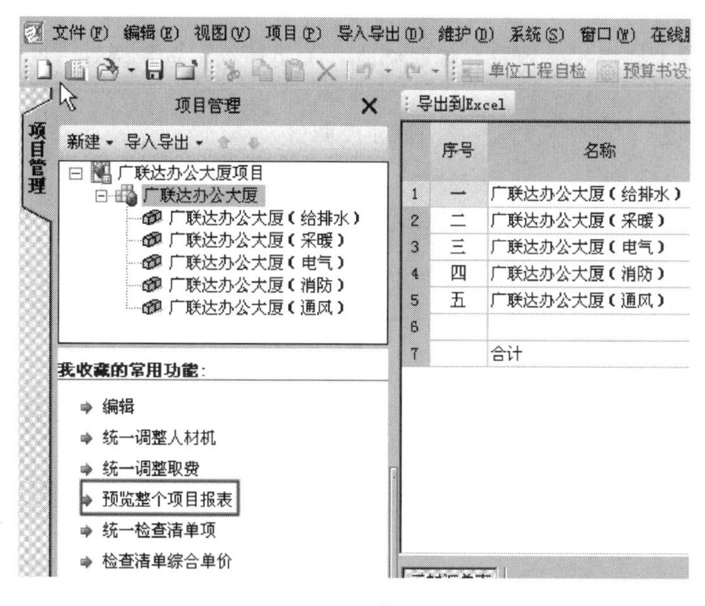

图 6-38　预览整个项目报表

图 6-39　报表设计

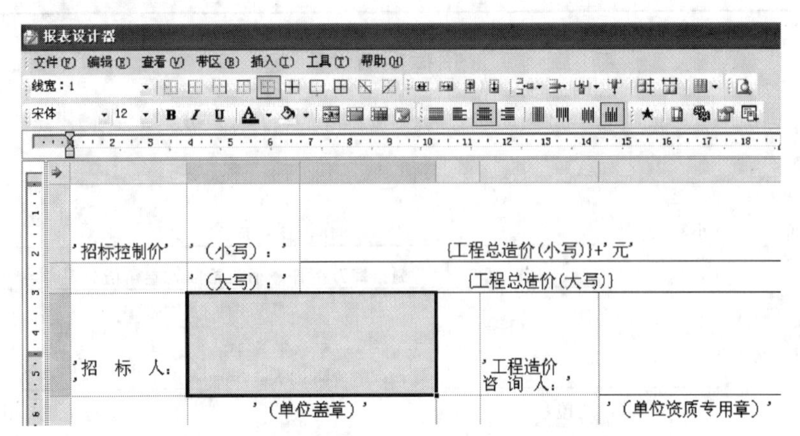

图 6-40　报表设计器

(4) 报表设计后可应用到其他报表，选择“是”，如图 6-41 所示。

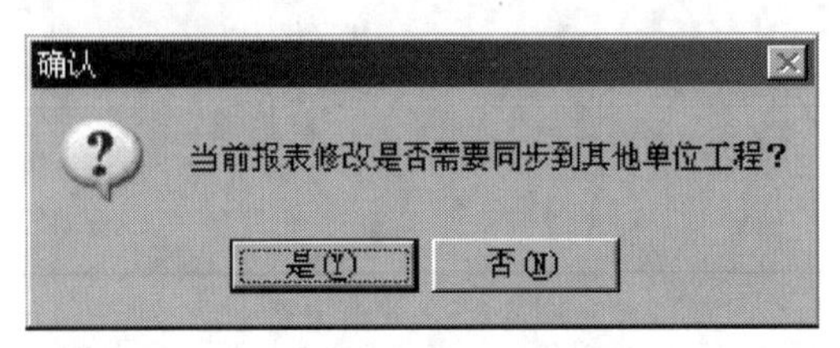

图 6-41　报表设计同步到其他表格

(5) 单击文件，选择报表预览，如需修改，关闭预览，重新调整，见图 6-42。

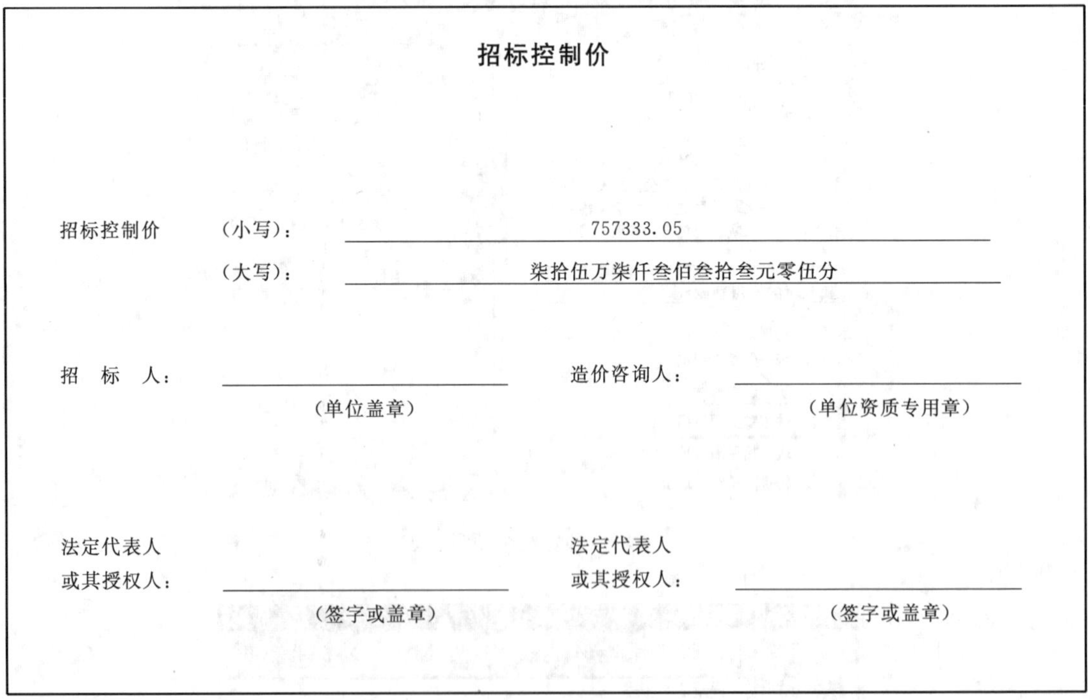

招标控制价

招标控制价　　(小写)：　757333.05

　　　　　　　(大写)：　柒拾伍万柒仟叁佰叁拾叁元零伍分

招　标　人：________________　　造价咨询人：________________

　　　　　(单位盖章)　　　　　　　　　　　(单位资质专用章)

法定代表人
或其授权人：________________　　法定代表人
或其授权人：________________

　　　　　(签字或盖章)　　　　　　　　　　　(签字或盖章)

图 6-42　报表预览

(6) 报表调整后，进行批量打印，见图 6-43。

(7) 批量打印选择按钮，如图 6-44 所示，然后选择打印选中表，进行打印。

图 6-43 批量打印

图 6-44 选择同名报表

6.4 任务总结

1. **标段结构保护** 项目结构建立完成之后，为防止失误操作更改项目结构内容，可右击项目名称，选择【标段结构保护】对项目结构进行保护即可，如图 6-45 所示。

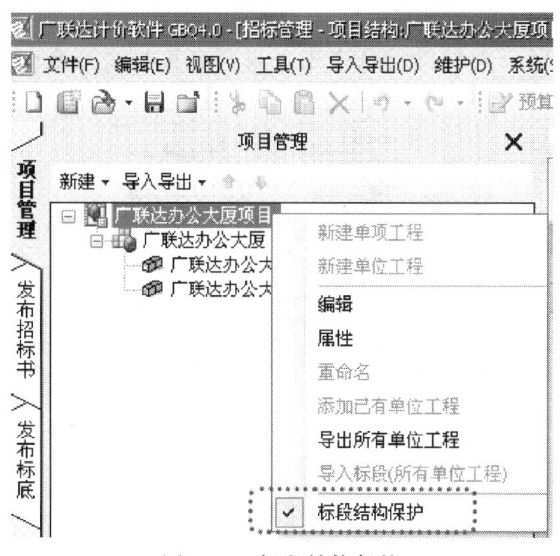

图 6-45 标段结构保护

2. **编辑**

(1) 在项目结构中进入单位工程进行编辑时，可直接双击项目结构中的单位工程名称或者选中需要编辑的单位工程，单击常用功能中的【编辑】。

(2) 也可以直接鼠标双击左键【广联达办公大厦】及【单位工程】进入即可。

3. **检查与整理**

(1) 对分部分项的清单与定额的套用做法进行检查看是否有误。

(2) 查看整个分部分项中是否有空格，如有要进行删除。

(3) 按清单项目特征描述校核套用定额的一致性，并进行修改。

(4) 查看清单工程量与定额工程量的数据的差别是否正确。

4. **锁定清单** 在所有清单补充完整之后，可运用【锁定清单】对所有清单项进行锁定，锁定之后的清单项将不能再进行添加和删除等操作；若要进行修改，可先对清单项进行解锁，如图 6-46 所示。

图 6-46 锁定清单

5. **总承包服务费** 在工程建设施工阶段实行施工总承包时，当招标人在法律、法规允许的范围内对工程进行分包和自行采购供应部分设备、材料时，要求总承包人提供相关服务(如总包人脚手架、水电接剥等)和施工现场管理等所需的费用。

6. **市场价锁定** 对于招标文件要求的如甲供材料表、暂估材料表中涉及的材料价格是不能进行调整的，为避免在调整其他材料价格时出现操作失误，可使用【市场价锁定】对修改后的材料价格进行锁定，如图 6-47 所示。

	编码	类别	名称	规格型号	单位	数量	预算	市场价	市场价锁定
19	AC275	材	镀锌铁丝	18#	kg	37.524644	5	4.8	☐
20	BC856@1	材	地板砖	400×100	千块	0.073733	2500	2500	☑

图 6-47 市场价锁定

7. **显示对应子目** 对于人材机汇总中出现材料名称异常或数量异常的情况，可直接右击相应材料，选择显示相应子目，在分部分项中对材料进行修改，如图 6-48 所示。

00007	商砼	C30商品砼
00007@1	商砼	C30
00008	商砼	C35
00008@1	商砼	C35
50070A	材	架线
50081	材	机械
AC1	材	机砖
AC104@1	材	混凝
AC104@2	材	混凝
AC1343	材	塑料
AC1588	材	垫圈
AC1589	材	螺母

显示对应子目
市场价存档
载入市场价
人材机无价差
部分甲供
批量修改
替换材料 Ctrl+B
页面显示列设置
其他

图 6-48 显示对应子目

8. **市场价存档** 对于同一个项目的多个标段，发包方会要求所有标段的材料价保持一致，在调整好一个标段的材料价后可利用【市场价存档】将此材料价运用到其他标段，如图6-49所示。

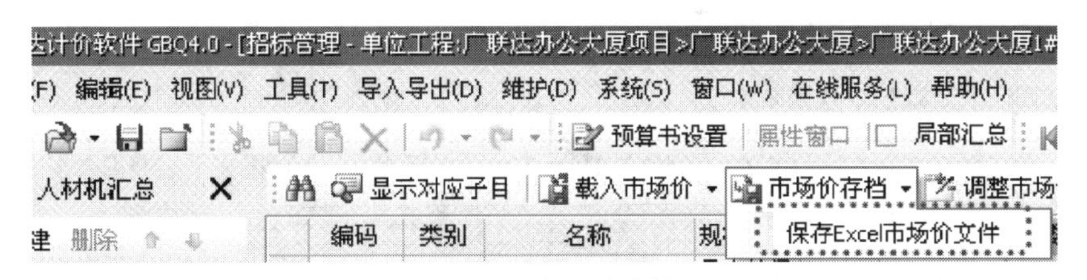

图 6-49 市场价存档

在其他标段的人材机汇总中使用该市场价文件时，可运用载入市场价，如图6-50所示。在导入Excel市场价文件时，按图6-51的顺序进行操作。

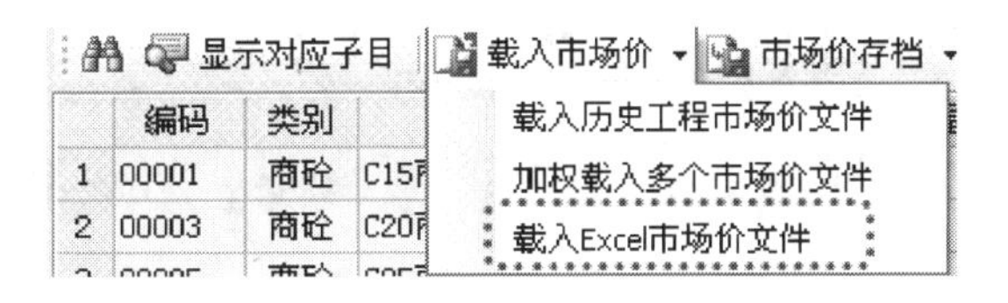

图 6-50 载入市场价文件

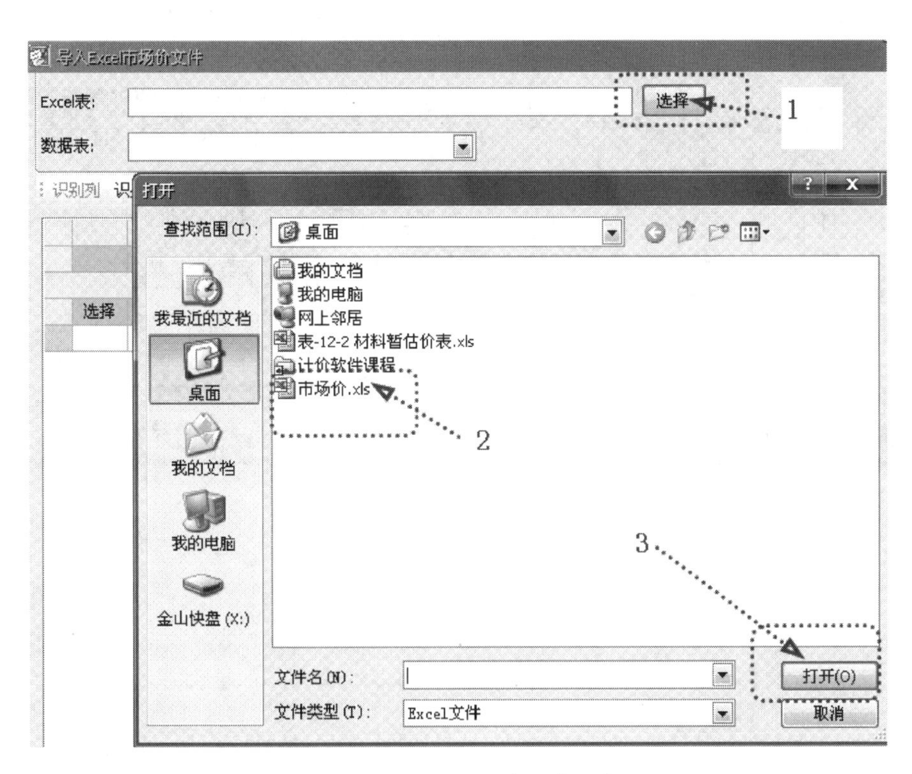

图 6-51 导入 Excel 市场价文件

导入Excel市场价文件之后，需要先识别材料号、名称、规格、单位、单价等信息，如图6-52所示。

识别完所需要的信息之后，需要选择匹配选项，然后导入即可，如图6-53所示。

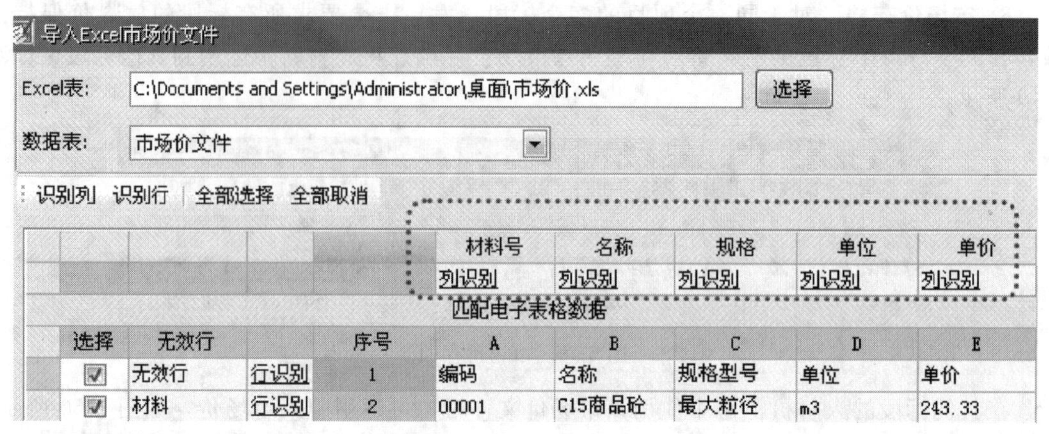

图 6-52 识别材料价

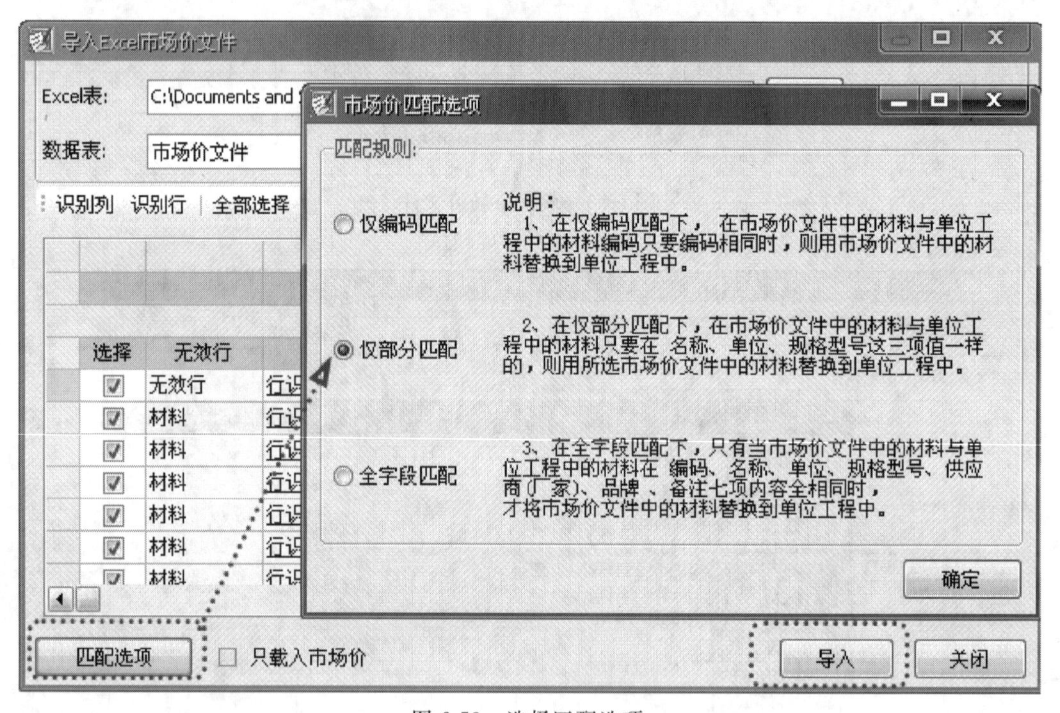

图 6-53 选择匹配选项

7 招标控制价编制要求

【知识目标】

1. 了解工程概况及招标范围。
2. 了解招标控制价编制依据。
3. 了解造价编制要求。
4. 掌握工程量清单样表。

【能力目标】

掌握招标控制价的编制要求。

7.1 工程概况及招标范围

1. 工程概况　本建筑物为“广联达办公大厦”，建设地点位于北京市郊，建筑物用地概貌属于平缓场地，本建筑物为二类多层办公建筑，总建筑面积为 4745.6m^2，建筑层数为地下 1 层、地上 4 层，高度为檐口距地高度为 15.6m。本建筑物设计标高±0.000 相当于绝对标高=41.50。

2. 工程招标范围　安装工程包括给排水系统、采暖系统、电气系统、消防系统、通风系统。

7.2 招标控制价编制依据

该工程的招标控制价依据《建设工程工程量清单计价规范》(GB 50500—2013)、《河南省建设工程工程量清单综合单价》(2008 版）及配套解释、相关规定，结合工程设计及相关资料、施工现场情况、工程特点及合理的施工方法，以及建设工程项目的相关标准、规范、技术资料编制。

7.3 招标控制价编制要求

1. 除暂估材料及甲供材外，材料价格按“郑州市 2013 年第一季度信息价”及市场价调整。

2. 人工费按 67 元/工日。

3. 税金按 3.477%计取。

4. 安全文明施工费按照豫建设标［2012］31 号文足额计取，规费计取社会保障费、住房公积金、意外伤害保险。

5. 不考虑总承包服务费及施工配合费。

7.4 工程量清单样表

工程量清单样表参见《建设工程工程量清单计价规范》(GB 50500—2013)。

1. 封面：封-2。
2. 总说明：表-01。
3. 单项工程招标控制价汇总表：表-03。
4. 单位工程招标控制价汇总表：表-04。
5. 分部分项工程量清单与计价表：表-08。
6. 工程量清单综合单价分析表：表-09。
7. 措施项目清单与计价表（一）：表-10。
8. 措施项目清单与计价表（二）：表-11。
9. 其他项目清单与计价汇总表：表-12。
10. 暂列金额明细表：表-12-1。
11. 材料暂估单价表：表-12-2。
12. 专业工程暂估价表：表-12-3。
13. 计日工表：表-12-4。
14. 总承包服务费计价表：表-12-5。
15. 规费、税金项目清单与计价表：表-13。
16. 主要材料价格表。

8 给排水、采暖、电气、消防、通风计价

【知识目标】

1. 掌握给排水、采暖、电气、消防、通风各系统清单的构成。
2. 掌握给排水、采暖、电气、消防、通风各系统清单子目的正确套用。
3. 掌握给排水、采暖、电气、消防、通风各系统主材的定义与价格定义。

【能力目标】

1. 能够根据给排水、采暖、电气、消防、通风各系统清单项目特征的要求，套用相应的定额子目。

2. 能够根据给排水、采暖、电气、消防、通风各系统清单的工程量，计算相应子目的工程量。

3. 能够根据信息价调整给排水、采暖、电气、消防、通风各系统主材价格。

4. 能够根据招标文件及相关的计价文件计取给排水、采暖、电气、消防、通风各系统措施项目、其他项目、规费、税金。

5. 能够编制总说明，填写封面，形成一份完整的招标控制价，最后整理装订成册。

8.1 任务说明

按照办公大厦施工图，采用广联达安装算量软件，完成以下工作：

1. 给排水专业工程，分析给排水管道、管道支架、套管、阀门、卫生器具、潜污泵等清单所包含工程内容，以及对应清单下所套定额子目。对给排水管道、管道支架、套管、阀门、卫生器具、潜污泵等工程量清单进行组价，并对给排水专业工程各类主材修改名称、调整价格，完成给排水专业工程脚手架搭拆费、安全文明施工措施费、规费及税金取费，形成给排水专业的招标控制预算书。

2. 采暖专业工程，分析采暖供回水管道、管道支架、套管、散热器、闸阀、平衡阀、自动排气阀、温控阀、截止阀、手动放风阀、泄水阀、过滤器、热量表、温度传感器、积分仪、弹簧压力表、温度计等清单所包含工程内容，以及对应清单下所套定额子目。对采暖供

回水管道、管道支架、套管、散热器、闸阀、平衡阀、自动排气阀、温控阀、截止阀、手动放风阀、泄水阀、过滤器、热量表、温度传感器、积分仪、弹簧压力表、温度计等工程量清单进行组价，并对采暖专业工程各类主材修改名称、调整价格，完成采暖专业工程脚手架搭拆费、安全文明施工措施费、规费及税金取费，形成采暖专业的招标控制预算书。

3. 电气专业工程，分析配电箱 AA1、AA2、ALD1、AL1～AL4、WD-DT、AP-RD、QSB-AC、AC-PY-BF1、AC-SF-BF1、单管荧光灯、双管荧光灯、防水防尘灯、吸顶灯、壁灯、单向疏散指示灯、双向疏散指示灯、安全出口灯、井道壁灯、单联开关、双联开关、三联开关、单联双控开关、普通插座、挂机空调插座、柜机空调插座、防水插座等清单所包含工程内容，以及对应清单下所套定额子目。对配电箱 AA1、AA2、ALD1、AL1～AL4、WD-DT、AP-RD、QSB-AC、AC-PY-BF1、AC-SF-BF1、单管荧光灯、双管荧光灯、防水防尘灯、吸顶灯、壁灯、单向疏散指示灯、双向疏散指示灯、安全出口灯、井道壁灯、单联开关、双联开关、三联开关、单联双控开关、普通插座、挂机空调插座、柜机空调插座、防水插座等工程量清单进行组价，并对电气专业工程各类主材修改名称、调整价格，完成电气专业工程脚手架搭拆费、安全文明施工措施费、规费及税金取费，形成电气专业的招标控制预算书。

4. 消防专业工程，分析镀锌钢管、穿墙套管 *DN*125、闸阀 *DN*100、消火栓、警铃、水流指示器 *DN*100、信号蝶阀 *DN*100、自动排气阀 *DN*25、试水阀 *DN*20、末端试水装置 *DN*20、喷头、SC 管、BV 线、消防转接箱、感烟探测器、手动报警按钮（带电话插口）、组合声光报警装置、报警电话、消火栓启泵按钮、控制模块、报警控制器等清单所包含工程内容，以及对应清单下所套定额子目。对镀锌钢管、穿墙套管 *DN*125、闸阀 *DN*100、消火栓、警铃、水流指示器 *DN*100、信号蝶阀 *DN*100、自动排气阀 *DN*25、试水阀 *DN*20、末端试水装置 *DN*20、喷头、SC 管、BV 线、消防转接箱、感烟探测器、手动报警按钮（带电话插口）、组合声光报警装置、报警电话、消火栓启泵按钮、控制模块、报警控制器等工程量清单进行组价，并对消防专业工程各类主材修改名称、调整价格，完成消防专业工程脚手架搭拆费、安全文明施工措施费、规费及税金取费，形成消防专业的招标控制预算书。

5. 通风专业工程，分析风管、通风设备 PY-B1F-1、PF-B1F-1、静压箱、排风扇、风管防火阀、风口、板式排烟口等清单所包含工程内容，以及对应清单下所套定额子目。对风管、通风设备 PY-B1F-1、PF-B1F-1、静压箱、排风扇、风管防火阀、风口、板式排烟口等工程量清单进行组价，并对通风专业工程各类主材修改名称、调整价格，完成通风专业工程脚手架搭拆费、安全文明施工措施费、规费及税金取费，形成通风专业的招标控制预算书。

8.2 任务分析

1. 给排水专业工程中，给排水管道、管道支架、套管、阀门、卫生器具、潜污泵等清单所包含工作内容有哪些？给排水管道、管道支架、套管、阀门、卫生器具、潜污泵等清单需要套用哪些定额？如何对给排水专业工程各类主材修改名称，调整主材价格？怎样完成给排水专业工程脚手架搭拆费、安全文明施工措施费、规费及税金取费？安全文明费取费基数及费率是什么？规费及税金的费率是多少？

清单对应分析的案例工程给排水专业工程清单指引如表 8-1 所示（见本书 P246～250）。

2. 采暖专业工程中，采暖供回水管道、管道支架、套管、散热器、闸阀、平衡阀、自动排气阀、温控阀、截止阀、手动放风阀、泄水阀、过滤器、热量表、温度传感器、积分仪、弹簧压力表、温度计等清单所包含的工作内容有哪些？采暖供回水管道、管道支架、套管、散热器、闸阀、平衡阀、自动排气阀、温控阀、截止阀、手动放风阀、泄水阀、过滤器、热量表、温度传感器、积分仪、弹簧压力表、温度计等清单需要套用哪些定额？如何对采暖专业工程各类主材修改名称、调整主材价格？怎样完成采暖专业工程脚手架搭拆费、安全文明施工措施费、规费及税金取费？安全文明费取费基数及费率是什么？规费及税金的费率是多少？

清单对应分析的案例工程采暖专业工程清单指引如表 8-2 所示（见本书 P251～257）。

3. 电气专业工程中，配电箱 AA1、AA2、ALD1、AL1～AL4、WD-DT、AP-RD、QSB-AC、AC-PY-BF1、AC-SF-BF1、单管荧光灯、双管荧光灯、防水防尘灯、吸顶灯、壁灯、单向疏散指示灯、双向疏散指示灯、安全出口灯、井道壁灯、单联开关、双联开关、三联开关、单联双控开关、普通插座、挂机空调插座、柜机空调插座、防水插座等清单所包含的工作内容有哪些？配电箱 AA1、AA2、ALD1、AL1～AL4、WD-DT、AP-RD、QSB-AC、AC-PY-BF1、AC-SF-BF1、单管荧光灯、双管荧光灯、防水防尘灯、吸顶灯、壁灯、单向疏散指示灯、双向疏散指示灯、安全出口灯、井道壁灯、单联开关、双联开关、三联开关、单联双控开关、普通插座、挂机空调插座、柜机空调插座、防水插座等清单需要套用哪些定额？如何对电气专业工程各类主材修改名称、调整主材价格？怎样完成电气专业工程脚手架搭拆费、安全文明施工措施费、规费及税金取费？安全文明费取费基数及费率是什么？规费及税金的费率是多少？

清单定额分析的案例工程电气专业工程清单指引如表 8-3 所示（见本书 P257～276）。

4. 消防专业工程中，镀锌钢管、穿墙套管 *DN*125、闸阀 *DN*100、消火栓、警铃、水流指示器 *DN*100、信号蝶阀 *DN*100、自动排气阀 *DN*25、试水阀 *DN*20、末端试水装置 *DN*20、喷头、SC 管、BV 线、消防转接箱、感烟探测器、手动报警按钮（带电话插口）、组合声光报警装置、报警电话、消火栓启泵按钮、控制模块、报警控制器等清单所包含的工作内容有哪些？镀锌钢管、穿墙套管 *DN*125、闸阀 *DN*100、消火栓、警铃、水流指示器 *DN*100、信号蝶阀 *DN*100、自动排气阀 *DN*25、试水阀 *DN*20、末端试水装置 *DN*20、喷头、SC 管、BV 线、消防转接箱、感烟探测器、手动报警按钮（带电话插口）、组合声光报警装置、报警电话、消火栓启泵按钮、控制模块、报警控制器等清单需要套用哪些定额？如何对消防专业工程各类主材修改名称、调整主材价格？怎样完成消防专业工程脚手架搭拆费、安全文明施工措施费、规费及税金取费？安全文明费取费基数及费率是什么？规费及税金的费率是多少？

清单定额分析的案例工程消防专业工程清单指引如表 8-4 所示（见本书 P277～285）。

5. 通风专业工程中，风管、通风设备 PY-B1F-1、PF-B1F-1、静压箱、排风扇、风管防火阀、风口、板式排烟口等清单所包含工作内容有哪些？风管、通风设备 PY-B1F-1、PF-B1F-1、静压箱、排风扇、风管防火阀、风口、板式排烟口等清单需要套用哪些定额？如何对通风专业工程各类主材修改名称、调整主材价格？怎样完成通风专业工程脚手架搭拆费、安全文明施工措施费、规费及税金取费？安全文明费取费基数及费率是什么？规费及税金的费率是多少？

清单定额分析的案例工程通风专业工程清单指引如表 8-5 所示（见本书 P285～288）。

表 8-1 给排水专业工程清单

项目编码	项目名称	项目特征	计量单位	工程量清单计算规则	工作内容	可组合的内容				对应的综合定额子目
030109011001	潜水泵	1. 名称:潜水排污泵 2. 型号:50QW(WQ)10-7-0.75	台	按设计图示数量计算	1. 本体安装 2. 泵拆装检查 3. 电动机安装 4. 二次灌装 5. 单机试运转 6. 补刷喷油漆	1	50QW(WQ)10-7-0.75 潜水排污泵安装	1.1	本体安装	1-927
								1.2	其他	
						2	泵拆装检查	2.1	泵拆装检查	2-553
								2.2	其他	
						3	其他			
031001005001	铸铁管	1. 安装部位:室内 2. 介质:压力排水 3. 材质、规格:机制排水铸铁管 $DN100$ 4. 连接形式:W 承插水泥接口	m	按设计图示管道中心线以长度计算	1. 管道安装 2. 管件安装 3. 压力试验 4. 吹扫、冲洗 5. 警示带铺设	1	机制排水铸铁管 $DN100$ 安装	1.1	管道安装	8-206
								1.2	其他	
						2	其他			
031001006001	塑料管	1. 安装部位:室内 2. 介质:排水管道 3. 材质、规格:螺旋塑料管 $De110$ 4. 连接形式:粘接	m	按设计图示管道中心线以长度计算	1. 管道安装 2. 管件安装 3. 塑料卡固定 4. 阻火圈安装 5. 压力试验 6. 吹扫、冲洗 7. 警示带铺设	1	螺旋塑料管 $De110$ 安装	1.1	管道安装	8-240
								1.2	其他	
						2	其他			
031001006002	塑料管	1. 安装部位:室内 2. 介质:排水管道 3. 材质、规格:塑料管 UPVC-$De110$ 4. 连接形式:粘接	m	按设计图示管道中心线以长度计算	1. 管道安装 2. 管件安装 3. 塑料卡固定 4. 阻火圈安装 5. 压力试验 6. 吹扫、冲洗 7. 警示带铺设	1	塑料管 UPVC $De110$ 安装	1.1	管道安装	8-240
								1.2	其他	
						2	其他			

续表

项目编码	项目名称	项目特征	计量单位	工程量清单计算规则	工作内容	可组合的内容				对应的综合定额子目
031001006003	塑料管	1. 安装部位:室内 2. 介质:排水管道 3. 材质、规格:塑料管UPVC-*De*75 4. 连接形式:粘接	m	按设计图示管道中心线以长度计算	1. 管道安装 2. 管件安装 3. 塑料卡固定 4. 阻火圈安装 5. 压力试验 6. 吹扫、冲洗 7. 警示带铺设	1	塑料管 UPVC *De*75 安装	1.1	管道安装	8-239
								1.2	其他	
						2	其他			
031001006004	塑料管	1. 安装部位:室内 2. 介质:排水管道 3. 材质、规格:塑料管UPVC-*De*50 4. 连接形式:粘接	m	按设计图示管道中心线以长度计算	1. 管道安装 2. 管件安装 3. 塑料卡固定 4. 阻火圈安装 5. 压力试验 6. 吹扫、冲洗 7. 警示带铺设	1	塑料管 UPVC *De*50 安装	1.1	管道安装	8-238
								1.2	其他	
						2	其他			
031001007001	复合管	1. 安装部位:室内 2. 介质:给水 3. 材质、规格:热镀锌(衬塑)复合管 *DN*70 4. 连接形式:丝接 5. 压力试验及吹、洗设计要求:管道消毒、冲洗	m	按设计图示管道中心线以长度计算	1. 管道安装 2. 管件安装 3. 塑料卡固定 4. 压力试验 5. 吹扫、冲洗 6. 警示带铺设	1	热镀锌(衬塑) *DN*70 复合管安装	1.1	管道安装	8-278
								1.2	其他	
						2	*DN*70 管道消毒、冲洗	2.1	管道消毒、冲洗	8-302
								2.2	其他	
						3	其他			
031001007002	复合管	1. 安装部位:室内 2. 介质:给水 3. 材质、规格:热镀锌(衬塑)复合管 *DN*50 4. 连接形式:丝接 5. 压力试验及吹、洗设计要求:管道消毒、冲洗	m	按设计图示管道中心线以长度计算	1. 管道安装 2. 管件安装 3. 塑料卡固定 4. 压力试验 5. 吹扫、冲洗 6. 警示带铺设	1	热镀锌(衬塑) *DN*50 复合管安装	1.1	管道安装	8-277
								1.2	其他	
						2	*DN*50 管道消毒、冲洗	2.1	管道消毒、冲洗	8-301
								2.2	其他	
						3	其他			

续表

项目编码	项目名称	项目特征	计量单位	工程量清单计算规则	工作内容	可组合的内容				对应的综合定额子目
031001007003	复合管	1. 安装部位:室内 2. 介质:给水 3. 材质、规格:热镀锌(衬塑)复合管 $DN40$ 4. 连接形式:丝接 5. 压力试验及吹、洗设计要求:管道消毒、冲洗	m	按设计图示管道中心线以长度计算	1. 管道安装 2. 管件安装 3. 塑料卡固定 4. 压力试验 5. 吹扫、冲洗 6. 警示带铺设	1	热镀锌(衬塑)$DN40$复合管安装	1.1	管道安装	8-276
								1.2	其他	
						2	$DN50$管道消毒、冲洗	2.1	管道消毒、冲洗	8-301
								2.2	其他	
						3	其他			
031001007004	复合管	1. 安装部位:室内 2. 介质:给水 3. 材质、规格:热镀锌(衬塑)复合管 $DN32$ 4. 连接形式:丝接 5. 压力试验及吹、洗设计要求:管道消毒、冲洗	m	按设计图示管道中心线以长度计算	1. 管道安装 2. 管件安装 3. 塑料卡固定 4. 压力试验 5. 吹扫、冲洗 6. 警示带铺设	1	热镀锌(衬塑)$DN32$复合管安装	1.1	管道安装	8-275
								1.2	其他	
						2	$DN50$管道消毒、冲洗	2.1	管道消毒、冲洗	8-301
								2.2	其他	
						3	其他			
031001007005	复合管	1. 安装部位:室内 2. 介质:给水 3. 材质、规格:热镀锌(衬塑)复合管 $DN25$ 4. 连接形式:丝接 5. 压力试验及吹、洗设计要求:管道消毒、冲洗	m	按设计图示管道中心线以长度计算	1. 管道安装 2. 管件安装 3. 塑料卡固定 4. 压力试验 5. 吹扫、冲洗 6. 警示带铺设	1	热镀锌(衬塑)$DN25$复合管安装	1.1	管道安装	8-274
								1.2	其他	
						2	$DN50$管道消毒、冲洗	2.1	管道消毒、冲洗	8-301
								2.2	其他	
						3	其他			
031001007006	复合管	1. 安装部位:室内 2. 介质:给水 3. 材质、规格:热镀锌(衬塑)复合管 $DN20$ 4. 连接形式:丝接 5. 压力试验及吹、洗设计要求:管道消毒、冲洗	m	按设计图示管道中心线以长度计算	1. 管道安装 2. 管件安装 3. 塑料卡固定 4. 压力试验 5. 吹扫、冲洗 6. 警示带铺设	1	热镀锌(衬塑)$DN20$复合管安装	1.1	管道安装	8-273
								1.2	其他	
						2	$DN50$管道消毒、冲洗	2.1	管道消毒、冲洗	8-301
								2.2	其他	
						3	其他			

续表

项目编码	项目名称	项目特征	计量单位	工程量清单计算规则	工作内容	可组合的内容				对应的综合定额子目
031002001001	管道支架	1. 材质:型钢 2. 管架形式:一般管架	kg	按设计图示质量计算	1. 制作 2. 安装	1	管道支架制作安装	1.1	管道支架制作安装	8-339
								1.2	其他	
						2	其他			
031002003001	套管	1. 名称:刚性防水套管 2. 材质:钢材 3. 规格:$DN$125	个	按设计图示数量计算	1. 制作 2. 安装 3. 除锈刷油	1	刚性防水套管制作	1.1	刚性防水套管制作	6-3007
								1.2	其他	
						2	刚性防水套管安装	2.1	刚性防水套管安装	6-3022
								2.2	其他	
						3	其他			
031003001004	软接头(软管)	1. 类型:橡胶软接头 2. 规格:$DN$100 3. 连接形式:焊接	个	按设计图示数量计算	安装	1	橡胶软接头安装	1.1	橡胶软接头安装	8-369
								1.2	其他	
						2	其他			
031003003001	焊接法兰阀门	1. 类型:闸阀 2. 规格:$DN$100 3. 连接形式:焊接	个	按设计图示数量计算	1. 安装 2. 电气接线 3. 调试	1	焊接法兰阀门安装	1.1	焊接法兰阀门安装	8-369
								1.2	其他	
						2	其他			
031003003002	焊接法兰阀门	1. 类型:止回阀 2. 规格:$DN$1003. 连接形式:焊接	个	按设计图示数量计算	1. 安装 2. 电气接线 3. 调试	1	焊接法兰阀门安装	1.1	焊接法兰阀门安装	8-369
								1.2	其他	
						2	其他			

续表

项目编码	项目名称	项目特征	计量单位	工程量清单计算规则	工作内容	可组合的内容				对应的综合定额子目
031004003001	洗脸盆	1. 材质:陶瓷 2. 规格、类型:洗脸盆 3. 附件名称:红外感应水龙头	组	按设计图示数量计算	1. 器具安装 2. 附件安装	1	洗脸盆安装	1.1	洗脸盆安装	8-570
								1.2	其他	
						2	其他			
031004004001	洗涤盆	1. 材质:陶瓷 2. 规格、类型:拖布池	组	按设计图示数量计算	1. 器具安装 2. 附件安装	1	洗涤盆安装	1.1	洗涤盆安装	8-579
								1.2	其他	
						2	其他			
031004006001	大便器	1. 材质:陶瓷 2. 规格、类型:坐便器 3. 附件名称:6L 低水箱	组	按设计图示数量计算	1. 器具安装 2. 附件安装	1	坐便器安装	1.1	坐便器安装	8-605
								1.2	其他	
						2	其他			
031004006002	大便器	1. 材质:陶瓷 2. 规格、类型:蹲便器 3. 附件名称:脚踏式	组	按设计图示数量计算	1. 器具安装 2. 附件安装	1	蹲便器安装	1.1	蹲便器安装	8-600
								1.2	其他	
						2	其他			
031004007001	小便器	1. 材质:陶瓷 2. 规格、类型:小便斗 3. 附件名称:红外感应水龙头	组	按设计图示数量计算	1. 器具安装 2. 附件安装	1	小便斗安装	1.1	小便斗安装	8-607
								1.2	其他	
						2	其他			
031004014001	给排水附(配)件	1. 材质:塑料 2. 名称:地漏 3. 规格:*De*50	个	按设计图示数量计算	安装	1	*De*50 地漏安装	1.1	*De*50 地漏安装	8-662
								1.2	其他	
						2	其他			

表 8-2 采暖专业工程清单

<table>
<tr><th>项目编码</th><th>项目名称</th><th>项目特征</th><th>计量单位</th><th>工程量清单计算规则</th><th>工作内容</th><th colspan="4">可组合的内容</th><th>对应的综合定额子目</th></tr>
<tr><td rowspan="3">030601001001</td><td rowspan="3">温度仪表</td><td rowspan="3">1. 名称:温度计
2. 型号:WNG-11
3. 规格:0～150℃</td><td rowspan="3">支</td><td rowspan="3">按设计图示数量计算</td><td rowspan="3">1. 本体安装
2. 取源部件安装
3. 支架制作安装</td><td rowspan="2">1</td><td rowspan="2">温度计安装</td><td>1.1</td><td>温度计安装</td><td>10-2</td></tr>
<tr><td>1.2</td><td>其他</td><td></td></tr>
<tr><td>2</td><td>其他</td><td></td><td></td><td></td></tr>
<tr><td rowspan="3">030601002001</td><td rowspan="3">压力仪表</td><td rowspan="3">1. 名称:弹簧压力表
2. 型号:Y-100
3. 规格:0～1.0MPa,精度等级 1.5 级</td><td rowspan="3">台</td><td rowspan="3">按设计图示数量计算</td><td rowspan="3">1. 本体安装
2. 取源部件安装
3. 支架制作安装</td><td rowspan="2">1</td><td rowspan="2">弹簧压力表安装</td><td>1.1</td><td>弹簧压力表安装</td><td>10-31</td></tr>
<tr><td>1.2</td><td>其他</td><td></td></tr>
<tr><td>2</td><td>其他</td><td></td><td></td><td></td></tr>
<tr><td rowspan="5">031001001001</td><td rowspan="5">镀锌钢管</td><td rowspan="5">1. 安装部位:室内
2. 介质:采暖管道
3. 材质、规格:热镀锌钢管 DN70
4. 连接方式:螺纹连接
5. 给水管道压力试验,消毒、冲洗</td><td rowspan="5">m</td><td rowspan="5">按设计图示管道中心线以长度计算</td><td rowspan="5">1. 管道安装
2. 管件制作、安装
3. 压力试验
4. 吹扫、冲洗
5. 警示带铺设</td><td rowspan="2">1</td><td rowspan="2">DN70 热镀锌钢管安装</td><td>1.1</td><td>管道安装</td><td>8-23</td></tr>
<tr><td>1.2</td><td>其他</td><td></td></tr>
<tr><td rowspan="2">2</td><td rowspan="2">DN70 管道消毒、冲洗</td><td>2.1</td><td>管道消毒、冲洗</td><td>8-302</td></tr>
<tr><td>2.2</td><td>其他</td><td></td></tr>
<tr><td>3</td><td>其他</td><td></td><td></td><td></td></tr>
<tr><td rowspan="5">031001001002</td><td rowspan="5">镀锌钢管</td><td rowspan="5">1. 安装部位:室内
2. 介质:采暖管道
3. 材质、规格:热镀锌钢管 DN40
4. 连接方式:螺纹连接
5. 给水管道压力试验,消毒、冲洗</td><td rowspan="5">m</td><td rowspan="5">按设计图示管道中心线以长度计算</td><td rowspan="5">1. 管道安装
2. 管件制作、安装
3. 压力试验
4. 吹扫、冲洗
5. 警示带铺设</td><td rowspan="2">1</td><td rowspan="2">DN40 热镀锌钢管安装</td><td>1.1</td><td>管道安装</td><td>8-20</td></tr>
<tr><td>1.2</td><td>其他</td><td></td></tr>
<tr><td rowspan="2">2</td><td rowspan="2">DN40 管道消毒、冲洗</td><td>2.1</td><td>管道消毒、冲洗</td><td>8-301</td></tr>
<tr><td>2.2</td><td>其他</td><td></td></tr>
<tr><td>3</td><td>其他</td><td></td><td></td><td></td></tr>
</table>

续表

项目编码	项目名称	项目特征	计量单位	工程量清单计算规则	工作内容	可组合的内容				对应的综合定额子目
031001001003	镀锌钢管	1. 安装部位:室内 2. 介质:采暖管道 3. 材质、规格:热镀锌钢管 $DN32$ 4. 连接方式:螺纹连接 5. 给水管道压力试验,消毒、冲洗	m	按设计图示管道中心线以长度计算	1. 管道安装 2. 管件制作、安装 3. 压力试验 4. 吹扫、冲洗 5. 警示带铺设	1	$DN32$ 热镀锌钢管安装	1.1	管道安装	8-19
								1.2	其他	
						2	$DN32$ 管道消毒、冲洗	2.1	管道消毒、冲洗	8-301
								2.2	其他	
						3	其他			
031001001004	镀锌钢管	1. 安装部位:室内 2. 介质:采暖管道 3. 材质、规格:热镀锌钢管 $DN25$ 4. 连接方式:螺纹连接 5. 给水管道压力试验,消毒、冲洗	m	按设计图示管道中心线以长度计算	1. 管道安装 2. 管件制作、安装 3. 压力试验 4. 吹扫、冲洗 5. 警示带铺设	1	$DN25$ 热镀锌钢管安装	1.1	管道安装	8-18
								1.2	其他	
						2	$DN25$ 管道消毒、冲洗	2.1	管道消毒、冲洗	8-301
								2.2	其他	
						3	其他			
031001001005	镀锌钢管	1. 安装部位:室内 2. 介质:采暖管道 3. 材质、规格:热镀锌钢管 $DN20$ 4. 连接方式:螺纹连接 5. 给水管道压力试验,消毒、冲洗	m	按设计图示管道中心线以长度计算	1. 管道安装 2. 管件制作、安装 3. 压力试验 4. 吹扫、冲洗 5. 警示带铺设	1	$DN20$ 热镀锌钢管安装	1.1	管道安装	8-17
								1.2	其他	
						2	$DN20$ 管道消毒、冲洗	2.1	管道消毒、冲洗	8-301
								2.2	其他	
						3	其他			
031001006001	塑料管	1. 安装部位:室内 2. 介质:采暖管道 3. 材质、规格:PB塑料 $DN70$ 4. 连接方式:螺纹连接 5. 管道压力试验,消毒、冲洗	m	按设计图示管道中心线以长度计算	1. 管道安装 2. 管件制作、安装 3. 塑料卡固定 4. 压力试验 5. 吹扫、冲洗 6. 警示带铺设	1	PB塑料 $DN70$ 安装	1.1	管道安装	8-248
								1.2	其他	
						2	$DN70$ 管道消毒、冲洗	2.1	管道消毒、冲洗	8-301
								2.2	其他	
						3	其他			

续表

项目编码	项目名称	项目特征	计量单位	工程量清单计算规则	工作内容	可组合的内容				对应的综合定额子目
031002001001	管道支架	1. 材质:型钢 2. 管架形式:一般管架	kg	按设计图示质量计算	1. 制作 2. 安装	1	管道支架制作安装	1.1	管道支架制作安装	8-339
								1.2	其他	
						2	其他			
031003003001	焊接法兰阀门	1. 类型:闸阀 2. 规格:$DN70$ 3. 连接形式:焊接	个	按设计图示数量计算	1. 安装 2. 电气接线 3. 调试	1	焊接法兰阀门安装	1.1	焊接法兰阀门安装	8-367
								1.2	其他	
						2	其他			
031003001002	螺纹阀门	1. 类型:闸阀 2. 规格:$DN40$ 3. 连接形式:螺纹连接	个	按设计图示数量计算	1. 安装 2. 电气接线 3. 调试	1	$DN40$ 闸阀安装	1.1	$DN40$ 闸阀安装	8-344
								1.2	其他	
						2	其他			
031003001003	螺纹阀门	1. 类型:闸阀 2. 规格:$DN32$ 3. 连接形式:螺纹连接	个	按设计图示数量计算	1. 安装 2. 电气接线 3. 调试	1	$DN32$ 闸阀安装	1.1	$DN32$ 闸阀安装	8-343
								1.2	其他	
						2	其他			
031003001004	螺纹阀门	1. 类型:平衡阀 2. 规格:$DN40$ 3. 连接形式:螺纹连接	个	按设计图示数量计算	1. 安装 2. 电气接线 3. 调试	1	$DN40$ 平衡阀安装	1.1	$DN40$ 平衡阀安装	8-344
								1.2	其他	
						2	其他			
031003001005	螺纹阀门	1. 类型:平衡阀 2. 规格:$DN32$ 3. 连接形式:螺纹连接	个	按设计图示数量计算	1. 安装 2. 电气接线 3. 调试	1	$DN32$ 平衡阀安装	1.1	$DN32$ 平衡阀安装	8-343
								1.2	其他	
						2	其他			

续表

项目编码	项目名称	项目特征	计量单位	工程量清单计算规则	工作内容	可组合的内容				对应的综合定额子目
031003001006	螺纹阀门	1. 类型:自动排气阀 2. 规格:$DN20$ 3. 连接形式:螺纹连接	个	按设计图示数量计算	1. 安装 2. 电气接线 3. 调试	1	$DN20$ 自动排气阀安装	1.1	$DN20$ 自动排气阀安装	8-413
								1.2	其他	
						2	其他			
031003001007	螺纹阀门	1. 类型:温控阀 2. 规格:$DN20$ 3. 连接形式:螺纹连接	个	按设计图示数量计算	1. 安装 2. 电气接线 3. 调试	1	$DN20$ 温控阀安装	1.1	$DN20$ 温控阀安装	8-341
								1.2	其他	
						2	其他			
031003001008	螺纹阀门	1. 类型:铜截止阀 2. 材质:铜 3. 规格:$DN20$ 4. 连接形式:螺纹连接	个	按设计图示数量计算	1. 安装 2. 电气接线 3. 调试	1	$DN20$ 铜截止阀安装	1.1	$DN20$ 铜截止阀安装	8-341
								1.2	其他	
						2	其他			
031003001009	螺纹阀门	1. 类型:手动防风门 2. 规格:$DN20$ 3. 连接形式:螺纹连接	个	按设计图示数量计算	1. 安装 2. 电气接线 3. 调试	1	$DN20$ 手动防风门安装	1.1	$DN20$ 手动防风门安装	8-415
								1.2	其他	
						2	其他			
031003001010	螺纹阀门	1. 类型:平衡阀 2. 规格:$DN70$ 3. 连接形式:螺纹连接	个	按设计图示数量计算	1. 安装 2. 电气接线 3. 调试	1	$DN70$ 平衡阀安装	1.1	$DN70$ 平衡阀安装	
								1.2	其他	
						2	其他			

续表

项目编码	项目名称	项目特征	计量单位	工程量清单计算规则	工作内容	可组合的内容				对应的综合定额子目
031003001011	螺纹阀门	1. 类型:泄水阀 2. 规格:$DN15$ 3. 连接形式:螺纹连接	个	按设计图示数量计算	1. 安装 2. 电气接线 3. 调试	1	$DN15$ 泄水阀安装	1.1	$DN15$ 泄水阀安装	8-340
								1.2	其他	
						2	其他			
031003008001	除污器（过滤器）	1. 类型:Y 型过滤器 2. 规格:$DN70$ 3. 连接形式:螺纹连接	个	按设计图示数量计算	安装	1	$DN70$Y 型过滤器安装	1.1	$DN70$Y 型过滤器安装	
								1.2	其他	
						2	其他			
031003014001	热量表	类型:热量表	块	按设计图示数量计算	1. 本体安装 2. 取源部件安装 3. 支架制作安装	1	热量表安装	1.1	热量表安装	
								1.2	其他	
						2	其他			
031005001001	铸铁散热器	1. 型号、规格:铸铁散热器 2. 片数:20 片 3. 安装方式:落地安装 4. 托架:厂配	组	按设计图示数量计算	1. 组对、安装 2. 水压试验 3. 托架制作安装 4. 除锈刷油	1	钢制散热器 20 片安装	1.1	钢制散热器 20 片安装	8-717
								1.2	其他	
						2	其他			
031005001002	铸铁散热器	1. 型号、规格:铸铁散热器 2. 片数:18/片 3. 安装方式:落地安装 4. 托架:厂配	组	按设计图示数量计算	1. 组对、安装 2. 水压试验 3. 托架制作安装 4. 除锈刷油	1	钢制散热器 18 片安装	1.1	钢制散热器 18 片安装	8-716
								1.2	其他	
						2	其他			

续表

项目编码	项目名称	项目特征	计量单位	工程量清单计算规则	工作内容	可组合的内容				对应的综合定额子目
031005001003	铸铁散热器	1. 型号、规格：铸铁散热器 2. 片数:15片 3. 安装方式:落地安装 4. 托架:厂配	组	按设计图示数量计算	1. 组对、安装 2. 水压试验 3. 托架制作安装 4. 除锈刷油	1	钢制散热器15片安装	1.1	钢制散热器15片安装	8-716
								1.2	其他	
						2	其他			
031005001004	铸铁散热器	1. 型号、规格：铸铁散热器 2. 片数:14片 3. 安装方式:落地安装 4. 托架:厂配	组	按设计图示数量计算	1. 组对、安装 2. 水压试验 3. 托架制作安装 4. 除锈刷油	1	钢制散热器14片安装	1.1	钢制散热器14片安装	8-716
								1.2	其他	
						2	其他			
031005001005	铸铁散热器	1. 型号、规格：铸铁散热器 2. 片数:13片 3. 安装方式:落地安装 4. 托架:厂配	组	按设计图示数量计算	1. 组对、安装 2. 水压试验 3. 托架制作安装 4. 除锈刷油	1	钢制散热器13片安装	1.1	钢制散热器13片安装	8-716
								1.2	其他	
						2	其他			
031005001006	铸铁散热器	1. 型号、规格：铸铁散热器 2. 片数:12片 3. 安装方式:落地安装 4. 托架:厂配	组	按设计图示数量计算	1. 组对、安装 2. 水压试验 3. 托架制作安装 4. 除锈刷油	1	钢制散热器12片安装	1.1	钢制散热器12片安装	8-715
								1.2	其他	
						2	其他			
031005001007	铸铁散热器	1. 型号、规格：铸铁散热器 2. 片数:11片 3. 安装方式:落地安装 4. 托架:厂配	组	按设计图示数量计算	1. 组对、安装 2. 水压试验 3. 托架制作安装 4. 除锈刷油	1	钢制散热器11片安装	1.1	钢制散热器11片安装	8-715
								1.2	其他	
						2	其他			

续表

项目编码	项目名称	项目特征	计量单位	工程量清单计算规则	工作内容	可组合的内容				对应的综合定额子目
031009001001	采暖工程系统调试	采暖工程系统调试	系统	按系统计算	系统调试	1	采暖工程系统调试	1.1	采暖工程系统调试	8-809
								1.2	其他	
						2	其他			

表 8-3　电气专业工程清单

项目编码	项目名称	项目特征	计量单位	工程量清单计算规则	工作内容	可组合的内容				对应的综合定额子目
030404017001	配电箱	1. 名称:配电箱 AA1 2. 规格:800(W)×2200(H)×800(D) 3. 安装方式:(落地安装)	台	按设计图示数量计算	1. 本体安装 2. 基础型钢制作、安装 3. 焊、压接线端子 4. 补刷(喷)油漆 5. 接地	1	配电箱 AA1 安装	1.1	本体安装	2-306
								1.2	其他	
						2	其他			
030404017002	配电箱	1. 名称:配电箱 AA2 2. 规格:800(W)×2200(H)×800(D) 3. 安装方式:(落地安装)	台	按设计图示数量计算	1. 本体安装 2. 基础型钢制作、安装 3. 焊、压接线端子 4. 补刷(喷)油漆 5. 接地	1	配电箱 AA2 安装	1.1	本体安装	2-306
								1.2	其他	
						2	其他			
030404017003	配电箱	1. 名称:照明配电箱 ALD1 2. 规格:800(W)×1000(H)×200(D) 3. 端子板外部接线材质、规格:27 个 BV2.5mm^2 4. 安装方式:距地 1m 明装	台	按设计图示数量计算	1. 本体安装 2. 基础型钢制作、安装 3. 焊、压接线端子 4. 补刷(喷)油漆 5. 接地	1	照明配电箱 ALD1 本体安装	1.1	本体安装	2-305
								1.2	其他	
						2	BV2.5mm^2 接线端子	2.1	无端子外部接线	2-454
								2.2	其他	
						3	其他			

续表

项目编码	项目名称	项目特征	计量单位	工程量清单计算规则	工作内容	可组合的内容				对应的综合定额子目
030404017004	配电箱	1. 名称:照明配电箱 AL1 2. 规格:800(W)×1000(H)×200(D) 3. 端子板外部接线材质、规格:27 个 BV2.5mm²,39 个 BV4mm²,5 个 BV10mm² 4. 安装方式:距地 1m 明装	台	按设计图示数量计算	1. 本体安装 2. 基础型钢制作、安装 3. 焊、压接线端子 4. 补刷(喷)油漆 5. 接地	1	照明配电箱 AL1 安装	1.1	本体安装	2-305
								1.2	其他	
						2	BV2.5mm² 接线端子	2.1	无端子外部接线	2-454
								2.2	其他	
						3	其他			
030404017005	配电箱	1. 名称:照明配电箱 AL2 2. 规格:800(W)×1000(H)×200(D) 3. 端子板外部接线材质、规格:33 个 BV2.5mm²,36 个 BV4mm²,5 个 BV10mm² 4. 安装方式:距地 1m 明装	台	按设计图示数量计算	1. 本体安装 2. 基础型钢制作、安装 3. 焊、压接线端子 4. 补刷(喷)油漆 5. 接地	1	照明配电箱 AL2 安装	1.1	本体安装	2-305
								1.2	其他	
						2	BV2.5mm² 接线端子	2.1	无端子外部接线	2-454
								2.2	其他	
						3	其他			
030404017006	配电箱	1. 名称:照明配电箱 AL3 2. 规格:800(W)×1000(H)×200(D) 3. 端子板外部接线材质、规格:27 个 BV2.5mm²,36 个 BV4mm²,10 个 BV16mm² 4. 安装方式:距地 1m 明装	台	按设计图示数量计算	1. 本体安装 2. 基础型钢制作、安装 3. 焊、压接线端子 4. 补刷(喷)油漆 5. 接地	1	照明配电箱 AL3 安装	1.1	本体安装	2-305
								1.2	其他	
						2	BV2.5mm² 接线端子	2.1	无端子外部接线	2-454
								2.2	其他	
						3	其他			
030404017007	配电箱	1. 名称:照明配电箱 AL4 2. 规格:800(W)×1000(H)×200(D) 3. 端子板外部接线材质、规格:21 个 BV2.5mm²,27 个 BV4mm²,10 个 BV10mm²,5 个 BV16mm² 4. 安装方式:距地 1m 明装	台	按设计图示数量计算	1. 本体安装 2. 基础型钢制作、安装 3. 焊、压接线端子 4. 补刷(喷)油漆 5. 接地	1	照明配电箱 AL4 安装	1.1	本体安装	2-305
								1.2	其他	
						2	BV2.5mm² 接线端子	2.1	无端子外部接线	2-454
								2.2	其他	
						3	其他			

续表

项目编码	项目名称	项目特征	计量单位	工程量清单计算规则	工作内容	可组合的内容				对应的综合定额子目
030404017008	配电箱	1. 名称:照明配电箱 AL1-1 2. 型号:10kW 3. 规格:400(*W*)×600(*H*)×140(*D*) 4. 端子板外部接线材质、规格:3 个 BV2.5mm²,9 个 BV4mm² 5. 安装方式:距地 1.2m 明装	台	按设计图示数量计算	1. 本体安装 2. 基础型钢制作、安装 3. 焊、压接线端子 4. 补刷(喷)油漆 5. 接地	1	照明配电箱 AL1-1 安装	1.1	本体安装	2-303
								1.2	其他	
						2	BV2.5mm² 接线端子	2.1	无端子外部接线	2-454
								2.2	其他	
						3	其他			
030404017009	配电箱	1. 名称:照明配电箱 AL2-1 2. 型号:10kW 3. 规格:400(*W*)×600(*H*)×140(*D*) 4. 端子板外部接线材质、规格:3 个 BV2.5mm²,9 个 BV4mm² 5. 安装方式:距地 1.2m 明装	台	按设计图示数量计算	1. 本体安装 2. 基础型钢制作、安装 3. 焊、压接线端子 4. 补刷(喷)油漆 5. 接地	1	照明配电箱 AL2-1 安装	1.1	本体安装	2-303
								1.2	其他	
						2	BV2.5mm² 接线端子	2.1	无端子外部接线	2-454
								2.2	其他	
						3	其他			
030404017010	配电箱	1. 名称:照明配电箱 AL3-1 2. 型号:20kW 3. 规格:400(*W*)×600(*H*)×140(*D*) 4. 端子板外部接线材质、规格:6 个 BV2.5mm²,12 个 BV4mm² 5. 安装方式:距地 1.2m 明装	台	按设计图示数量计算	1. 本体安装 2. 基础型钢制作、安装 3. 焊、压接线端子 4. 补刷(喷)油漆 5. 接地	1	照明配电箱 AL3-1 安装	1.1	本体安装	2-303
								1.2	其他	
						2	BV2.5mm² 接线端子	2.1	无端子外部接线	2-454
								2.2	其他	
						3	其他			

续表

项目编码	项目名称	项目特征	计量单位	工程量清单计算规则	工作内容	可组合的内容				对应的综合定额子目
030404017011	配电箱	1. 名称:照明配电箱 AL3-2 2. 型号:15kW 3. 规格:400(W)×600(H)×140(D) 4. 端子板外部接线材质、规格:3 个 BV2.5mm²,9 个 BV4mm² 5. 安装方式:距地 1.2m 明装	台	按设计图示数量计算	1. 本体安装 2. 基础型钢制作、安装 3. 焊、压接线端子 4. 补刷(喷)油漆 5. 接地	1	照明配电箱 AL3-2 安装	1.1	本体安装	2-303
								1.2	其他	
						2	BV2.5mm² 接线端子	2.1	无端子外部接线	2-454
								2.2	其他	
						3	其他			
030404017012	配电箱	1. 名称:照明配电箱 AL4-1 2. 型号:10kW 3. 规格:400(W)×600(H)×140(D) 4. 端子板外部接线材质、规格:3 个 BV2.5mm²,9 个 BV4mm² 5. 安装方式:距地 1.2m 明装	台	按设计图示数量计算	1. 本体安装 2. 基础型钢制作、安装 3. 焊、压接线端子 4. 补刷(喷)油漆 5. 接地	1	照明配电箱 AL4-1 安装	1.1	本体安装	2-303
								1.2	其他	
						2	BV2.5mm² 接线端子	2.1	无端子外部接线	2-454
								2.2	其他	
						3	其他			
030404017013	配电箱	1. 名称:照明配电箱 AL4-2 2. 型号:10kW 3. 规格:400(W)×600(H)×140(D) 4. 端子板外部接线材质、规格:3 个 BV2.5mm²,9 个 BV4mm² 5. 安装方式:距地 1.2m 明装	台	按设计图示数量计算	1. 本体安装 2. 基础型钢制作、安装 3. 焊、压接线端子 4. 补刷(喷)油漆 5. 接地	1	照明配电箱 AL4-2 安装	1.1	本体安装	2-303
								1.2	其他	
						2	BV2.5mm² 接线端子	2.1	无端子外部接线	2-454
								2.2	其他	
						3	其他			

续表

项目编码	项目名称	项目特征	计量单位	工程量清单计算规则	工作内容	可组合的内容				对应的综合定额子目
030404017014	配电箱	1. 名称:照明配电箱 AL4-3 2. 型号:20kW 3. 规格:400(*W*)×600(*H*)×140(*D*) 4. 端子板外部接线材质、规格:6 个 BV2.5mm²,12 个 BV4mm² 5. 安装方式:距地 1.2m 明装	台	按设计图示数量计算	1. 本体安装 2. 基础型钢制作、安装 3. 焊、压接线端子 4. 补刷(喷)油漆 5. 接地	1	照明配电箱 AL4-3 安装	1.1	本体安装	2-303
								1.2	其他	
						2	BV2.5mm² 接线端子	2.1	无端子外部接线	2-454
								2.2	其他	
						3	其他			
030404017015	配电箱	1. 名称:电梯配电柜 WD-DT 2. 型号:21kW 3. 规格:600(*W*)×1800(*H*)×300(*D*) 4. 端子板外部接线材质、规格:16 个 BV2.5mm²,3 个 BV4mm² 5. 安装方式:落地安装	台	按设计图示数量计算	1. 本体安装 2. 基础型钢制作、安装 3. 焊、压接线端子 4. 补刷(喷)油漆 5. 接地	1	电梯配电柜 WD-DT 安装	1.1	本体安装	2-306
								1.2	其他	
						2	BV2.5mm² 接线端子	2.1	无端子外部接线	2-454
								2.2	其他	
						3	其他			
030404017016	配电箱	1. 名称:弱电室配电箱 AP-RD 2. 规格:400(*W*)×600(*H*)×140(*D*) 3. 安装方式:距地 1.5m	台	按设计图示数量计算	1. 本体安装 2. 基础型钢制作、安装 3. 焊、压接线端子 4. 补刷(喷)油漆 5. 接地	1	弱电室配电箱 AP-RD 安装	1.1	本体安装	2-303
								1.2	其他	
						2	其他			
030404017017	配电箱	1. 名称:潜水泵控制箱 QSB-AC 2. 型号:2×4.0kW 3. 规格:600(*W*)×850(*H*)×300(*D*) 4. 安装方式:距地 2.0m(明装)	台	按设计图示数量计算	1. 本体安装 2. 基础型钢制作、安装 3. 焊、压接线端子 4. 补刷(喷)油漆 5. 接地	1	潜水泵控制箱 QSB-AC 安装	1.1	本体安装	2-301
								1.2	其他	
						2	其他			

续表

项目编码	项目名称	项目特征	计量单位	工程量清单计算规则	工作内容	可组合的内容				对应的综合定额子目
030404017018	配电箱	1. 名称：排烟风机控制箱 AC-PY-BF1 2. 型号：15kW 3. 规格：600(*W*)×800(*H*)×200(*D*) 4. 安装方式：(明装)距地 2.0m	台	按设计图示数量计算	1. 本体安装 2. 基础型钢制作、安装 3. 焊、压接线端子 4. 补刷(喷)油漆 5. 接地	1	排烟风机控制箱 AC-PY-BF1 安装	1.1	本体安装	2-301
								1.2	其他	
						2	其他			
030404017019	配电箱	1. 名称：送风机控制箱 AC-SF-BF1 2. 型号：0.55kW 3. 规格：600(*W*)×800(*H*)×200(*D*) 4. 安装方式：(明装)距地 2.0m	台	按设计图示数量计算	1. 本体安装 2. 基础型钢制作、安装 3. 焊、压接线端子 4. 补刷(喷)油漆 5. 接地	1	送风机控制箱 AC-SF-BF1 安装	1.1	本体安装	2-301
								1.2	其他	
						2	其他			
030404034001	照明开关	1. 名称：单控单联跷板开关 2. 规格：250V,10A 3. 安装方式：暗装，底距地 1.3m	个	按设计图示数量计算	1. 本体安装 2. 接线	1	单控单联跷板开关安装	1.1	单控单联跷板开关安装	2-359
								1.2	其他	
						2	其他			
030404034002	照明开关	1. 名称：单控双联跷板开关 2. 规格：250V,10A 3. 安装方式：暗装，底距地 1.3m	个	按设计图示数量计算	1. 本体安装 2. 接线	1	单控双联跷板开关安装	1.1	单控双联跷板开关安装	2-359
								1.2	其他	
						2	其他			

续表

项目编码	项目名称	项目特征	计量单位	工程量清单计算规则	工作内容	可组合的内容				对应的综合定额子目
030404034003	照明开关	1. 名称：单控三联跷板开关 2. 规格：250V，10A 3. 安装方式：暗装，底距地 1.3m	个	按设计图示数量计算	1. 本体安装 2. 接线	1	单控三联跷板开关安装	1.1	单控三联跷板开关安装	2-361
								1.2	其他	
						2	其他			
030404034004	照明开关	1. 名称：双控跷板开关 2. 规格：250V，10A 3. 安装方式：暗装，底距地 1.3m	个	按设计图示数量计算	1. 本体安装 2. 接线	1	双控跷板开关安装	1.1	双控跷板开关安装	2-365
								1.2	其他	
						2	其他			
030404035001	插座	1. 名称：单相二、三极插座 2. 规格：250V，10A 3. 安装方式：暗装，底距地 0.3m	个	按设计图示数量计算	1. 本体安装 2. 接线	1	单相二、三极插座	1.1	单相二、三极插座	2-394
								1.2	其他	
						2	其他			
030404035002	插座	1. 名称：单相二、三极防水插座(加防水面板) 2. 规格：250V，10A 3. 安装方式：暗装，底距地 0.3m	个	按设计图示数量计算	1. 本体安装 2. 接线	1	单相二、三极防水插座（加防水面板）	1.1	单相二、三极防水插座(加防水面板)	2-394
								1.2	其他	
						2	其他			
030404035003	插座	1. 名称：单相三极插座（柜机空调） 2. 规格：250V，10A 3. 安装方式：暗装，底距地 0.3m	个	按设计图示数量计算	1. 本体安装 2. 接线	1	单相三极插座（柜机空调）	1.1	单相三极插座（柜机空调）	2-392
								1.2	其他	
						2	其他			

续表

<table>
<tr><th>项目编码</th><th>项目名称</th><th>项目特征</th><th>计量单位</th><th>工程量清单计算规则</th><th>工作内容</th><th colspan="4">可组合的内容</th><th>对应的综合定额子目</th></tr>
<tr><td rowspan="3">030404035004</td><td rowspan="3">插座</td><td rowspan="3">1. 名称:单相三极插座(挂机空调)
2. 规格:250V,10A
3. 安装方式:暗装,底距地 2.5m</td><td rowspan="3">个</td><td rowspan="3">按设计图示数量计算</td><td rowspan="3">1. 本体安装
2. 接线</td><td rowspan="2">1</td><td rowspan="2">单相三极插座(挂机空调)</td><td>1.1</td><td>单相三极插座(挂机空调)</td><td>2-392</td></tr>
<tr><td>1.2</td><td>其他</td><td></td></tr>
<tr><td>2</td><td>其他</td><td></td><td></td><td></td></tr>
<tr><td rowspan="3">030408001001</td><td rowspan="3">电力电缆</td><td rowspan="3">1. 名称:电力电缆
2. 型号:YJV
3. 规格:4×35+1×16
4. 材质:铜芯电缆
5. 敷设方式、部位:穿管或桥架敷设
6. 电压等级(kV):1kV以下</td><td rowspan="3">m</td><td rowspan="3">按设计图示尺寸以长度计算(含预留长度及附加长度)</td><td rowspan="3">1. 电缆敷设
2. 揭(盖)盖板</td><td rowspan="2">1</td><td rowspan="2">YJV4×35+1×16</td><td>1.1</td><td>YJV4×35+1×16</td><td>2-726</td></tr>
<tr><td>1.2</td><td>其他</td><td></td></tr>
<tr><td>2</td><td>其他</td><td></td><td></td><td></td></tr>
<tr><td rowspan="3">030408001002</td><td rowspan="3">电力电缆</td><td rowspan="3">1. 名称:电力电缆
2. 型号:YJV
3. 规格:4×25+1×16
4. 材质:铜芯电缆
5. 敷设方式、部位:穿管或桥架敷设
6. 电压等级(kV):1kV以下</td><td rowspan="3">m</td><td rowspan="3">按设计图示尺寸以长度计算(含预留长度及附加长度)</td><td rowspan="3">1. 电缆敷设
2. 揭(盖)盖板</td><td rowspan="2">1</td><td rowspan="2">YJV4×25+1×16</td><td>1.1</td><td>YJV4×25+1×16</td><td>2-726</td></tr>
<tr><td>1.2</td><td>其他</td><td></td></tr>
<tr><td>2</td><td>其他</td><td></td><td></td><td></td></tr>
<tr><td rowspan="3">030408001002</td><td rowspan="3">电力电缆</td><td rowspan="3">1. 名称:电力电缆
2. 型号:YJV
3. 规格:5×16
4. 材质:铜芯电缆
5. 敷设方式、部位:穿管或桥架敷设
6. 电压等级(kV):1kV以下</td><td rowspan="3">m</td><td rowspan="3">按设计图示尺寸以长度计算(含预留长度及附加长度)</td><td rowspan="3">1. 电缆敷设
2. 揭(盖)盖板</td><td rowspan="2">1</td><td rowspan="2">YJV5×16</td><td>1.1</td><td>YJV5×16</td><td>2-726</td></tr>
<tr><td>1.2</td><td>其他</td><td></td></tr>
<tr><td>2</td><td>其他</td><td></td><td></td><td></td></tr>
</table>

续表

项目编码	项目名称	项目特征	计量单位	工程量清单计算规则	工作内容	可组合的内容				对应的综合定额子目
030408001004	电力电缆	1. 名称:电力电缆 2. 型号:YJV 3. 规格:5×6 4. 材质:铜芯电缆 5. 敷设方式、部位:穿管或桥架敷设 6. 电压等级(kV):1kV以下	m	按设计图示尺寸以长度计算(含预留长度及附加长度)	1. 电缆敷设 2. 揭(盖)盖板	1	YJV5×6	1.1	YJV5×6	2-726
								1.2	其他	
						2	其他			
030408001005	电力电缆	1. 名称:电力电缆 2. 型号:YJV 3. 规格:5×4 4. 材质:铜芯电缆 5. 敷设方式、部位:穿管或桥架敷设 6. 电压等级(kV):1kV以下	m	按设计图示尺寸以长度计算(含预留长度及附加长度)	1. 电缆敷设 2. 揭(盖)盖板	1	YJV5×4	1.1	YJV5×4	2-726
								1.2	其他	
						2	其他			
030408001006	电力电缆	1. 名称:电力电缆 2. 型号:NHYJV 3. 规格:4×25+1×16 4. 材质:铜芯电缆 5. 敷设方式、部位:穿管或桥架敷设 6. 电压等级(kV):1kV以下	m	按设计图示尺寸以长度计算(含预留长度及附加长度)	1. 电缆敷设 2. 揭(盖)盖板	1	NHYJV4×25+1×16	1.1	NHYJV4×25+1×16	2-726
								1.2	其他	
						2	其他			

续表

项目编码	项目名称	项目特征	计量单位	工程量清单计算规则	工作内容	可组合的内容				对应的综合定额子目
030408006001	电力电缆头	1. 名称:电力电缆头 2. 型号:YJV 3. 规格:4×35+1×16 4. 材质、类型:铜芯电缆干包式 5. 安装部位:配电箱 6. 电压等级(kV):1kV以下	个	按设计图示数量计算	1. 电力电缆头制作 2. 电力电缆头制作 3. 接地	1	YJV4×35+1×16电缆头	1.1	YJV4×35+1×16电缆头	2-734
								1.2	其他	
						2	其他			
030408006002	电力电缆头	1. 名称:电力电缆头 2. 型号:YJV 3. 规格:4×25+1×16 4. 材质、类型:铜芯电缆干包式 5. 安装部位:配电箱 6. 电压等级(kV):1kV以下	个	按设计图示数量计算	1. 电力电缆头制作 2. 电力电缆头制作 3. 接地	1	YJV4×25+1×16电缆头	1.1	YJV4×25+1×16电缆头	2-734
								1.2	其他	
						2	其他			
030408006003	电力电缆头	1. 名称:电力电缆头 2. 型号:YJV 3. 规格:5×16 4. 材质、类型:铜芯电缆干包式 5. 安装部位:配电箱 6. 电压等级(kV):1kV以下	个	按设计图示数量计算	1. 电力电缆头制作 2. 电力电缆头制作 3. 接地	1	YJV5×16电缆头	1.1	YJV5×16电缆头	2-734
								1.2	其他	
						2	其他			

续表

项目编码	项目名称	项目特征	计量单位	工程量清单计算规则	工作内容	可组合的内容				对应的综合定额子目
030408006004	电力电缆头	1. 名称:电力电缆头 2. 型号:YJV 3. 规格:5×6 4. 材质、类型:铜芯电缆干包式 5. 安装部位:配电箱 6. 电压等级(kV):1kV以下	个	按设计图示数量计算	1. 电力电缆头制作 2. 电力电缆头制作 3. 接地	1	YJV5×6电缆头	1.1	YJV5×6电缆头	2-734
								1.2	其他	
						2	其他			
030408006005	电力电缆头	1. 名称:电力电缆头 2. 型号:YJV 3. 规格:5×4 4. 材质、类型:铜芯电缆干包式 5. 安装部位:配电箱 6. 电压等级(kV):1kV以下	个	按设计图示数量计算	1. 电力电缆头制作 2. 电力电缆头制作 3. 接地	1	YJV5×4电缆头	1.1	YJV5×4电缆头	2-734
								1.2	其他	
						2	其他			
030408006006	电力电缆头	1. 名称:电力电缆头 2. 型号:NHYJV 3. 规格:4×35+1×16 4. 材质、类型:铜芯电缆干包式 5. 安装部位:配电箱 6. 电压等级(kV):1kV以下	个	按设计图示数量计算	1. 电力电缆头制作 2. 电力电缆头制作 3. 接地	1	NHYJV4×35+1×16电缆头	1.1	NHYJV4×35+1×16电缆头	2-734
								1.2	其他	
						2	其他			

续表

项目编码	项目名称	项目特征	计量单位	工程量清单计算规则	工作内容	可组合的内容				对应的综合定额子目
030409002001	接地母线	1. 名称:接地母线 2. 材质:镀锌扁钢 3. 规格:40×4 4. 安装部位:埋地安装	m	按设计图示尺寸以长度计算(含附加长度)	1. 接地母线制作安装 2. 补刷(喷)油漆	1	接地母线	1.1	接地母线	2-897
								1.2	其他	
						2	其他			
030409002002	接地母线	1. 名称:接地母线 2. 材质:基础钢筋 3. 安装部位:沿墙	m	按设计图示尺寸以长度计算(含附加长度)	1. 接地母线制作安装 2. 补刷(喷)油漆	1	接地母线	1.1	接地母线	
								1.2	其他	
						2	其他			
030409002001	避雷引下线	1. 名称:避雷引下线 2. 规格:2根ϕ16主筋 3. 安装形式:利用柱内主筋做引下线 4. 断接卡子、箱材质、规格:卡子测试点4个,焊接点16处	m	按设计图示尺寸以长度计算(含附加长度)	1. 接地母线制作安装 2. 断接卡子、箱制作安装 3. 利用主钢筋焊接 4. 补刷(喷)油漆	1	避雷引下线	1.1	避雷引下线	2-949
								1.2	其他	
						2	断接卡子	2.1	断接卡子	2-950
030409002001	避雷网	1. 名称:避雷带 2. 材质:镀锌圆钢 3. 规格:ϕ10 4. 安装形式:沿女儿墙敷设	m	按设计图示尺寸以长度计算(含附加长度)	1. 避雷网制作安装 2. 补刷(喷)油漆	1	避雷带	1.1	避雷带	2-943
								1.2	其他	
						2	其他			
030409008001	等电位端子箱、测试板	名称:MEB总等电位箱	台	按设计图示数量计算	本体安装	1	MEB总等电位箱	1.1	MEB总等电位箱	2-308
								1.2	其他	
						2	其他			

续表

项目编码	项目名称	项目特征	计量单位	工程量清单计算规则	工作内容	可组合的内容				对应的综合定额子目
030409008002	等电位端子箱、测试板	名称:LEB总等电位箱	台	按设计图示数量计算	本体安装	1	LEB总等电位箱	1.1	LEB总等电位箱	2-1303
								1.2	其他	
						2	其他			
030411001001	配管	1. 名称:电气配管 2. 材质:水煤气钢管 3. 规格:RC100 4. 配置形式:暗配	m	按设计图示尺寸以长度计算	1. 电线管路敷设 2. 钢索架设 3. 预留沟槽 4. 调试	1	水煤气钢管RC100	1.1	水煤气钢管RC100	2-1146
								1.2	其他	
						2	其他			
030411001002	配管	1. 名称:钢管 2. 材质:焊接钢管 3. 规格:SC70 4. 配置形式:暗配	m	按设计图示尺寸以长度计算	1. 电线管路敷设 2. 钢索架设 3. 预留沟槽 4. 调试	1	焊接钢管SC70	1.1	焊接钢管SC70	2-1144
								1.2	其他	
						2	其他			
030411001003	配管	1. 名称:钢管 2. 材质:焊接钢管 3. 规格:SC50 4. 配置形式:暗配	m	按设计图示尺寸以长度计算	1. 电线管路敷设 2. 钢索架设 3. 预留沟槽 4. 调试	1	焊接钢管SC50	1.1	焊接钢管SC50	2-1143
								1.2	其他	
						2	其他			
030411001004	配管	1. 名称:钢管 2. 材质:焊接钢管 3. 规格:SC40 4. 配置形式:暗配	m	按设计图示尺寸以长度计算	1. 电线管路敷设 2. 钢索架设 3. 预留沟槽 4. 调试	1	焊接钢管SC40	1.1	焊接钢管SC40	2-1142
								1.2	其他	
						2	其他			

续表

<table>
<tr><th>项目编码</th><th>项目名称</th><th>项目特征</th><th>计量单位</th><th>工程量清单计算规则</th><th>工作内容</th><th colspan="4">可组合的内容</th><th>对应的综合定额子目</th></tr>
<tr><td rowspan="3">030411001005</td><td rowspan="3">配管</td><td rowspan="3">1. 名称:钢管
2. 材质:焊接钢管
3. 规格:SC25
4. 配置形式:暗配</td><td rowspan="3">m</td><td rowspan="3">按设计图示尺寸以长度计算</td><td rowspan="3">1. 电线管路敷设
2. 钢索架设
3. 预留沟槽
4. 调试</td><td rowspan="2">1</td><td rowspan="2">焊接钢管 SC25</td><td>1.1</td><td>焊接钢管 SC25</td><td>2-1140</td></tr>
<tr><td>1.2</td><td>其他</td><td></td></tr>
<tr><td>2</td><td>其他</td><td></td><td></td><td></td></tr>
<tr><td rowspan="3">030411001006</td><td rowspan="3">配管</td><td rowspan="3">1. 名称:钢管
2. 材质:焊接钢管
3. 规格:SC25
4. 配置形式:暗配</td><td rowspan="3">m</td><td rowspan="3">按设计图示尺寸以长度计算</td><td rowspan="3">1. 电线管路敷设
2. 钢索架设
3. 预留沟槽
4. 调试</td><td rowspan="2">1</td><td rowspan="2">焊接钢管 SC25</td><td>1.1</td><td>焊接钢管 SC25</td><td>2-1139</td></tr>
<tr><td>1.2</td><td>其他</td><td></td></tr>
<tr><td>2</td><td>其他</td><td></td><td></td><td></td></tr>
<tr><td rowspan="3">030411001007</td><td rowspan="3">配管</td><td rowspan="3">1. 名称:钢管
2. 材质:紧定式钢管
3. 规格:JDG20
4. 配置形式:暗配</td><td rowspan="3">m</td><td rowspan="3">按设计图示尺寸以长度计算</td><td rowspan="3">1. 电线管路敷设
2. 钢索架设
3. 预留沟槽
4. 调试</td><td rowspan="2">1</td><td rowspan="2">紧定式钢管 JDG20</td><td>1.1</td><td>紧定式钢管 JDG20</td><td>2-1139</td></tr>
<tr><td>1.2</td><td>其他</td><td></td></tr>
<tr><td>2</td><td>其他</td><td></td><td></td><td></td></tr>
<tr><td rowspan="3">030411001008</td><td rowspan="3">配管</td><td rowspan="3">1. 名称:钢管
2. 材质:紧定式钢管
3. 规格:JDG16
4. 配置形式:暗配</td><td rowspan="3">m</td><td rowspan="3">按设计图示尺寸以长度计算</td><td rowspan="3">1. 电线管路敷设
2. 钢索架设
3. 预留沟槽
4. 调试</td><td rowspan="2">1</td><td rowspan="2">紧定式钢管 JDG16</td><td>1.1</td><td>紧定式钢管 JDG16</td><td>2-1138</td></tr>
<tr><td>1.2</td><td>其他</td><td></td></tr>
<tr><td>2</td><td>其他</td><td></td><td></td><td></td></tr>
<tr><td rowspan="3">030411001009</td><td rowspan="3">配管</td><td rowspan="3">1. 名称:刚性阻燃管
2. 材质:PVC
3. 规格:PC40
4. 配置形式:暗配</td><td rowspan="3">m</td><td rowspan="3">按设计图示尺寸以长度计算</td><td rowspan="3">1. 电线管路敷设
2. 钢索架设
3. 预留沟槽
4. 调试</td><td rowspan="2">1</td><td rowspan="2">PVC40</td><td>1.1</td><td>PVC40</td><td>2-1251</td></tr>
<tr><td>1.2</td><td>其他</td><td></td></tr>
<tr><td>2</td><td>其他</td><td></td><td></td><td></td></tr>
</table>

续表

项目编码	项目名称	项目特征	计量单位	工程量清单计算规则	工作内容	可组合的内容				对应的综合定额子目
030411001010	配管	1. 名称:刚性阻燃管 2. 材质:PVC 3. 规格:PC32 4. 配置形式:暗配	m	按设计图示尺寸以长度计算	1. 电线管路敷设 2. 钢索架设 3. 预留沟槽 4. 调试	1	PVC32	1.1	PVC32	2-1250
								1.2	其他	
						2	其他			
030411001011	配管	1. 名称:刚性阻燃管 2. 材质:PVC 3. 规格:PC25 4. 配置形式:暗配	m	按设计图示尺寸以长度计算	1. 电线管路敷设 2. 钢索架设 3. 预留沟槽 4. 调试	1	PVC25	1.1	PVC25	2-1249
								1.2	其他	
						2	其他			
030411001012	配管	1. 名称:刚性阻燃管 2. 材质:PVC 3. 规格:PC20 4. 配置形式:暗配	m	按设计图示尺寸以长度计算	1. 电线管路敷设 2. 钢索架设 3. 预留沟槽 4. 调试	1	PVC20	1.1	PVC20	2-1248
								1.2	其他	
						2	其他			
030411003001	桥架	1. 名称:桥架安装 2. 规格:300×100 3. 材质:钢制 4. 类型:梯式	m	按设计图示尺寸以长度计算	1. 本体安装 2. 接地	1	300×100 钢制梯式桥架	1.1	300×100 钢制梯式桥架	2-808
								1.2	其他	
						2	其他			
030411003002	桥架	1. 名称:桥架安装 2. 规格:300×100 3. 材质:钢制 4. 类型:槽式	m	按设计图示尺寸以长度计算	1. 本体安装 2. 接地	1	300×100 钢制槽式桥架	1.1	300×100 钢制槽式桥架	2-801
								1.2	其他	
						2	其他			

续表

项目编码	项目名称	项目特征	计量单位	工程量清单计算规则	工作内容	可组合的内容				对应的综合定额子目
030411003003	桥架	1. 名称:桥架安装 2. 规格:200×100 3. 材质:钢制 4. 类型:槽式	m	按设计图示尺寸以长度计算	1. 本体安装 2. 接地	1	200×100 钢制槽式桥架	1.1	200×100 钢制槽式桥架	2-801
								1.2	其他	
						2	其他			
030411003004	桥架	1. 名称:桥架安装 2. 规格:100×50 3. 材质:钢制 4. 类型:槽式	m	按设计图示尺寸以长度计算	1. 本体安装 2. 接地	1	100×50 钢制槽式桥架	1.1	100×50 钢制槽式桥架	2-800
								1.2	其他	
						2	其他			
030411004001	配线	1. 名称:管内穿线 2. 配线形式:照明线路 3. 型号:BV 4. 规格:2.5 5. 材质:铜芯线	m	按设计图示尺寸以单线长度计算(含预留长度)	1. 配线 2. 钢索架设 3. 支持体	1	BV2.5	1.1	BV2.5	2-1313
								1.2	其他	
						2	其他			
030411004002	配线	1. 名称:管内穿线 2. 配线形式:照明线路 3. 型号:BV 4. 规格:4 5. 材质:铜芯线	m	按设计图示尺寸以单线长度计算(含预留长度)	1. 配线 2. 钢索架设 3. 支持体	1	BV4	1.1	BV4	2-1314
								1.2	其他	
						2	其他			
030411004003	配线	1. 名称:管内穿线 2. 配线形式:照明线路 3. 型号:BV 4. 规格:10 5. 材质:铜芯线	m	按设计图示尺寸以单线长度计算(含预留长度)	1. 配线 2. 钢索架设 3. 支持体	1	BV10	1.1	BV10	2-1312
								1.2	其他	
						2	其他			

续表

项目编码	项目名称	项目特征	计量单位	工程量清单计算规则	工作内容	可组合的内容				对应的综合定额子目
030411004004	配线	1. 名称:管内穿线 2. 配线形式:照明线路 3. 型号:BV 4. 规格:16 5. 材质:铜芯线	m	按设计图示尺寸以单线长度计算(含预留长度)	1. 配线 2. 钢索架设 3. 支持体	1	BV16	1.1	BV16	2-1343
								1.2	其他	
						2	其他			
030411004005	配线	1. 名称:管内穿线 2. 配线形式:照明线路 3. 型号:NHBV 4. 规格:2.5 5. 材质:铜芯线	m	按设计图示尺寸以单线长度计算(含预留长度)	1. 配线 2. 钢索架设 3. 支持体	1	BV2.5	1.1	BV2.5	2-1313
								1.2	其他	
						2	其他			
030411004006	配线	1. 名称:管内穿线 2. 配线形式:照明线路 3. 型号:NHBV 4. 规格:4 5. 材质:铜芯线	m	按设计图示尺寸以单线长度计算(含预留长度)	1. 配线 2. 钢索架设 3. 支持体	1	BV4	1.1	BV4	2-1314
								1.2	其他	
						2	其他			
030411004007	配线	1. 名称:管内穿线 2. 配线形式:照明线路 3. 型号:ZRBV 4. 规格:2.5 5. 材质:铜芯线	m	按设计图示尺寸以单线长度计算(含预留长度)	1. 配线 2. 钢索架设 3. 支持体	1	ZRBV2.5	1.1	ZRBV2.5	2-1313
								1.2	其他	
						2	其他			
030411006001	接线盒	1. 名称:接线盒 2. 材质:塑料 3. 规格:86H 4. 安装形式:暗装	个	按设计图示数量计算	本体安装	1	86H 塑料接线盒	1.1	86H 塑料接线盒	2-1303
								1.2	其他	
						2	其他			

续表

项目编码	项目名称	项目特征	计量单位	工程量清单计算规则	工作内容	可组合的内容				对应的综合定额子目
030411006002	接线盒	1. 名称：开关盒、插座盒 2. 材质：塑料 3. 规格：86H 4. 安装形式：暗装	个	按设计图示数量计算	本体安装	1	86H 塑料开关盒	1.1	86H 塑料开关盒	2-1304
								1.2	其他	
						2	其他			
030411006003	接线盒	1. 名称：排气扇接线盒 2. 材质：塑料 3. 规格：86H 4. 安装形式：暗装	个	按设计图示数量计算	本体安装	1	86H 塑料排气扇接线盒	1.1	86H 塑料排气扇接线盒	2-1303
								1.2	其他	
						2	其他			
030412001001	普通灯具	1. 名称：吸顶灯（灯头） 2. 规格：1×13W$\cos\varphi \geq 0.9$ 3. 类型：吸顶安装	套	按设计图示数量计算	本体安装	1	吸顶灯（灯头）	1.1	吸顶灯（灯头）	2-1516
								1.2	其他	
						2	其他			
030412001002	普通灯具	1. 名称：墙上座灯 2. 规格：1×13W$\cos\varphi \geq 0.9$ 3. 类型：明装，门楣上 100	套	按设计图示数量计算	本体安装	1	墙上座灯	1.1	墙上座灯	2-1527
								1.2	其他	
						2	其他			
030412001003	普通灯具	1. 名称：壁灯 2. 型号：自带蓄电池 $t \geq 90$min 3. 规格：1×13W$\cos\varphi \geq 0.9$ 4. 类型：明装，底距地 2.5m	套	按设计图示数量计算	本体安装	1	壁灯	1.1	壁灯	2-1525
								1.2	其他	
						2	其他			

续表

项目编码	项目名称	项目特征	计量单位	工程量清单计算规则	工作内容	可组合的内容				对应的综合定额子目
030412001004	普通灯具	1. 名称:井道壁灯 2. 类型:井道内安装	套	按设计图示数量计算	本体安装	1	井道壁灯	1.1	井道壁灯	2-1525
								1.2	其他	
						2	其他			
030412002001	工厂灯	1. 名称:防水防尘灯 2. 规格:1×13W$\cos\varphi\geqslant0.9$ 3. 安装形式:吸顶安装	套	按设计图示数量计算	本体安装	1	防水防尘灯	1.1	防水防尘灯	2-1536
								1.2	其他	
						2	其他			
030412004001	装饰灯	1. 名称:安全出口指示灯 2. 型号:自带蓄电池 $t\geqslant90$min 3. 规格:1×8W LED 4. 安装形式:明装,门楣上 100	套	按设计图示数量计算	本体安装	1	安全出口指示灯	1.1	安全出口指示灯	2-1705
								1.2	其他	
						2	其他			
030412004002	装饰灯	1. 名称:单向疏散指示灯 2. 型号:自带蓄电池 $t\geqslant90$min 3. 规格:1×8W LED 4. 安装形式:一般暗装底距地 0.5m,部分管吊底距地 2.5m	套	按设计图示数量计算	本体安装	1	单向疏散指示灯	1.1	单向疏散指示灯	2-1704
								1.2	其他	
						2	其他			

续表

项目编码	项目名称	项目特征	计量单位	工程量清单计算规则	工作内容	可组合的内容				对应的综合定额子目
030412004003	装饰灯	1. 名称:双向疏散指示灯 2. 型号:自带蓄电池 t≥90min 3. 规格:1×8W LED 4. 安装形式:一般暗装底距地 0.5m,部分管吊底距地 2.5m	套	按设计图示数量计算	本体安装	1	双向疏散指示灯	1.1	双向疏散指示灯	2-1704
								1.2	其他	
						2	其他			
030412005001	荧光灯	1. 名称:单管荧光灯 2. 规格:1×36Wcosφ≥0.9 3. 安装形式:链吊,底距地 2.6m	套	按设计图示数量计算	本体安装	1	单管荧光灯	1.1	单管荧光灯	2-1750
								1.2	其他	
						2	其他			
030412005002	荧光灯	1. 名称:双管荧光灯 2. 规格:2×36Wcsoφ≥0.9 3. 安装形式:链吊,底距地 2.6m	套	按设计图示数量计算	本体安装	1	双管荧光灯	1.1	双管荧光灯	2-1751
								1.2	其他	
						2	其他			
030414002001	送配电装置系统	1. 名称:低压系统调试 2. 电压等级(kV):1kV以下 3. 类型:综合	系统	按设计图示系统计算	系统调试	1	送配电装置系统调试	1.1	送配电装置系统调试	2-1046
								1.2	其他	
						2	其他			
030414011001	接地装置	1. 名称:系统调试 2. 类别:接地网	系统	按设计图示系统计算	系统调试	1	接地网系统调试	1.1	接地网系统调试	2-1083
								1.2	其他	
						2	其他			

表 8-4 消防专业工程清单

项目编码	项目名称	项目特征	计量单位	工程量清单计算规则	工作内容	可组合的内容				对应的综合定额子目
030901002001	消火栓钢管	1. 安装部位：室内消火栓 2. 材质、规格：$DN65$ 3. 连接形式：螺纹连接 4. 材质：镀锌钢管 5. 压力试验及冲洗设计要求：管道消毒、冲洗	m	按设计图示管道中心线以长度计算	1. 管道及管件安装 2. 钢管镀锌 3. 压力试验 4. 冲洗 5. 管道标识	1	$DN65$ 镀锌钢管管道安装	1.1	管道安装	8-22
								1.2	其他	
						2	$DN65$ 镀锌钢管管道消毒、冲洗	2.1	管道消毒、冲洗	8-302
								2.2	其他	
						3	其他			
030901002002	消火栓钢管	1. 安装部位：室内消火栓 2. 材质、规格：$DN100$ 3. 连接形式：螺纹连接 4. 材质：镀锌钢管 5. 压力试验及冲洗设计要求：管道消毒、冲洗	m	按设计图示管道中心线以长度计算	1. 管道及管件安装 2. 钢管镀锌 3. 压力试验 4. 冲洗 5. 管道标识	1	$DN100$ 镀锌钢管管道安装	1.1	管道安装	8-24
								1.2	其他	
						2	$DN100$ 镀锌钢管管道消毒、冲洗	2.1	管道消毒、冲洗	8-302
								2.2	其他	
						3	其他			
030901010001	室内消火栓	1. 名称：室内消火栓 2. 型号、规格：单栓	套	按设计图示数量计算	1. 箱体及消火栓安装 2. 配件安装	1	室内消火栓安装	1.1	室内消火栓安装	7-39
								1.2	其他	
						2	其他			
030905002002	水灭火控制装置调试	系统形式：消火栓系统（消火栓按钮）	点	按控制装置的点数计算	调试	1	消火栓系统调试	1.1	消火栓系统调试	7-200
								1.2	其他	
						2	其他			

续表

项目编码	项目名称	项目特征	计量单位	工程量清单计算规则	工作内容	可组合的内容				对应的综合定额子目
031002003003	套管	1. 类型:防水套管 2. 材质:刚性 3. 规格:*DN*125	个	按设计图示数量计算	1. 制作 2. 安装 3. 除锈刷油	1	刚性防水套管制作	1.1	刚性防水套管制作	6-3007
								1.2	其他	
						2	刚性防水套管安装	2.1	刚性防水套管安装	6-3022
								2.2	其他	
						3	其他			
031003003004	焊接法兰阀门	1. 类型:闸阀 2. 规格、压力等级:*DN*100 3. 连接形式:焊接	个	按设计图示数量计算	1. 安装 2. 电气接线 3. 调试	1	焊接法兰阀门安装	1.1	焊接法兰阀门安装	8-369
								1.2	其他	
						2	其他			
030901001001	水喷淋钢管	1. 安装部位:室内喷淋管道 2. 材质、规格:*DN*100 3. 连接形式:螺纹连接 4. 材质:镀锌钢管 5. 压力试验及冲洗设计要求:管道消毒、冲洗	m	按设计图示管道中心线以长度计算	1. 管道及管件安装 2. 钢管镀锌 3. 压力试验 4. 冲洗 5. 管道标识	1	*DN*100 镀锌钢管管道安装	1.1	管道安装	7-7
								1.2	其他	
						2	*DN*100 镀锌钢管管道消毒、冲洗	2.1	管道消毒、冲洗	7-68
								2.2	其他	
						3	其他			
030901001002	水喷淋钢管	1. 安装部位:室内喷淋管道 2. 材质、规格:*DN*80 3. 连接形式:螺纹连接 4. 材质:镀锌钢管 5. 压力试验及冲洗设计要求:管道消毒、冲洗	m	按设计图示管道中心线以长度计算	1. 管道及管件安装 2. 钢管镀锌 3. 压力试验 4. 冲洗 5. 管道标识	1	*DN*80 镀锌钢管管道安装	1.1	管道安装	7-6
								1.2	其他	
						2	*DN*80 镀锌钢管管道消毒、冲洗	2.1	管道消毒、冲洗	7-67
								2.2	其他	
						3	其他			

续表

项目编码	项目名称	项目特征	计量单位	工程量清单计算规则	工作内容	可组合的内容				对应的综合定额子目
030901001003	水喷淋钢管	1. 安装部位：室内喷淋管道 2. 材质、规格：*DN*70 3. 连接形式：螺纹连接 4. 材质：镀锌钢管 5. 压力试验及冲洗设计要求：管道消毒、冲洗	m	按设计图示管道中心线以长度计算	1. 管道及管件安装 2. 钢管镀锌 3. 压力试验 4. 冲洗 5. 管道标识	1	*DN*70 镀锌钢管管道安装	1.1	管道安装	7-5
								1.2	其他	
						2	*DN*70 镀锌钢管管道消毒、冲洗	2.1	管道消毒、冲洗	7-66
								2.2	其他	
						3	其他			
030901001004	水喷淋钢管	1. 安装部位：室内喷淋管道 2. 材质、规格：*DN*50 3. 连接形式：螺纹连接 4. 材质：镀锌钢管 5. 压力试验及冲洗设计要求：管道消毒、冲洗	m	按设计图示管道中心线以长度计算	1. 管道及管件安装 2. 钢管镀锌 3. 压力试验 4. 冲洗 5. 管道标识	1	*DN*50 镀锌钢管管道安装	1.1	管道安装	7-4
								1.2	其他	
						2	*DN*50 镀锌钢管管道消毒、冲洗	2.1	管道消毒、冲洗	7-65
								2.2	其他	
						3	其他			
030901001005	水喷淋钢管	1. 安装部位：室内喷淋管道 2. 材质、规格：*DN*40 3. 连接形式：螺纹连接 4. 材质：镀锌钢管 5. 压力试验及冲洗设计要求：管道消毒、冲洗	m	按设计图示管道中心线以长度计算	1. 管道及管件安装 2. 钢管镀锌 3. 压力试验 4. 冲洗 5. 管道标识	1	*DN*40 镀锌钢管管道安装	1.1	管道安装	7-3
								1.2	其他	
						2	*DN*40 镀锌钢管管道消毒、冲洗	2.1	管道消毒、冲洗	7-65
								2.2	其他	
						3	其他			
030901001006	水喷淋钢管	1. 安装部位：室内喷淋管道 2. 材质、规格：*DN*32 3. 连接形式：螺纹连接 4. 材质：镀锌钢管 5. 压力试验及冲洗设计要求：管道消毒、冲洗	m	按设计图示管道中心线以长度计算	1. 管道及管件安装 2. 钢管镀锌 3. 压力试验 4. 冲洗 5. 管道标识	1	*DN*32 镀锌钢管管道安装	1.1	管道安装	7-2
								1.2	其他	
						2	*DN*32 镀锌钢管管道消毒、冲洗	2.1	管道消毒、冲洗	7-65
								2.2	其他	
						3	其他			

续表

<table>
<tr><th>项目编码</th><th>项目名称</th><th>项目特征</th><th>计量单位</th><th>工程量清单计算规则</th><th>工作内容</th><th colspan="4">可组合的内容</th><th>对应的综合定额子目</th></tr>
<tr><td rowspan="5">030901001007</td><td rowspan="5">水喷淋钢管</td><td rowspan="5">1. 安装部位：室内喷淋管道
2. 材质、规格：DN25
3. 连接形式：螺纹连接
4. 材质：镀锌钢管
5. 压力试验及冲洗设计要求：管道消毒、冲洗</td><td rowspan="5">m</td><td rowspan="5">按设计图示管道中心线以长度计算</td><td rowspan="5">1. 管道及管件安装
2. 钢管镀锌
3. 压力试验
4. 冲洗
5. 管道标识</td><td rowspan="2">1</td><td rowspan="2">DN25 镀锌钢管管道安装</td><td>1.1</td><td>管道安装</td><td>7-1</td></tr>
<tr><td>1.2</td><td>其他</td><td></td></tr>
<tr><td rowspan="2">2</td><td rowspan="2">DN25 镀锌钢管管道消毒、冲洗</td><td>2.1</td><td>管道消毒、冲洗</td><td>7-65</td></tr>
<tr><td>2.2</td><td>其他</td><td></td></tr>
<tr><td>3</td><td>其他</td><td></td><td></td><td></td></tr>
<tr><td rowspan="5">030901001008</td><td rowspan="5">水喷淋钢管</td><td rowspan="5">1. 安装部位：室内喷淋管道
2. 材质、规格：DN20
3. 连接形式：螺纹连接
4. 材质：镀锌钢管
5. 压力试验及冲洗设计要求：管道消毒、冲洗</td><td rowspan="5">m</td><td rowspan="5">按设计图示管道中心线以长度计算</td><td rowspan="5">1. 管道及管件安装
2. 钢管镀锌
3. 压力试验
4. 冲洗
5. 管道标识</td><td rowspan="2">1</td><td rowspan="2">DN20 镀锌钢管管道安装</td><td>1.1</td><td>管道安装</td><td>7-1</td></tr>
<tr><td>1.2</td><td>其他</td><td></td></tr>
<tr><td rowspan="2">2</td><td rowspan="2">DN20 镀锌钢管管道消毒、冲洗</td><td>2.1</td><td>管道消毒、冲洗</td><td>7-65</td></tr>
<tr><td>2.2</td><td>其他</td><td></td></tr>
<tr><td>3</td><td>其他</td><td></td><td></td><td></td></tr>
<tr><td rowspan="3">030901003001</td><td rowspan="3">水喷淋（雾）喷头</td><td rowspan="3">1. 安装部位：室内顶板下
2. 材质、型号、规格：喷淋喷头
3. 连接形式：无吊顶</td><td rowspan="3">个</td><td rowspan="3">按设计图示数量计算</td><td rowspan="3">1. 安装
2. 装饰盘安装
3. 严密性试验</td><td rowspan="2">1</td><td rowspan="2">喷淋喷头安装</td><td>1.1</td><td>喷淋喷头安装</td><td>7-10</td></tr>
<tr><td>1.2</td><td>其他</td><td></td></tr>
<tr><td>2</td><td>其他</td><td></td><td></td><td></td></tr>
<tr><td rowspan="3">030901006001</td><td rowspan="3">水流指示器</td><td rowspan="3">1. 名称：水流指示器
2. 规格、型号：DN100</td><td rowspan="3">个</td><td rowspan="3">按设计图示数量计算</td><td rowspan="3">1. 安装
2. 电气接线
3. 调试</td><td rowspan="2">1</td><td rowspan="2">DN100 水流指示器安装</td><td>1.1</td><td>DN100 水流指示器安装</td><td>7-28</td></tr>
<tr><td>1.2</td><td>其他</td><td></td></tr>
<tr><td>2</td><td>其他</td><td></td><td></td><td></td></tr>
</table>

续表

项目编码	项目名称	项目特征	计量单位	工程量清单计算规则	工作内容	可组合的内容				对应的综合定额子目
030901008001	末端试水装置	1. 名称:末端试水装置 2. 规格:*DN*20	组	按设计图示数量计算	1. 安装 2. 电气接线 3. 调试	1	*DN*20末端试水装置安装	1.1	*DN*20末端试水装置安装	7-36
								1.2	其他	
						2	其他			
030901008002	试水阀	1. 名称:试水阀 2. 规格:*DN*20	组	按设计图示数量计算	1. 安装 2. 电气接线 3. 调试	1	*DN*20试水阀安装	1.1	*DN*20试水阀安装	7-36
								1.2	其他	
						2	其他			
030904004001	警铃	名称:警铃	个	按设计图示数量计算	1. 安装 2. 绞接线 3. 编码 4. 调试	1	警铃安装	1.1	警铃安装	7-179
								1.2	其他	
						2	其他			
030905002003	水灭火控制装置调试	系统形式:自动喷淋(水流指示器)	点	按控制装置的点数计算	调试	1	自动喷淋系统调试	1.1	自动喷淋系统调试	7-200
								1.2	其他	
						2	其他			
031002003004	套管	1. 类型:防水套管 2. 材质:刚性 3. 规格:*DN*125	个	按设计图示数量计算	1. 制作 2. 安装 3. 除锈刷油	1	刚性防水套管制作	1.1	刚性防水套管制作	6-3007
								1.2	其他	
						2	刚性防水套管安装	2.1	刚性防水套管安装	6-3022
								2.2	其他	
						3	其他			

续表

项目编码	项目名称	项目特征	计量单位	工程量清单计算规则	工作内容	可组合的内容				对应的综合定额子目
031003001001	螺纹阀门	1. 类型:自动排气阀 2. 规格、压力等级:*DN*25 3. 连接形式:丝接	个	按设计图示数量计算	1. 安装 2. 电气接线 3. 调试	1	*DN*25 自动排气阀安装	1.1	*DN*25 自动排气阀安装	8-414
								1.2	其他	
						2	其他			
031003003005	焊接法兰阀门	1. 类型:闸阀 2. 规格、压力等级:*DN*100 3. 连接形式:焊接	个	按设计图示数量计算	1. 安装 2. 电气接线 3. 调试	1	焊接法兰阀门安装	1.1	焊接法兰阀门安装	8-369
								1.2	其他	
						2	其他			
031003003006	焊接法兰阀门	1. 类型:信号蝶阀 2. 规格、压力等级:*DN*100 3. 连接形式:焊接	个	按设计图示数量计算	1. 安装 2. 电气接线 3. 调试	1	焊接法兰阀门安装	1.1	焊接法兰阀门安装	8-369
								1.2	其他	
						2	其他			
030411001001	配管	1. 名称:钢管 2. 材质:焊接钢管 3. 规格:SC20 4. 配置形式:暗配	m	按设计图示尺寸以长度计算	1. 电线管路敷设 2. 钢索架设 3. 预留沟槽 4. 调试	1	焊接钢管 SC20	1.1	焊接钢管 SC20	2-1139
								1.2	其他	
						2	其他			
030411001002	配管	1. 名称:钢管 2. 材质:焊接钢管 3. 规格:SC15 4. 配置形式:暗配	m	按设计图示尺寸以长度计算	1. 电线管路敷设 2. 钢索架设 3. 预留沟槽 4. 调试	1	焊接钢管 SC15	1.1	焊接钢管 SC15	2-1138
								1.2	其他	
						2	其他			

续表

项目编码	项目名称	项目特征	计量单位	工程量清单计算规则	工作内容	可组合的内容				对应的综合定额子目
030411004001	配线	1. 名称:管内穿线 2. 型号:ZRBV 3. 规格:1.5 4. 材质:铜芯线	m	按设计图示尺寸以单线长度计算(含预留长度)	1. 配线 2. 钢索架设 3. 支持体	1	ZRBV1.5	1.1	ZRBV1.5	2-1312
								1.2	其他	
						2	其他			
030411004002	配线	1. 名称:管内穿线 2. 型号:ZRBV 3. 规格:2.5 4. 材质:铜芯线	m	按设计图示尺寸以单线长度计算(含预留长度)	1. 配线 2. 钢索架设 3. 支持体	1	ZRBV2.5	1.1	ZRBV2.5	2-1313
								1.2	其他	
						2	其他			
030411004003	配线	1. 名称:管内穿线 2. 型号:ZRRVS 3. 规格:2×1.5 4. 材质:铜芯线	m	按设计图示尺寸以单线长度计算(含预留长度)	1. 配线 2. 钢索架设 3. 支持体	1	ZRRVS2×1.5	1.1	ZRRVS2×1.5	2-1355
								1.2	其他	
						2	其他			
030411004004	配线	1. 名称:管内穿线 2. 型号:ZRRVVP 3. 规格:2×1.0 4. 材质:铜芯线	m	按设计图示尺寸以单线长度计算(含预留长度)	1. 配线 2. 钢索架设 3. 支持体	1	ZRRVVP2×1.0	1.1	ZRRVVP2×1.0	2-1354
								1.2	其他	
						2	其他			
030411005001	接线箱	1. 名称:消防转接箱 2. 安装形式:明装距地1.5m	个	按设计图示数量计算	本体安装	1	消防转接箱安装	1.1	消防转接箱安装	2-304
								1.2	其他	
						2	其他			

续表

项目编码	项目名称	项目特征	计量单位	工程量清单计算规则	工作内容	可组合的内容				对应的综合定额子目
030904001001	点型探测器	1. 名称:感烟探测器 2. 线制:总线制 3. 类型:点型感烟探测器	个	按设计图示数量计算	1. 底座安装 2. 探头安装 3. 校接线 4. 编码 5. 探测器调试	1	感烟探测器安装	1.1	感烟探测器安装	7-129
								1.2	其他	
						2	其他			
030904003001	按钮	名称:手动报警按钮(带电话插口)	个	按设计图示数量计算	1. 安装 2. 校接线 3. 编码 4. 调试	1	手动报警按钮安装	1.1	手动报警按钮安装	7-140
								1.2	其他	
						2	其他			
030904003002	按钮	名称:消火栓起泵按钮	个	按设计图示数量计算	1. 安装 2. 校接线 3. 编码 4. 调试	1	消火栓起泵按钮安装	1.1	消火栓起泵按钮安装	7-140
								1.2	其他	
						2	其他			
030904005001	声光报警器	名称:组合声光报警装置	个	按设计图示数量计算	1. 安装 2. 校接线 3. 编码 4. 调试	1	组合声光报警装置安装	1.1	组合声光报警装置安装	7-178
								1.2	其他	
						2	其他			
030904006001	消防报警电话插孔(电话)	名称:报警电话	个	按设计图示数量计算	1. 安装 2. 校接线 3. 编码 4. 调试	1	报警电话安装	1.1	报警电话安装	7-192
								1.2	其他	
						2	其他			

续表

项目编码	项目名称	项目特征	计量单位	工程量清单计算规则	工作内容	可组合的内容				对应的综合定额子目
030904008001	模块（模块箱）	1. 名称：模块 2. 规格：控制模块 3. 类型：单输入	个	按设计图示数量计算	1. 安装 2. 校接线 3. 编码 4. 调试	1	控制模块安装	1.1	控制模块安装	7-141
								1.2	其他	
						2	其他			
030904009001	区域报警控制箱	1. 名称：报警控制器 2. 总线制 3. 安装方式：落地安装 4. 控制点数量：200 点以下	台	按设计图示数量计算	1. 本体安装 2. 校接线 3. 显示器安装 4. 调试	1	报警控制器安装	1.1	报警控制器安装	7-152
								1.2	其他	
						2	其他			
030905001001	自动报警系统调试	1. 点数：200 点以下 2. 线制：总线制	系统	按系统计算	系统调试	1	自动报警系统调试	1.1	自动报警系统调试	7-196
								1.2	其他	
						2	其他			

表 8-5　通风专业工程清单指引

项目编码	项目名称	项目特征	计量单位	工程量清单计算规则	工作内容	可组合的内容				对应的综合定额子目
030108003001	轴流通风机	名称：PY-B1F-1 轴流风机	台	按设计图示数量计算	1. 本体安装 2. 拆装检查 3. 减震台制作安装 4. 单机试运行	1	轴流风机安装	1.1	轴流风机安装	9-11
								1.2	其他	
						2	其他			
030108003002	轴流通风机	名称：PF-B1F-1 轴流风机	台	按设计图示数量计算	1. 本体安装 2. 拆装检查 3. 减震台制作安装 4. 单机试运行	1	轴流风机安装	1.1	轴流风机安装	9-11
								1.2	其他	
						2	其他			

续表

项目编码	项目名称	项目特征	计量单位	工程量清单计算规则	工作内容	可组合的内容				对应的综合定额子目
030404031001	小电器	名称:排气扇	台	按设计图示数量计算	1. 本体安装 2. 接线	1	排气扇安装	1.1	排气扇安装	9-18
								1.2	其他	
						2	其他			
030702001001	碳钢通风管道	1. 名称:钢板通风管道 2. 材质:镀锌 3. 形状:矩形 4. 规格:500×250 5. 板材厚度:δ0.6 6. 接口形式:法兰咬口连接	m²	按设计图示内径尺寸以展开面积计算	1. 风管、管件、法兰、零件、支吊架制作、安装 2. 过跨风管落地支架制作、安装	1	0.6厚500×250镀锌钢板矩形风管、支架安装	1.1	矩形风管安装	9-72
								1.2	其他	
						2	其他			
030702001002	碳钢通风管道	1. 名称:钢板通风管道 2. 材质:镀锌 3. 形状:矩形 4. 规格:1000×320 5. 板材厚度:δ1.2 6. 接口形式:法兰咬口连接	m²	按设计图示内径尺寸以展开面积计算	1. 风管、管件、法兰、零件、支吊架制作、安装 2. 过跨风管落地支架制作、安装	1	1.2厚1000×320镀锌钢板矩形风管、支架安装	1.1	矩形风管安装	9-73
								1.2	其他	
						2	其他			
030702001003	碳钢通风管道	1. 名称:钢板通风管道 2. 材质:镀锌 3. 形状:矩形 4. 规格:1000×500 5. 板材厚度:δ1.2 6. 接口形式:法兰咬口连接	m²	按设计图示内径尺寸以展开面积计算	1. 风管、管件、法兰、零件、支吊架制作、安装 2. 过跨风管落地支架制作、安装	1	1.2厚1000×500镀锌钢板矩形风管、支架安装	1.1	矩形风管安装	9-73
								1.2	其他	
						2	其他			

续表

项目编码	项目名称	项目特征	计量单位	工程量清单计算规则	工作内容	可组合的内容				对应的综合定额子目
030703001001	碳钢阀门	1. 名称：对开多叶调节阀 2. 规格：500×250	个	按设计图示数量计算	1. 阀体制作 2. 阀体安装 3. 支架制作安装	1	对开多叶调节阀安装	1.1	对开多叶调节阀安装	9-202
								1.2	其他	
						2	其他			
030703001002	碳钢阀门	1. 名称：对开多叶调节阀 2. 规格：1000×500	个	按设计图示数量计算	1. 阀体制作 2. 阀体安装 3. 支架制作安装	1	对开多叶调节阀安装	1.1	对开多叶调节阀安装	9-203
								1.2	其他	
						2	其他			
030703001003	碳钢阀门	1. 名称：70℃防火阀 2. 规格：500×250	个	按设计图示数量计算	1. 阀体制作 2. 阀体安装 3. 支架制作安装	1	对开多叶调节阀安装	1.1	对开多叶调节阀安装	9-206
								1.2	其他	
						2	其他			
030703001004	碳钢阀门	1. 名称：70℃防火阀 2. 规格：1000×500	个	按设计图示数量计算	1. 阀体制作 2. 阀体安装 3. 支架制作安装	1	对开多叶调节阀安装	1.1	对开多叶调节阀安装	9-206
								1.2	其他	
						2	其他			
030703011001	铝及铝合金风口、散流器	1. 名称：单层百叶风口 2. 规格：400×300	个	按设计图示数量计算	风口制作安装	1	单层百叶风口安装	1.1	单层百叶风口安装	9-359
								1.2	其他	
						2	其他			

续表

项目编码	项目名称	项目特征	计量单位	工程量清单计算规则	工作内容	可组合的内容				对应的综合定额子目
030703011002	铝及铝合金风口、散流器	1. 名称：板式排烟口 2. 规格：800×（800＋250）	个	按设计图示数量计算	风口制作安装	1	板式排烟口安装	1.1	板式排烟口安装	9-361
								1.2	其他	
						2	其他			
030703021001	静压箱	1. 名称：静压箱 2. 规格：1100×1300×100	个	按设计图示数量计算	1. 静压箱制作安装 2. 支架制作安装	1	静压箱安装	1.1	静压箱安装	9-460
								1.2	其他	
						2	其他			
030704001001	通风工程检测、调试	通风工程检测、调试	系统	按通风系统计算	1. 通风管道风量测定 2. 风压、温度测定 3. 各系统风口、阀门调整	1	通风工程检测、调试	1.1	通风工程检测、调试	9-461
								1.2	其他	
						2	其他			

8.3 任务实施

8.3.1 新建项目文件

1. 新建项目　点击【新建项目】，如图 8-1 所示。

图 8-1　新建项目

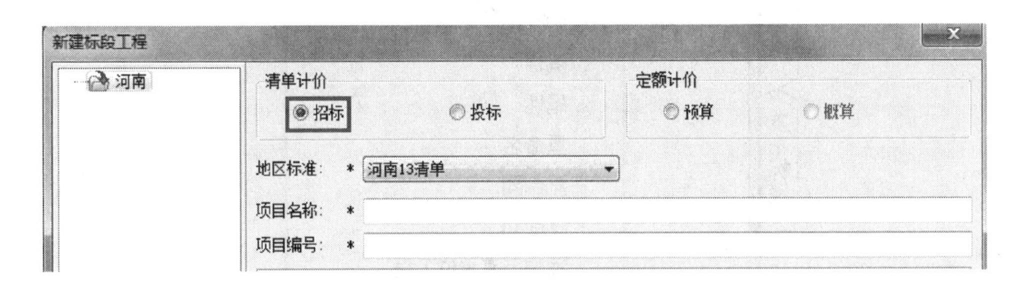

图 8-2　新建标段工程

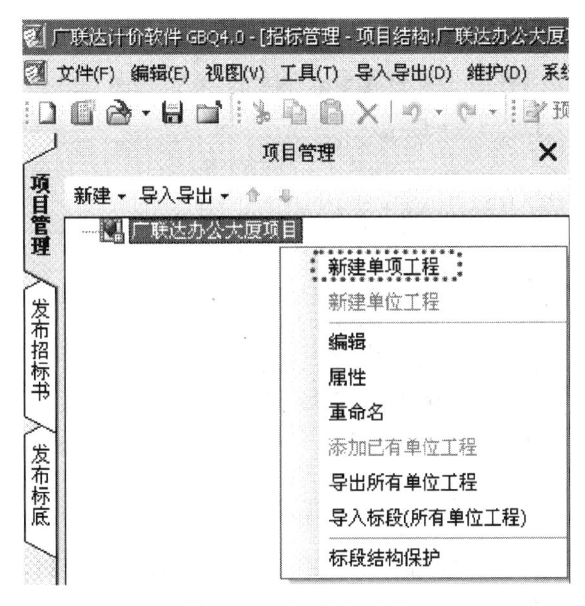

图 8-3　新建单项工程

2. 进入新建标段工程　本项的计价方式为清单计价。项目名称为："广联达办公大厦项目"，目编号：20130101，如图 8-2 所示。

3. 新建单项工程　在【广联达办公大厦项目】点击鼠标右键，选择【新建单项工程】，如图 8-3 所示。

【备注】 *在建设项目下可以新建单项工程，在单项工程下可以新建单位工程。*

4. 新建单位工程　在【广联达办公大厦】点击鼠标右键，选择【新建单位工程】，如图 8-4 所示。

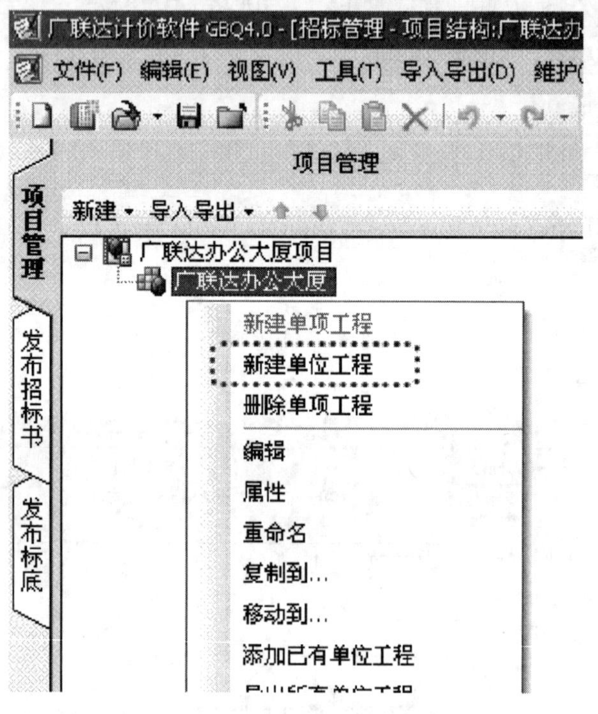

图 8-4　新建单位工程

5. 按上述操作步骤，完成新建广联达办公大厦项目结构，见图 8-5。

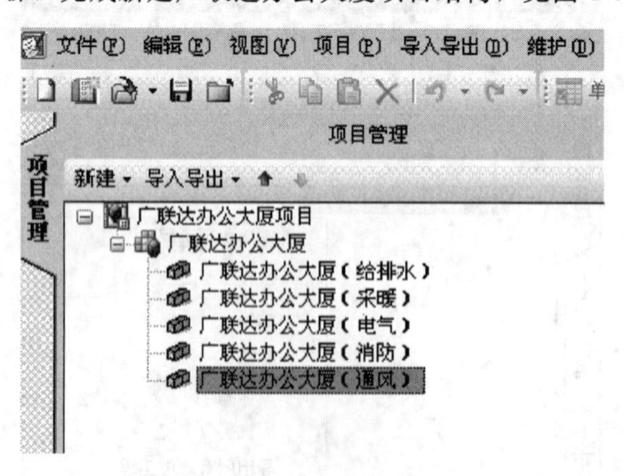

图 8-5　完成项目结构

6. 标段结构保护　项目结构建立完成之后，为防止失误操作更改项目结构内容，可右击项目名称，选择【标段结构保护】对项目结构进行保护即可，如图 8-6 所示。

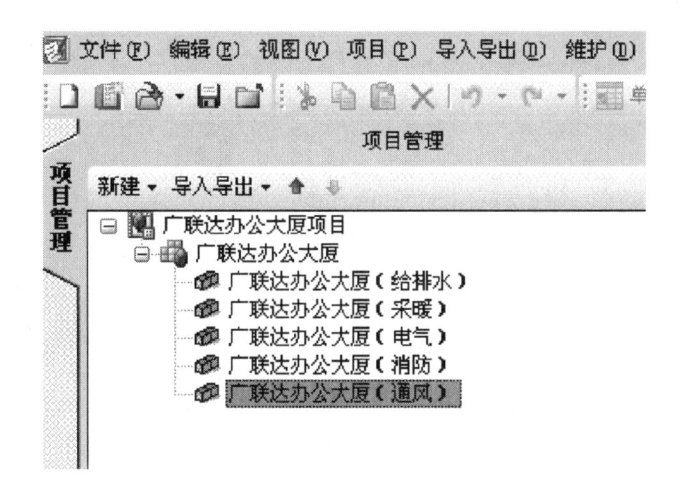

图 8-6 标段结构保护

8.3.2 给排水专业

1. 编辑

(1) 在项目结构中进入单位工程进行编辑时，可直接双击项目结构中的单位工程名称或者选中需要编辑的单位工程，单击常用功能中的【编辑】。

(2) 也可以直接鼠标双击左键【广联达办公大厦给排水】及单位工程进入即可。

2. 导入 Excel 文件。进入单位工程界面，点击【导入导出】选择【导入 Excel 文件】如图 8-7 所示，选择相应 Excel 文件。

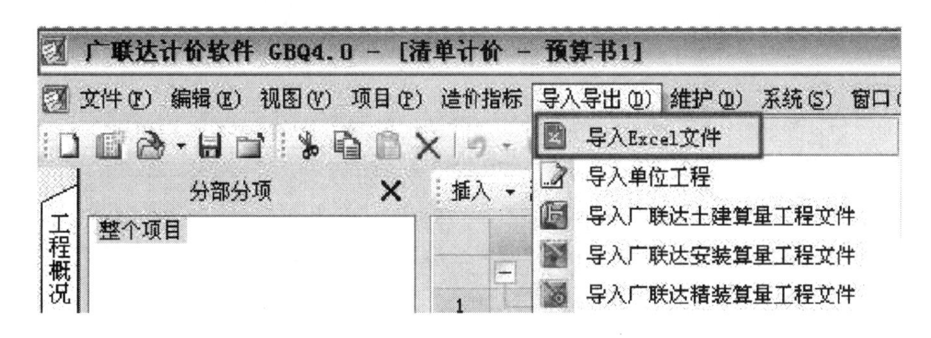

图 8-7 选择导入 Excel 文件

选择 Excel 文件所在位置，然后检查列是否对应，无误后单击导入，见图 8-8。

3. 在分部分项界面进行分部分项清单排序，单击【整理清单】，选择【清单排序】，如图 8-9 所示。清单排序完成如图 8-10 所示。

4. 项目特征主要有三种方法。

(1) Excel 文件中已包含项目特征描述的，导入时即有清单项目特征。

(2) 无清单项目特征时，选择清单项，在“特征及内容”界面可以进行添加或修改，见图 8-11。

(3) 清单项目特征不完整时，直接点击“项目特征”对话框，进行修改或添加，见图 8-12。

图 8-8 导入 Excel 文件

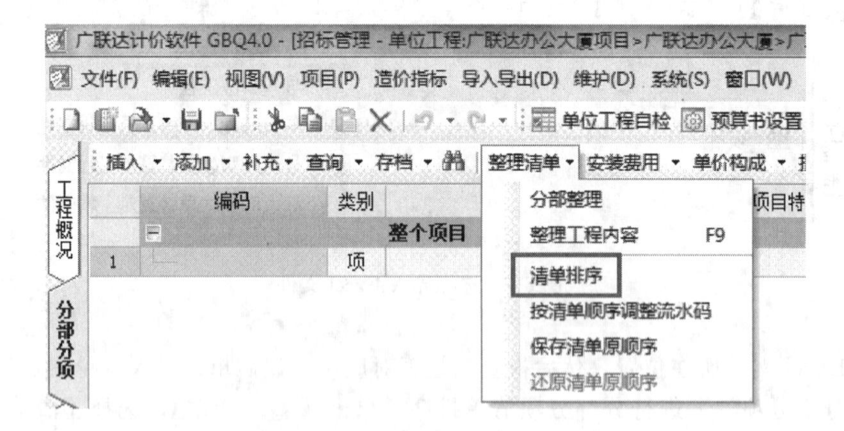

图 8-9 选择清单排序功能

5. 完善分部分项清单，将项目特征补充完整。

(1) 方法一：点击【添加】选择【添加清单项】和【添加子目】如图 8-13 所示。

(2) 方法二：右键单击选择【插入清单项】和【插入子目】，如图 8-14 所示。

(3) 方法三：该工程补充清单项及子目仅供参考，增加管道支架如图 8-15 所示。

6. 检查与整理

(1) 对分部分项的清单与定额的套用做法进行检查，看是否有误。

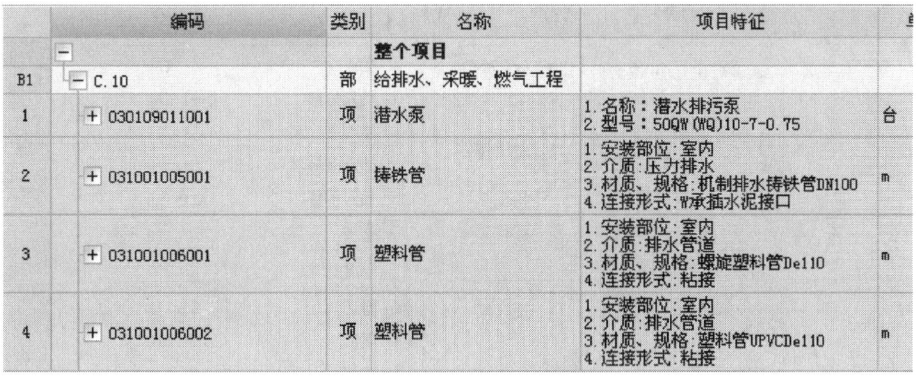

	编码	类别	名称	项目特征	单
	−		整个项目		
B1	− C.10	部	给排水、采暖、燃气工程		
1	+ 030109011001	项	潜水泵	1.名称：潜水排污泵 2.型号：50QW(WQ)10-7-0.75	台
2	+ 031001005001	项	铸铁管	1.安装部位:室内 2.介质:压力排水 3.材质、规格:机制排水铸铁管DN100 4.连接形式:W承插水泥接口	m
3	+ 031001006001	项	塑料管	1.安装部位:室内 2.介质:排水管道 3.材质、规格:螺旋塑料管De110 4.连接形式:粘接	m
4	+ 031001006002	项	塑料管	1.安装部位:室内 2.介质:排水管道 3.材质、规格:塑料管UPVCDe110 4.连接形式:粘接	m

图 8-10 完成清单排序

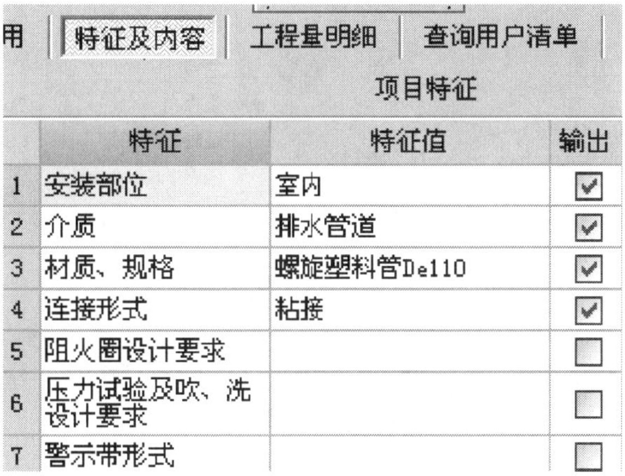

用 | 特征及内容 | 工程量明细 | 查询用户清单

项目特征

	特征	特征值	输出
1	安装部位	室内	☑
2	介质	排水管道	☑
3	材质、规格	螺旋塑料管De110	☑
4	连接形式	粘接	☑
5	阻火圈设计要求		☐
6	压力试验及吹、洗设计要求		☐
7	警示带形式		☐

图 8-11 完善项目特征

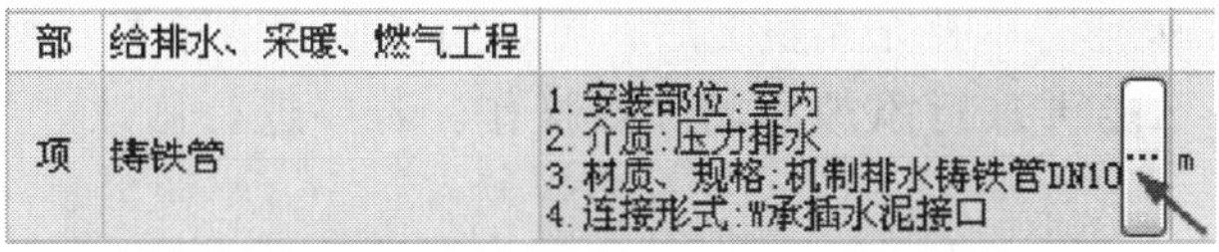

部	给排水、采暖、燃气工程		
项	铸铁管	1.安装部位:室内 2.介质:压力排水 3.材质、规格:机制排水铸铁管DN10… 4.连接形式:W承插水泥接口	m

图 8-12 补充项目特征

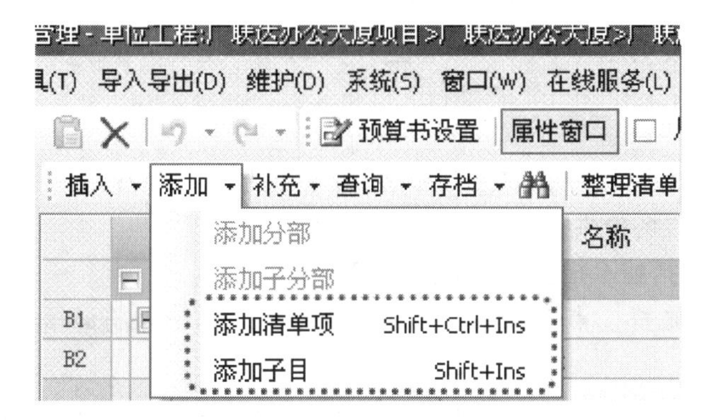

图 8-13 添加清单项及子目

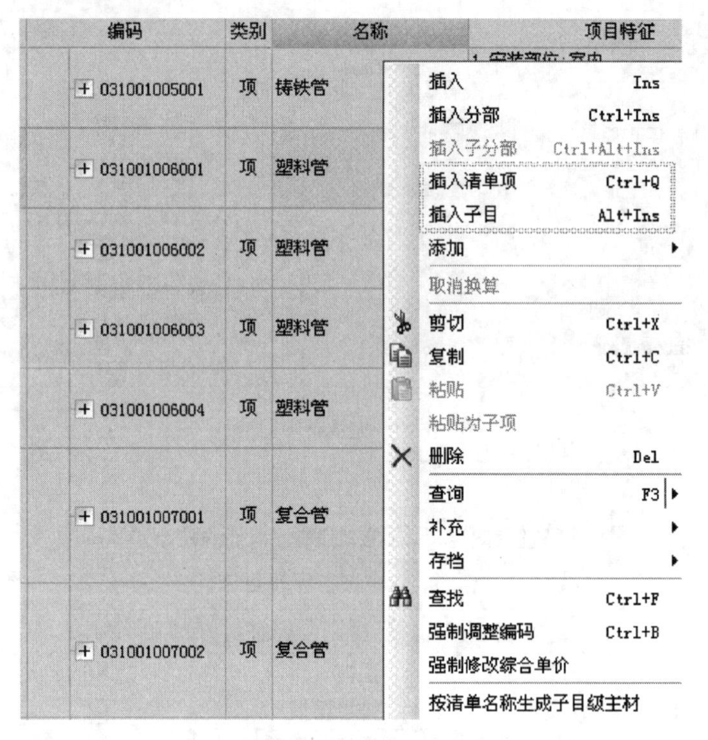

图 8-14　插入清单项及子目

图 8-15　添加清单项及子目

(2) 查看整个的分部分项中是否有空格，如有要进行删除。

(3) 按清单项目特征描述校核套用定额的一致性，并进行修改。

(4) 查看清单工程量与定额工程量的数据的差别是否正确。

7. 锁定清单。在所有清单补充完整之后，可运用【锁定清单】对所有清单项进行锁定，锁定之后的清单项将不能再进行添加和删除等操作。若要进行修改，可先对清单项进行解锁，如图 8-16 所示。

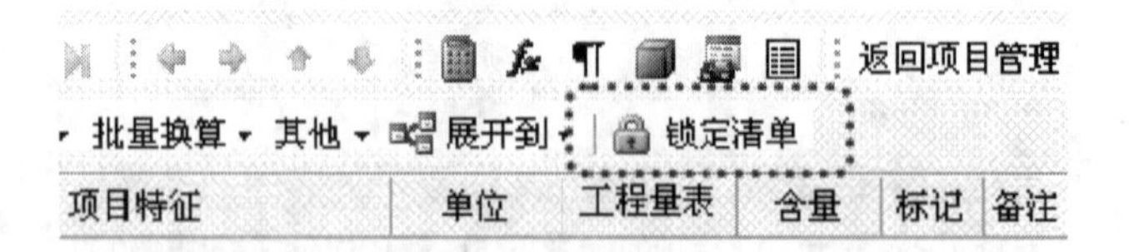

图 8-16　锁定清单

8. 调整人材机。在“人材机汇总”界面下，参照招标文件要求的《郑州市 2013 年第一季度信息价》对材料市场价进行调整，如图 8-17 所示。

9. 计取措施费包括技术措施费及施工组织措施费。

(1) 计取技术措施费　点击安装费用，出现以下对话框，将脚手架搭拆费勾上，如图 8-18 所示。

(2) 计取施工组织措施费　点击左侧栏组织措施，出现以下界面，修改安全文明费费率即可，如图 8-19 所示。

CZ3686@1	主	热镀锌(衬塑)复合管 DN20	m	4.7328	20	20
CZ3687@1	主	热镀锌(衬塑)复合管 DN25	m	16.7688	28.9	28.9
CZ3688@1	主	热镀锌(衬塑)复合管 DN32	m	15.2592	37	37
CZ3689@1	主	热镀锌(衬塑)复合管 DN40	m	3.876	47	47
CZ3690@1	主	热镀锌(衬塑)复合管 DN50	m	75.0312	59	59
CZ3691@1	主	热镀锌(衬塑)复合管 DN70	m	16.6566	84	84
CZ3695@1	主	热镀锌(衬塑)复合管接头 DN20	个	5.34528	7.21	7.21
CZ3696@1	主	热镀锌(衬塑)复合管接头 DN25	个	16.07832	12.76	12.76
CZ3697@1	主	热镀锌(衬塑)复合管接头 DN32	个	12.01288	17.9	17.9
CZ3698@1	主	热镀锌(衬塑)复合管接头 DN40	个	2.7208	24.2	24.2
CZ3699@1	主	热镀锌(衬塑)复合管接头 DN50	个	47.88756	36.52	36.52
CZ3700@1	主	热镀锌(衬塑)复合管接头 DN70	个	6.94025	60.94	60.94

图 8-17　调整市场价

	选择	费用项	状态	类型	记取位置
1	−	河南省安装工程工程量清单综合单价(2008)			
2	☐	高层建筑增加费	OK	措施费用	031302007
3	☐	钢模调整	OK	子目费用	
4	☐	系统调试费	未指定清	清单费用	
5	☐	有害增加费	OK	措施费用	031301011
6	☐	同时进行费	OK	措施费用	031301010
7	☑	脚手架搭拆	OK	措施费用	031301017
8	☐	超高费	OK	子目费用	
9	☐	焦炉烘炉、热态工程	未指定清	清单费用	031301014
10	☐	厂外运距超过1km	OK	子目费用	
11	☐	车间内整体封闭式地沟管道	OK	子目费用	
12	☐	超低碳不锈钢管执行不锈钢管项	OK	子目费用	
13	☐	高合金钢管执行合金钢管项目	OK	子目费用	

图 8-18　计取脚手架搭拆费

− 031302001001		安全文明施工(含环境保护、文明施工、安全施工、临时设施)	项			1
1.1		基本费	项	(ZHGR+JSCS_ZHGR)*34*1.66	11.72	1
1.2		考评费	项	(ZHGR+JSCS_ZHGR)*34*1.66	3.56	1
1.3		奖励费	项	(ZHGR+JSCS_ZHGR)*34*1.66	2.48	1

图 8-19　计取安全文明施工措施费

10. 计取规费，在费用汇总界面，由于招标文件要求规费计取社会保障费、住房公积金、意外伤害保险费，按照软件默认即可，如图 8-20 所示。

规费	规费	F34+F35+F36+F37+F38	其中：1)工程排污费+2)定额测定费+3)社会保障费+4)住房公积金+5)意外伤害保险	
其中：1)工程排污费	工程排污费			
2)定额测定费	工程定额测定费	ZHGR+JSCS_ZHGR	综合工日合计+技术措施项目综合工日合计	0
3)社会保障费	社会保障费	ZHGR+JSCS_ZHGR	综合工日合计+技术措施项目综合工日合计	748
4)住房公积金	住房公积金	ZHGR+JSCS_ZHGR	综合工日合计+技术措施项目综合工日合计	170
5)意外伤害保险	工程意外伤害保险费	ZHGR+JSCS_ZHGR	综合工日合计+技术措施项目综合工日合计	60

图 8-20　计取规费

11. 计取税金，在费用汇总界面，根据招标文件中的项目施工地点，选择正确的模板进行载入。本工程施工地点在某市二环以内，所以应选择“工程在市（郊）区”，如图 8-21 所示。

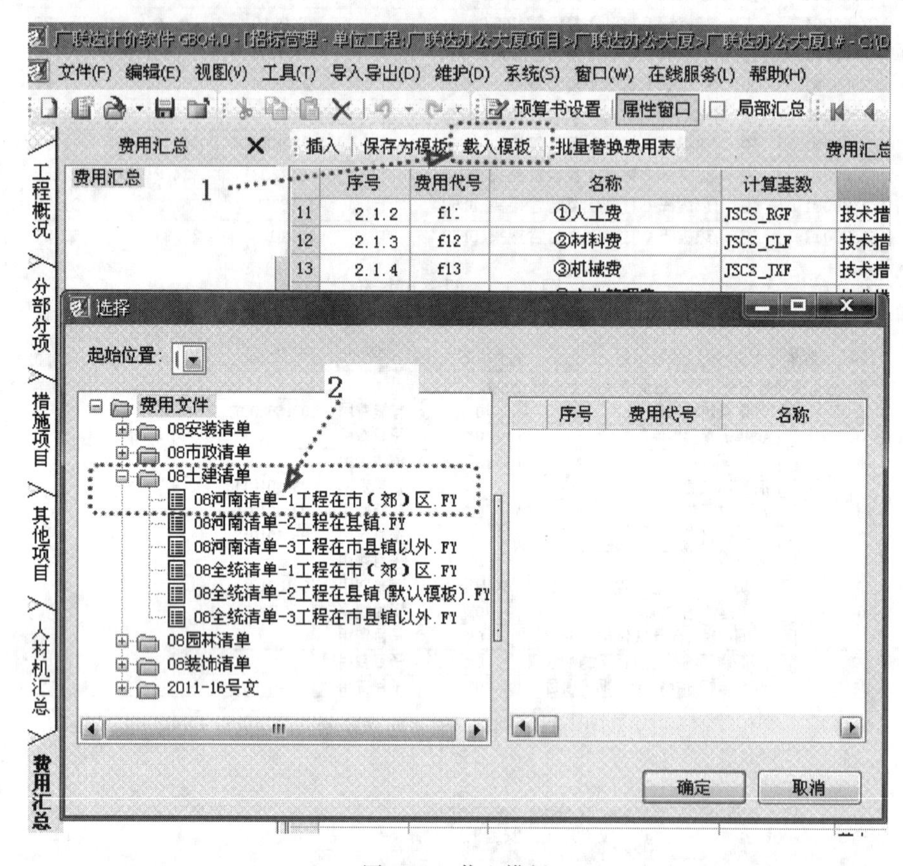

图 8-21　载入模板

12. 进入报表界面，选择招标控制价，单击需要输出的报表，右键选择报表设计，或直接点击报表设计器，见图 8-22。

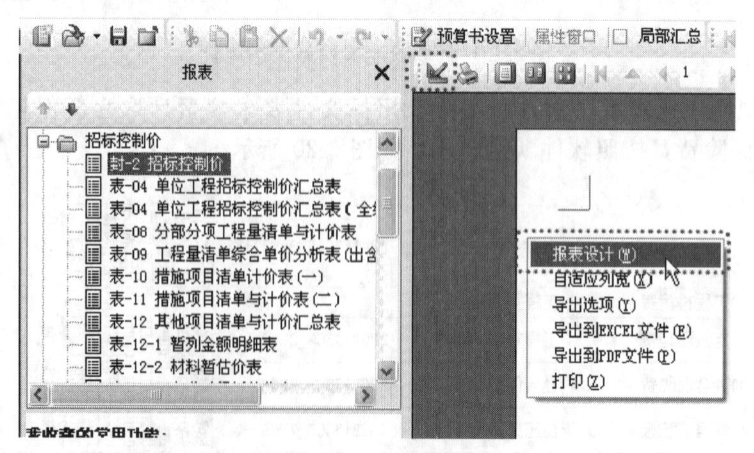

图 8-22　报表设计

进入报表设计器，调整列宽及行距，见图 8-23。

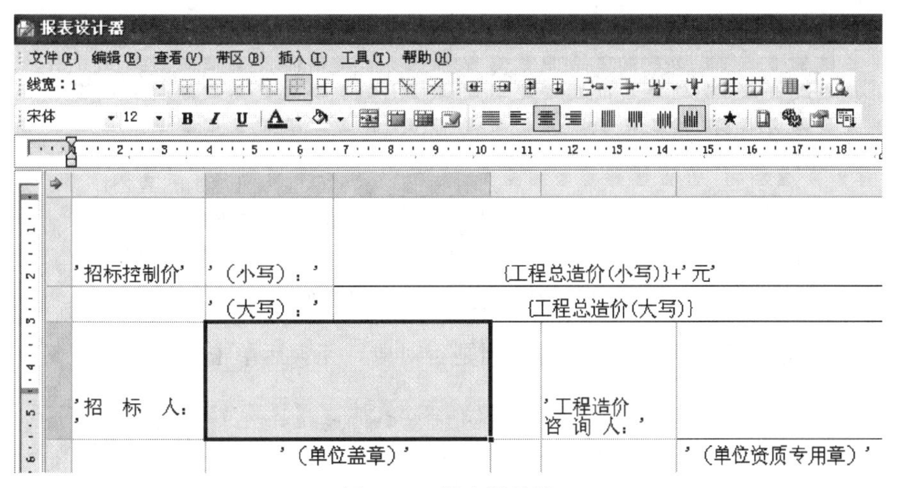

图 8-23 报表设计器

13. 单击文件，选择三报表预览，如需修改，关闭预览，重新调整，见图 8-24。

招标控制价

招标控制价 （小写）：56，587.47

（大写）：伍万陆仟伍佰捌拾柒元肆角柒分

招 标 人：______（单位盖章）　　造价咨询人：______（单位资质专用章）

法定代表人或其授权人：______（签字或盖章）　　法定代表人或其授权人：______（签字或盖章）

图 8-24 报表预览

8.3.3 采暖专业

1. 编辑

（1）在项目结构中进入单位工程进行编辑时，可直接双击项目结构中的单位工程名称或者选中需要编辑的单位工程，单击常用功能中的【编辑】。

（2）也可以直接鼠标双击左键【广联达办公大厦采暖】及单位工程进入即可。

2. 导入 Excel 文件。进入单位工程界面，点击【导入导出】，选择【导入 Excel 文件】如图 8-25 所示，选择相应的 Excel 文件。

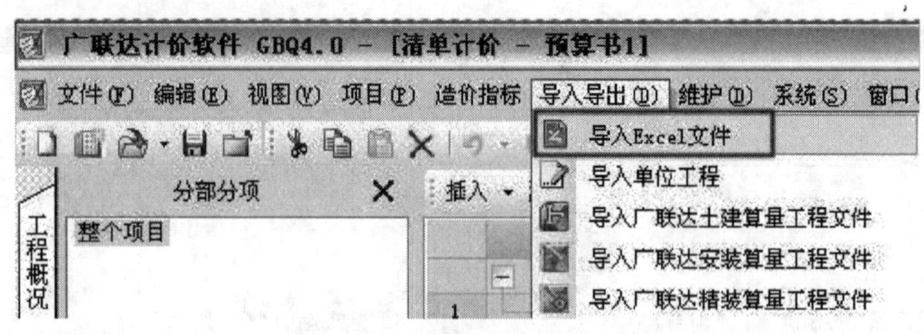

图 8-25　选择导入 Excel 文件

选择 Excel 文件所在位置，然后检查列是否对应，无误后单击导入，见图 8-26。

Excel表: C:\Documents and Settings\Administrator\桌面\刘\采暖\采暖清单列项.xls 选择 操作说明

数据表: Sheet1

历史工程: 选择

隐藏已识别行 显示所有行 全部选择 全部取消

				项目编码	项目名称	工程数量	计量单位
				列识别	列识别	列识别	列识别
					匹配电子表格数据		
选择	无效行		序号	A	B	C	D
☑	无效行	行识别	1	项目编码	项目名称及规格	工程量	单位
☑	清单行	行识别	2	031001006001	PB管DN70	4.4	m
☑	同上行	行识别	3	031001001001	热镀锌钢管DN70	33.58	m
☑	同上行	行识别	4	031001001002	热镀锌钢管DN40	46.55	m
☑	同上行	行识别	5	031001001003	热镀锌钢管DN32	108.89	m
☑	同上行	行识别	6	031001001004	热镀锌钢管DN25	105.31	m
☑	同上行	行识别	7	031001001005	热镀锌钢管DN20	579.4	m
☑	清单行	行识别	8	031002001001	管道支架	37.5	kg
☑	清单行	行识别	9	031003001001	闸阀DN70	4	个
☑	同上行	行识别	10	031003001002	闸阀DN40	2	个
☑	同上行	行识别	11	031003001003	闸阀DN32	2	个
☑	同上行	行识别	12	031003001004	平衡阀DN40	1	个
☑	同上行	行识别	13	031003001005	平衡阀DN32	1	个
☑	同上行	行识别	14	031003001006	自动排气阀DN20	6	个
☑	同上行	行识别	15	031003001007	温控阀DN20	68	个
☑	同上行	行识别	16	031003001008	铜截止阀DN20	68	个
☑	同上行	行识别	17	031003001009	手动防风门DN20	68	个
☑	同上行	行识别	18	031003001010	平衡阀DN70	4	个
☑	同上行	行识别	19	031003001011	泄水阀DN15	2	个

图 8-26　导入 Excel 文件

3. 在分部分项界面进行分部分项清单排序。

(1) 单击【整理清单】，选择【清单排序】，如图 8-27 所示。

(2) 清单排序完成如图 8-28 所示。

4. 项目特征主要有三种方法。

(1) Excel 文件中已包含项目特征描述的，导入时即有清单项目特征。

(2) 无清单项目特征时，选择清单项，在“特征及内容”界面可以进行添加或修改，见图 8-29。

(3) 清单项目特征不完整时，直接点击“项目特征”对话框，进行修改或添加，见图 8-30。

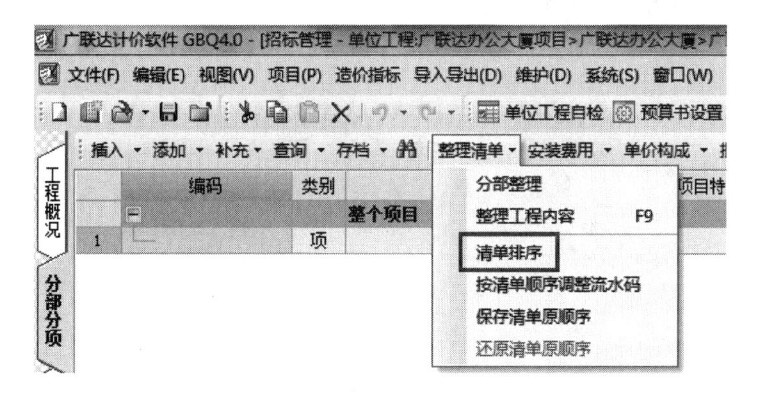

图 8-27 选择清单排序

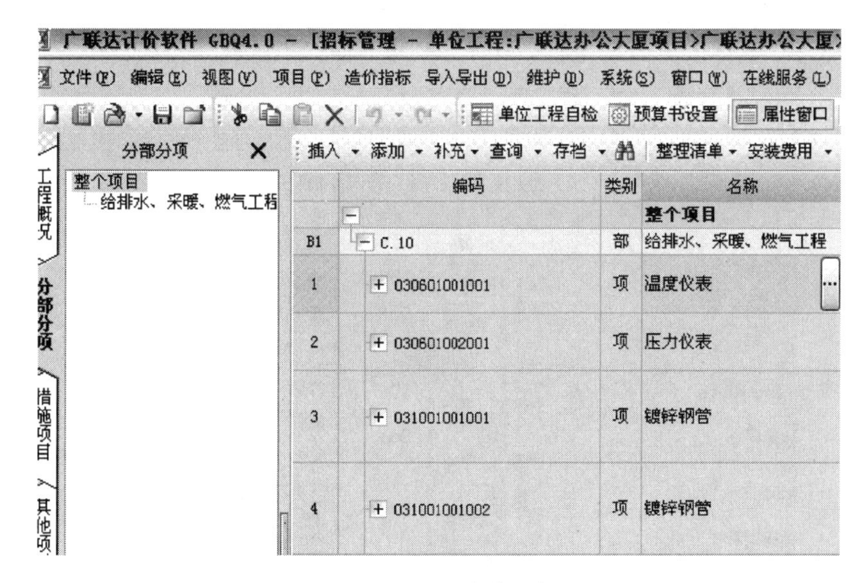

图 8-28 完成清单排序

费用 | 特征及内容 | 工程量明细 | 查询用户清单 | 说明信息

项目特征

	特征	特征值	输出
1	安装部位	室内	☑
2	介质	采暖管道	☑
3	材质、规格	热镀锌钢管DN70	☑
4	连接方式	螺纹连接	☑
5	给水管道压力试验，消毒、冲洗		☑

图 8-29 完善项目特征

部	给排水、采暖、燃气工程		
项	镀锌钢管	1. 安装部位:室内 2. 介质:采暖管道 3. 材质、规格:热镀锌钢管DN70 4. 连接方式:螺纹连接 5. 给水管道压力试验，消毒、冲洗	m

图 8-30 补充项目特征

5. 完善分部分项清单，将项目特征补充完整。

(1) 方法一：点击【添加】选择【添加清单项】和【添加子目】如图 8-31 所示。

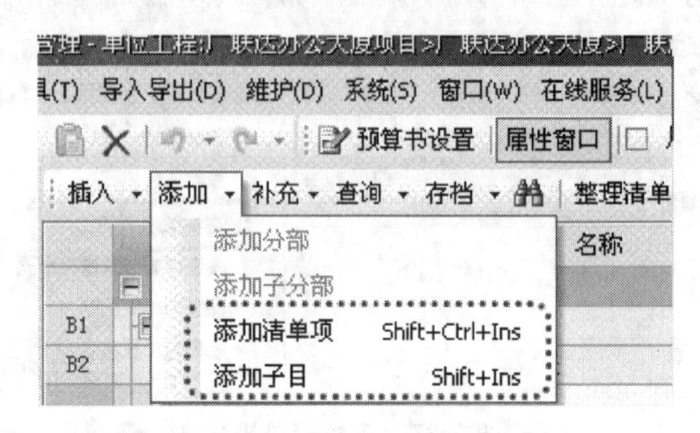

图 8-31　添加清单项及子目

(2) 方法二：右键单击选择【插入清单项】和【插入子目】，如图 8-32 所示。

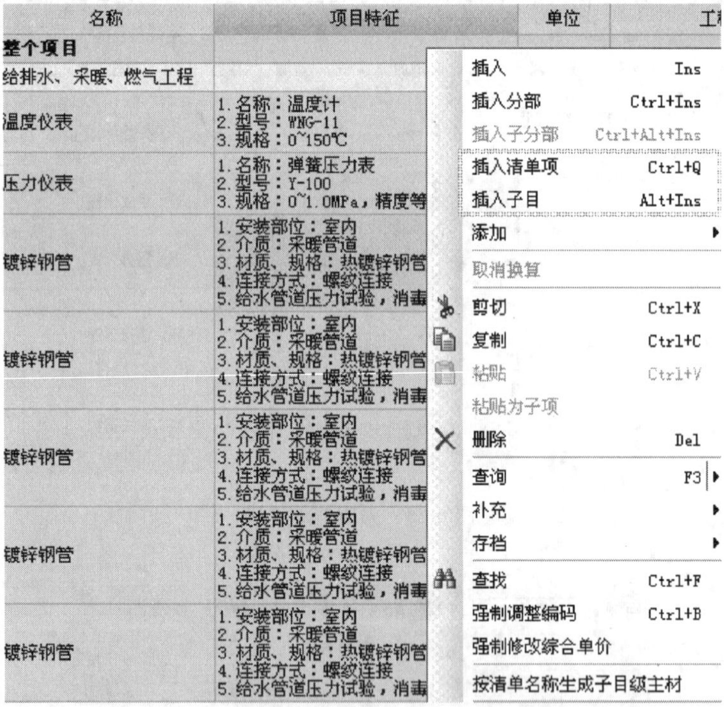

名称	项目特征	单位	工程
整个项目			
给排水、采暖、燃气工程			
温度仪表	1.名称：温度计 2.型号：WNG-11 3.规格：0~150℃		
压力仪表	1.名称：弹簧压力表 2.型号：Y-100 3.规格：0~1.0MPa，精度等		
镀锌钢管	1.安装部位：室内 2.介质：采暖管道 3.材质、规格：热镀锌钢管 4.连接方式：螺纹连接 5.给水管道压力试验，消毒		
镀锌钢管	1.安装部位：室内 2.介质：采暖管道 3.材质、规格：热镀锌钢管 4.连接方式：螺纹连接 5.给水管道压力试验，消毒		
镀锌钢管	1.安装部位：室内 2.介质：采暖管道 3.材质、规格：热镀锌钢管 4.连接方式：螺纹连接 5.给水管道压力试验，消毒		
镀锌钢管	1.安装部位：室内 2.介质：采暖管道 3.材质、规格：热镀锌钢管 4.连接方式：螺纹连接 5.给水管道压力试验，消毒		
镀锌钢管	1.安装部位：室内 2.介质：采暖管道 3.材质、规格：热镀锌钢管 4.连接方式：螺纹连接 5.给水管道压力试验，消毒		

插入　Ins
插入分部　Ctrl+Ins
插入子分部　Ctrl+Alt+Ins
插入清单项　Ctrl+Q
插入子目　Alt+Ins
添加
取消换算
剪切　Ctrl+X
复制　Ctrl+C
粘贴　Ctrl+V
粘贴为子项
删除　Del
查询　F3
补充
存档
查找　Ctrl+F
强制调整编码　Ctrl+B
强制修改综合单价
按清单名称生成子目级主材

图 8-32　插入清单项及子目

(3) 方法三：该工程补充清单项如下（仅供参考），补充清单项并填写系统调试工程量，如图 8-33 所示。

编码	类别	名称	项目特征	单位	工程量
03B001	补项	温度传感器	1.类型:温度传感器	台	4
03B002	补项	积分仪	1.类型:积分仪	台	1

图 8-33　补充清单项

6. 检查与整理

(1) 对分部分项的清单与定额的套用做法进行检查，看是否有误。

(2) 查看整个的分部分项中是否有空格，如有需要删除。

(3) 按清单项目特征描述校核套用定额的一致性，并进行修改。

（4）查看清单工程量与定额工程量的数据的差别是否正确。

7. 锁定清单。在所有清单补充完整之后，可运用【锁定清单】对所有清单项进行锁定，锁定之后的清单项将不能再进行添加和删除等操作；若要进行修改，可先对清单项进行解锁，如图 8-34 所示。

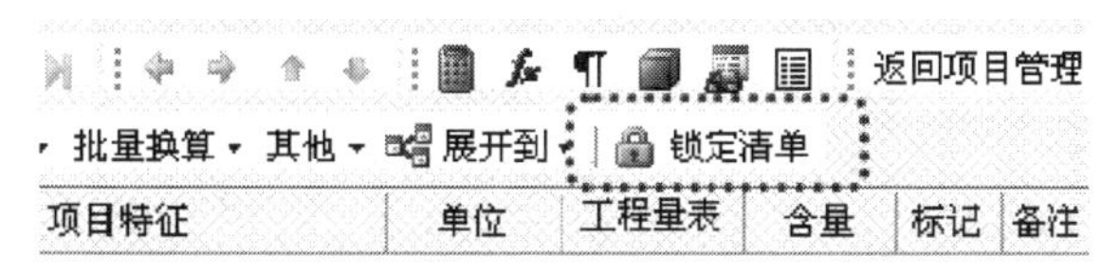

图 8-34 锁定清单

8. 调整人材机。在“人材机汇总”界面下，参照招标文件要求的《郑州市 2013 年第一季度信息价》对材料“市场价”进行调整，如图 8-35 所示。

CZ4067@3	主	Y型过滤器 DN70	个	2.02	50	50
CZ4147@1	主	柱型钢制散热器12片	組	12	480	480
CZ4147@2	主	柱型钢制散热器11片	組	8	440	440
CZ4243@1	主	柱型钢制散热器20片	組	8	800	800
CZ4243@2	主	柱型钢制散热器18片	組	4	720	720
CZ4243@3	主	柱型钢制散热器15片	組	18	600	600
CZ4243@4	主	柱型钢制散热器14片	組	18	560	560
CZ4243@5	主	柱型钢制散热器13片	組	4	520	520

图 8-35 调整市场价

9. 计取措施费包括技术措施费及施工组织措施费。

（1）计取技术措施费：点击安装费用，出现以下对话框，将脚手架搭拆费勾上，如图 8-36 所示。

	选择	费用项	状态	类型	记取位置
1	− 河南省安装工程工程量清单综合单价(2008)				
2	☐	高层建筑增加费	OK	措施费用	031302007
3	☐	钢模调整	OK	子目费用	
4	☐	系统调试费	未指定清	清单费用	
5	☐	有害增加费	OK	措施费用	031301011
6	☐	同时进行费	OK	措施费用	031301010
7	☑	脚手架搭拆	OK	措施费用	031301017
8	☐	超高费	OK	子目费用	
9	☐	焦炉烘炉、热态工程	未指定清	清单费用	031301014
10	☐	厂外运距超过1km	OK	子目费用	
11	☐	车间内整体封闭式地沟管道	OK	子目费用	
12	☐	超低碳不锈钢管执行不锈钢管项	OK	子目费用	
13	☐	高合金钢管执行合金钢管项目	OK	子目费用	

图 8-36 计取脚手架搭拆费

（2）计取施工组织措施费：点击左侧栏组织措施，出现以下界面，修改安全文明费费率即可，如图 8-37 所示。

10. 计取规费，在费用汇总界面，由于招标文件要求规费计取社会保障费、住房公积金、意外伤害保险费，按照软件默认即可，如图 8-38 所示。

11. 计取税金，在费用汇总界面，根据招标文件中的项目施工地点，选择正确的模板进行载入。本工程施工地点在某市二环以内，所以应选择“工程在市（郊）区”，如图 8-39 所示。

031302001001	安全文明施工(含环境保护、文明施工、安全施工、临时设施)	项				1
1.1	基本费	项	(ZHGR+JSCS_ZHGR)*34*1.66		11.72	1
1.2	考评费	项	(ZHGR+JSCS_ZHGR)*34*1.66		3.56	1
1.3	奖励费	项	(ZHGR+JSCS_ZHGR)*34*1.66		2.48	1

图 8-37　计取安全文明施工措施费

规费	规费	F34+F35+F36+F37+F38	其中：1)工程排污费+2)定额测定费+3)社会保障费+4)住房公积金+5)意外伤害保险	
其中：1)工程排污费	工程排污费			
2)定额测定费	工程定额测定费	ZHGR+JSCS_ZHGR	综合工日合计+技术措施项目综合工日合计	0
3)社会保障费	社会保障费	ZHGR+JSCS_ZHGR	综合工日合计+技术措施项目综合工日合计	748
4)住房公积金	住房公积金	ZHGR+JSCS_ZHGR	综合工日合计+技术措施项目综合工日合计	170
5)意外伤害保险	工程意外伤害保险费	ZHGR+JSCS_ZHGR	综合工日合计+技术措施项目综合工日合计	60

图 8-38　计取规费

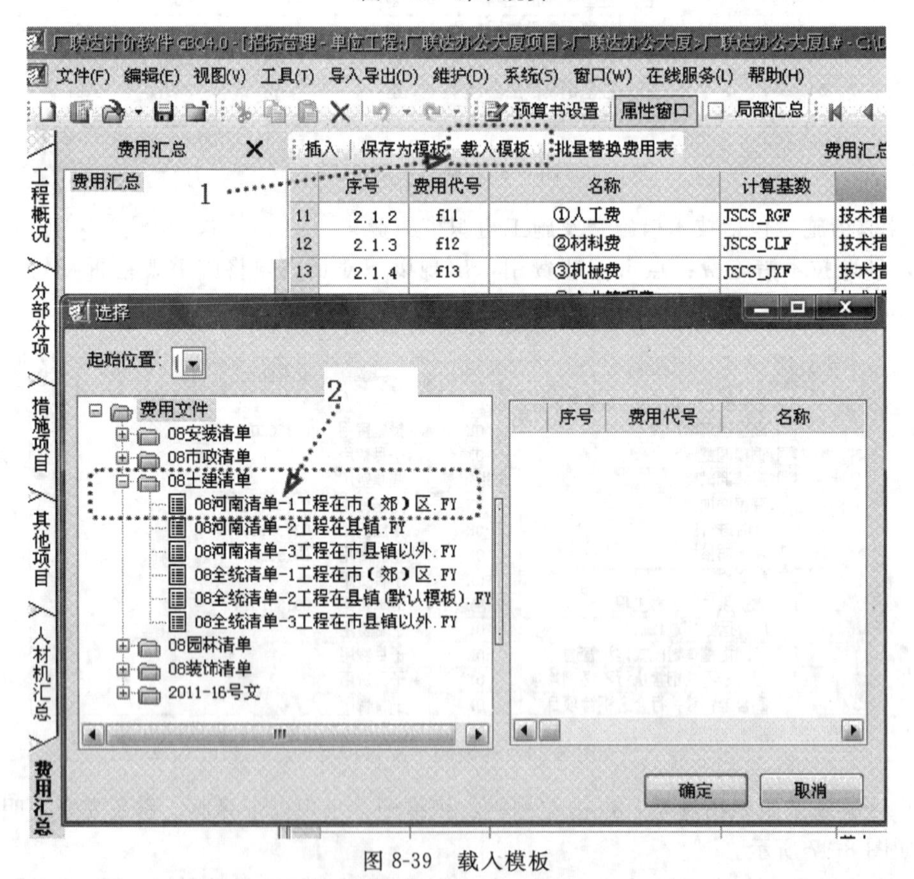

图 8-39　载入模板

12. 进入报表界面，选择招标控制价，单击需要输出的报表，右键选择报表设计，或直接点击报表设计器，如图 8-40 所示。

进入报表设计器，调整列宽及行距，见图 8-41。

13. 单击文件，选择三报表预览，如需修改，关闭预览，重新调整，见图 8-42。

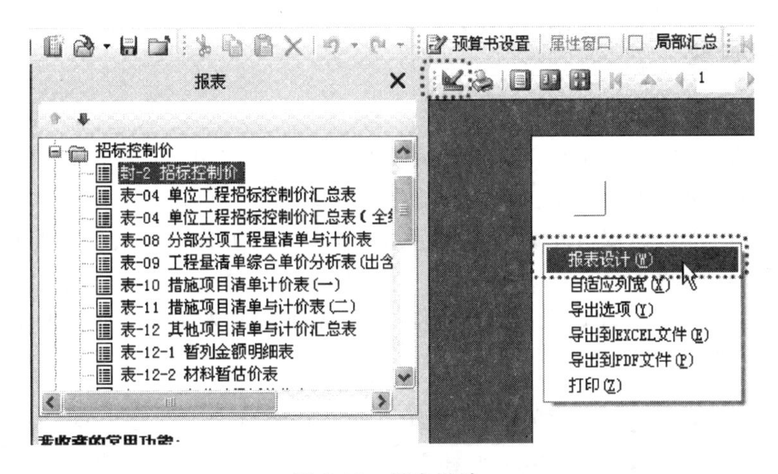

图 8-40 报表设计

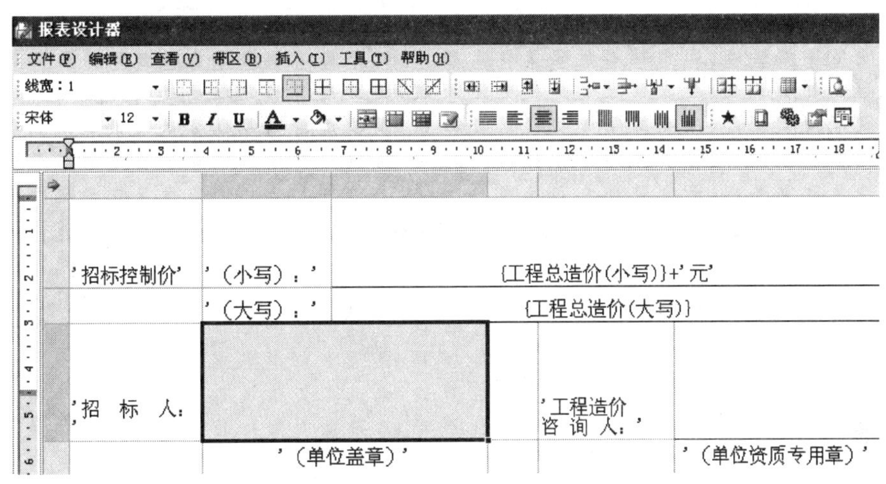

图 8-41 报表设计器

招标控制价

招标控制价　　(小写)：　　101，448.74

　　　　　　　(大写)：　　壹拾万壹仟肆佰肆拾捌元柒角肆分

招　标　人：＿＿＿＿＿＿＿＿　　造价咨询人：＿＿＿＿＿＿＿＿

　　　　　　(单位盖章)　　　　　　　　　　(单位资质专用章)

法定代表人　　　　　　　　　　　法定代表人

或其授权人：＿＿＿＿＿＿＿＿　　或其授权人：＿＿＿＿＿＿＿＿

　　　　　　(签字或盖章)　　　　　　　　　(签字或盖章)

图 8-42 报表预览

8.3.4 电气专业

1. 编辑

(1) 在项目结构中进入单位工程进行编辑时，可直接双击项目结构中的单位工程名称或者选中需要编辑的单位工程，单击常用功能中的【编辑】。

(2) 也可以直接鼠标双击左键【广联达办公大厦电气】及单位工程进入即可。

2. 导入 Excel 文件

(1) 进入单位工程界面，点击【导入导出】选择【导入 Excel 文件】如图 8-43 所示，选择相应 Excel 文件。

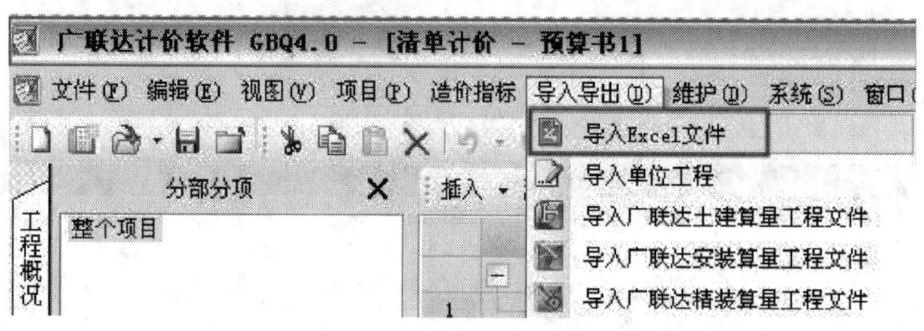

图 8-43 选择导入 Excel 文件

(2) 选择 Excel 文件所在位置，然后检查列是否对应，无误后单击导入，如图 8-44 所示。

Excel表: C:\Documents and Settings\Administrator\桌面\新建文件夹\手工工程量清 选择 操作说明

数据表: 表-08 分部分项工程和单价措施项目清单与计

历史工程: 选择

隐藏已识别行 显示所有行 全部选择 全部取消

					项目编码		项目名称		项目特征			计量单
				列识别	列识别	列识别	列识别	列识别	列识别	列识别	列识别	列识别
									匹配电子表格数据			
选择	无效行		序号	A	B	C	D	E	F	G	H	I
☑	无效行	行识别	1									
☑	无效行	行识别	2	分部分项工程和单价措施项目清单与计价表								
☑	无效行	行识别	3	工程名称：广联达大厦(电气)						标段：广联达大厦安装		
☑	无效行	行识别	4									
☑	无效行	行识别	5	序号	项目编码		项目名称		项目特征描述			计量单
☑	无效行	行识别	6									
☑	清单行	行识别	7	1	030404017001		配电箱		1. 名称：配电箱AA1			台
☑	清单行	行识别	8	2	030404017002		配电箱		1. 名称：配电箱AA2			台
☑	清单行	行识别	9	3	030404017003		配电箱		1. 名称：照明配电箱ALD1			台
☑	清单行	行识别	10	4	030404017004		配电箱		1. 名称：照明配电箱AL1			台
☑	清单行	行识别	11	5	030404017005		配电箱		1. 名称：照明配电箱AL2			台
☑	清单行	行识别	12	6	030404017006		配电箱		1. 名称：照明配电箱AL3			台
☑	清单行	行识别	13	7	030404017007		配电箱		1. 名称：照明配电箱AL4			台
☑	清单行	行识别	14	8	030404017008		配电箱		1. 名称：照明配电箱AL1-1			台
☑	清单行	行识别	15	9	030404017009		配电箱		1. 名称：照明配电箱AL2-1			台
☑	清单行	行识别	16	10	030404017010		配电箱		1. 名称：照明配电箱AL3-1			台

图 8-44 导入 Excel 文件

3. 在分部分项界面进行分部分项清单排序。

(1) 单击【整理清单】，选择【清单排序】，如图 8-45。

(2) 清单项整理完成如图 8-46 所示。

4. 项目特征主要有三种方法。

(1) Excel 文件中已包含项目特征描述的，导入时即有清单项目特征。

(2) 无清单项目特征时，选择清单项，在“特征及内容”界面可以进行添加或修改，见图 8-47。

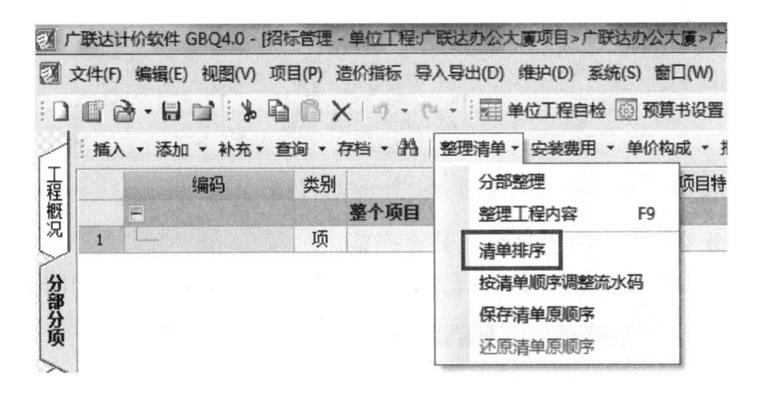

图 8-45 选择清单排序

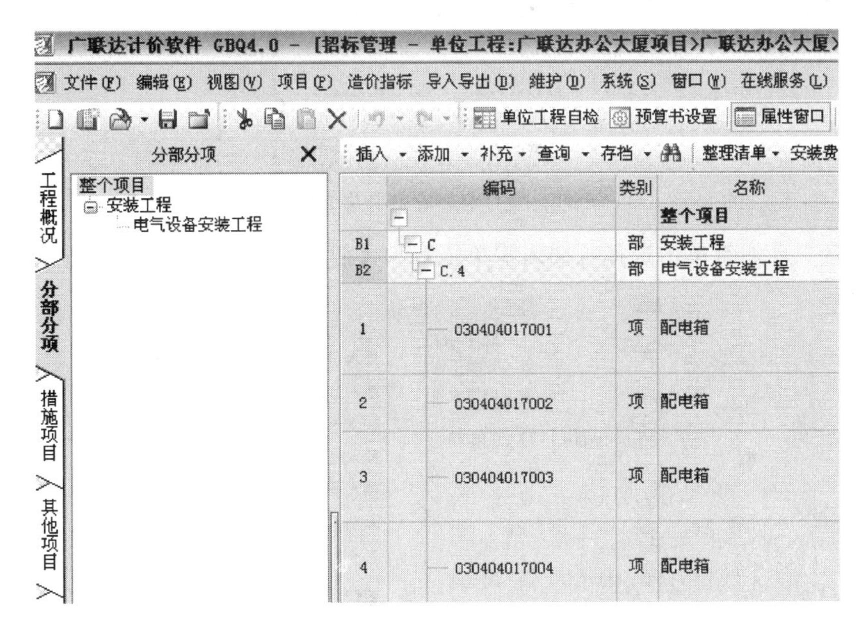

图 8-46 完成清单排序

费用 | 特征及内容 | 工程量明细 | 查询用户清单 | 说明信息

项目特征

	特征	特征值	输出
1	名称	照明配电箱ALD1	☑
2	型号		☐
3	规格	800(W)X1000(H)X200(D)	☑
4	基础形式、材质、规格		☐
5	接线端子材质、规格		☐
6	端子板外部接线材质、规格	27个BV2.5mm2	☑
7	安装方式	距地1.3米明装	☑

图 8-47 完善项目特征

(3) 清单项目特征不完整时，直接点击“项目特征”对话框，进行修改或添加，见图 8-48。

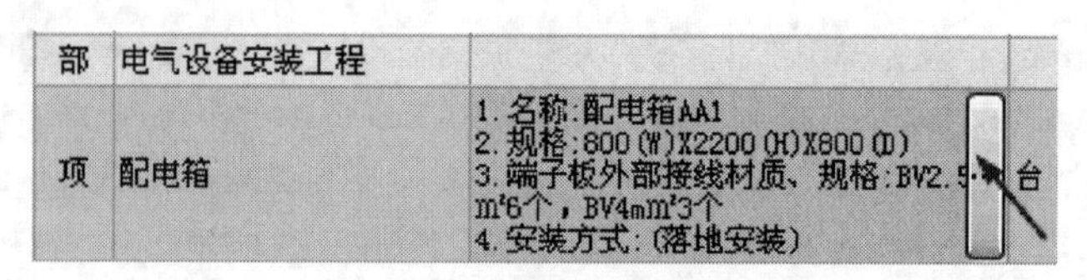

图 8-48 补充项目特征

5. 完善分部分项清单，将项目特征补充完整。

(1) 方法一：点击【添加】，选择【添加清单项】和【添加子目】如图 8-49 所示。

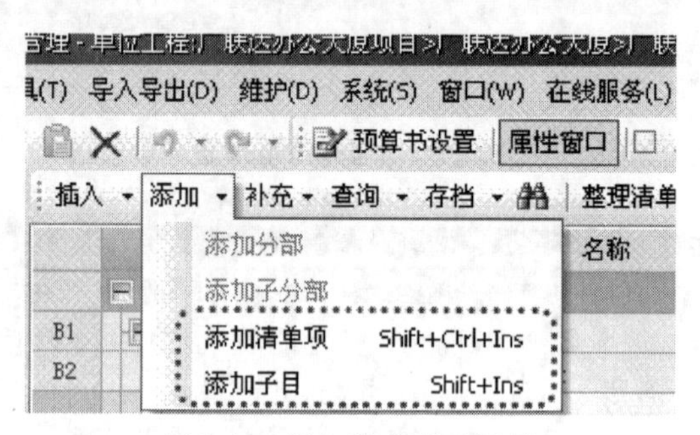

图 8-49 添加清单项及子目

(2) 方法二：右键单击选择【插入清单项】和【插入子目】，如图 8-50 所示。

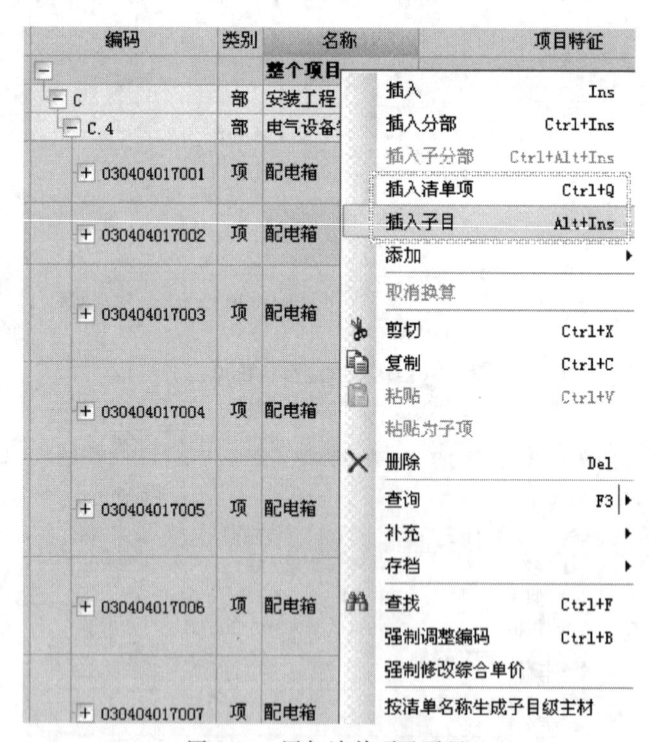

图 8-50 添加清单项及子目

(3) 方法三：该工程补充清单项及子目如下（仅供参考）。

① 增加接线盒，如图 8-51 所示。

② 补充系统调试清单项并填写系统调试工程量，如图 8-52 所示。

6. 按清单描述进行子目换算时，调整人材机系数。下面以电力电缆介绍调整人材机系

+ 030411006001	项	接线盒	1.名称:灯头盒 2.材质:塑料 3.规格:86H 4.安装形式:暗装	个
+ 030411006002	项	接线盒	1.名称:开关盒、插座盒 2.材质:塑料 3.规格:86H 4.安装形式:暗装	个
+ 030411006003	项	接线盒	1.名称:排气扇接线盒 2.材质:塑料 3.规格:86H 4.安装形式:暗装	个

图 8-51　添加清单项及子目

+ 030414002001	项	送配电装置系统	1.名称:低压系统调试 2.电压等级(kV):1KV以下 3.类型:综合	系统	1
+ 030414011001	项	接地装置	1.名称:系统调试 2.类别:接地网	系统	1

图 8-52　补充系统调试清单项

数的操作方法。如五芯电缆，人工需要乘以系数 1.3，如图 8-53 所示。

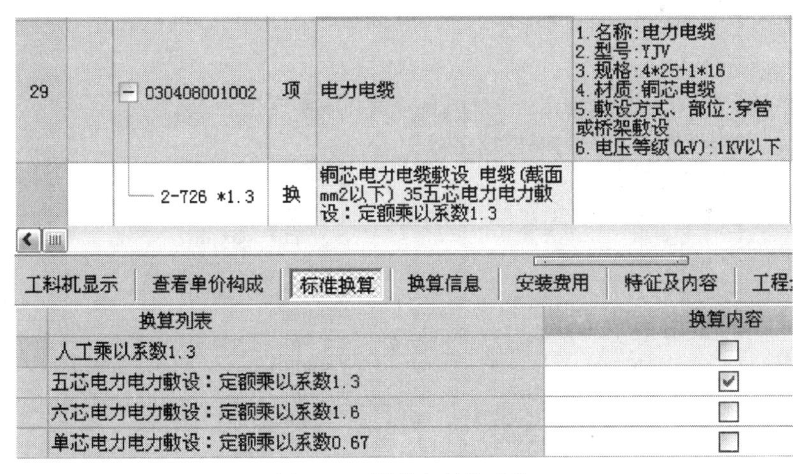

图 8-53　调整人材机系数

7. 检查与整理

(1) 对分部分项的清单与定额的套用做法进行检查，看是否有误。

(2) 查看整个的分部分项中是否有空格，如有需要删除。

(3) 按清单项目特征描述校核套用定额的一致性，并进行修改。

(4) 查看清单工程量与定额工程量的数据的差别是否正确。

8. 锁定清单。在所有清单补充完整之后，可运用【锁定清单】对所有清单项进行锁定，锁定之后的清单项将不能再进行添加和删除等操作；若要进行修改，可先对清单项进行解锁，如图 8-54所示。

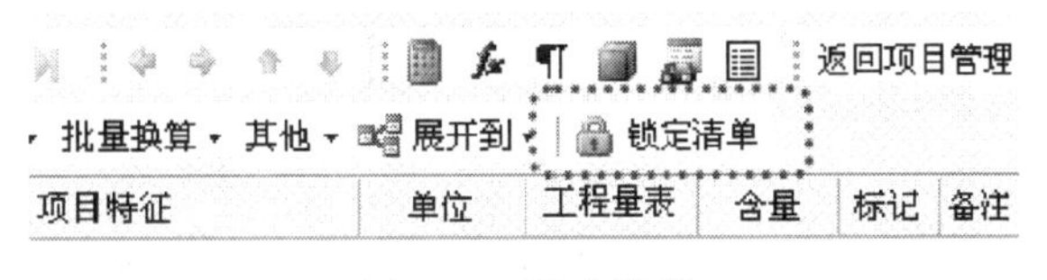

图 8-54　锁定清单

9. 调整人材机

在“人材机汇总”界面下，参照招标文件要求的《郑州市 2013 年第一季度信息价》对材料“市场价”进行调整，如图 8-55 所示。

10. 计取措施费包括技术措施费及施工组织措施费。

CZ632@1	主	防水防尘灯 1x13W	套	24.24	40	40
CZ4109@1	主	刚性阻燃管PC20	m	1809.357	1.72	1.72
CZ4110@1	主	刚性阻燃管PC25	m	1588.015	2.37	2.37
CZ4111@1	主	刚性阻燃管PC32	m	23.76	3.99	3.99
CZ4112@1	主	刚性阻燃管PC40	m	17.82	4.75	4.75
CZ146@1	主	钢制槽式桥架100*50	m	58.1493	56	56
CZ148@2	主	钢制槽式桥架200*100	m	192.14595	117	117
CZ148@1	主	钢制槽式桥架300*100	m	12.71325	145	145
CZ156@1	主	钢制梯式桥架300*100	m	19.296	115	115
CZ294@1	主	焊接钢管SC20	m	761.3966	7.31	7.31
CZ295@1	主	焊接钢管SC25	m	14.9659	10.62	10.62
CZ297@1	主	焊接钢管SC40	m	11.1034	16.54	16.54
CZ298@1	主	焊接钢管SC50	m	30.0348	21.15	21.15
CZ299@1	主	焊接钢管SC70	m	13.596	28.78	28.78

图 8-55 调整市场价

(1) 计取技术措施费：点击安装费用，出现以下对话框，将脚手架搭拆费勾上，如图 8-56 所示。

	选择	费用项	状态	类型	记取位置
1	⊟	河南省安装工程工程量清单综合单价(2008)			
2	□	高层建筑增加费	OK	措施费用	031302007
3	□	钢模调整	OK	子目费用	
4	□	系统调试费	未指定清	清单费用	
5	□	有害增加费	OK	措施费用	031301011
6	□	同时进行费	OK	措施费用	031301010
7	☑	脚手架搭拆	OK	措施费用	031301017
8	□	超高费	OK	子目费用	
9	□	集炉烘炉、热态工程	未指定清	清单费用	031301014
10	□	厂外运距超过1km	OK	子目费用	
11	□	车间内整体封闭式地沟管道	OK	子目费用	
12	□	超低碳不锈钢管执行不锈钢管项	OK	子目费用	
13	□	高合金钢管执行合金钢管项目	OK	子目费用	

图 8-56 计取脚手架搭拆费

(2) 计取施工组织措施费：点击左侧栏组织措施，出现以下界面，修改安全文明费费率即可，如图 8-57 所示。

⊟ 031302001001	安全文明施工(含环境保护、文明施工、安全施工、临时设施)	项			1
1.1	基本费	项	(ZHGR+JSCS_ZHGR)*34*1.66	11.72	1
1.2	考评费	项	(ZHGR+JSCS_ZHGR)*34*1.66	3.56	1
1.3	奖励费	项	(ZHGR+JSCS_ZHGR)*34*1.66	2.48	1

图 8-57 计取安全文明施工措施费

11. 计取规费，在费用汇总界面，由于招标文件要求规费计取社会保障费、住房公积金、意外伤害保险费，按照软件默认即可，如图 8-58 所示。

12. 计取税金，在费用汇总界面，根据招标文件中的项目施工地点，选择正确的模板进行载入。本工程施工地点在某市二环以内，所以应选择“工程在市（郊）区”，如图 8-59 所示。

13. 进入报表界面，选择招标控制价，单击需要输出的报表，右键选择报表设计，或直接点击报表设计器，见图 8-60。

规费	规费	F34+F35+F36+F37+F38	其中：1)工程排污费+2)定额测定费+3)社会保障费+4)住房公积金+5)意外伤害保险	
其中：1)工程排污费	工程排污费			
2)定额测定费	工程定额测定费	ZHGR+JSCS_ZHGR	综合工日合计+技术措施项目综合工日合计	0
3)社会保障费	社会保障费	ZHGR+JSCS_ZHGR	综合工日合计+技术措施项目综合工日合计	748
4)住房公积金	住房公积金	ZHGR+JSCS_ZHGR	综合工日合计+技术措施项目综合工日合计	170
5)意外伤害保险	工程意外伤害保险费	ZHGR+JSCS_ZHGR	综合工日合计+技术措施项目综合工日合计	60

图 8-58 计取规费

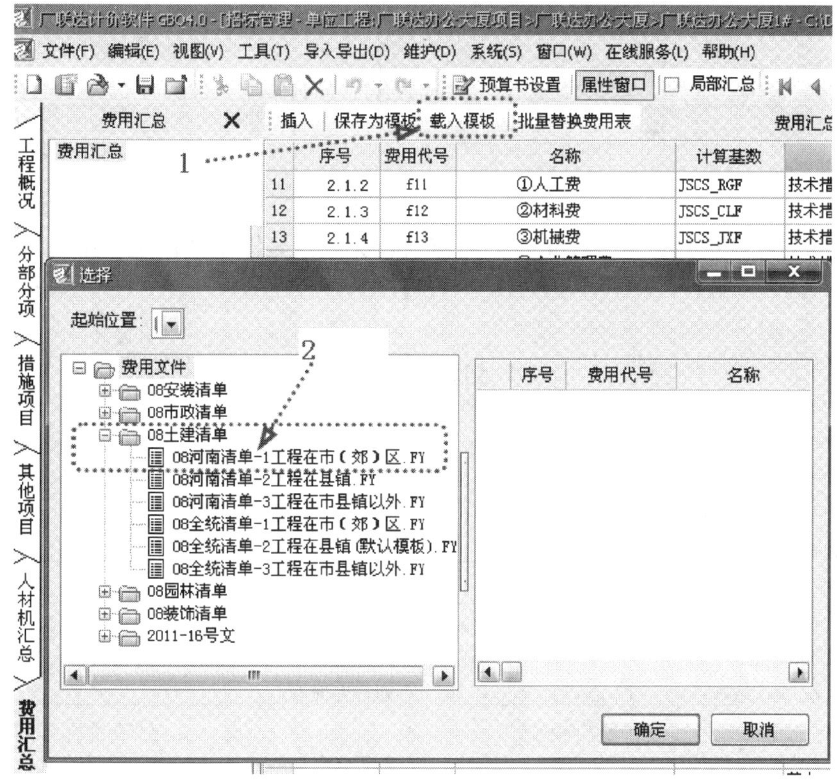

图 8-59 载入模板

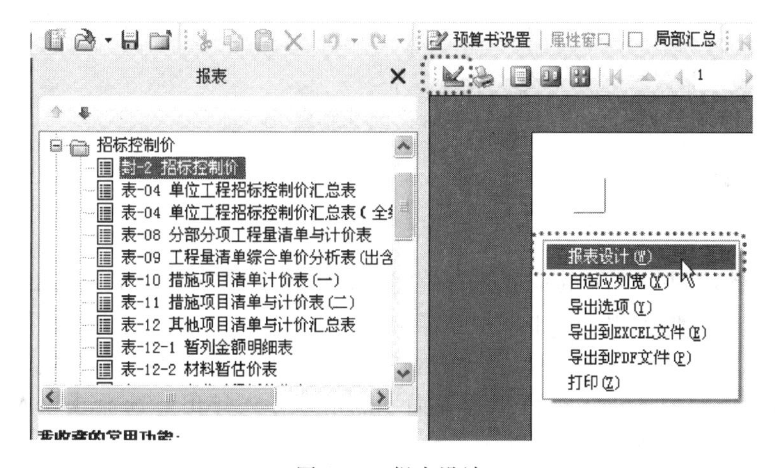

图 8-60 报表设计

进入报表设计器，调整列宽及行距，见图 8-61。

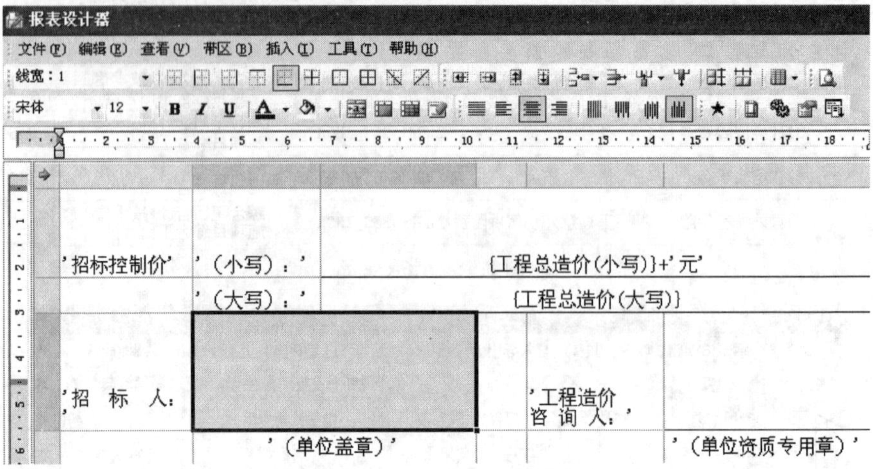

报表设计器

文件(F) 编辑(E) 查看(V) 带区(B) 插入(I) 工具(T) 帮助(H)

'招标控制价' '（小写）：' {工程总造价(小写)}+'元'

'（大写）：' {工程总造价(大写)}

'招 标 人：' '工程造价咨询人：'

'（单位盖章）' '（单位资质专用章）'

图 8-61 报表设计器

14. 单击文件，选择三报表预览，如需修改，关闭预览，重新调整，见图 8-62。

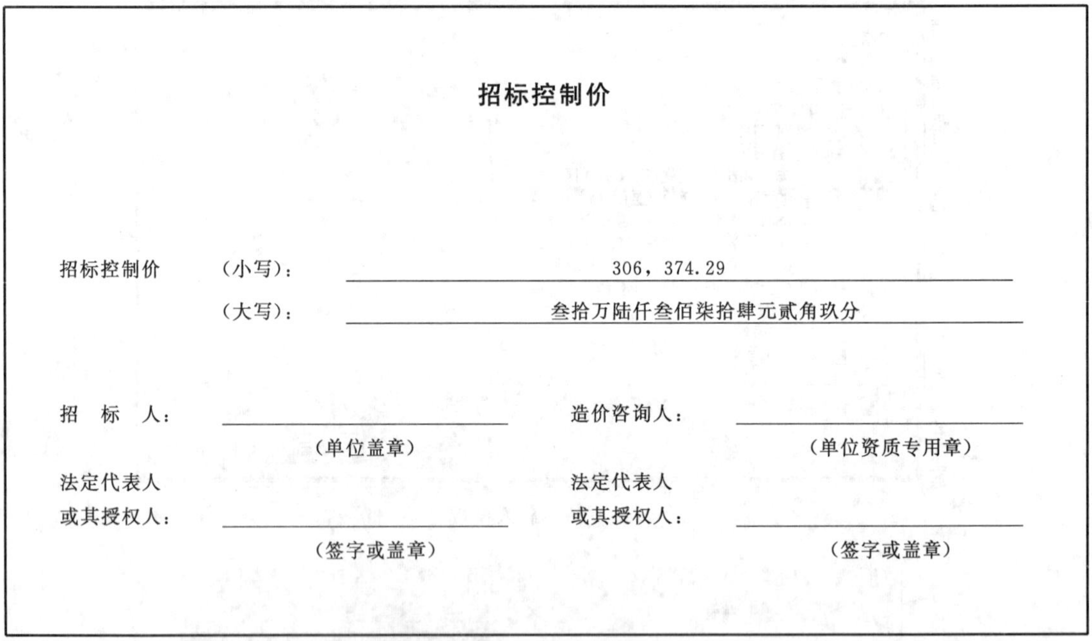

招标控制价

招标控制价 （小写）： 306，374.29

（大写）： 叁拾万陆仟叁佰柒拾肆元贰角玖分

招 标 人： （单位盖章） 造价咨询人： （单位资质专用章）

法定代表人
或其授权人： （签字或盖章） 法定代表人
或其授权人： （签字或盖章）

图 8-62 报表预览

8.3.5 消防专业

1. 编辑

(1) 在项目结构中进入单位工程进行编辑时，可直接双击项目结构中的单位工程名称或者选中需要编辑的单位工程，单击常用功能中的【编辑】。

(2) 也可以直接鼠标双击左键【广联达办公大厦消防】及单位工程进入即可。

2. 导入 Excel 文件。进入单位工程界面，点击【导入导出】选择【导入 Excel 文件】，如图 8-63 所示，选择相应 Excel 文件。

选择 Excel 文件所在位置，然后检查列是否对应，无误后单击导入，如图 8-64 所示。

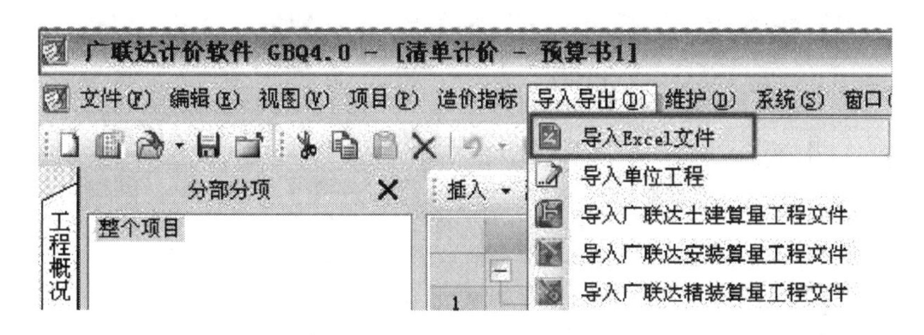

图 8-63　选择导入 Excel 文件

图 8-64　导入 Excel 文件

3. 在分部分项界面进行分部分项清单排序。

(1) 单击【整理清单】，选择【清单排序】，如图 8-65 所示。

(2) 清单排序完成如图 8-66 所示。

4. 项目特征主要有三种方法。

(1) Excel 文件中已包含项目特征描述的，导入时即有清单项目特征。

(2) 无清单项目特征时，选择清单项，在“特征及内容”界面可以进行添加或修改，见图 8-67。

(3) 如清单项目特征不完整时，直接点击“项目特征”对话框，进行修改或添加，见图 8-68。

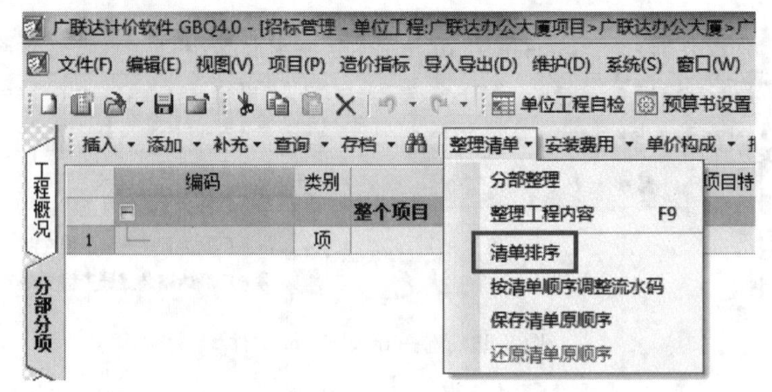

图 8-65 选择清单排序

	编码	类别	名称	项目特征	
			整个项目		
B1		部	消火栓系统		
1	030901002001	项	消火栓钢管	1.安装部位:室内消火栓 2.材质、规格:DN65 3.连接形式:螺纹连接 4.材质:镀锌钢管 5.压力试验及冲洗设计要求:管道消毒、冲洗	m
2	030901002002	项	消火栓钢管	1.安装部位:室内消火栓 2.材质、规格:DN100 3.连接形式:螺纹连接 4.材质:镀锌钢管 5.压力试验及冲洗设计要求:管道消毒、冲洗	m
3	030901010001	项	室内消火栓	1.名称:室内消火栓 2.型号、规格:单栓	套
4	030905002002	项	水灭火控制装置调试	1.系统形式:消火栓系统(消火栓按钮)	点
5	031002003003	项	套管	1.类型:防水套管 2.材质:刚性 3.规格:DN125	个
6	031003003004	项	焊接法兰阀门	1.类型:闸阀 2.规格、压力等级:DN100 3.连接形式:焊接	个

图 8-66 完成清单排序

费用 特征及内容 工程量明细 查询用户清单

项目特征

	特征	特征值	输出
1	安装部位	室内	☑
2	材质、规格	DN65	☑
3	连接形式	螺纹连接	☑
4	材质	镀锌钢管	☑
5	压力试验及冲洗设计要求	管道消毒、冲洗	☑

图 8-67 完善项目特征

部	消防工程		
项	消火栓钢管	1.安装部位:室内消火栓 2.材质、规格:DN65 3.连接形式:螺纹连接 4.材质:镀锌钢管 5.压力试验及冲洗设计要求:管道消毒、冲洗	m

图 8-68 补充项目特征

5. 完善分部分项清单，将项目特征补充完整。

(1) 方法一：点击【添加】选择【添加清单项】和【添加子目】如图 8-69 所示。

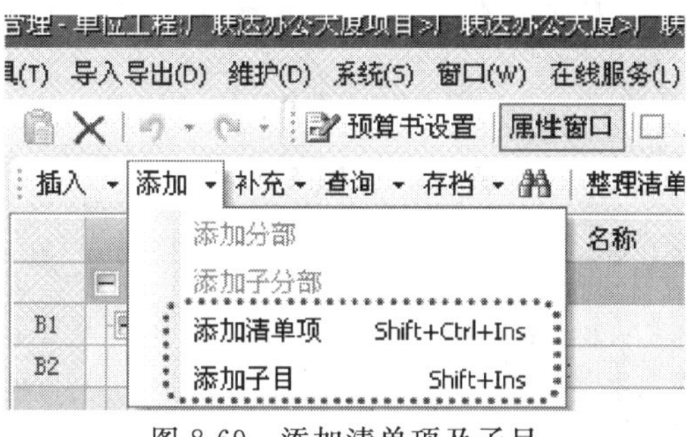

图 8-69 添加清单项及子目

(2) 方法二：右键单击选择【插入清单项】和【插入子目】，如图 8-70 所示。

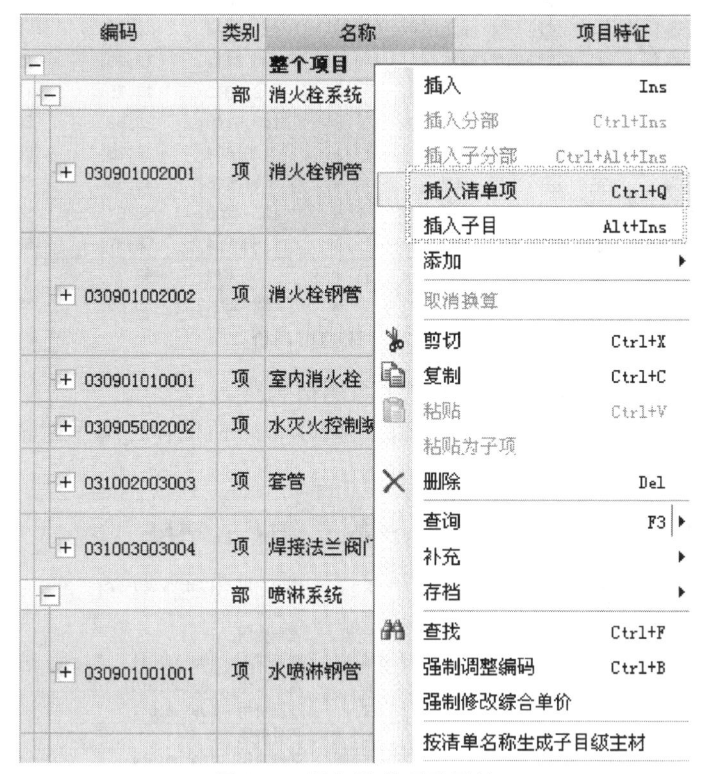

图 8-70 添加清单项及子目

6. 检查与整理

(1) 对分部分项的清单与定额的套用做法进行检查，看是否有误。

(2) 查看整个的分部分项中是否有空格，如有需要删除。

(3) 按清单项目特征描述校核套用定额的一致性，并进行修改。

(4) 查看清单工程量与定额工程量的数据的差别是否正确。

7. 锁定清单。在所有清单补充完整之后，可运用【锁定清单】对所有清单项进行锁定，锁定之后的清单项将不能再进行添加和删除等操作；若要进行修改，可先对清单项进行解锁，如图 8-71 所示。

8. 调整人材机。在“人材机汇总”界面下，参照招标文件要求的《郑州市 2013 年第一

返回项目管理

批量换算 · 其他 · 展开到 · 锁定清单

项目特征	单位	工程量表	含量	标记	备注

图 8-71　锁定清单

季度信息价》对材料“市场价”进行调整，如图 8-72 所示。

CZ2460	主	喷头	个	1.01	11.6	11.6
CZ2465@1	主	平焊法兰 DN100	片	11	28.65	28.65
CZ2481@1	主	水流指示器 DN100	个	5	140	140
CZ2490@1	主	末端试水装置 DN20	个	2.02	80	80
CZ2490@2	主	试水阀 DN20	个	8.08	40	40
CZ2691@1	主	自动排气阀 DN25	个	1	32	32
CZ293@1	主	焊接钢管SC15	m	1173.4687	5.67	5.67
CZ294@1	主	焊接钢管SC20	m	309.4017	7.31	7.31
CZ304@1	主	镀锌钢管 DN20	m	158.9874	9.24	9.24
CZ305@1	主	镀锌钢管 DN25	m	590.6412	13.35	13.35
CZ306@1	主	镀锌钢管 DN32	m	260.4366	17.26	17.26
CZ307@1	主	镀锌钢管 DN40	m	168.5142	20.89	20.89
CZ308@1	主	镀锌钢管 DN50	m	122.604	26.18	26.18
CZ309@1	主	镀锌钢管 DN65	m	11.526	35.55	35.55
CZ311@1	主	镀锌钢管 DN100	m	136.7208	58.67	58.67
CZ311@2	主	镀锌钢管 DN100	m	188.904	58.67	58.67
CZ4058@1	主	镀锌钢管 DN80	m	56.814	44.37	44.37
CZ4058@2	主	镀锌钢管 DN70	m	42.3504	35.55	35.55

图 8-72　调整市场价

9. 计取措施费，包括技术措施费及施工组织措施费。

(1) 计取技术措施费：点击安装费用，出现以下对话框，将脚手架搭拆费勾上，如图 8-73 所示。

	选择	费用项	状态	类型	记取位置
1	−	河南省安装工程工程量清单综合单价(2008)			
2	☐	高层建筑增加费	OK	措施费用	031302007
3	☐	钢模调整	OK	子目费用	
4	☐	系统调试费	未指定清	清单费用	
5	☐	有害增加费	OK	措施费用	031301011
6	☐	同时进行费	OK	措施费用	031301010
7	☑	脚手架搭拆	OK	措施费用	031301017
8	☐	超高费	OK	子目费用	
9	☐	焦炉烘炉、热态工程	未指定清	清单费用	031301014
10	☐	厂外运距超过1km	OK	子目费用	
11	☐	车间内整体封闭式地沟管道	OK	子目费用	
12	☐	超低碳不锈钢管执行不锈钢管项	OK	子目费用	
13	☐	高合金钢管执行合金钢管项目	OK	子目费用	

图 8-73　计取脚手架搭拆费

(2) 计取施工组织措施费：点击左侧栏组织措施，出现以下界面，修改安全文明费费率即可，如图 8-74 所示。

10. 计取规费，在费用汇总界面，由于招标文件要求规费计取社会保障费、住房公积金、意外伤害保险费，按照软件默认即可，如图 8-75 所示。

11. 计取税金，在费用汇总界面，根据招标文件中的项目施工地点，选择正确的模板进行载入。本工程施工地点在某市二环以内，所以应选择“工程在市（郊）区”，如图 8-76 所示。

031302001001	安全文明施工(含环境保护、文明施工、安全施工、临时设施)	项				1
1.1	基本费	项	(ZHGR+JSCS_ZHGR)*34*1.66		11.72	1
1.2	考评费	项	(ZHGR+JSCS_ZHGR)*34*1.66		3.56	1
1.3	奖励费	项	(ZHGR+JSCS_ZHGR)*34*1.66		2.48	1

图 8-74　计取安全文明施工措施费

规费	规费	F34+F35+F36+F37+F38	其中：1)工程排污费+2)定额测定费+3)社会保障费+4)住房公积金+5)意外伤害保险	
其中：1)工程排污费	工程排污费			
2)定额测定费	工程定额测定费	ZHGR+JSCS_ZHGR	综合工日合计+技术措施项目综合工日合计	0
3)社会保障费	社会保障费	ZHGR+JSCS_ZHGR	综合工日合计+技术措施项目综合工日合计	748
4)住房公积金	住房公积金	ZHGR+JSCS_ZHGR	综合工日合计+技术措施项目综合工日合计	170
5)意外伤害保险	工程意外伤害保险费	ZHGR+JSCS_ZHGR	综合工日合计+技术措施项目综合工日合计	60

图 8-75　计取规费

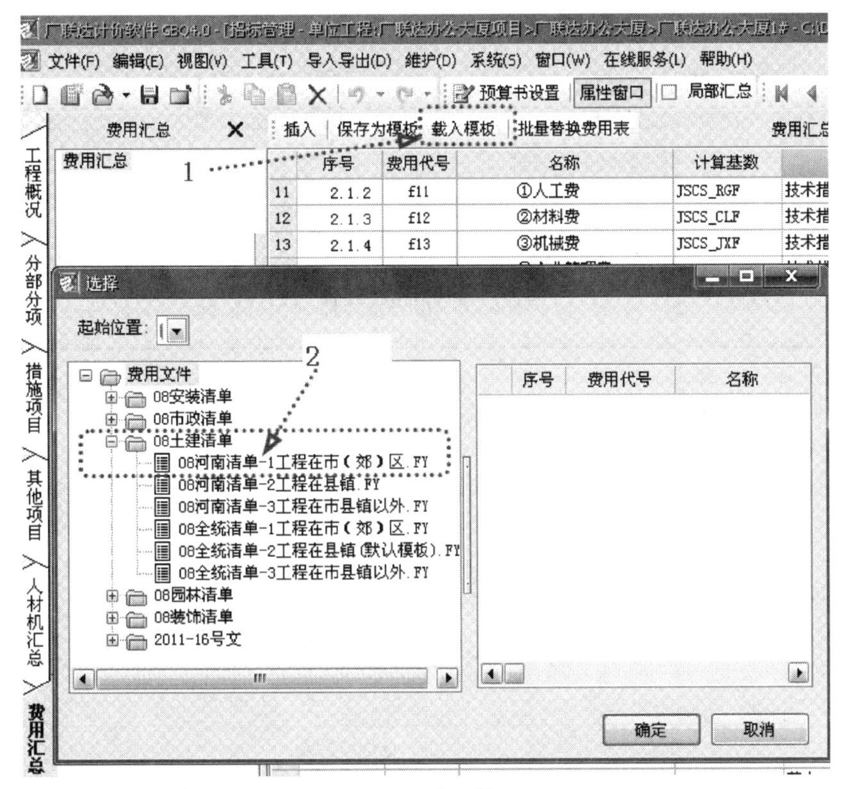

图 8-76　载入模板

12. 进入报表界面，选择招标控制价，单击需要输出的报表，右键选择报表设计，或直接点击报表设计器，见图 8-77。

进入报表设计器，调整列宽及行距，见图 8-78。

13. 单击文件，选择三报表预览，如需修改，关闭预览，重新调整，见图 8-79。

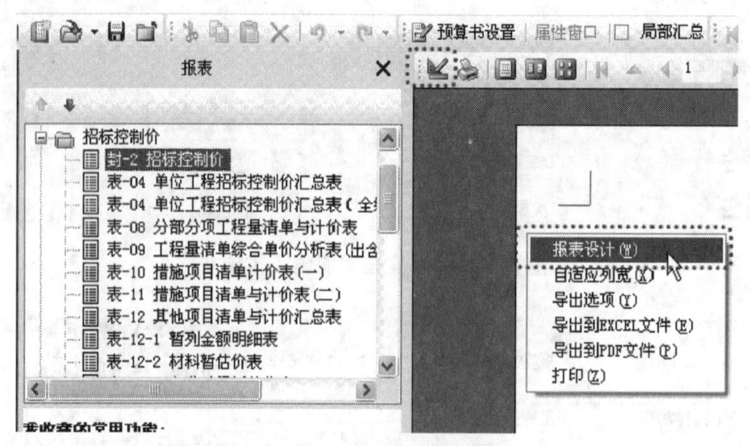

图 8-77　报表设计

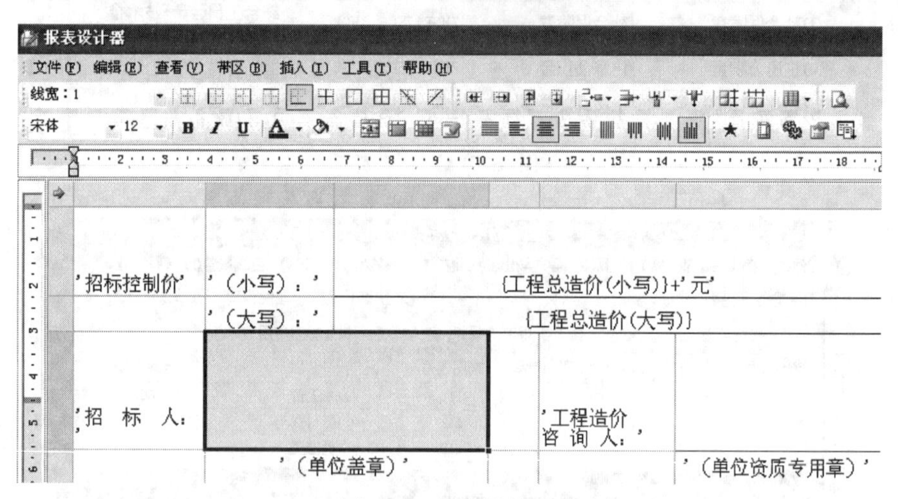

图 8-78　报表设计器

招标控制价

招标控制价　（小写）：260，201.29

（大写）：贰拾陆万零贰佰零壹元贰角玖分

招　标　人：________　　造价咨询人：________

（单位盖章）　　（单位资质专用章）

法定代表人　　法定代表人

或其授权人：________　　或其授权人：________

（签字或盖章）　　（签字或盖章）

图 8-79　报表预览

8.3.6 通风专业

1. 编辑

(1) 在项目结构中进入单位工程进行编辑时，可直接双击项目结构中的单位工程名称或者选中需要编辑的单位工程，单击常用功能中的【编辑】。

(2) 也可以直接鼠标双击左键【广联达办公大厦通风】及单位工程进入即可。

2. 导入 Excel 文件

(1) 进入单位工程界面，点击【导入导出】选择【导入 Excel 文件】如图 8-80 所示，选择相应 Excel 文件。

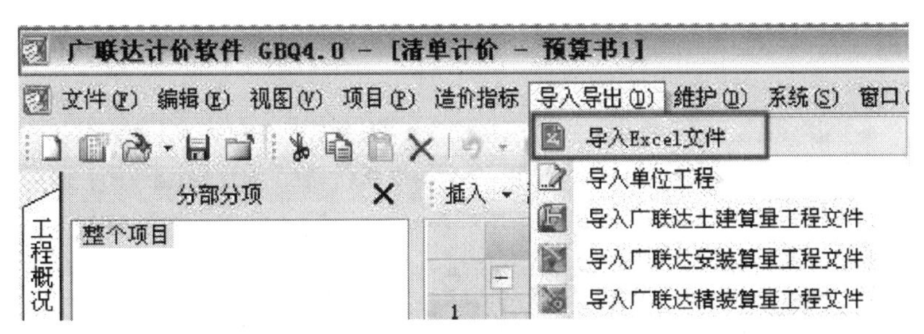

图 8-80 选择导入 Excel 文件

(2) 选择 Excel 文件所在位置，然后检查列是否对应，无误后单击导入，见图 8-81。

Excel表: C:\Documents and Settings\Administrator\桌面\刘\通风\通风空调清单表.x 选择 操作说明

数据表: 表-08 分部分项工程和单价措施项目清单与计

历史工程: 选择

隐藏已识别行 显示所有行 全部选择 全部取消

				项目编码	项目名称	项目特征	计量单位	工程数量
			列识别	列识别	列识别	列识别	列识别	列识别
匹配电子表格数据								
选择	无效行		序号	A	B	C	D	E	F
☑	无效行	行识别	1	广联达办公大厦通风专业工程工程量清单表					
☑	无效行	行识别	2	序号	项目编码	项目名称	项目特征	计量单位	工程量
☑	清单行	行识别	3	1	030108003001	轴流通风机	1.名称:PY-B1F-1 轴流风机	台	1
☑	清单行	行识别	4	2	030108003002	轴流通风机	1.名称:PF-B1F-1 轴流风机	台	1
☑	清单行	行识别	5	3	030404031001	小电器	1.名称:排气扇	台	1
☑	清单行	行识别	6	4	030702001001	碳钢通风管道	1.名称:钢板通风管道	m2	15.51
☑	清单行	行识别	7	5	030702001002	碳钢通风管道	1.名称:钢板通风管道	m2	72.9
☑	清单行	行识别	8	6	030702001003	碳钢通风管道	1.名称:钢板通风管道	m2	33.4
☑	清单行	行识别	9	7	030703001001	碳钢阀门	1.名称:对开多叶调节阀	个	1
☑	清单行	行识别	10	8	030703001002	碳钢阀门	1.名称:对开多叶调节阀	个	1
☑	清单行	行识别	11	9	030703001003	碳钢阀门	1.名称:70℃防火阀	个	2
☑	清单行	行识别	12	10	030703001004	碳钢阀门	1.名称:70℃防火阀	个	2
☑	清单行	行识别	13	11	030703011001	铝及铝合金风口、散流器	1.名称:单层百叶风口	个	2
☑	清单行	行识别	14	12	030703011002	铝及铝合金风口、散流器	1.名称:板式排烟口	个	4
☑	清单行	行识别	15	13	030703021001	静压箱	1.名称:静压箱	个	1
☑	清单行	行识别	16	14	030704001001	通风工程检测、调试	1.通风工程检测、调试	系统	1

图 8-81 导入 Excel 文件

3. 在分部分项界面进行分部分项清单排序。

(1) 单击【整理清单】，选择【清单排序】，如图 8-82 所示。

(2) 清单排序完成如图 8-83 所示。

4. 项目特征主要有三种方法。

(1) Excel 文件中已包含项目特征描述的，导入时即有清单项目特征。

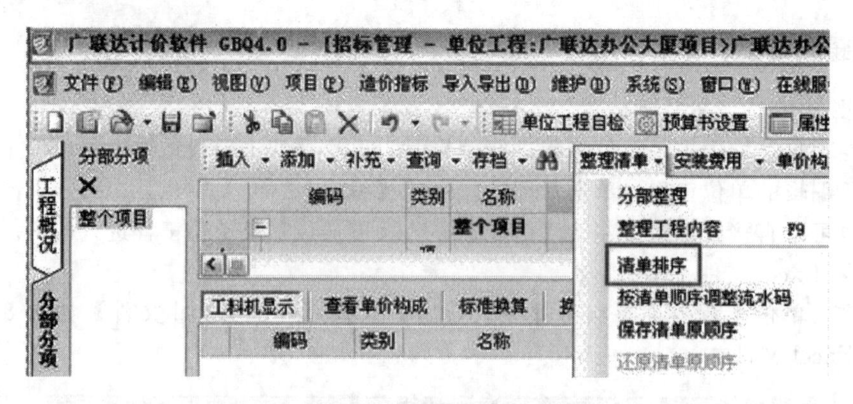

图 8-82　选择清单排序

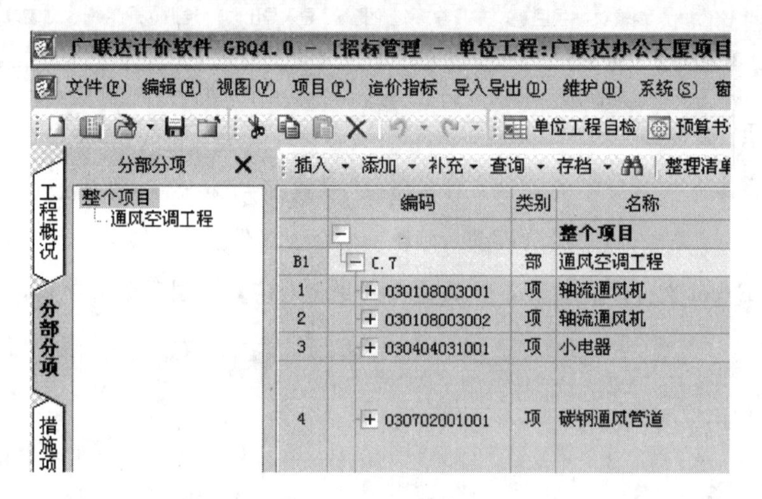

图 8-83　完成清单排序

(2) 无清单项目特征时，选择清单项，在“特征及内容”界面可以进行添加或修改，见图 8-84。

(3) 如清单项目特征不完整时，直接点击“项目特征”对话框，进行修改或添加，见图 8-85。

费用 | 特征及内容 | 工程量明细 | 查询用户清单

项目特征

	特征	特征值	输出
1	名称	钢板通风管道	☑
2	材质	镀锌	☑
3	形状	矩形	☑
4	规格	500*250	☑
5	板材厚度	δ0.6	☑
6	接口形式	法兰咬口连接	☑

图 8-84　完善项目特征

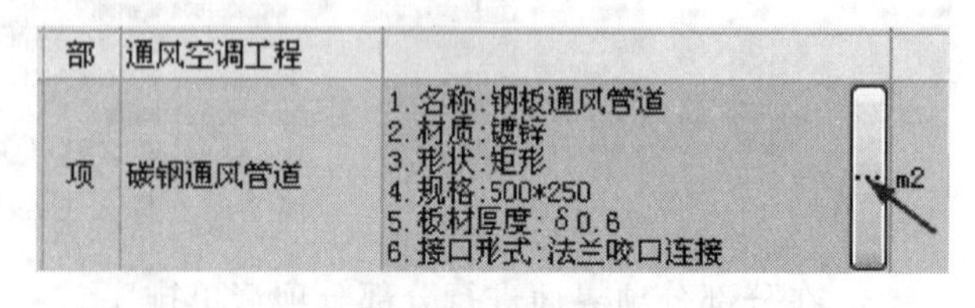

图 8-85　补充项目特征

5. 完善分部分项清单，将项目特征补充完整。

(1) 方法一：点击【添加】选择【添加清单项】和【添加子目】如图 8-86 所示。

(2) 方法二：右键单击选择【插入清单项】和【插入子目】，如图 8-87 所示。

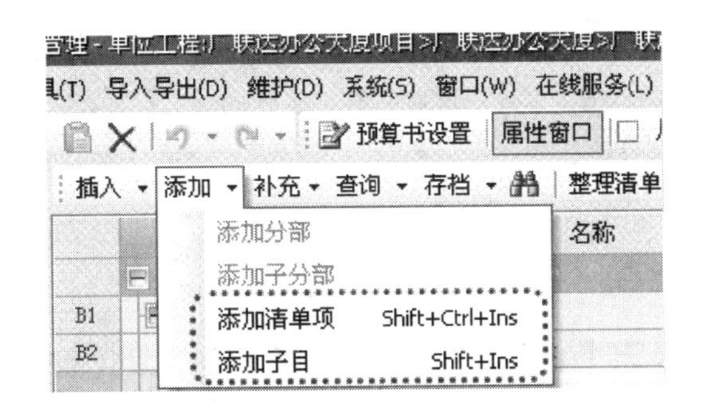

图 8-86 添加清单项及子目（一）

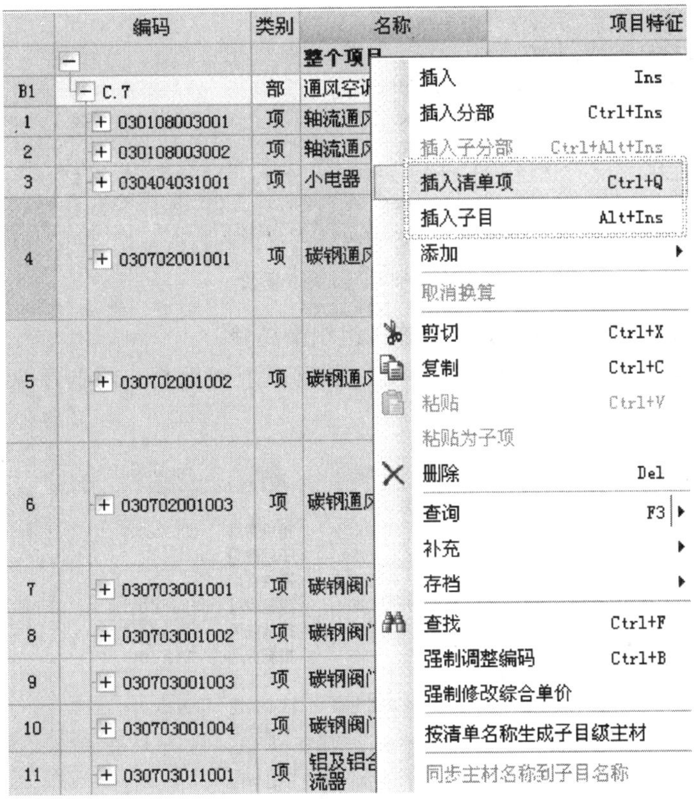

图 8-87 添加清单项及子目（二）

6. 检查与整理

(1) 对分部分项的清单与定额的套用做法进行检查，看是否有误。

(2) 查看整个的分部分项中是否有空格，如有需要删除。

(3) 按清单项目特征描述校核套用定额的一致性，并进行修改。

(4) 查看清单工程量与定额工程量的数据的差别是否正确。

7. 锁定清单。在所有清单补充完整之后，可运用【锁定清单】对所有清单项进行锁定，锁定之后的清单项将不能再进行添加和删除等操作；若要进行修改，可先对清单项进行解锁，如图 8-88 所示。

8. 调整人材机。在“人材机汇总”界面下，参照招标文件要求的《郑州市 2013 年第一

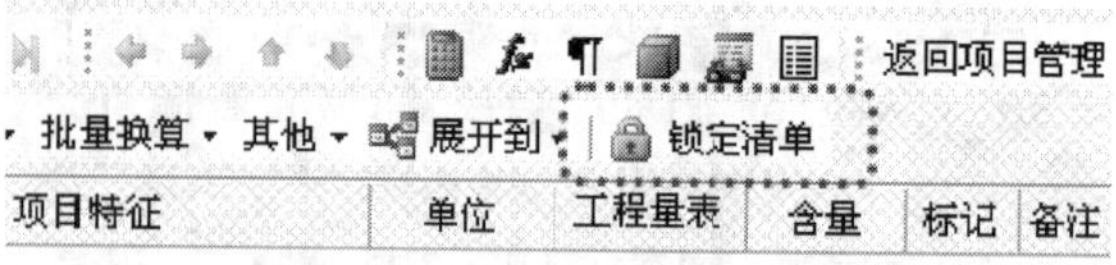

返回项目管理

批量换算 · 其他 · 展开到 · 锁定清单

项目特征	单位	工程量表	含量	标记	备注

图 8-88 锁定清单

季度信息价》对材料“市场价”进行调整，如图 8-89 所示。

编码	类别	名称	单位	数量	预算价	市场价
CZ2953	主	镀锌薄钢板	m2	3.83766	37.92	37.92
CZ3003@1	主	镀锌薄钢板 δ0.6	m2	17.65038	23.64	23.64
CZ2953@1	主	镀锌薄钢板 δ1.2	m2	120.9694	45.5	45.5
CZ2994@1	主	PY-B1F-1 轴流风机	台	1	4000	4000
CZ2994@2	主	PF-B1F-1 轴流风机	台	1	4000	4000
CZ2997@1	主	排气扇	台	1	110	110
补充主材0	主	对开多叶调节阀 500*250	个	1	224	224
补充主材0	主	对开多叶调节阀 1000*500	个	1	378	378
补充主材0	主	70℃防火阀 500*250	个	2	251	251
补充主材0	主	70℃防火阀 1000*500	个	2	475	475
补充主材0	主	单层百叶风口 400*300	个	2	73.8	73.8
补充主材0	主	板式排烟口 800*(800+250)	个	4	858	858

图 8-89 调整市场价

9. 计取措施费，包括技术措施费及施工组织措施费。

(1) 计取技术措施费：点击安装费用，出现以下对话框，将脚手架搭拆费勾上，如图 8-90所示。

	选择	费用项	状态	类型	记取位置
1	−	河南省安装工程工程量清单综合单价 (2008)			
2	☐	高层建筑增加费	OK	措施费用	031302007
3	☐	钢模调整	OK	子目费用	
4	☐	系统调试费	未指定清	清单费用	
5	☐	有害增加费	OK	措施费用	031301011
6	☐	同时进行费	OK	措施费用	031301010
7	☑	脚手架搭拆	OK	措施费用	031301017
8	☐	超高费	OK	子目费用	
9	☐	焦炉烘炉、热态工程	未指定清	清单费用	031301014
10	☐	厂外运距超过1km	OK	子目费用	
11	☐	车间内整体封闭式地沟管道	OK	子目费用	
12	☐	超低碳不锈钢管执行不锈钢管项	OK	子目费用	
13	☐	高合金钢管执行合金钢管项目	OK	子目费用	

图 8-90 计取脚手架搭拆费

(2) 计取施工组织措施费：点击左侧栏组织措施，出现以下界面，修改安全文明费费率即可，如图 8-91 所示。

− 031302001001	安全文明施工(含环境保护、文明施工、安全施工、临时设施)	项			1
1.1	基本费	项	(ZHGR+JSCS_ZHGR)*34*1.66	11.72	1
1.2	考评费	项	(ZHGR+JSCS_ZHGR)*34*1.66	3.56	1
1.3	奖励费	项	(ZHGR+JSCS_ZHGR)*34*1.66	2.48	1

图 8-91 计取安全文明施工措施费

10. 计取规费，在费用汇总界面，由于招标文件要求规费计取社会保障费、住房公积金、意外伤害保险费，按照软件默认即可，如图 8-92 所示。

规费	规费	F34+F35+F36+F37+F38	其中：1)工程排污费+2)定额测定费+3)社会保障费+4)住房公积金+5)意外伤害保险	
其中：1)工程排污费	工程排污费			
2)定额测定费	工程定额测定费	ZHGR+JSCS_ZHGR	综合工日合计+技术措施项目综合工日合计	0
3)社会保障费	社会保障费	ZHGR+JSCS_ZHGR	综合工日合计+技术措施项目综合工日合计	748
4)住房公积金	住房公积金	ZHGR+JSCS_ZHGR	综合工日合计+技术措施项目综合工日合计	170
5)意外伤害保险	工程意外伤害保险费	ZHGR+JSCS_ZHGR	综合工日合计+技术措施项目综合工日合计	60

图 8-92　计取规费

11. 计取税金，在费用汇总界面，根据招标文件中的项目施工地点，选择正确的模板进行载入。本工程施工地点在某市二环以内，所以应选择“工程在市（郊）区”，如图 8-93 所示。

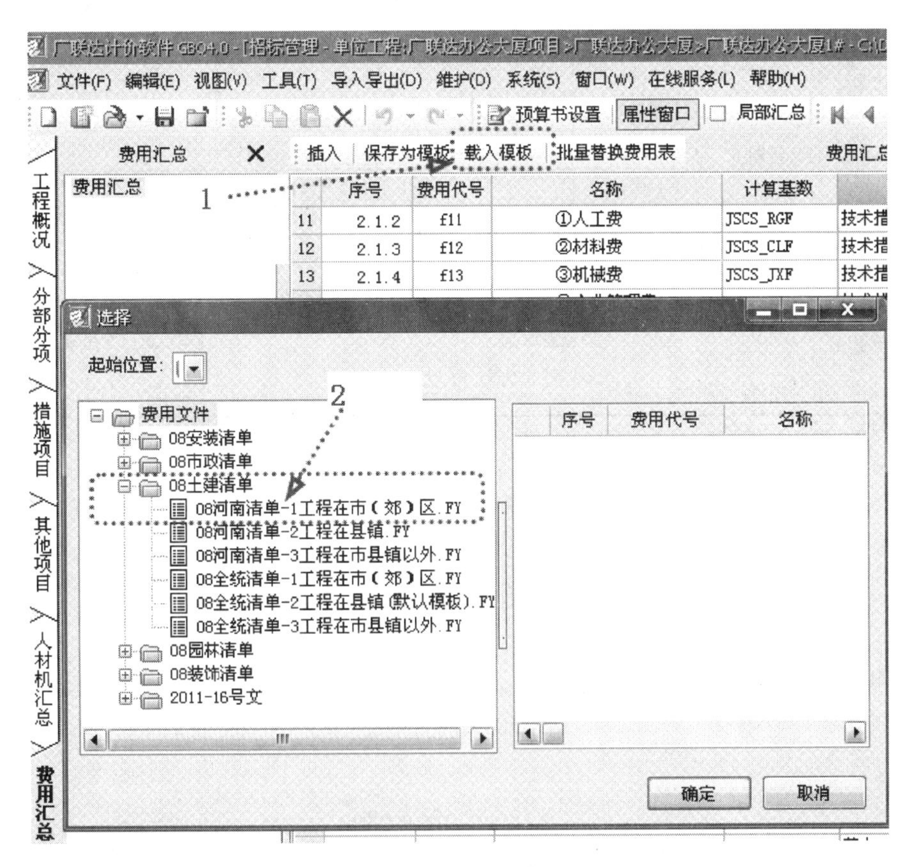

图 8-93　载入模板

12. 进入报表界面，选择招标控制价，单击需要输出的报表，右键选择报表设计，或直接点击报表设计器，见图 8-94。

进入报表设计器，调整列宽及行距，见图 8-95。

13. 单击文件，选择三报表预览，如需修改，关闭预览，重新调整，见图 8-96。

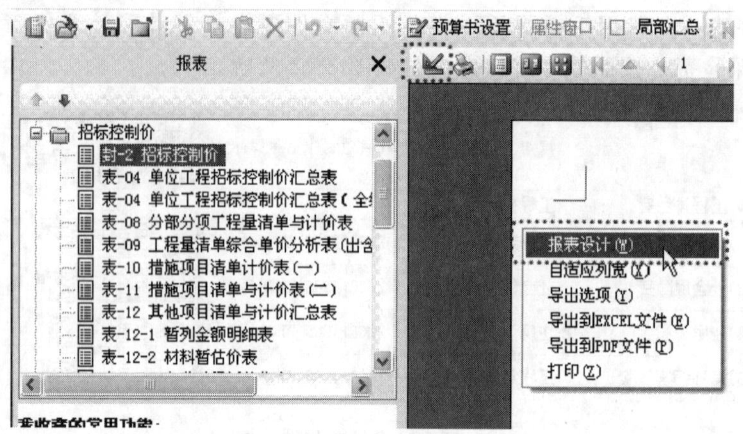

图 8-94　报表设计

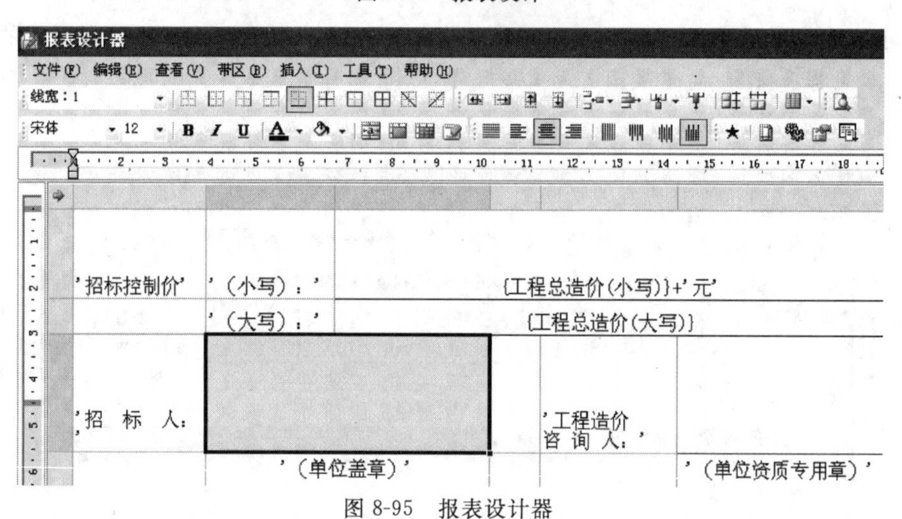

图 8-95　报表设计器

招标控制价

招标控制价　　(小写)：　　32，721.26

　　　　　　　(大写)：　　叁万贰仟柒佰贰拾壹元贰角陆分

招　标　人：＿＿＿＿＿＿＿＿　　造价咨询人：＿＿＿＿＿＿＿＿

　　　　　(单位盖章)　　　　　　　　　　(单位资质专用章)

法定代表人　　　　　　　　　　　法定代表人

或其授权人：＿＿＿＿＿＿＿＿　　或其授权人：＿＿＿＿＿＿＿＿

　　　　　(签字或盖章)　　　　　　　　　(签字或盖章)

图 8-96　报表预览

8.4 任务总结

1. 新建单项工程，完成分部分项内容，需注意高层建筑增加费的计取。高层建筑增加费在工业与民用建筑高度 6 层或 20m 以上时计取。

2. 对定额中未计价材进行调价，人工调整价差。

3. 根据招标文件确定措施计取项目，一般包括脚手架搭拆费及安全文明措施费。安全文明措施费需注意的是仅计取基本费或者是根据文件规定足额计取。

4. 计取规费，规费包括社会保障费、住房公积金及意外伤害保险费。计取之前确定规费需要计取哪些内容。

5. 对税金进行计取，市区工程税金 3.477%，县镇 3.413%，村 3.284%。

8.5 知识链接

1. 各个系统在 2008 定额中所涉及的有关说明，参照《河南省建设工程工程量清单综合单价 2008》C.8 给排水、采暖、燃气工程。

2. 各个系统所用到的工程量清单计价规范的内容，参照《通用安装工程工程量清单计价规范》(GB 50500—2013)。

3. 未计价材参照河南定额站发布的《郑州 2013 年第一季度信息价》调整。

4. 造价相关文件；安全文明施工费参考（豫建设标 2012 [31] 号文)。

5. 规费费率（定额规定)。

6. 税金（定额规定）市区 3.477%，县镇 3.413%，村 3.284%。

招标控制价打印

熟悉编制招标控制价时需要打印的表格。

按照招标文件的要求，打印相应的报表，并装订成册。

9.1 任务说明

1. 编写工程编制说明；编制说明包括项目名称、编制依据、取费依据及其他要说明的问题。

2. 设计需要的报表

(1) 工程量清单选择：报表依据工程量清单计价规范，选择：封1、表01、表08、表10、表11、表12（不含表12-6～表12-8）、表13。

(2) 招标控制价选择表格：封2、表01、表02、表03、表04、表08、表09、表10、表11、表12（不含表12-6～表12-8）、表13。

3. 输出招标控制价成果文件。

9.2 任务分析

1. 编制说明包括哪些要素？
2. 报表是怎样设计的？选择哪些报表？选择这些报表的依据是什么？
3. 招标控制价成果文件包括哪些内容？

9.3 任务实施

1. 本案例工程编制说明如图9-1所示。

工程名称：广联达办公大厦 1# 楼　　　　第 1 页　共 1 页

一、工程概况

工程概况：本建筑物为“广联达办公大厦”，建设地点位于北京市郊，建筑物用地概貌属于平缓场地，本建筑物为二类多层办公建筑，总建筑面积为 4745.6m²，建筑层数为地下 1 层、地上 4 层，高度为檐口距地高度为 15.6m。本建筑物设计标高±0.000相当于绝对标高＝41.50m。

二、编制依据

1. 设计施工图纸、施工招标文件、甲方编制要求等技术资料。

2. 采用现行的法律法规、标准图集、规范、工艺标准、材料做法。

三、计价依据：

1.《河南省建设工程工程量清单综合单价(2008)》C 安装工程及其相配套的计价办法、调整文件和综合解释。

2. 材料价格依据 2013 年第一季度《郑州市建设工程材料基准价格信息》及现行市场价调整。

3. 安全文明施工费和规费按规定足额计取，税金按 3.477％计取。

4. 人工费按 67 元/工日计入预算。

四、其他需要说明的问题

图 9-1　编制说明

2. 报表设计（附截图）

(1) 在项目管理界面，可运用常用功能中的【预览整个项目报表】进行报表设计及打印，见图 9-2。

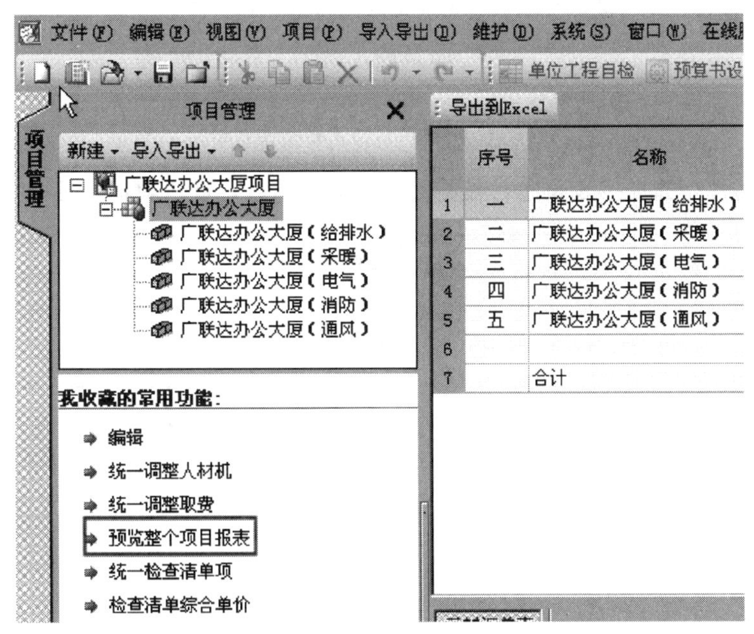

图 9-2　预览整个项目报表

(2) 进入报表界面，选择招标控制价，见图 9-3。

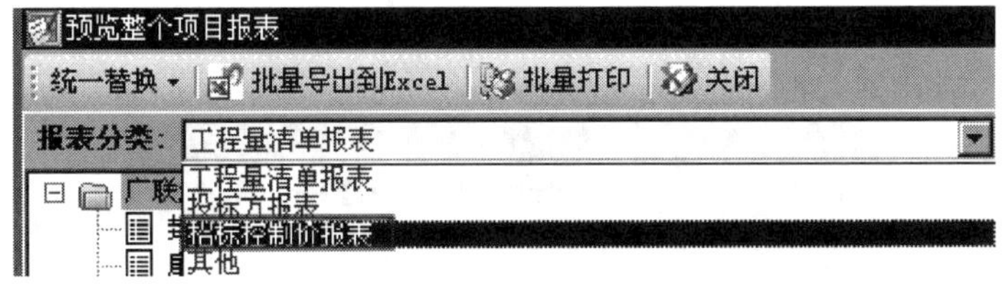

图 9-3　报表设计

（3）单击需要输出的报表，右键选择报表设计，或直接点击报表设计器，进入报表设计器，调整列宽及行距，见图 9-4。

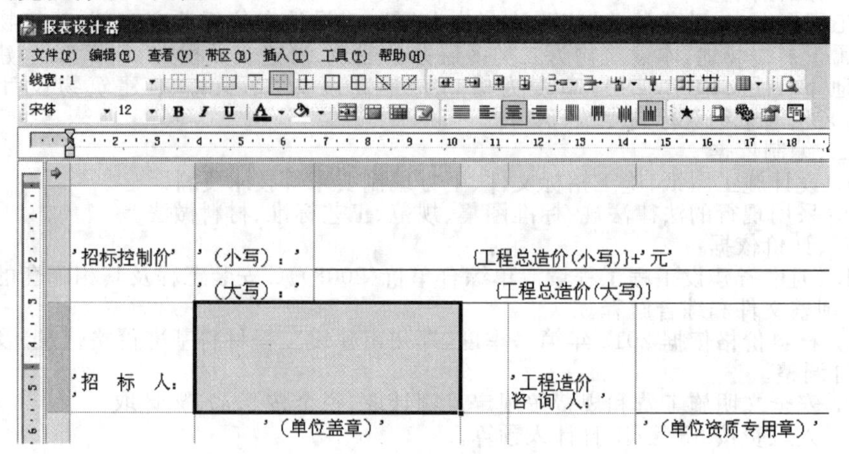

图 9-4　报表设计器

（4）报表设计后可应用到其他报表，选择“是”，如图 9-5 所示。

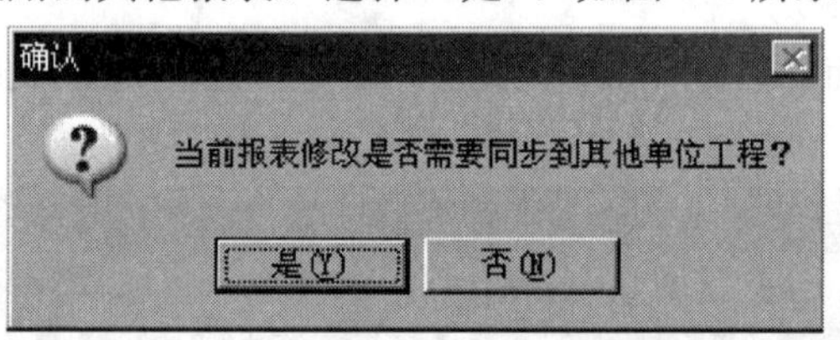

图 9-5　报表设计同步到其他表格

（5）单击文件，选择报表预览，如需修改，关闭预览，重新调整，见图 9-6。

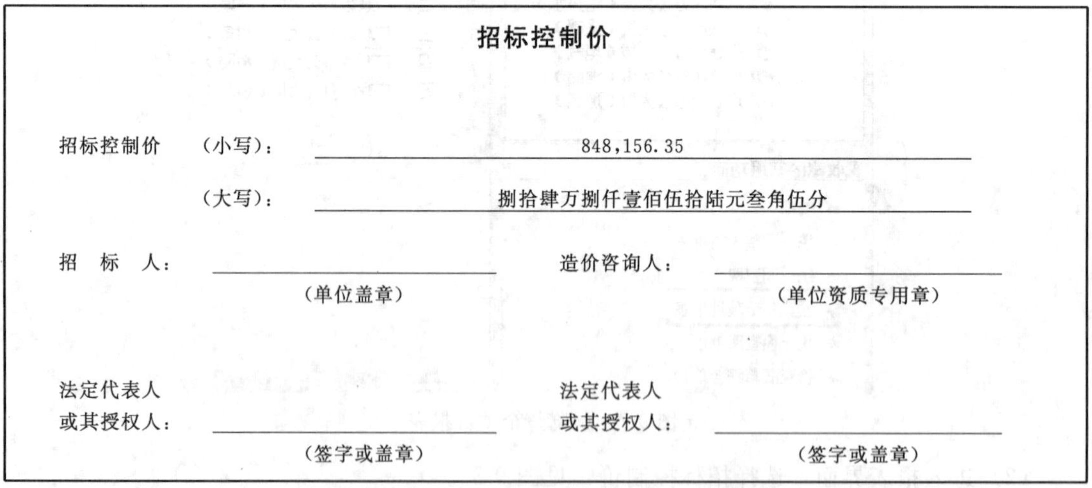

招标控制价

招标控制价　（小写）：　848,156.35

（大写）：　捌拾肆万捌仟壹佰伍拾陆元叁角伍分

招　标　人：＿＿＿＿＿＿＿＿　造价咨询人：＿＿＿＿＿＿＿＿

（单位盖章）　（单位资质专用章）

法定代表人
或其授权人：＿＿＿＿＿＿＿＿　法定代表人
或其授权人：＿＿＿＿＿＿＿＿

（签字或盖章）　（签字或盖章）

图 9-6　报表预览

（6）报表调整后，进行批量打印，见图 9-7。

图 9-7　批量打印

（7）批量打印选择按钮，见图 9-8，然后选择打印选中表，进行打印。

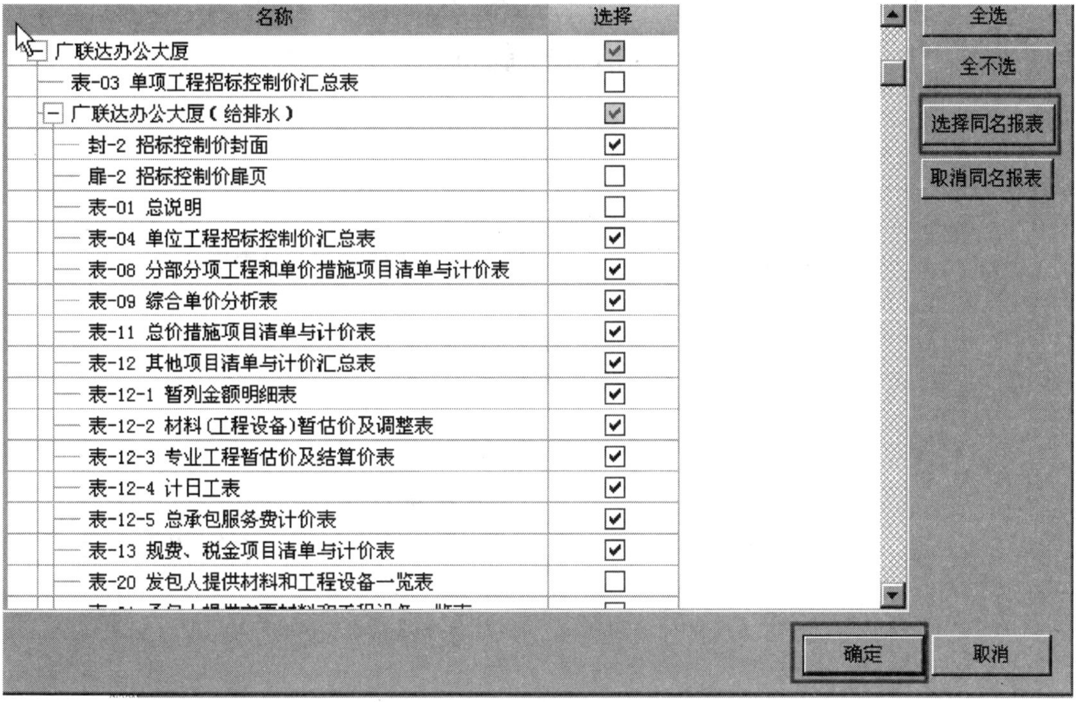

图 9-8 选择同名报表

3. 打印成册（附表格）。

9.4 任务总结

1. 此次工作任务的结果文件要整理后形成装订成册的招标文件。

2. 报表设计要保证报表的完整及美观（工程名称是否正确、行与行之间是否压行、打印是否在一个幅面、报表是否自适应列宽）。

3. 封面应按照规定的内容填写、签字、盖章，并有负责审核的造价工程签字、盖章及工程造价咨询人盖章。

9.5 安装工程工程量清单及清单计价编制实例

实例 1 广联达办公大厦（给排水）见表 9-1～表 9-9。

实例 2 广联达办公大厦（采暖）见表 9-10～表 9-14。

实例 3 广联达办公大厦（电气）见表 9-15～表 9-19。

实例 4 广联达办公大厦（消防）见表 9-20～表 9-24。

实例 5 广联达办公大厦（通风）见表 9-25～表 9-29。

广联达办公大厦项目 工程

招标控制价

招标控制价 （小写）： 762173.8

（大写）： 柒拾陆万贰仟壹佰柒拾叁元捌角

招 标 人： ________ （单位盖章）

造价咨询人： ________ （单位资质专用章）

法定代表人
或其授权人： ________ （签字或盖章）

法定代表人
或其授权人： ________ （签字或盖章）

编 制 人： ________ （造价人员签字盖专用章）

复 核 人： ________ （造价工程师签字盖专用章）

编制时间： 年 月 日

复核时间： 年 月 日

表 9-1　建设项目招标控制价汇总表

工程名称：广联达办公大厦项目　　　　第 1 页　共 1 页

序号	单项工程名称	金额/元	其中:/元		
			暂估价	安全文明施工费	规费
1	广联达办公大厦	762173.8		26437.57	25794.73
合计		762173.8		26437.57	25794.73

注：本表适用于建设项目招标控制价或投标报价的汇总。

表 9-2　单项工程招标控制价汇总表

工程名称：广联达办公大厦　　　　第 1 页　共 1 页

序号	单位工程名称	金额/元	其中:/元		
			暂估价	安全文明施工费	规费
1	广联达办公大厦(给排水)	54024.32		1362.69	1329.56
2	广联达办公大厦(采暖)	111117.26		2773.07	2705.65
3	广联达办公大厦(电气)	294689.02		9053.01	8832.87
4	广联达办公大厦(消防)	269621.94		12429.95	12127.7
5	广联达办公大厦(通风)	32721.26		818.85	798.95
合计		762173.8		26437.57	25794.73

注：本表适用于单项工程招标控制价或投标报价的汇总。暂估价包括分部分项工程中的暂估价和专业工程工程暂估价。

表 9-3 编制说明

工程名称：广联达办公大厦 1# 楼　　　　第 1 页　共 1 页

一、工程概况

工程概况：本建筑物为“广联达办公大厦”，建设地点位于北京市郊，建筑物用地概貌属于平缓场地，本建筑物为二类多层办公建筑，总建筑面积为 4745.6m²，建筑层数为地下 1 层、地上 4 层，高度为檐口距地高度为 15.6m。本建筑物设计标高±0.000相当于绝对标高＝41.50m。

二、编制依据

1. 设计施工图纸、施工招标文件、甲方编制要求等技术资料。

2. 采用现行的法律法规、标准图集、规范、工艺标准、材料做法。

三、计价依据

1.《河南省建设工程工程量清单综合单价(2008)》C 安装工程及其相配套的计价办法、调整文件和综合解释。

2. 材料价格依据 2013 年第一季度《郑州市建设工程材料基准价格信息》及现行市场价调整。

3. 安全文明施工费和规费按规定足额计取，税金按 3.477%计取。

4. 人工费按 67 元/工日计入预算。

四、其他需要说明的问题

广联达办公大厦（给排水）工程

招标控制价

招标控制价　　（小写）：54，024.32

（大写）：伍万肆仟零贰拾肆元叁角贰分

招　标　人：________（单位盖章）

造价咨询人：________（单位资质专用章）

法定代表人
或其授权人：________（签字或盖章）

法定代表人
或其授权人：________（签字或盖章）

编　制　人：________（造价人员签字盖专用章）

复　核　人：________（造价工程师签字盖专用章）

编制时间：　年　月　日　　复核时间：　年　月　日

表 9-4　单位工程招标控制价汇总表

工程名称：广联达办公大厦（给排水）　　　　第 1 页　共 2 页

序号	汇 总 内 容	金额/元	其中:暂估价/元
1	清单项目费用	49188.73	
1.1	C.10 给排水、采暖、燃气工程	49188.73	
1.2	其中:综合工日	134.25	
1.3	1)人工费	8756.18	
1.4	2)材料费	8755.19	
1.5	3)机械费	467.35	
1.6	4)企业管理费	2148.06	
1.7	5)利润	1410.38	
2	措施项目费用	1690.72	
2.1	其中:1)技术措施费	328.03	
2.1.1	综合工日	1.69	
2.1.2	①人工费	113.4	
2.1.3	②材料费	172.64	
2.1.4	③机械费		
2.1.5	④企业管理费	24.21	
2.1.6	⑤利润	17.78	
2.2	2)安全文明措施费	1362.69	
2.2.1	2.1)基本费	899.25	
2.2.2	2.2)考评费	273.15	
2.2.3	2.3)奖励费	190.29	
2.3	3)二次搬运费		
2.4	4)夜间施工措施费		
2.5	5)冬雨施工措施费		
2.6	6)其他		
3	其他项目费用		—
3.1	其中:1)暂列金额		—

续表

工程名称：广联达办公大厦（给排水）　　　　第 2 页　共 2 页

序号	汇 总 内 容	金额/元	其中:暂估价/元
3.2	2)专业工程暂估价		—
3.3	3)计日工		—
3.4	4)总承包服务费		—
3.5	5)零星工作项目费		
3.6	6)优质优价奖励费		
3.7	7)检测费		
3.8	8)其他		
4	规费	1329.56	—
4.1	其中：1)工程排污费		—
4.2	2)定额测定费		—
4.3	3)社会保障费	1016.88	—
4.4	4)住房公积金	231.11	—
4.5	5)意外伤害保险	81.57	—
5	税前造价合计	52209.01	
6	税金	1815.31	—
招标控制价合计=1+2+3+4+6		54,024.32	

注：本表适用于单位工程招标控制价或投标报价的汇总，如无单位工程划分，单项工程也使用本表汇总。

表 9-5　分部分项工程和单价措施项目清单与计价表

工程名称：广联达办公大厦（给排水）　　　　第 1 页　共 3 页

序号	项目编码	项目名称	项目特征描述	计量单位	工程量	金额/元		
						综合单价	合价	其中
								暂估价
1	031001007001	复合管	1. 安装部位:室内 2. 介质:给水 3. 材质、规格:热镀锌(衬塑)复合管 DN70 4. 连接形式:丝接 5. 压力试验及吹、洗设计要求:管道消毒、冲洗	m	10.73	145.46	1560.79	
2	031001007002	复合管	1. 安装部位:室内 2. 介质:给水 3. 材质、规格:热镀锌(衬塑)复合管 DN50 4. 连接形式:丝接 5. 压力试验及吹、洗设计要求:管道消毒、冲洗	m	73.56	115.19	8473.38	
3	031001007003	复合管	1. 安装部位:室内 2. 介质:给水 3. 材质、规格:热镀锌(衬塑)复合管 DN40 4. 连接形式:丝接 5. 压力试验及吹、洗设计要求:管道消毒、冲洗	m	3.8	95.62	363.36	
4	031001007004	复合管	1. 安装部位:室内 2. 介质:给水 3. 材质、规格:热镀锌(衬塑)复合管 DN32 4. 连接形式:丝接 5. 压力试验及吹、洗设计要求:管道消毒、冲洗	m	15.16	77.1	1168.68	
5	031001007005	复合管	1. 安装部位:室内 2. 介质:给水 3. 材质、规格:热镀锌(衬塑)复合管 DN25 4. 连接形式:丝接 5. 压力试验及吹、洗设计要求:管道消毒、冲洗	m	21.08	65.71	1385.17	
6	031002003001	套管	1. 名称:刚性防水套管 2. 材质:钢材 3. 规格:DN125 4. 系统:给水系统	个	1	328.94	328.94	
7	031003001002	螺纹阀门	1. 类型:截止阀 2. 规格:DN50 3. 连接形式:螺纹连接	个	8	59.75	478	
8	031003001003	螺纹阀门	1. 类型:截止阀 2. 规格:DN32 3. 连接形式:螺纹连接	个	4	33.32	133.28	
9	031003003001	焊接法兰阀门	1. 类型:闸阀 2. 规格:DN70 3. 连接形式:焊接	个	1	238.57	238.57	
本页小计							14130.17	

续表

工程名称：广联达办公大厦（给排水）　　　　第 2 页　共 3 页

序号	项目编码	项目名称	项目特征描述	计量单位	工程量	金额/元		
						综合单价	合价	其中 暂估价
10	031001006001	塑料管	1. 安装部位:室内 2. 介质:排水管道 3. 材质、规格:螺旋塑料管 *De*110 4. 连接形式:粘接	m	42.2	64.07	2703.75	
11	031001006002	塑料管	1. 安装部位:室内 2. 介质:排水管道 3. 材质、规格:塑料管 UPVC*De*110 4. 连接形式:粘接	m	80.96	60.03	4860.03	
12	031001006003	塑料管	1. 安装部位:室内 2. 介质:排水管道 3. 材质、规格:塑料管 UPVC*De*75 4. 连接形式:粘接	m	7.56	41.07	310.49	
13	031001006004	塑料管	1. 安装部位:室内 2. 介质:排水管道 3. 材质、规格:塑料管 UPVC*De*50 4. 连接形式:粘接	m	64.04	27.18	1740.61	
14	031002003002	套管	1. 名称:刚性防水套管 2. 材质:钢材 3. 规格:*DN*125 4. 系统:排水系统	个	2	328.94	657.88	
15	031004003001	洗脸盆	1. 材质:陶瓷 2. 规格、类型:洗脸盆 3. 附件名称:红外感应水龙头	组	16	213.03	3408.48	
16	031004004001	洗涤盆	1. 材质:陶瓷 2. 规格、类型:拖布池	组	8	107.54	860.32	
17	031004006001	大便器	1. 材质:陶瓷 2. 规格、类型:坐便器 3. 附件名称:6L 低水箱	组	8	622.19	4977.52	
18	031004006002	大便器	1. 材质:陶瓷 2. 规格、类型:蹲便器 3. 附件名称:脚踏式	组	24	317.98	7631.52	
19	031004007001	小便器	1. 材质:陶瓷 2. 规格、类型:小便斗 3. 附件名称:红外感应水龙头	组	12	259.93	3119.16	
20	031004014001	给、排水附(配)件	1. 材质:塑料 2. 名称:地漏 3. 规格:*De*50	个	8	21.85	174.8	
21	030109011001	潜水泵	1. 名称:潜水排污泵 2. 型号:50QW(WQ)10-7-0.75 3. 检查接线	台	1	2423.69	2423.69	
22	031001005001	铸铁管	1. 安装部位:室内 2. 介质:压力排水 3. 材质、规格:机制排水铸铁管 *DN*100 4. 连接形式:W 承插水泥接口	m	4.61	145.25	669.6	
本页小计							33537.85	

续表

工程名称：广联达办公大厦（给排水） 第3页 共3页

序号	项目编码	项目名称	项目特征描述	计量单位	工程量	金额/元		
						综合单价	合价	其中 暂估价
23	031002003003	套管	1. 名称：刚性防水套管 2. 材质：钢材 3. 规格：DN125 4. 系统：压力排水系统	个	1	328.94	328.94	
24	031003001001	软接头（软管）	1. 类型：橡胶软接头 2. 规格：DN100 3. 连接形式：焊接	个	1	288.64	288.64	
25	031003003002	焊接法兰阀门	1. 类型：止回阀 2. 规格：DN100 3. 连接形式：焊接	个	1	302.64	302.64	
26	031003003003	焊接法兰阀门	1. 类型：闸阀 2. 规格：DN100 3. 连接形式：焊接	个	1	577.64	577.64	
27	031201001001	管道刷油	排水铸铁管除锈后刷沥青两道	m^2	1.45	15.76	22.85	
28	031301017001	脚手架搭拆			1	328.03	328.03	
本页小计							1848.74	
合　计							49516.76	

注：为计取规费等的使用，可在表中增设其中："定额人工费"。

表 9-6　综合单价分析表

工程名称：广联达办公大厦（给排水）　　　　　　　　　　　　　　　　　　　　　　　　第 1 页　共 10 页

项目编码		031001007001		项目名称		复合管		计量单位	m	工程量	10.73
清单综合单价组成明细											
定额编号	定额项目名称	定额单位	数量	单价				合价			
				人工费	材料费	机械费	管理费和利润	人工费	材料费	机械费	管理费和利润
8-278	室内钢塑复合管安装(螺纹连接) 公称直径(mm 以内)70	10m	0.1	203.01	27.16	16.04	82.95	20.3	2.72	1.6	8.3
8-302	管道消毒、冲洗　公称直径(mm 以内)100	100m	0.01	45.56	32.55	0	18.02	0.46	0.33	0	0.18
人工单价		小计						20.76	3.04	1.6	8.48
定额工日 67 元/工日		未计价材料费						111.58			
清单项目综合单价								145.46			
材料费明细	主要材料名称、规格、型号					单位	数量	单价/元	合价/元	暂估单价/元	暂估合价/元
	热镀锌(衬塑)复合管 *DN*70					m	1.02	84	85.68		
	热镀锌(衬塑)复合管接头 *DN*70					个	0.425	60.94	25.9		
	其他材料费							—	3.04	—	0
	材料费小计							—	114.62	—	0

续表

工程名称：广联达办公大厦（给排水）　　　　第 2 页　共 10 页

项目编码		031001007002		项目名称		复合管		计量单位	m	工程量	73.56
清单综合单价组成明细											
定额编号	定额项目名称	定额单位	数量	单价				合价			
				人工费	材料费	机械费	管理费和利润	人工费	材料费	机械费	管理费和利润
8-277	室内钢塑复合管安装(螺纹连接) 公称直径(mm 以内) 50	10m	0.1	194.3	22.33	10.25	78.44	19.43	2.23	1.03	7.84
8-301	管道消毒、冲洗　公称直径(mm 以内)50	100m	0.01	34.84	20.35	0	13.78	0.35	0.2	0	0.14
人工单价		小计						19.78	2.44	1.03	7.98
定额工日 67 元/工日		未计价材料费						83.95			
清单项目综合单价								115.19			
材料费明细	主要材料名称、规格、型号					单位	数量	单价/元	合价/元	暂估单价/元	暂估合价/元
	热镀锌(衬塑)复合管 DN50					m	1.02	59	60.18		
	热镀锌(衬塑)复合管接头 DN50					个	0.651	36.52	23.77		
	其他材料费							—	2.44	—	0
	材料费小计							—	86.39	—	0

续表

工程名称：广联达办公大厦（给排水）　　　　第 3 页　共 10 页

项目编码		031003003001		项目名称		焊接法兰阀门		计量单位	个	工程量	1
清单综合单价组成明细											
定额编号	定额项目名称	定额单位	数量	单价				合价			
				人工费	材料费	机械费	管理费和利润	人工费	材料费	机械费	管理费和利润
8-368	焊接法兰阀安装　公称直径（mm以内）80	个	1	34.84	88.13	30.72	19.88	34.84	88.13	30.72	19.88
人工单价		小计						34.84	88.13	30.72	19.88
定额工日 67 元/工日		未计价材料费						65			
清单项目综合单价								238.57			
材料费明细	主要材料名称、规格、型号					单位	数量	单价/元	合价/元	暂估单价/元	暂估合价/元
	闸阀 $DN70$、$DN80$					个	1	65	65		
	其他材料费							—	88.13	—	0
	材料费小计							—	153.13	—	0

续表

工程名称：广联达办公大厦（给排水）　　　　第 4 页　共 10 页

项目编码		031001006001		项目名称		塑料管		计量单位	m	工程量	42.2
清单综合单价组成明细											
定额编号	定额项目名称	定额单位	数量	单价				合价			
				人工费	材料费	机械费	管理费和利润	人工费	材料费	机械费	管理费和利润
8-240	室内承插塑料排水管(零件粘接)安装　公称直径(mm 以内) 100	10m	0.1	154.77	38.75	0.77	61.48	15.48	3.88	0.08	6.15
人工单价		小计						15.48	3.88	0.08	6.15
定额工日 67 元/工日		未计价材料费						38.48			
清单项目综合单价								64.07			
材料费明细	主要材料名称、规格、型号					单位	数量	单价/元	合价/元	暂估单价/元	暂估合价/元
	螺旋塑料管 $De110$					m	0.852	29	24.71		
	螺旋塑料管接头 $De110$					个	1.138	12.1	13.77		
	其他材料费							—	3.88	—	0
	材料费小计							—	42.35	—	0

续表

工程名称：广联达办公大厦（给排水）　　　　第 5 页　共 10 页

项目编码		031001006002		项目名称		塑料管		计量单位	m	工程量	80.96
清单综合单价组成明细											
定额编号	定额项目名称	定额单位	数量	单价				合价			
				人工费	材料费	机械费	管理费和利润	人工费	材料费	机械费	管理费和利润
8-240	室内承插塑料排水管(零件粘接)安装　公称直径(mm 以内) 100	10m	0.1	154.77	38.75	0.77	61.48	15.48	3.88	0.08	6.15
人工单价		小计						15.48	3.88	0.08	6.15
定额工日 67 元/工日		未计价材料费						34.44			
清单项目综合单价								60.03			
材料费明细	主要材料名称、规格、型号					单位	数量	单价/元	合价/元	暂估单价/元	暂估合价/元
	UPVC 塑料管接头 $De110$					个	1.138	12.1	13.77		
	UPVC 塑料管 $De110$					m	0.852	24.26	20.67		
	其他材料费							—	3.88	—	0
	材料费小计							—	38.31	—	0

续表

工程名称：广联达办公大厦（给排水）　　　　第 6 页　共 10 页

项目编码		031001006003		项目名称		塑料管		计量单位	m	工程量	7.56
清单综合单价组成明细											
定额编号	定额项目名称	定额单位	数量	单价				合价			
				人工费	材料费	机械费	管理费和利润	人工费	材料费	机械费	管理费和利润
8-239	室内承插塑料排水管（零件粘接）安装　公称直径（mm 以内）75	10m	0.1	138.69	26.56	0.77	55.12	13.87	2.66	0.08	5.51
人工单价		小计						13.87	2.66	0.08	5.51
定额工日 67 元/工日		未计价材料费						18.95			
清单项目综合单价								41.07			
材料费明细	主要材料名称、规格、型号					单位	数量	单价/元	合价/元	暂估单价/元	暂估合价/元
	UPVC 塑料管 $De75$					m	0.963	13.09	12.61		
	UPVC 塑料管接头 $De75$					个	1.076	5.9	6.35		
	其他材料费							—	2.66	—	0
	材料费小计							—	21.61	—	0

续表

工程名称：广联达办公大厦（给排水）　　　　第 7 页　共 10 页

项目编码		031001006004		项目名称		塑料管		计量单位	m	工程量	64.04
清单综合单价组成明细											
定额编号	定额项目名称	定额单位	数量	单价				合价			
				人工费	材料费	机械费	管理费和利润	人工费	材料费	机械费	管理费和利润
8-238	室内承插塑料排水管（零件粘接）安装　公称直径（mm 以内）50	10m	0.1	101.84	19.12	0.77	40.55	10.18	1.91	0.08	4.06
人工单价			小计					10.18	1.91	0.08	4.06
定额工日 67 元/工日			未计价材料费					10.95			
清单项目综合单价								27.18			
材料费明细	主要材料名称、规格、型号					单位	数量	单价/元	合价/元	暂估单价/元	暂估合价/元
	UPVC 塑料管 $De50$					m	0.967	8.8	8.51		
	UPVC 塑料管接头 $De50$					个	0.902	2.7	2.44		
	其他材料费							—	1.91	—	0
	材料费小计							—	12.86	—	0

续表

工程名称：广联达办公大厦（给排水）　　　　第 8 页　共 10 页

项目编码		031002003002		项目名称		套管		计量单位	个	工程量	2
清单综合单价组成明细											
定额编号	定额项目名称	定额单位	数量	单价				合价			
				人工费	材料费	机械费	管理费和利润	人工费	材料费	机械费	管理费和利润
6-3007	刚性防水套管制作　公称直径（mm 以内）125	个	1	55.61	51.81	44.38	31.54	55.61	51.81	44.38	31.54
6-3022	刚性防水套管安装　公称直径（mm 以内）125	个	1	48.91	35.59	0	19.35	48.91	35.59	0	19.35
人工单价		小计						104.52	87.4	44.38	50.89
定额工日 67 元/工日		未计价材料费						41.75			
清单项目综合单价								328.94			
材料费明细	主要材料名称、规格、型号					单位	数量	单价/元	合价/元	暂估单价/元	暂估合价/元
	焊接钢管					kg	8.35	5	41.75		
	其他材料费							—	87.4	—	0
	材料费小计							—	129.15	—	0

注：1. 如不使用省级或行业建设主管部门发布的计价依据，可不填定额编码、名称等；

2. 招标文件提供了暂估单价的材料，按暂估的单价填入表内“暂估单价”栏及“暂估合价”栏。

续表

工程名称：广联达办公大厦（给排水） 第 9 页 共 10 页

项目编码	031004003001	项目名称	洗脸盆	计量单位	组	工程量	16

清单综合单价组成明细

定额编号	定额项目名称	定额单位	数量	单价				合价			
				人工费	材料费	机械费	管理费和利润	人工费	材料费	机械费	管理费和利润
8-570	洗脸盆安装 钢管组成 普通冷水嘴	10 组	0.1	316.24	426.53	0	125.08	31.62	42.65	0	12.51
人工单价		小计						31.62	42.65	0	12.51
定额工日 67 元/工日		未计价材料费						126.25			
清单项目综合单价								213.03			

材料费明细	主要材料名称、规格、型号	单位	数量	单价/元	合价/元	暂估单价/元	暂估合价/元
	洗脸盆	个	1.01	125	126.25		
	其他材料费			—	42.65	—	0
	材料费小计			—	168.9	—	0

续表

工程名称：广联达办公大厦（给排水）　　　　　　第 10 页　共 10 页

项目编码		031004004001		项目名称		洗涤盆		计量单位	组	工程量	8
清单综合单价组成明细											
定额编号	定额项目名称	定额单位	数量	单价				合价			
				人工费	材料费	机械费	管理费和利润	人工费	材料费	机械费	管理费和利润
8-579	洗涤盆安装　单嘴	10 组	0.1	290.11	458.43	0	114.75	29.01	45.84	0	11.48
人工单价		小计						29.01	45.84	0	11.48
定额工日 67 元/工日		未计价材料费						21.21			
清单项目综合单价								107.54			
材料费明细	主要材料名称、规格、型号					单位	数量	单价/元	合价/元	暂估单价/元	暂估合价/元
	拖布池					个	1.01	21	21.21		
	其他材料费							—	45.84	—	0
	材料费小计							—	67.05	—	0

表 9-7　总价措施项目清单与计价表

工程名称：广联达办公大厦（给排水）　　　　第 1 页　共 1 页

序号	项目编码	项目名称	计算基础	费率/%	金额/元	调整费率/%	调整后金额/元	备注
1	031302001001	安全文明施工(含环境保护、文明施工、安全施工、临时设施)			1362.69			
2	1.1	基本费	(综合工日合计＋技术措施项目综合工日合计)×34×1.66	11.72	899.25			
3	1.2	考评费	(综合工日合计＋技术措施项目综合工日合计)×34×1.66	3.56	273.15			
4	1.3	奖励费	(综合工日合计＋技术措施项目综合工日合计)×34×1.66	2.48	190.29			
5	031302002001	夜间施工增加	综合工日合计＋技术措施项目综合工日合计	0				
6	031302003001	非夜间施工增加	综合工日合计＋技术措施项目综合工日合计	0				
7	031302004001	二次搬运	综合工日合计＋技术措施项目综合工日合计	0				
8	031302005001	冬雨季施工增加	综合工日合计＋技术措施项目综合工日合计	0				
9	031302006001	已完工程及设备保护	综合工日合计＋技术措施项目综合工日合计	0				
合　计					1362.69			

编制人（造价人员）：　　　　复核人（造价工程师）：

注：1. “计算基础”中安全文明施工费可为“定额基价”、“定额人工费”或“定额人工费＋定额机械费”，其他项目可为“定额人工费”或“定额人工费＋定额机械费”。

2. 按施工方案计算的措施费，若无“计算基础”和“费率”的数值，也可只填“金额”数值，但应在备注栏说明施工方案出处或计算方法。

表 9-8　规费、税金项目计价表

工程名称：广联达办公大厦（给排水）　　　　第 1 页　共 1 页

序号	项目名称	计算基础	计算基数	计算费率/%	金额/元
1	规费	其中：1)工程排污费＋2)定额测定费＋3)社会保障费＋4)住房公积金＋5)意外伤害保险	1329.56		1329.56
1.1	其中：1)工程排污费				
1.2	2)定额测定费	综合工日合计＋技术措施项目综合工日合计	135.9464	0	
1.3	3)社会保障费	综合工日合计＋技术措施项目综合工日合计	135.9464	748	1016.88
1.4	4)住房公积金	综合工日合计＋技术措施项目综合工日合计	135.9464	170	231.11
1.5	5)意外伤害保险	综合工日合计＋技术措施项目综合工日合计	135.9464	60	81.57
2	税金	税前造价合计	52209.01	3.477	1815.31
合计					3144.87

编制人（造价人员）：　　　　复核人（造价工程师）：

表 9-9 单位工程主材表

工程名称：广联达办公大厦（给排水） 第 1 页 共 1 页

序号	名称及规格	单位	数量	预算价	合计
1	金属软管活接头 Φ25	套	2.04	20	40.8
2	金属软管 Φ25	m	1.25	25	31.25
3	截止阀 *DN*32	个	4.04	14	56.56
4	截止阀 *DN*50	个	8.08	28	226.24
5	橡胶软接头 *DN*100	个	1	96	96
6	止回阀 *DN*100	个	1	110	110
7	闸阀 *DN*100	个	1	385	385
8	机制排水铸铁管 *DN*100	m	4.1029	99	406.19
9	UPVC 塑料管 *De*50	m	61.92668	8.8	544.95
10	UPVC 塑料管接头 *De*50	个	57.76408	2.7	155.96
11	UPVC 塑料管 *De*75	m	7.28028	13.09	95.3
12	UPVC 塑料管接头 *De*75	个	8.13456	5.9	47.99
13	UPVC 塑料管接头 *De*110	个	92.13248	12.1	1114.8
14	螺旋塑料管接头 *De*110	个	48.0236	12.1	581.09
15	洗脸盆	个	16.16	125	2020
16	拖布池	个	8.08	21	169.68
17	蹲便器	个	24.24	129	3126.96
18	小便斗 红外感应水龙头	个	12.12	42	509.04
19	塑料地漏 *De*50	个	8	5.2	41.6
20	煤焦油沥青漆 L01-17	kg	0.77575	13	10.08
21	UPVC 塑料管 *De*110	m	68.97792	24.26	1673.4
22	螺旋塑料管 *De*110	m	35.9544	29	1042.68
23	热镀锌(衬塑)复合管 *DN*25	m	21.5016	28.9	621.4
24	热镀锌(衬塑)复合管 *DN*32	m	15.4632	37	572.14
25	热镀锌(衬塑)复合管 *DN*40	m	3.876	47	182.17
26	热镀锌(衬塑)复合管 *DN*50	m	75.0312	59	4426.84
27	热镀锌(衬塑)复合管 *DN*70	m	10.9446	84	919.35
28	热镀锌(衬塑)复合管接头 *DN*25	个	20.61624	12.76	263.06
29	热镀锌(衬塑)复合管接头 *DN*32	个	12.17348	17.9	217.91
30	热镀锌(衬塑)复合管接头 *DN*40	个	2.7208	24.2	65.84
31	热镀锌(衬塑)复合管接头 *DN*50	个	47.88756	36.52	1748.85
32	热镀锌(衬塑)复合管接头 *DN*70	个	4.56025	60.94	277.9
33	闸阀 *DN*70、*DN*80	个	1	65	65
34	坐便器	个	8.08	450	3636
35	焊接钢管	kg	33.4	5	167
36	潜水排污泵 50QW(WQ)10-7-0.75	台	1	2000	2000
合计					27649.03

编制人： 审核人： 编制日期：

广联达办公大厦（采暖） 工程

招标控制价

招标控制价 （小写）： 111，117.26

（大写）： 壹拾壹万壹仟壹佰壹拾柒元贰角陆分

招 标 人： ______ （单位盖章）

造价咨询人： ______ （单位资质专用章）

法定代表人
或其授权人： ______ （签字或盖章）

法定代表人
或其授权人： ______ （签字或盖章）

编 制 人： ______ （造价人员签字盖专用章）

复 核 人： ______ （造价工程师签字盖专用章）

编制时间： 年 月 日

复核时间： 年 月 日

表 9-10　单位工程招标控制价汇总表

工程名称：广联达办公大厦（采暖）　　　　第 1 页　共 2 页

序号	汇 总 内 容	金额/元	其中:暂估价/元
1	清单项目费用	101292.71	
1.1	C.10 给排水、采暖、燃气工程	101292.71	
1.2	其中:综合工日	273.49	
1.3	1)人工费	18083.41	
1.4	2)材料费	5933.16	
1.5	3)机械费	559.16	
1.6	4)企业管理费	4374.27	
1.7	5)利润	2873.45	
2	措施项目费用	3385.17	
2.1	其中:1)技术措施费	612.1	
2.1.1	综合工日	3.16	
2.1.2	①人工费	211.61	
2.1.3	②材料费	322.14	
2.1.4	③机械费		
2.1.5	④企业管理费	45.18	
2.1.6	⑤利润	33.17	
2.2	2)安全文明措施费	2773.07	
2.2.1	2.1)基本费	1829.98	
2.2.2	2.2)考评费	555.86	
2.2.3	2.3)奖励费	387.23	
2.3	3)二次搬运费		
2.4	4)夜间施工措施费		
2.5	5)冬雨施工措施费		
2.6	6)其他		
3	其他项目费用		—
3.1	其中:1)暂列金额		—

续表

工程名称：广联达办公大厦（采暖）　　第2页　共2页

序号	汇总内容	金额/元	其中:暂估价/元
3.2	2)专业工程暂估价		—
3.3	3)计日工		—
3.4	4)总承包服务费		—
3.5	5)零星工作项目费		
3.6	6)优质优价奖励费		
3.7	7)检测费		
3.8	8)其他		
4	规费	2705.65	—
4.1	其中:1)工程排污费		—
4.2	2)定额测定费		—
4.3	3)社会保障费	2069.35	—
4.4	4)住房公积金	470.31	—
4.5	5)意外伤害保险	165.99	—
5	税前造价合计	107383.53	
6	税金	3733.73	—
招标控制价合计=1+2+3+4+6		111,117.26	

注：本表适用于单位工程招标控制价或投标报价的汇总，如无单位工程划分，单项工程也使用本表汇总。

表 9-11 分部分项工程和单价措施项目清单与计价表

工程名称：广联达办公大厦（采暖）　　　　第 1 页　共 3 页

序号	项目编码	项目名称	项目特征描述	计量单位	工程量	金额/元		
						综合单价	合价	其中 暂估价
1	031001001001	镀锌钢管	1. 安装部位:室内 2. 介质:采暖管道 3. 材质、规格:热镀锌钢管 DN70 4. 连接方式:螺纹连接 5. 给水管道压力试验,消毒、冲洗	m	35.64	69.92	2491.95	
2	031001001002	镀锌钢管	1. 安装部位:室内 2. 介质:采暖管道 3. 材质、规格:热镀锌钢管 DN40 4. 连接方式:螺纹连接 5. 给水管道压力试验,消毒、冲洗	m	46.55	51	2374.05	
3	031001001003	镀锌钢管	1. 安装部位:室内 2. 介质:采暖管道 3. 材质、规格:热镀锌钢管 DN32 4. 连接方式:螺纹连接 5. 给水管道压力试验,消毒、冲洗	m	108.89	41.88	4560.31	
4	031001001004	镀锌钢管	1. 安装部位:室内 2. 介质:采暖管道 3. 材质、规格:热镀锌钢管 DN25 4. 连接方式:螺纹连接 5. 给水管道压力试验,消毒、冲洗	m	105.31	37.62	3961.76	
5	031001001005	镀锌钢管	1. 安装部位:室内 2. 介质:采暖管道 3. 材质、规格:热镀锌钢管 DN20 4. 连接方式:螺纹连接 5. 给水管道压力试验,消毒、冲洗	m	573.7	29.36	16843.83	
6	031001006001	塑料管	1. 安装部位:室内 2. 介质:采暖管道 3. 材质、规格:PB 塑料 DN70 4. 连接方式:螺纹连接 5. 管道压力试验,消毒、冲洗	m	4.4	60.68	266.99	
7	031002001001	管道支架	1. 材质:型钢 2. 管架形式:一般管架	kg	39	18.57	724.23	
8	031201003001	金属结构刷油	管道支架除锈后刷樟丹防锈漆两道,再刷醇酸磁漆两道	kg	39	2.3	89.7	
9	031003001001	螺纹阀门	1. 类型:闸阀 2. 规格:DN40 3. 连接形式:螺纹连接	个	2	58.48	116.96	
			本页小计				31429.78	

续表

工程名称：广联达办公大厦（采暖）　　第2页　共3页

序号	项目编码	项目名称	项目特征描述	计量单位	工程量	金额/元		
						综合单价	合价	其中 暂估价
10	031003001002	螺纹阀门	1. 类型:闸阀 2. 规格:DN32 3. 连接形式:螺纹连接	个	2	42.41	84.82	
11	031003001003	螺纹阀门	1. 类型:平衡阀 2. 规格:DN40 3. 连接形式:螺纹连接	个	1	344.71	344.71	
12	031003001004	螺纹阀门	1. 类型:平衡阀 2. 规格:DN32 3. 连接形式:螺纹连接	个	1	230.27	230.27	
13	031003001005	螺纹阀门	1. 类型:自动排气阀 2. 规格:DN20 3. 连接形式:螺纹连接	个	6	53.64	321.84	
14	031003001006	螺纹阀门	1. 类型:温控阀 2. 规格:DN20 3. 连接形式:螺纹连接	个	68	30.91	2101.88	
15	031003001007	螺纹阀门	1. 类型:铜截止阀 2. 材质:铜 3. 规格:DN20 4. 连接形式:螺纹连接	个	68	31.92	2170.56	
16	031003001008	螺纹阀门	1. 类型:手动防风门 2. 规格:DN20 3. 连接形式:螺纹连接	个	68	30.1	2046.8	
17	031003003001	焊接法兰阀门	1. 类型:闸阀 2. 规格:DN70 3. 连接形式:焊接	个	4	300.57	1202.28	
18	031003003002	焊接法兰阀门	1. 类型:平衡阀 2. 规格:DN70 3. 连接形式:焊接	个	4	822.57	3290.28	
19	031003014001	热量表	类型:热量表	块	1	800	800	
20	03B001	温度传感器	类型:温度传感器	台	4	150	600	
21	03B002	积分仪	类型:积分仪	台	1	450	450	
22	031003008001	除污器(过滤器)	1. 类型:Y型过滤器 2. 规格:DN70 3. 连接形式:螺纹连接	组	2	128.98	257.96	
23	030601002001	压力仪表	1. 名称:弹簧压力表 2. 型号:Y-100 3. 规格:0～1.0MPa,精度等级1.5级	台	4	147.63	590.52	
24	030601001001	温度仪表	1. 名称:温度计 2. 型号:WNG-11 3. 规格:0～150℃	支	2	97.94	195.88	
25	031003001009	螺纹阀门	1. 类型:泄水阀 2. 规格:DN15 3. 连接形式:螺纹连接	个	2	71.15	142.3	
26	031005002001	钢制散热器	1. 型号、规格:柱形钢制散热	组	8	857.75	6862	
			本页小计				21692.1	

续表

工程名称：广联达办公大厦（采暖）　　　　第 3 页　共 3 页

序号	项目编码	项目名称	项目特征描述	计量单位	工程量	金额/元		
						综合单价	合价	其中
								暂估价
26	031005002001	钢制散热器	器 2. 片数:20 片 3. 安装方式:距地 500cm 安装 4. 托架:厂配					
27	031005002002	钢制散热器	1. 型号、规格:柱形钢制散热器 2. 片数:18 片 3. 安装方式:距地 500cm 安装 4. 托架:厂配	组	4	772.14	3088.56	
28	031005002003	钢制散热器	1. 型号、规格:柱形钢制散热器 2. 片数:15 片 3. 安装方式:距地 500cm 安装 4. 托架:厂配	组	18	652.14	11738.52	
29	031005002004	钢制散热器	1. 型号、规格:柱形钢制散热器 2. 片数:14 片 3. 安装方式:距地 500cm 安装 4. 托架:厂配	组	18	612.14	11018.52	
30	031005002005	钢制散热器	1. 型号、规格:柱形钢制散热器 2. 片数:13 片 3. 安装方式:距地 500cm 安装 4. 托架:厂配	组	4	572.14	2288.56	
31	031005002006	钢制散热器	1. 型号、规格:柱形钢制散热器 2. 片数:12 片 3. 安装方式:距地 500cm 安装 4. 托架:厂配	组	12	516.82	6201.84	
32	031005002007	钢制散热器	1. 型号、规格:柱形钢制散热器 2. 片数:11 片 3. 安装方式:距地 500cm 安装 4. 托架:厂配	组	8	476.82	3814.56	
33	031208002001	管道绝热	1. 绝热材料品种:橡塑板材 2. 绝热厚度:25mm	m^3	3.6	2321.27	8356.57	
34	031009001001	采暖工程系统调试	采暖工程系统调试	系统	1	1663.7	1663.7	
35	031301017001	脚手架搭拆			1	612.1	612.1	
本页小计							48782.93	
合　计							101904.81	

注：为计取规费等的使用，可在表中增设其中："定额人工费"。

表 9-12　总价措施项目清单与计价表

工程名称：广联达办公大厦（采暖）　　标段：广联达办公大厦项目　　第1页　共1页

序号	项目编码	项目名称	计算基础	费率/%	金额/元	调整费率/%	调整后金额/元	备注
1	031302001001	安全文明施工（含环境保护、文明施工、安全施工、临时设施）			2773.07			
2	1.1	基本费	(综合工日合计+技术措施项目综合工日合计)×34×1.66	11.72	1829.98			
3	1.2	考评费	(综合工日合计+技术措施项目综合工日合计)×34×1.66	3.56	555.86			
4	1.3	奖励费	(综合工日合计+技术措施项目综合工日合计)×34×1.66	2.48	387.23			
5	031302002001	夜间施工增加	综合工日合计+技术措施项目综合工日合计	0				
6	031302003001	非夜间施工增加	综合工日合计+技术措施项目综合工日合计	0				
7	031302004001	二次搬运	综合工日合计+技术措施项目综合工日合计	0				
8	031302005001	冬雨季施工增加	综合工日合计+技术措施项目综合工日合计	0				
9	031302006001	已完工程及设备保护	综合工日合计+技术措施项目综合工日合计	0				
合　计					2773.07			

编制人（造价人员）：　　　　复核人（造价工程师）：

注：1. “计算基础”中安全文明施工费可为“定额基价”、“定额人工费”或“定额人工费+定额机械费”，其他项目可为“定额人工费”或“定额人工费+定额机械费”。

2. 按施工方案计算的措施费，若无“计算基础”和“费率”的数值，也可只填“金额”数值，但应在备注栏说明施工方案出处或计算方法。

表 9-13 规费、税金项目计价表

工程名称：广联达办公大厦（采暖） 第 1 页 共 1 页

序号	项目名称	计算基础	计算基数	计算费率/%	金额/元
1	规费	其中:1)工程排污费+2)定额测定费+3)社会保障费+4)住房公积金+5)意外伤害保险	2705.65		2705.65
1.1	其中:1)工程排污费				
1.2	2)定额测定费	综合工日合计+技术措施项目综合工日合计	276.6507	0	
1.3	3)社会保障费	综合工日合计+技术措施项目综合工日合计	276.6507	748	2069.35
1.4	4)住房公积金	综合工日合计+技术措施项目综合工日合计	276.6507	170	470.31
1.5	5)意外伤害保险	综合工日合计+技术措施项目综合工日合计	276.6507	60	165.99
2	税金	税前造价合计	107383.53	3.477	3733.73
合计					6439.38

编制人（造价人员）： 复核人（造价工程师）：

表 9-14 单位工程主材表

工程名称：广联达办公大厦（采暖） 第 1 页 共 1 页

序号	名称及规格	单位	数量	预算价	合计
1	泄水阀 *DN*15	个	2.02	59	119.18
2	温控阀 *DN*20	个	68.68	18	1236.24
3	铜截止阀 *DN*20	个	68.68	19	1304.92
4	闸阀 *DN*32	个	2.02	23	46.46
5	平衡阀 *DN*32	个	1.01	209	211.09
6	闸阀 *DN*40	个	2.02	28	56.56
7	平衡阀 *DN*40	个	1.01	311.4	314.51
8	型钢	kg	41.34	4.27	176.52
9	自动排气阀 *DN*20	个	6	27	162
10	手动放风阀 *DN*20	个	68.68	27	1854.36
11	温度计 WNG-11 0～150℃	套	2	50	100
12	压力表 Y-100 0～1.0MPa,精度等级 1.5 级	套	4	50	200
13	热镀锌钢管 *DN*20	m	585.174	9.24	5407.01
14	热镀锌钢管 *DN*25	m	107.4162	13.35	1434.01
15	热镀锌钢管 *DN*32	m	111.0678	17.26	1917.03
16	热镀锌钢管 *DN*40	m	47.481	20.89	991.88
17	醇酸防锈漆 C53-1	kg	0.8229	14	11.52
18	醇酸磁漆各色	kg	0.6786	19	12.89
19	热镀锌钢管 *DN*70	m	36.3528	35.55	1292.34
20	Y 型过滤器 *DN*70	个	2.02	50	101
21	闸阀 *DN*70*DN*80	个	4	127	508
22	平衡阀 *DN*70*DN*80	个	4	649	2596
23	柱形钢制散热器 12 片	组	12	480	5760
24	柱形钢制散热器 11 片	组	8	440	3520
25	柱形钢制散热器 20 片	组	8	800	6400
26	柱形钢制散热器 18 片	组	4	720	2880
27	柱形钢制散热器 15 片	组	18	600	10800
28	柱形钢制散热器 14 片	组	18	560	10080
29	柱形钢制散热器 13 片	组	4	520	2080
30	PB 塑料 *DN*70	m	4.532	25.2	114.21
31	橡塑板	m^3	3.708	1600	5932.8
32	热量表	块	1	800	800
33	温度传感器	台	4	150	600
34	积分仪	台	1	450	450
合计					69470.53

编制人： 审核人： 编制日期：

广联达办公大厦（电气） 工程

招标控制价

招标控制价 （小写）： 294，689.02

（大写）： 贰拾玖万肆仟陆佰捌拾玖元零贰分

招 标 人：________________
（单位盖章）

造价咨询人：________________
（单位资质专用章）

法定代表人
或其授权人：________________
（签字或盖章）

法定代表人
或其授权人：________________
（签字或盖章）

编 制 人：________________
（造价人员签字盖专用章）

复 核 人：________________
（造价工程师签字盖专用章）

编制时间： 年 月 日

复核时间： 年 月 日

表 9-15　单位工程招标控制价汇总表

工程名称：广联达办公大厦（电气）　　　　第 1 页　共 2 页

序号	汇总内容	金额/元	其中:暂估价/元
1	清单项目费用	265168.13	
1.1	C 安装工程	265168.13	
1.2	其中:综合工日	894.21	
1.3	1)人工费	58038.74	
1.4	2)材料费	15947.61	
1.5	3)机械费	4117.46	
1.6	4)企业管理费	14292.3	
1.7	5)利润	9423.75	
2	措施项目费用	10785.98	
2.1	其中:1)技术措施费	1732.97	
2.1.1	综合工日	8.94	
2.1.2	①人工费	599.12	
2.1.3	②材料费	912.09	
2.1.4	③机械费		
2.1.5	④企业管理费	127.87	
2.1.6	⑤利润	93.89	
2.2	2)安全文明措施费	9053.01	
2.2.1	2.1)基本费	5974.17	
2.2.2	2.2)考评费	1814.68	
2.2.3	2.3)奖励费	1264.16	
2.3	3)二次搬运费		
2.4	4)夜间施工措施费		
2.5	5)冬雨施工措施费		
2.6	6)其他		
3	其他项目费用		—
3.1	其中:1)暂列金额		—

注：本表适用于单位工程招标控制价或投标报价的汇总，如无单位工程划分，单项工程也使用本表汇总。

续表

工程名称：广联达办公大厦（电气） 第 2 页 共 2 页

序号	汇 总 内 容	金额/元	其中:暂估价/元
3.2	2)专业工程暂估价		—
3.3	3)计日工		—
3.4	4)总承包服务费		—
3.5	5)零星工作项目费		
3.6	6)优质优价奖励费		
3.7	7)检测费		
3.8	8)其他		
4	规费	8832.87	—
4.1	其中:1)工程排污费		—
4.2	2)定额测定费		—
4.3	3)社会保障费	6755.61	—
4.4	4)住房公积金	1535.37	—
4.5	5)意外伤害保险	541.89	—
5	税前造价合计	284786.98	
6	税金	9902.04	—
招标控制价合计=1+2+3+4+6		294,689.02	

注：本表适用于单位工程招标控制价或投标报价的汇总，如无单位工程划分，单项工程也使用本表汇总。

表 9-16　分部分项工程和单价措施项目清单与计价表

工程名称：广联达办公大厦（电气）　　　　第 1 页　共 9 页

序号	项目编码	项目名称	项目特征描述	计量单位	工程量	金额/元		
						综合单价	合价	其中 暂估价
1	030404017001	配电箱	1. 名称:配电箱 AA1 2. 规格:800(W)×2200(H)×800(D) 3. 安装方式:(落地安装)	台	1	1640.82	1640.82	
2	030404017002	配电箱	1. 名称:配电箱 AA2 2. 规格:800(W)×2200(H)×800(D) 3. 安装方式:(落地安装)	台	1	1640.82	1640.82	
3	030404017003	配电箱	1. 名称:照明配电箱 ALD1 2. 规格:800(W)×1000(H)×200(D) 3. 端子板外部接线材质、规格:27 个 BV2.5mm^2 4. 安装方式:距地 1.3m 明装	台	1	1591.62	1591.62	
4	030404017004	配电箱	1. 名称:照明配电箱 AL1 2. 规格:800(W)×1000(H)×200(D) 3. 端子板外部接线材质、规格:27 个 BV2.5mm^2,39 个 BV4mm^2,5 个 BV10mm^2 4. 安装方式:距地 1m 明装	台	1	1737.46	1737.46	
5	030404017005	配电箱	1. 名称:照明配电箱 AL2 2. 规格:800(W)×1000(H)×200(D) 3. 端子板外部接线材质、规格:33 个 BV2.5mm^2,36 个 BV4mm^2,5 个 BV10mm^2 4. 安装方式:距地 1m 明装	台	1	1746.83	1746.83	
6	030404017006	配电箱	1. 名称:照明配电箱 AL3 2. 规格:800(W)×1000(H)×200(D) 3. 端子板外部接线材质、规格:27 个 BV2.5mm^2,36 个 BV4mm^2,10 个 BV16mm^2 4. 安装方式:距地 1.3m 明装	台	1	1744.07	1744.07	
7	030404017007	配电箱	1. 名称:照明配电箱 AL4 2. 规格:800(W)×1000(H)×200(D) 3. 端子板外部接线材质、规格:21 个 BV2.5mm^2,27 个 BV4mm^2,10 个 BV10mm^2,5 个 BV16mm^2 4. 安装方式:距地 1.3m 明装	台	1	1730.11	1730.11	
8	030404017008	配电箱	1. 名称:照明配电箱 AL1-1 2. 型号:10kW 3. 规格:400(W)×600(H)×140(D) 4. 端子板外部接线材质、规格:3 个 BV2.5mm^2,9 个 BV4mm^2 5. 安装方式:距地 1.2m 明装	台	1	1452.11	1452.11	
			本页小计				13283.84	

续表

工程名称：广联达办公大厦（电气） 第 2 页 共 9 页

序号	项目编码	项目名称	项目特征描述	计量单位	工程量	金额/元		
						综合单价	合价	其中
								暂估价
9	030404017009	配电箱	1. 名称:照明配电箱 AL2-1 2. 型号:10kW 3. 规格:400(*W*)×600(*H*)×140(*D*) 4. 端子板外部接线材质、规格:3个 BV2.5mm^2,9 个 BV4mm^2 5. 安装方式:距地 1.2m 明装	台	1	1452.11	1452.11	
10	030404017010	配电箱	1. 名称:照明配电箱 AL3-1 2. 型号:20kW 3. 规格:400(*W*)×600(*H*)×140(*D*) 4. 端子板外部接线材质、规格:6个 BV2.5mm^2,12 个 BV4mm^2 5. 安装方式:距地 1.2m 明装	台	1	1471.71	1471.71	
11	030404017011	配电箱	1. 名称:照明配电箱 AL3-2 2. 型号:15kW 3. 规格:400(*W*)×600(*H*)×140(*D*) 4. 端子板外部接线材质、规格:3个 BV2.5mm^2,9 个 BV4mm^2 5. 安装方式:距地 1.2m 明装	台	1	1452.11	1452.11	
12	030404017012	配电箱	1. 名称:照明配电箱 AL4-1 2. 型号:10kW 3. 规格:400(*W*)×600(*H*)×140(*D*) 4. 端子板外部接线材质、规格:3个 BV2.5mm^2,9 个 BV4mm^2 5. 安装方式:距地 1.2m 明装	台	1	1452.11	1452.11	
13	030404017013	配电箱	1. 名称:照明配电箱 AL4-2 2. 型号:10kW 3. 规格:400(*W*)×600(*H*)×140(*D*) 4. 端子板外部接线材质、规格:3个 BV2.5mm^2,9 个 BV4mm^2 5. 安装方式:距地 1.2m 明装	台	1	1452.11	1452.11	
14	030404017014	配电箱	1. 名称:照明配电箱 AL4-3 2. 型号:20kW 3. 规格:400(*W*)×600(*H*)×140(*D*) 4. 端子板外部接线材质、规格:6个 BV2.5mm^2,12 个 BV4mm^2 5. 安装方式:距地 1.2m 明装	台	1	1471.71	1471.71	
15	030404017015	配电箱	1. 名称:电梯配电柜 WD-DT 2. 型号:21kW 3. 规格:600(*W*)×1800(*H*)×300(*D*) 4. 端子板外部接线材质、规格:16 个 BV2.5mm^2,3 个 BV4mm^2 5. 安装方式:落地安装	台	1	1702.28	1702.28	
本页小计							10454.14	

续表

工程名称：广联达办公大厦（电气）　　第3页　共9页

序号	项目编码	项目名称	项目特征描述	计量单位	工程量	金额/元		
						综合单价	合价	其中 暂估价
16	030404017016	配电箱	1. 名称:弱电室配电箱 AP-RD 2. 规格:400(*W*)×600(*H*)×140(*D*) 3. 安装方式:距地 1.5m	台	1	1412.62	1412.62	
17	030404017017	配电箱	1. 名称:潜水泵控制箱 QSB-AC 2. 型号:2×4.0kW 3. 规格:600(*W*)×850(*H*)×300(*D*) 4. 安装方式:距地 2.0m(明装)	台	1	1461.64	1461.64	
18	030404017018	配电箱	1. 名称:排烟风机控制箱 AC-PY-BF1 2. 型号:15kW 3. 规格:600(*W*)×800(*H*)×200(*D*) 4. 安装方式:(明装)距地 2.0m	台	1	1461.64	1461.64	
19	030404017019	配电箱	1. 名称:送风机控制箱 AC-SF-BF1 2. 型号:0.55kW 3. 规格:600(*W*)×800(*H*)×200(*D*) 4. 安装方式:(明装)距地 2.0m	台	1	1461.64	1461.64	
20	030404034001	照明开关	1. 名称:单控单联跷板开关 2. 规格:250V,10A 3. 安装方式:暗装,底距地 1.3m	个	54	13.7	739.8	
21	030404034002	照明开关	1. 名称:单控双联跷板开关 2. 规格:250V,10A 3. 安装方式:暗装,底距地 1.3m	个	14	16.58	232.12	
22	030404034003	照明开关	1. 名称:单控三联跷板开关 2. 规格:250V,10A 3. 安装方式:暗装,底距地 1.3m	个	43	19.98	859.14	
23	030404035001	插座	1. 名称:单相二、三极插座 2. 规格:250V,10A 3. 安装方式:暗装,底距地 0.3m	个	142	25.78	3660.76	
24	030404035002	插座	1. 名称:单相二、三极防水插座(加防水面板) 2. 规格:250V,10A 3. 安装方式:暗装,底距地 0.3m	个	8	32.92	263.36	
25	030404035003	插座	1. 名称:单相三极插座(柜机空调) 2. 规格:250V,10A 3. 安装方式:暗装,底距地 0.3m	个	11	25.63	281.93	
26	030404035004	插座	1. 名称:单相三极插座(挂机空调) 2. 规格:250V,10A 3. 安装方式:暗装,底距地 2.5m	个	28	25.63	717.64	
			本页小计				12613.77	

续表

工程名称：广联达办公大厦（电气）　　　　第 4 页　共 9 页

序号	项目编码	项目名称	项目特征描述	计量单位	工程量	金额/元		
						综合单价	合价	其中 暂估价
27	030408001001	电力电缆	1. 名称:电力电缆 2. 型号:YJV 3. 规格:4×35+1×16 4. 材质:铜芯电缆 5. 敷设方式、部位:穿管或桥架敷设 6. 电压等级(kV):1kV 以下	m	120.19	131.35	15786.96	
28	030408001002	电力电缆	1. 名称:电力电缆 2. 型号:YJV 3. 规格:4×25+1×16 4. 材质:铜芯电缆 5. 敷设方式、部位:穿管或桥架敷设 6. 电压等级(kV):1kV 以下	m	72.49	102.87	7457.05	
29	030408001003	电力电缆	1. 名称:电力电缆 2. 型号:YJV 3. 规格:5×16 4. 材质:铜芯电缆 5. 敷设方式、部位:穿管或桥架敷设 6. 电压等级(kV):1kV 以下	m	50.88	84.44	4296.31	
30	030408001004	电力电缆	1. 名称:电力电缆 2. 型号:YJV 3. 规格:5×6 4. 材质:铜芯电缆 5. 敷设方式、部位:穿管或桥架敷设 6. 电压等级(kV):1kV 以下	m	64.01	41.74	2671.78	
31	030408001005	电力电缆	1. 名称:电力电缆 2. 型号:YJV 3. 规格:5×4 4. 材质:铜芯电缆 5. 敷设方式、部位:穿管或桥架敷设 6. 电压等级(kV):1kV 以下	m	24.09	31.61	761.48	
32	030408001006	电力电缆	1. 名称:电力电缆 2. 型号:NHYJV 3. 规格:4×25+1×16 4. 材质:铜芯电缆 5. 敷设方式、部位:穿管或桥架敷设 6. 电压等级(kV):1kV 以下	m	18.22	121.34	2210.81	
33	030408006001	电力电缆头	1. 名称:电力电缆头 2. 型号:YJV 3. 规格:4×35+1×16 4. 材质、类型:铜芯电缆 干包式 5. 安装部位:配电箱 6. 电压等级(kV):1kV 以下	个	8	155.74	1245.92	
本页小计							34430.31	

续表

工程名称：广联达办公大厦（电气）　　　　第5页　共9页

序号	项目编码	项目名称	项目特征描述	计量单位	工程量	金额/元		
						综合单价	合价	其中 暂估价
34	030408006002	电力电缆头	1. 名称:电力电缆头 2. 型号:YJV 3. 规格:4×25+1×16 4. 材质、类型:铜芯电缆 干包式 5. 安装部位:配电箱 6. 电压等级(kV):1kV 以下	个	6	155.74	934.44	
35	030408006003	电力电缆头	1. 名称:电力电缆头 2. 型号:YJV 3. 规格:5×16 4. 材质、类型:铜芯电缆 干包式 5. 安装部位:配电箱 6. 电压等级(kV):1kV 以下	个	4	155.74	622.96	
36	030408006004	电力电缆头	1. 名称:电力电缆头 2. 型号:YJV 3. 规格:5×6 4. 材质、类型:铜芯电缆 干包式 5. 安装部位:配电箱 6. 电压等级(kV):1kV 以下	个	2	155.74	311.48	
37	030408006005	电力电缆头	1. 名称:电力电缆头 2. 型号:YJV 3. 规格:5×4 4. 材质、类型:铜芯电缆 干包式 5. 安装部位:配电箱 6. 电压等级(kV):1kV 以下	个	2	155.74	311.48	
38	030408006006	电力电缆头	1. 名称:电力电缆头 2. 型号:NHYJV 3. 规格:4×25+1×16 4. 材质、类型:铜芯电缆 干包式 5. 安装部位:配电箱 6. 电压等级(kV):1kV 以下	个	2	155.74	311.48	
39	030409002001	接地母线	1. 名称:接地母线 2. 材质:镀锌扁钢 3. 规格:40×4 4. 安装部位:埋地安装	m	7.44	20.52	152.67	
40	030409002002	接地母线	1. 名称:接地母线 2. 材质:基础钢筋 3. 安装部位:沿墙	m	152.83	15.62	2387.2	
41	030409003001	避雷引下线	1. 名称:避雷引下线 2. 规格:2根 ϕ16 主筋 3. 安装形式:利用柱内主筋做引下线 4. 断接卡子、箱材质、规格:卡子测试点4个,焊接点16处	m	182.86	13.42	2453.98	
本页小计							7485.69	

续表

工程名称：广联达办公大厦（电气）　　　　第6页　共9页

序号	项目编码	项目名称	项目特征描述	计量单位	工程量	金额/元		
						综合单价	合价	其中 暂估价
42	030409005001	避雷网	1. 名称:避雷带 2. 材质:镀锌圆钢 3. 规格:ϕ10 4. 安装形式:沿女儿墙敷设	m	219.91	17.9	3936.39	
43	030409008001	等电位端子箱、测试板	名称:MEB总等电位箱	台	1	170.02	170.02	
44	030409008002	等电位端子箱、测试板	名称:LEB总等电位箱	台	19	20.63	391.97	
45	030411001001	配管	1. 名称:电气配管 2. 材质:水煤气钢管 3. 规格:RC100 4. 配置形式:暗配	m	19.04	86.04	1638.2	
46	030411001002	配管	1. 名称:钢管 2. 材质:焊接钢管 3. 规格:SC70 4. 配置形式:暗配	m	13.2	53.67	708.44	
47	030411001003	配管	1. 名称:钢管 2. 材质:焊接钢管 3. 规格:SC50 4. 配置形式:暗配	m	14.86	38.45	571.37	
48	030411001004	配管	1. 名称:钢管 2. 材质:焊接钢管 3. 规格:SC40 4. 配置形式:暗配	m	20.48	32.46	664.78	
49	030411001005	配管	1. 名称:钢管 2. 材质:焊接钢管 3. 规格:SC25 4. 配置形式:暗配	m	11.23	20.04	225.05	
50	030411001006	配管	1. 名称:钢管 2. 材质:焊接钢管 3. 规格:SC20 4. 配置形式:暗配	m	745.47	14.88	11092.59	
51	030411001007	配管	1. 名称:钢管 2. 材质:紧定式钢管 3. 规格:JDG20 4. 配置形式:暗配	m	68.9	15.63	1076.91	
52	030411001008	配管	1. 名称:钢管 2. 材质:紧定式钢管 3. 规格:JDG16 4. 配置形式:暗配	m	59.01	13.28	783.65	
53	030411001009	配管	1. 名称:刚性阻燃管 2. 材质:PVC 3. 规格:PC40 4. 配置形式:暗配	m	15.3	16.2	247.86	
本页小计							21507.23	

续表

工程名称：广联达办公大厦（电气）　　第 7 页　共 9 页

序号	项目编码	项目名称	项目特征描述	计量单位	工程量	金额/元		
						综合单价	合价	其中 暂估价
54	030411001010	配管	1. 名称:刚性阻燃管 2. 材质:PVC 3. 规格:PC32 4. 配置形式:暗配	m	21	14.44	303.24	
55	030411001011	配管	1. 名称:刚性阻燃管 2. 材质:PVC 3. 规格:PC25 4. 配置形式:暗配	m	1009.79	12.07	12188.17	
56	030411001012	配管	1. 名称:刚性阻燃管 2. 材质:PVC 3. 规格:PC20 4. 配置形式:暗配	m	1358.47	10.33	14033	
57	030411003001	桥架	1. 名称:桥架安装 2. 规格:300×100 3. 材质:钢制 4. 类型:梯式	m	19.2	154.79	2971.97	
58	030411003002	桥架	1. 名称:桥架安装 2. 规格:300×100 3. 材质:钢制 4. 类型:槽式	m	12.65	180.31	2280.92	
59	030411003003	桥架	1. 名称:桥架安装 2. 规格:200×100 3. 材质:钢制 4. 类型:槽式	m	191.19	152.18	29095.29	
60	030411003004	桥架	1. 名称:桥架安装 2. 规格:100×50 3. 材质:钢制 4. 类型:槽式	m	57.86	78.38	4535.07	
61	030411004001	配线	1. 名称:管内穿线 2. 配线形式:照明线路 3. 型号:BV 4. 规格:2.5 5. 材质:铜芯线	m	6907.18	2.92	20168.97	
62	030411004002	配线	1. 名称:管内穿线 2. 配线形式:照明线路 3. 型号:BV 4. 规格:4 5. 材质:铜芯线	m	4892.86	3.62	17712.15	
63	030411004003	配线	1. 名称:管内穿线 2. 配线形式:照明线路 3. 型号:BV 4. 规格:10 5. 材质:铜芯线	m	805.9	8.36	6737.32	
64	030411004004	配线	1. 名称:管内穿线 2. 配线形式:照明线路 3. 型号:BV 4. 规格:16 5. 材质:铜芯线	m	248.6	12.55	3119.93	
本页小计							113146.03	

续表

工程名称：广联达办公大厦（电气）　　　　第 8 页　共 9 页

序号	项目编码	项目名称	项目特征描述	计量单位	工程量	金额/元		
						综合单价	合价	其中 暂估价
65	030411004005	配线	1. 名称：管内穿线 2. 配线形式：照明线路 3. 型号：NHBV 4. 规格：2.5 5. 材质：铜芯线	m	2433.58	3.56	8663.54	
66	030411004006	配线	1. 名称：管内穿线 2. 配线形式：照明线路 3. 型号：NHBV 4. 规格：4 5. 材质：铜芯线	m	25.89	4.6	119.09	
67	030411004007	配线	1. 名称：管内穿线 2. 配线形式：照明线路 3. 型号：ZRBV 4. 规格：2.5 5. 材质：铜芯线	m	127.62	3.01	384.14	
68	030411006001	接线盒	1. 名称：接线盒 2. 材质：塑料 3. 规格：86H 4. 安装形式：暗装	个	423	6.86	2901.78	
69	030411006002	接线盒	1. 名称：开关盒、插座盒 2. 材质：塑料 3. 规格：86H 4. 安装形式：暗装	个	304	6.54	1988.16	
70	030411006003	接线盒	1. 名称：排气扇接线盒 2. 材质：塑料 3. 规格：86H 4. 安装形式：暗装	个	8	7.47	59.76	
71	030412001001	普通灯具	1. 名称：吸顶灯(灯头) 2. 规格：1×13W，$\cos\varphi \geqslant 0.9$ 3. 类型：吸顶安装	套	72	62.94	4531.68	
72	030412001002	普通灯具	1. 名称：墙上座灯 2. 规格：1×13W，$\cos\varphi \geqslant 0.9$ 3. 类型：明装，门楣上 100	套	10	69.79	697.9	
73	030412001003	普通灯具	1. 名称：壁灯 2. 型号：自带蓄电池 $t \geqslant 90$min 3. 规格：1×13W，$\cos\varphi \geqslant 0.9$ 4. 类型：明装，底距地 2.5m	套	31	60.32	1869.92	
74	030412002001	工厂灯	1. 名称：防水防尘灯 2. 规格：1×13W，$\cos\varphi \geqslant 0.9$ 3. 安装形式：吸顶安装	套	24	79.19	1900.56	
75	030412004001	装饰灯	1. 名称：安全出口指示灯 2. 型号：自带蓄电池 $t \geqslant 90$min 3. 规格：1×8W，LED 4. 安装形式：明装，门楣上 100	套	12	129.89	1558.68	
76	030412004002	装饰灯	1. 名称：单向疏散指示灯	套	11	202.63	2228.93	
本页小计							26904.14	

续表

工程名称：广联达办公大厦（电气）　　　　第 9 页　共 9 页

序号	项目编码	项目名称	项目特征描述	计量单位	工程量	金额/元		
						综合单价	合价	其中 暂估价
76	030412004002	装饰灯	2. 型号：自带蓄电池 $t \geqslant 90$min 3. 规格：1×8W LED 4. 安装形式：一般暗装底距地 0.5m 部分管吊底距地 2.5m					
77	030412004003	装饰灯	1. 名称：双向疏散指示灯 2. 型号：自带蓄电池 $t \geqslant 90$min 3. 规格：1×8W LED 4. 安装形式：一般暗装底距地 0.5m 部分管吊底距地 2.5m	套	3	202.63	607.89	
78	030412005001	荧光灯	1. 名称：单管荧光灯 2. 规格：1×36W，$\cos\varphi \geqslant 0.9$ 3. 安装形式：链吊，底距地 2.6m	套	42	57.55	2417.1	
79	030412005002	荧光灯	1. 名称：双管荧光灯 2. 规格：2×36W，$\cos\varphi \geqslant 0.9$ 3. 安装形式：链吊，底距地 2.6m	套	214	77.94	16679.16	
80	030413001001	铁构件	1. 名称：桥架支撑架 2. 材质：型钢	kg	146.59	23.21	3402.35	
81	030414002001	送配电装置系统	1. 名称：低压系统调试 2. 电压等级(kV)：1kV 以下 3. 类型：综合	系统	1	1106.04	1106.04	
82	030414011001	接地装置	1. 名称：系统调试 2. 类别：接地网	系统	1	1191.92	1191.92	
83	031301017001	脚手架搭拆			1	1765.37	1765.37	
本页小计							27169.83	
合　计							266901.1	

注：为计取规费等的使用，可在表中增设其中：“定额人工费”。

表 9-17　总价措施项目清单与计价表

工程名称：广联达办公大厦（电气）　　标段：广联达办公大厦项目　　第 1 页　共 1 页

序号	项目编码	项目名称	计算基础	费率/%	金额/元	调整费率/%	调整后金额/元	备注
1	031302001001	安全文明施工(含环境保护、文明施工、安全施工、临时设施)			9053.01			
2	1.1	基本费	(综合工日合计+技术措施项目综合工日合计)×34×1.66	11.72	5974.17			
3	1.2	考评费	(综合工日合计+技术措施项目综合工日合计)×34×1.66	3.56	1814.68			
4	1.3	奖励费	(综合工日合计+技术措施项目综合工日合计)×34×1.66	2.48	1264.16			
5	031302002001	夜间施工增加	综合工日合计+技术措施项目综合工日合计	0				
6	031302003001	非夜间施工增加	综合工日合计+技术措施项目综合工日合计	0				
7	031302004001	二次搬运	综合工日合计+技术措施项目综合工日合计	0				
8	031302005001	冬雨季施工增加	综合工日合计+技术措施项目综合工日合计	0				
9	031302006001	已完工程及设备保护	综合工日合计+技术措施项目综合工日合计	0				
合　计					9053.01			

编制人（造价人员）：　　　　复核人（造价工程师）：

注：1. “计算基础”中安全文明施工费可为“定额基价”、“定额人工费”或“定额人工费+定额机械费”，其他项目可为“定额人工费”或“定额人工费+定额机械费”。

2. 按施工方案计算的措施费，若无“计算基础”和“费率”的数值，也可只填“金额”数值，但应在备注栏说明施工方案出处或计算方法。

表 9-18　规费、税金项目计价表

工程名称：广联达办公大厦（电气）　　　　第 1 页　共 1 页

序号	项目名称	计算基础	计算基数	计算费率/%	金额/元
1	规费	其中:1)工程排污费+2)定额测定费+3)社会保障费+4)住房公积金+5)意外伤害保险	8832.87		8832.87
1.1	其中:1)工程排污费				
1.2	2)定额测定费	综合工日合计+技术措施项目综合工日合计	903.1568	0	
1.3	3)社会保障费	综合工日合计+技术措施项目综合工日合计	903.1568	748	6755.61
1.4	4)住房公积金	综合工日合计+技术措施项目综合工日合计	903.1568	170	1535.37
1.5	5)意外伤害保险	综合工日合计+技术措施项目综合工日合计	903.1568	60	541.89
2	税金	税前造价合计	284786.98	3.477	9902.04
合计					18734.91

编制人（造价人员）：　　　　复核人（造价工程师）：

表 9-19 单位工程主材表

工程名称：广联达办公大厦（电气） 第 1 页 共 2 页

序号	名称及规格	单位	数量	预算价	合计
1	40×4 镀锌扁钢	m	7.44	4.9	36.46
2	AA1	台	1	1200	1200
3	AA2	台	1	1200	1200
4	AL1	台	1	1200	1200
5	AL1-1	台	1	1200	1200
6	AL2	台	1	1200	1200
7	AL2-1	台	1	1200	1200
8	AL3	台	1	1200	1200
9	AL3-1	台	1	1200	1200
10	AL3-2	台	1	1200	1200
11	AL4	台	1	1200	1200
12	AL4-1	台	1	1200	1200
13	AL4-2	台	1	1200	1200
14	AL4-3	台	1	1200	1200
15	ALD1	台	1	1200	1200
16	BV10	m	846.195	6.96	5889.52
17	BV16	m	261.03	10.8	2819.12
18	BV2.5	m	8012.3288	1.56	12499.23
19	BV4	m	5382.146	2.55	13724.47
20	LEB 总等电位箱	个	19.38	15	290.7
21	MEB 总等电位箱	个	1	105	105
22	NHBV2.5	m	2822.9528	2.11	5956.43
23	NHBV4	m	28.479	3.44	97.97
24	NHYJV-4×25+1×16	m	18.4022	109.69	2018.54
25	YJV-4×25+1×16	m	73.2149	91.41	6692.57
26	YJV-4×35+1×16	m	121.3919	119.6	14518.47
27	YJV-5×16	m	51.3888	73.16	3759.6
28	YJV-5×4	m	24.3309	20.85	507.3
29	YJV-5×6	m	64.6501	30.88	1996.4
30	ZRBV2.5	m	148.0392	1.64	242.78
31	ϕ10 镀锌圆钢	m	219.91	2.71	595.96
32	安全出口指示灯 1×8W LED	套	12.12	100	1212
33	壁灯 1×13W	套	31.31	30	939.3
34	扁钢—25×4	kg	32.2498	3.9	125.77
35	单管荧光灯 1×36W	套	42.42	30	1272.6
36	单控单联跷板开关	只	55.08	5.4	297.43
37	单控三联跷板开关	只	43.86	10.7	469.3
38	单控双联跷板开关	只	14.28	7.8	111.38
39	单相二、三极插座	套	144.84	14.68	2126.25
40	单相二、三极防水插座(加防水面板)	套	8.16	21.68	176.91
41	单相三极插座(挂机空调)	套	28.56	16.39	468.1

编制人： 审核人： 编制日期：

续表

工程名称：广联达办公大厦（电气） 第2页 共2页

序号	名称及规格	单位	数量	预算价	合计
42	单相三极插座(柜机空调)	套	11.22	16.39	183.9
43	单向疏散指示灯 1×8W LED	套	11.11	175	1944.25
44	电梯配电柜 WD-DT	台	1	1200	1200
45	防水防尘灯 1×13W	套	24.24	40	969.6
46	刚性阻燃管 PC20	m	1494.317	1.72	2570.23
47	刚性阻燃管 PC25	m	1110.769	2.37	2632.52
48	刚性阻燃管 PC32	m	23.1	3.99	92.17
49	刚性阻燃管 PC40	m	16.83	4.75	79.94
50	钢制槽式桥架 100×50	m	58.1493	56	3256.36
51	钢制槽式桥架 200×100	m	192.14595	117	22481.08
52	钢制槽式桥架 300×100	m	12.71325	145	1843.42
53	钢制梯式桥架 300×100	m	19.296	115	2219.04
54	焊接钢管 SC20	m	767.8341	7.31	5612.87
55	焊接钢管 SC25	m	11.5669	10.62	122.84
56	焊接钢管 SC40	m	21.0944	16.54	348.9
57	焊接钢管 SC50	m	15.3058	21.15	323.72
58	焊接钢管 SC70	m	13.596	28.78	391.29
59	角钢(综合)	kg	109.9425	4.05	445.27
60	接线盒	个	431.46	1.5	647.19
61	紧定式钢管 JDG16	m	60.7803	6.24	379.27
62	紧定式钢管 JDG20	m	70.967	8.04	570.57
63	开关盒	个	310.08	1.5	465.12
64	排气扇接线盒	个	8.16	2.1	17.14
65	排烟风机控制箱 AC-PY-BF1	台	1	1200	1200
66	潜水泵控制箱 QSB-AC	台	1	1200	1200
67	墙上座灯 1×13W	套	10.1	55	555.5
68	弱电室配电箱 AP-RD	台	1	1200	1200
69	双管荧光灯 2×36W	套	216.14	45	9726.3
70	双向疏散指示灯 1×8W LED	套	3.03	175	530.25
71	水煤气钢管 RC100	m	19.6112	47.02	922.12
72	送风机控制箱 AC-SF-BF1	台	1	1200	1200
73	吸顶灯 1×13W	套	72.72	30	2181.6
74	圆钢 ϕ10～14	kg	11.7272	4.4	51.6
合计					163313.62

编制人： 审核人： 编制日期：

广联达办公大厦（消防） 工程

招标控制价

招标控制价 （小写）： 269，621.94

（大写）： 贰拾陆万玖仟陆佰贰拾壹元玖角肆分

招　标　人：＿＿＿＿＿＿＿＿
（单位盖章）

造价咨询人：＿＿＿＿＿＿＿＿
（单位资质专用章）

法定代表人
或其授权人：＿＿＿＿＿＿＿＿
（签字或盖章）

法定代表人
或其授权人：＿＿＿＿＿＿＿＿
（签字或盖章）

编　制　人：＿＿＿＿＿＿＿＿
（造价人员签字盖专用章）

复　核　人：＿＿＿＿＿＿＿＿
（造价工程师签字盖专用章）

编制时间：　年　月　日　　复核时间：　年　月　日

表 9-20 单位工程招标控制价汇总表

工程名称：广联达办公大厦（消防） 第 1 页 共 2 页

序号	汇总内容	金额/元	其中:暂估价/元
1	清单项目费用	233104.84	
1.1	消火栓系统	33469.69	
1.2	喷淋系统	110362.96	
1.3	火灾自动报警系统	89272.19	
1.3.1	其中:综合工日	1225.09	
1.3.2	1)人工费	80058.76	
1.3.3	2)材料费	12256.16	
1.3.4	3)机械费	7498.81	
1.3.5	4)企业管理费	19597.64	
1.3.6	5)利润	12871.21	
2	措施项目费用	15329.65	
2.1	其中:1)技术措施费	2899.7	
2.1.1	综合工日	14.96	
2.1.2	①人工费	1002.44	
2.1.3	②材料费	1526.1	
2.1.4	③机械费		
2.1.5	④企业管理费	214.01	
2.1.6	⑤利润	157.15	
2.2	2)安全文明措施费	12429.95	
2.2.1	2.1)基本费	8202.65	
2.2.2	2.2)考评费	2491.59	
2.2.3	2.3)奖励费	1735.71	
2.3	3)二次搬运费		
2.4	4)夜间施工措施费		
2.5	5)冬雨施工措施费		
2.6	6)其他		

续表

工程名称：广联达办公大厦（消防） 第 2 页 共 2 页

序号	汇 总 内 容	金额/元	其中:暂估价/元
3	其他项目费用		—
3.1	其中:1)暂列金额		—
3.2	2)专业工程暂估价		—
3.3	3)计日工		—
3.4	4)总承包服务费		—
3.5	5)零星工作项目费		
3.6	6)优质优价奖励费		
3.7	7)检测费		
3.8	8)其他		
4	规费	12127.7	—
4.1	其中:1)工程排污费		—
4.2	2)定额测定费		—
4.3	3)社会保障费	9275.58	—
4.4	4)住房公积金	2108.09	—
4.5	5)意外伤害保险	744.03	—
5	税前造价合计	260562.19	
6	税金	9059.75	—
招标控制价合计=1+2+3+4+6		269,621.94	

注：本表适用于单位工程招标控制价或投标报价的汇总，如无单位工程划分，单项工程也使用本表汇总。

表 9-21　分部分项工程和单价措施项目清单与计价表

工程名称：广联达办公大厦（消防）　　　　第 1 页　共 4 页

序号	项目编码	项目名称	项目特征描述	计量单位	工程量	金额/元		
						综合单价	合价	其中 暂估价
1	030901002001	消火栓钢管	1. 安装部位:室内消火栓 2. 材质、规格:DN65 3. 连接形式:螺纹连接 4. 材质:镀锌钢管 5. 压力试验及冲洗设计要求:管道消毒、冲洗	m	11.3	67.88	767.04	
2	030901002002	消火栓钢管	1. 安装部位:室内消火栓 2. 材质、规格:DN100 3. 连接形式:螺纹连接 4. 材质:镀锌钢管 5. 压力试验及冲洗设计要求:管道消毒、冲洗	m	134.04	99.26	13304.81	
3	031002001001	管道支架	1. 材质:型钢 2. 管架形式:一般管架	kg	57	18.57	1058.49	
4	031201003001	金属结构刷油	管道支架除锈后刷樟丹防锈漆两道,再刷醇酸磁漆两道	kg	57	2.3	131.1	
5	030901010001	室内消火栓	1. 名称:室内消火栓 2. 型号、规格:单栓	套	11	577.82	6356.02	
6	030905002002	水灭火控制装置调试	系统形式:消火栓系统(消火栓按钮)	点	11	860.13	9461.43	
7	031002003003	套管	1. 类型:防水套管 2. 材质:刚性 3. 规格:DN125	个	2	328.94	657.88	
8	031003003004	焊接法兰阀门	1. 类型:闸阀 2. 规格、压力等级:DN100 3. 连接形式:焊接	个	3	577.64	1732.92	
9	030901001001	水喷淋钢管	1. 安装部位:室内喷淋管道 2. 材质、规格:DN100 3. 连接形式:螺纹连接 4. 材质:镀锌钢管 5. 压力试验及冲洗设计要求:管道消毒、冲洗	m	185.2	98.29	18203.31	
10	030901001002	水喷淋钢管	1. 安装部位:室内喷淋管道 2. 材质、规格:DN80 3. 连接形式:螺纹连接 4. 材质:镀锌钢管 5. 压力试验及冲洗设计要求:管道消毒、冲洗	m	55.7	77.95	4341.82	
11	030901001003	水喷淋钢管	1. 安装部位:室内喷淋管道 2. 材质、规格:DN70 3. 连接形式:螺纹连接 4. 材质:镀锌钢管 5. 压力试验及冲洗设计要求:管道消毒、冲洗	m	41.52	68.95	2862.8	
12	030901001004	水喷淋钢管	1. 安装部位:室内喷淋管道 2. 材质、规格:DN50 3. 连接形式:螺纹连接	m	120.2	55.71	6696.34	
			本页小计				65573.96	

续表

工程名称：广联达办公大厦（消防）　　　　第 2 页　共 4 页

序号	项目编码	项目名称	项目特征描述	计量单位	工程量	金额/元		
						综合单价	合价	其中 暂估价
12	030901001004	水喷淋钢管	4. 材质：镀锌钢管 5. 压力试验及冲洗设计要求：管道消毒、冲洗					
13	030901001005	水喷淋钢管	1. 安装部位：室内喷淋管道 2. 材质、规格：DN40 3. 连接形式：螺纹连接 4. 材质：镀锌钢管 5. 压力试验及冲洗设计要求：管道消毒、冲洗	m	165.21	48.62	8032.51	
14	030901001006	水喷淋钢管	1. 安装部位：室内喷淋管道 2. 材质、规格：DN32 3. 连接形式：螺纹连接 4. 材质：镀锌钢管 5. 压力试验及冲洗设计要求：管道消毒、冲洗	m	255.33	41.19	10517.04	
15	030901001007	水喷淋钢管	1. 安装部位：室内喷淋管道 2. 材质、规格：DN25 3. 连接形式：螺纹连接 4. 材质：镀锌钢管 5. 压力试验及冲洗设计要求：管道消毒、冲洗	m	579.06	36.94	21390.48	
16	030901001008	水喷淋钢管	1. 安装部位：室内喷淋管道 2. 材质、规格：DN20 3. 连接形式：螺纹连接 4. 材质：镀锌钢管 5. 压力试验及冲洗设计要求：管道消毒、冲洗	m	155.87	28.67	4468.79	
17	031002001002	管道支架	1. 材质：型钢 2. 管架形式：一般管架	kg	291	18.57	5403.87	
18	031201003002	金属结构刷油	管道支架除锈后刷樟丹防锈漆两道，再刷醇酸磁漆两道	kg	291	2.3	669.3	
19	030901003001	水喷淋(雾)喷头	1. 安装部位：室内顶板下 2. 材质、型号、规格：喷淋喷头 3. 连接形式：无吊顶	个	396	29.41	11646.36	
20	030901006001	水流指示器	1. 名称：水流指示器 2. 规格、型号：DN100	个	5	403.99	2019.95	
21	030901008001	末端试水装置	1. 名称：末端试水装置 2. 规格：DN20	组	1	364.43	364.43	
22	030901008002	试水阀	1. 名称：试水阀 2. 规格：DN20	组	4	283.63	1134.52	
23	030904004001	警铃	名称：警铃	个	1	137.82	137.82	
24	030905002003	水灭火控制装置调试	系统形式：自动喷淋(水流指示器)	点	5	1892.26	9461.3	
25	031002003004	套管	1. 类型：防水套管 2. 材质：刚性 3. 规格：DN12	个	1	328.94	328.94	
本页小计							75575.31	

续表

工程名称：广联达办公大厦（消防）　　第3页　共4页

序号	项目编码	项目名称	项目特征描述	计量单位	工程量	金额/元		
						综合单价	合价	其中 暂估价
26	031003001001	螺纹阀门	1. 类型：自动排气阀 2. 规格、压力等级：*DN*25 3. 连接形式：丝接	个	1	64.9	64.9	
27	031003003005	焊接法兰阀门	1. 类型：闸阀 2. 规格、压力等级：*DN*100 3. 连接形式：焊接	个	2	577.64	1155.28	
28	031003003006	焊接法兰阀门	1. 类型：信号蝶阀 2. 规格、压力等级：*DN*100 3. 连接形式：焊接	个	5	292.64	1463.2	
29	030411001001	配管	1. 名称：钢管 2. 材质：焊接钢管 3. 规格：SC20 4. 配置形式：暗配	m	301.77	14.88	4490.34	
30	030411001002	配管	1. 名称：钢管 2. 材质：焊接钢管 3. 规格：SC15 4. 配置形式：暗配	m	1142.69	12.69	14500.74	
31	030411004001	配线	1. 名称：管内穿线 2. 型号：ZRBV 3. 规格：1.5 4. 材质：铜芯线	m	428.72	2.41	1033.22	
32	030411004002	配线	1. 名称：管内穿线 2. 型号：ZRBV 3. 规格：2.5 4. 材质：铜芯线	m	603.54	3.01	1816.66	
33	030411004003	配线	1. 名称：管内穿线 2. 型号：ZRRVS 3. 规格：2×1.5 4. 材质：铜芯线	m	874.84	5.61	4907.85	
34	030411004004	配线	1. 名称：管内穿线 2. 型号：ZRRVVP 3. 规格：2×1.0 4. 材质：铜芯线	m	151.34	4.85	734	
35	030411005001	接线箱	1. 名称：消防转接箱 2. 安装形式：明装距地1.5m	个	5	763.32	3816.6	
36	030904001001	点型探测器	1. 名称：感烟探测器 2. 线制：总线制 3. 类型：点型感烟探测器	个	144	142.5	20520	
37	030904003001	按钮	名称：手动报警按钮（带电话插口）	个	10	169.43	1694.3	
38	030904003002	按钮	名称：消火栓启泵按钮	个	10	159.43	1594.3	
39	030904005001	声光报警器	名称：组合声光报警装置	个	10	230.46	2304.6	
40	030904006001	消防报警电话插孔(电话)	名称：报警电话	部	3	91.95	275.85	
			本页小计				60371.84	

续表

工程名称：广联达办公大厦（消防） 第 4 页 共 4 页

序号	项目编码	项目名称	项目特征描述	计量单位	工程量	金额/元		
						综合单价	合价	其中
								暂估价
41	030904008001	模块(模块箱)	1. 名称:模块 2. 规格:控制模块 3. 类型:单输入	个	4	246.43	985.72	
42	030904009001	区域报警控制箱	1. 名称:报警控制器 2. 总线制 3. 安装方式:落地安装 4. 控制点数量:200 点以下	台	1	9736.95	9736.95	
43	030905001001	自动报警系统调试	1. 点数:200 点以下 2. 线制:总线制	系统	1	20861.06	20861.06	
44	031301017001	脚手架搭拆			1	2899.7	2899.7	
本页小计							34483.43	
合 计							236004.54	

注：为计取规费等的使用，可在表中增设其中：“定额人工费”。

表 9-22 总价措施项目清单与计价表

工程名称：广联达办公大厦（消防）　　标段：广联达办公大厦项目　　第 1 页　共 1 页

序号	项目编码	项目名称	计算基础	费率/%	金额/元	调整费率/%	调整后金额/元	备注
1	031302001001	安全文明施工(含环境保护、文明施工、安全施工、临时设施)			12429.95			
2	1.1	基本费	(综合工日合计+技术措施项目综合工日合计)×34×1.66	11.72	8202.65			
3	1.2	考评费	(综合工日合计+技术措施项目综合工日合计)×34×1.66	3.56	2491.59			
4	1.3	奖励费	(综合工日合计+技术措施项目综合工日合计)×34×1.66	2.48	1735.71			
5	031302002001	夜间施工增加	综合工日合计+技术措施项目综合工日合计	0				
6	031302003001	非夜间施工增加	综合工日合计+技术措施项目综合工日合计	0				
7	031302004001	二次搬运	综合工日合计+技术措施项目综合工日合计	0				
8	031302005001	冬雨季施工增加	综合工日合计+技术措施项目综合工日合计	0				
9	031302006001	已完工程及设备保护	综合工日合计+技术措施项目综合工日合计	0				
合计					12429.95			

编制人（造价人员）：　　复核人（造价工程师）：

注：1. “计算基础”中安全文明施工费可为“定额基价”、“定额人工费”或“定额人工费+定额机械费”，其他项目可为“定额人工费”或“定额人工费+定额机械费”。

2. 按施工方案计算的措施费，若无“计算基础”和“费率”的数值，也可只填“金额”数值，但应在备注栏说明施工方案出处或计算方法。

表 9-23 规费、税金项目计价表

工程名称：广联达办公大厦（消防） 第 1 页 共 1 页

序号	项目名称	计算基础	计算基数	计算费率/%	金额/元
1	规费	其中:1)工程排污费＋2)定额测定费＋3)社会保障费＋4)住房公积金＋5)意外伤害保险	12127.7		12127.7
1.1	其中:1)工程排污费				
1.2	2)定额测定费	综合工日合计＋技术措施项目综合工日合计	1240.0504	0	
1.3	3)社会保障费	综合工日合计＋技术措施项目综合工日合计	1240.0504	748	9275.58
1.4	4)住房公积金	综合工日合计＋技术措施项目综合工日合计	1240.0504	170	2108.09
1.5	5)意外伤害保险	综合工日合计＋技术措施项目综合工日合计	1240.0504	60	744.03
2	税金	税前造价合计	260562.19	3.477	9059.75
合　计					21187.45

编制人（造价人员）： 复核人（造价工程师）：

表 9-24　单位工程主材表

工程名称：广联达办公大厦（消防）　　　　第 1 页　共 1 页

序号	名称及规格	单位	数量	预算价	合计
1	ZRBV2.5	m	700.1064	1.64	1148.17
2	闸阀 *DN*100	个	5	385	1925
3	信号蝶阀 *DN*100	个	5	100	500
4	型钢	kg	368.88	4.27	1575.12
5	感烟探测器	只	144	82	11808
6	手动报警按钮(带电话插口)	个	10	82	820
7	消火栓启泵按钮	个	10	72	720
8	控制模块(接口)	只	4	68	272
9	报警控制器	台	1	8000	8000
10	组合声光报警装置	台	10	112	1120
11	警铃	台	1	75	75
12	报警电话	部	3	66	198
13	喷头	个	399.96	11.6	4639.54
14	平焊法兰 *DN*100	片	11	28.65	315.15
15	水流指示器 *DN*100	个	5	140	700
16	末端试水装置 *DN*20	个	2.02	80	161.6
17	试水阀 *DN*20	个	8.08	40	323.2
18	室内消火栓	套	11	480	5280
19	自动排气阀 *DN*25	个	1	32	32
20	焊接钢管 SC15	m	1176.9707	5.67	6673.42
21	焊接钢管 SC20	m	310.8231	7.31	2272.12
22	镀锌钢管 *DN*20	m	158.9874	9.24	1469.04
23	镀锌钢管 *DN*25	m	590.6412	13.35	7885.06
24	镀锌钢管 *DN*32	m	260.4366	17.26	4495.14
25	镀锌钢管 *DN*40	m	168.5142	20.89	3520.26
26	镀锌钢管 *DN*50	m	122.604	26.18	3209.77
27	镀锌钢管 *DN*65	m	11.526	35.55	409.75
28	镀锌钢管 *DN*100	m	325.6248	58.67	19104.41
29	ZRBV1.5	m	497.3152	1.16	576.89
30	ZRRVVP2×1.0	m	163.4472	3.67	599.85
31	ZRRVS2×1.5	m	944.8272	4.36	4119.45
32	醇酸防锈漆 C53-1	kg	7.3428	14	102.8
33	醇酸磁漆各色	kg	6.0552	19	115.05
34	镀锌钢管 *DN*80	m	56.814	44.37	2520.84
35	镀锌钢管 *DN*70	m	42.3504	35.55	1505.56
36	焊接钢管	kg	25.05	5	125.25
37	消防转接箱	台	5	500	2500
合计		100817.44			

编制人：　　　　审核人：　　　　编制日期：

广联达办公大厦（通风） 工程

招标控制价

招标控制价 （小写）： 32，721.26

（大写）： 叁万贰仟柒佰贰拾壹元贰角陆分

招　标　人：＿＿＿＿＿＿（单位盖章）　　造价咨询人：＿＿＿＿＿＿（单位资质专用章）

法定代表人或其授权人：＿＿＿＿＿＿（签字或盖章）　　法定代表人或其授权人：＿＿＿＿＿＿（签字或盖章）

编　制　人：＿＿＿＿＿＿（造价人员签字盖专用章）　　复　核　人：＿＿＿＿＿＿（造价工程师签字盖专用章）

编制时间：　年　月　日　　复核时间：　年　月　日

表 9-25 单位工程招标控制价汇总表

工程名称：广联达办公大厦（通风） 第1页 共2页

序号	汇总内容	金额/元	其中:暂估价/元
1	清单项目费用	29886.11	
1.1	C.7通风空调工程	29886.11	
1.2	其中:综合工日	81.08	
1.3	1)人工费	4948.77	
1.4	2)材料费	2334.56	
1.5	3)机械费	644.17	
1.6	4)企业管理费	1297.16	
1.7	5)利润	851.27	
2	措施项目费用	936.71	
2.1	其中:1)技术措施费	117.86	
2.1.1	综合工日	0.61	
2.1.2	①人工费	40.74	
2.1.3	②材料费	62.03	
2.1.4	③机械费		
2.1.5	④企业管理费	8.7	
2.1.6	⑤利润	6.39	
2.2	2)安全文明措施费	818.85	
2.2.1	2.1)基本费	540.37	
2.2.2	2.2)考评费	164.14	
2.2.3	2.3)奖励费	114.34	
2.3	3)二次搬运费		
2.4	4)夜间施工措施费		
2.5	5)冬雨施工措施费		
2.6	6)其他		
3	其他项目费用		—
3.1	其中:1)暂列金额		—

续表

工程名称：广联达办公大厦（通风）　　　　第2页　共2页

序号	汇 总 内 容	金额/元	其中:暂估价/元
3.2	2)专业工程暂估价		—
3.3	3)计日工		—
3.4	4)总承包服务费		—
3.5	5)零星工作项目费		
3.6	6)优质优价奖励费		
3.7	7)检测费		
3.8	8)其他		
4	规费	798.95	—
4.1	其中:1)工程排污费		—
4.2	2)定额测定费		—
4.3	3)社会保障费	611.05	—
4.4	4)住房公积金	138.88	—
4.5	5)意外伤害保险	49.02	—
5	税前造价合计	31621.77	
6	税金	1099.49	—
招标控制价合计=1+2+3+4+6		32,721.26	

注：本表适用于单位工程招标控制价或投标报价的汇总，如无单位工程划分，单项工程也使用本表汇总。

表 9-26　分部分项工程和单价措施项目清单与计价表

工程名称：广联达办公大厦（通风）　　　　第 1 页　共 1 页

序号	项目编码	项目名称	项目特征描述	计量单位	工程量	金额/元		
						综合单价	合价	其中 暂估价
1	0108003001	轴流通风机	名称:PY-B1F-1 轴流风机	台	1	4204.51	4204.51	
2	030108003002	轴流通风机	名称:PF-B1F-1 轴流风机	台	1	4204.51	4204.51	
3	030404031001	小电器	名称:排气扇	台	1	124.03	124.03	
4	030702001001	碳钢通风管道	1. 名称:钢板通风管道 2. 材质:镀锌 3. 形状:矩形 4. 规格:500×250 5. 板材厚度:δ0.6 6. 接口形式:法兰咬口连接	m²	15.51	109.7	1701.45	
5	030702001002	碳钢通风管道	1. 名称:钢板通风管道 2. 材质:镀锌 3. 形状:矩形 4. 规格:1000×320 5. 板材厚度:δ1.2 6. 接口形式:法兰咬口连接	m²	72.9	115.26	8402.45	
6	030702001003	碳钢通风管道	1. 名称:钢板通风管道 2. 材质:镀锌 3. 形状:矩形 4. 规格:1000×500 5. 板材厚度:δ1.2 6. 接口形式:法兰咬口连接	m²	33.4	115.26	3849.68	
7	030703001001	碳钢阀门	1. 名称:对开多叶调节阀 2. 规格:500×250	个	1	275.16	275.16	
8	030703001002	碳钢阀门	1. 名称:对开多叶调节阀 2. 规格:1000×500	个	1	436.14	436.14	
9	030703001003	碳钢阀门	1. 名称:70℃防火阀 2. 规格:500×250	个	2	279.47	558.94	
10	030703001004	碳钢阀门	1. 名称:70℃防火阀 2. 规格:1000×500	个	2	503.47	1006.94	
11	030703011001	铝及铝合金风口、散流器	1. 名称:单层百叶风口 2. 规格:400×300	个	2	120.29	240.58	
12	030703011002	铝及铝合金风口、散流器	1. 名称:板式排烟口 2. 规格:800×(800+250)	个	4	948.19	3792.76	
13	030703021001	静压箱	1. 名称:静压箱 2. 规格:1100×1300×100	个	1	589.99	589.99	
14	030704001001	通风工程检测、调试	通风工程检测、调试	系统	1	498.97	498.97	
15	031301017001	脚手架搭拆			1	117.86	117.86	
本页小计							30003.97	
合　计							30003.97	

注：为计取规费等的使用，可在表中增设其中："定额人工费"。

表 9-27 总价措施项目清单与计价表

工程名称：广联达办公大厦（通风） 标段：广联达办公大厦项目 第 1 页 共 1 页

序号	项目编码	项目名称	计算基础	费率/%	金额/元	调整费率/%	调整后金额/元	备注
1	031302001001	安全文明施工（含环境保护、文明施工、安全施工、临时设施）			818.85			
2	1.1	基本费	（综合工日合计＋技术措施项目综合工日合计）×34×1.66	11.72	540.37			
3	1.2	考评费	（综合工日合计＋技术措施项目综合工日合计）×34×1.66	3.56	164.14			
4	1.3	奖励费	（综合工日合计＋技术措施项目综合工日合计）×34×1.66	2.48	114.34			
5	031302002001	夜间施工增加	综合工日合计＋技术措施项目综合工日合计	0				
6	031302003001	非夜间施工增加	综合工日合计＋技术措施项目综合工日合计	0				
7	031302004001	二次搬运	综合工日合计＋技术措施项目综合工日合计	0				
8	031302005001	冬雨季施工增加	综合工日合计＋技术措施项目综合工日合计	0				
9	031302006001	已完工程及设备保护	综合工日合计＋技术措施项目综合工日合计	0				
合计					818.85			

编制人（造价人员）： 复核人（造价工程师）：

注：1.“计算基础”中安全文明施工费可为“定额基价”、“定额人工费”或“定额人工费＋定额机械费”，其他项目可为“定额人工费”或“定额人工费＋定额机械费”。

2. 按施工方案计算的措施费，若无“计算基础”和“费率”的数值，也可只填“金额”数值，但应在备注栏说明施工方案出处或计算方法。

表 9-28 规费、税金项目计价表

工程名称：广联达办公大厦（通风） 第 1 页 共 1 页

序号	项目名称	计算基础	计算基数	计算费率/%	金额/元
1	规费	其中：1)工程排污费＋2)定额测定费＋3)社会保障费＋4)住房公积金＋5)意外伤害保险	798.95		798.95
1.1	其中：1)工程排污费				
1.2	2)定额测定费	综合工日合计＋技术措施项目综合工日合计	81.6918	0	
1.3	3)社会保障费	综合工日合计＋技术措施项目综合工日合计	81.6918	748	611.05
1.4	4)住房公积金	综合工日合计＋技术措施项目综合工日合计	81.6918	170	138.88
1.5	5)意外伤害保险	综合工日合计＋技术措施项目综合工日合计	81.6918	60	49.02
2	税金	税前造价合计	31621.77	3.477	1099.49
合计					1898.44

编制人（造价人员）： 复核人（造价工程师）：

表 9-29 单位工程主材表

工程名称：广联达办公大厦（通风） 第 1 页 共 1 页

序号	名称及规格	单位	数量	预算价	合计
1	镀锌薄钢板 δ1	m^2	3.83766	37.92	145.52
2	镀锌薄钢板 δ1.2	m^2	120.9694	45.5	5504.11
3	PY-B1F-1 轴流风机	台	1	4000	4000
4	PF-B1F-1 轴流风机	台	1	4000	4000
5	排气扇	台	1	110	110
6	镀锌薄钢板 δ0.6	m^2	17.65038	23.64	417.25
7	板式排烟口 800×(800＋250)	个	4	858	3432
8	对开多叶调节阀 500×250	个	1	224	224
9	对开多叶调节阀 1000×500	个	1	378	378
10	70℃防火阀 500×250	个	2	251	502
11	70℃防火阀 1000×500	个	2	475	950
12	单层百叶风口 400×300	个	2	73.8	147.6
合计					19810.48

编制人： 审核人： 编制日期：

参考文献

[1] GB 50856—2013《通用安装工程工程量计算规范》.
[2] GB 50500—2013《建设工程工程量清单计价规范》.
[3] 2013《建设工程计价计量规范辅导》编制组. 宣贯辅导教材. 北京：中国计划出版社，2013.
[4] 建设部标准定额研究所. 全国统一安装工程预算定额解释汇编. 北京：中国计划出版社，2008.
[5] GB 50015—2003《建筑给排水设计规范》.
[6] GB 50019—2003《采暖通风与空气调节设计规范》.
[7] GB 50016—2006《建筑设计防火规范》.
[8] DBJ 01—621—2005《公共建筑节能设计标准》.
[9] GB 50242—2002《建筑给水排水及采暖工程施工质量验收规范》.
[10] GB 50352—2005《民用建筑设计通则》.
[11] GB 50057—94《建筑物防雷设计规范》.
[12] GB 50054—95《低压配电设计规范》.
[13] GB 50034—2004《建筑照明设计规范》.